环境科学与工程系列教材

固体废物处理处置工程

张小平　编著

科学出版社

北　京

内 容 简 介

本书以固体废物处理与利用流程为主线，从其源流、集运、预处理、处理、处置和资源化等方面，介绍固体废物物流过程的基本概念、基本理论和基本方法，总结了固体废物的来源、组成和性质以及固体废物的产生方式、污染途径和控制方法。重点讨论了固体废物的物理预处理技术（压实、破碎、分选等）、热化学处理技术（焚烧、热解等）和生物处理技术（堆肥化等），固体废物填埋处置技术以及固体废物的资源利用技术等，包括过程原理、设备特征、技术方法和工艺流程。章后附有思考题和计算题。

本书适于环境工程、环境科学及相关专业的本科生、研究生作为教材使用，也可供相关学科的技术人员和管理人员阅读和参考。

图书在版编目（CIP）数据

固体废物处理处置工程/张小平编著. —北京：科学出版社, 2017.6
(环境科学与工程系列教材)
ISBN 978-7-03-053142-1

I.①固⋯ II.①张⋯ III.①固体废物处理–高等学校–教材
IV.①X705

中国版本图书馆 CIP 数据核字(2017)第 128107 号

责任编辑：朱　丽　杨新改 / 责任校对：刘亚琦
责任印制：吴兆东 / 封面设计：耕者设计工作室

科学出版社 出版
北京东黄城根北街 16 号
邮政编码：100717
http://www.sciencep.com
北京凌奇印刷有限责任公司 印刷
科学出版社发行　各地新华书店经销
*
2017 年 6 月第 一 版　开本：720×1000 1/16
2023 年 7 月第五次印刷　印张：24 3/4
字数：485 000
定价：**88.00** 元

《环境科学与工程系列教材》丛书编委会

丛 书 序

环境教育的兴起是 20 世纪以来人们对环境问题的严重性、资源的有限性以及生态环境破坏的难以恢复性的体验与认知的结果。1948 年托马斯·普里查德（Thomas Pritchard）提出了"环境教育"一词，但真正现代意义上的"环境教育"起源和发展于 20 世纪 60 年代西方发达国家的"生态复兴运动"。环境教育的历史演进，从 20 世纪 60 年代出现在学校教育后，便常被视为是自然研习（nature study）、户外教育（outdoor education）、环境修复教育（environmental conservation education）的传承者。然而环境教育的特质与内涵，在社会、科学、技术三者的交互作用中，特别重视有关环境危机的问题，所以环境教育虽然继承于自然研习、户外教育及环境修复教育，但也有别于它们。而今进入 21 世纪，环境教育又蜕变为永续发展教育（sustainable development education）。

环境教育是国际环境界的新事物，是历史的产物，是随着公众社会的发展，为解决新出现的环境问题而产生的。随着经济社会的发展，公众的生产能力不断提高，规模不断扩大，致使许多自然资源被过度利用，生态环境日益恶化。面对全球日益严重的环境问题，国际社会达成了共识：通过宣传和教育，提高人们的环境意识，是保护和改善环境的重要治本措施。但是对环境教育的定义、性质、目标该当如何确定，由于个人的学术背景不同、观点兴趣各异，而产生了不同的见解。通过对环境教育定义的界定，能帮助我们进一步认识环境教育的本质。

环境教育的未来发展趋势，一是公众的环境教育，包括中小学的环境教育，旨在使广大人民群众养成自觉保护环境的道德风尚，提高全民族的环境与发展意识。通过环境通识教育，能够使人们更好地理解地球上的生命都是相互依赖的，提升公众的经济、政治、社会、文化及科技认识水平，加深人们对环境问题影响社会可持续发展的理解，使得公众能够更加有效地参与地方、国家和国际层面上有关环境可持续发展活动，推动整个社会向着更为公正和可持续发展的未来前进。二是专业性的环境教育，主要目的是培养和造就消除环境污染和防治生态破坏，改善和创造高质量的生产和生活环境所需的各种专门人才，培养和造就具有环境保护与持续发展综合决策和管理能力的各层次管理人才。

《环境科学与工程系列教材》丛书是华南理工大学环境学科多年从事环境科学与工程类课程的教学和实践经验的总结。这套丛书涵盖了目前较为缺乏的《环境物理学》《环境生态学》《环境统计学》《城市水工程概论》《固体废物处理处置工程》等专业理论课程教材，《水质分析实验》《环境科学综合实验》实验类教材，以及《环境通识教育教程》《环境科学与工程通识教程》环境通识类教材。

　　该丛书的内容丰富翔实，是作者们多年教学实践和相关科研成果的结晶，是环境科学与工程类教材的有益补充和丰富，必将从全局上有力推动环境教育的发展，值得同行重视和参考。

　　该丛书结构严谨、语言通俗、内容科学、案例经典，推荐环境科学与工程及相关领域的教师、学生、环保人员阅读使用。

2016 年 2 月

前　言

随着我国经济、社会的快速发展，固体废物产生量逐年剧增，其污染也日趋严重，对其污染的控制和治理亦受到全社会的普遍关注。为适应这一形势，全国各类高校的环境科学和环境工程专业均开设了有关固体废物的课程，并将其作为本科和研究生的专业主干课程之一。虽然近年出版了不少固体废物方面的书籍，但相对于废水、废气的处理和控制而言，无论是从科技水平的发展，还是学科体系的建立都相对滞后，也不适应专业课程建设和教学的需要。因此，编写一本"固体废物处理处置工程"的教材十分必要。

本教材有以下特点：首先，编排更注重教学的需要，更符合人们思维的习惯，即以处理方法而不是处理对象为次序进行编排。这是因为尽管处理对象千差万别，但各单元在方法学上的相对稳定性和独立性却是永恒不变的，即各处理单元具有共同的规律，如焚烧单元，其过程机理不因处理对象不同而变化。其次，按照"循环经济"的概念，对于固体废物的污染防治，无论是无害化还是资源化，都应首先追溯到废物产生过程的"始端"进行减量，对于"末端"不可避免产生的少量废物才予以处理和利用，即固体废物的处理应是一个从"始"到"终"的全流程闭路循环的污染防治过程。而以往的处理处置、资源化，更多的是针对已经产生的固体废物的处理和利用。最后，作为教材，书中有较多的例题、思考题和计算题，使学生更易掌握所学的内容。

全书共5个部分。第1部分为基本概念，主要介绍固体废物的来源、组成和性质，固体废物的产生及其污染途径，固体废物的处理处置原则、处理处置技术和一般工艺流程，固体废物污染途径及其危害，固体废物处理的新模式与循环发展理念的关系等。第2部分为收运，包括固体废物的分类、收集、运输和贮存，主要介绍城市固体废物、工业固体废物和危险废物收集、运输及贮存方式，以及城市固体废物收集方案和运输路线的初步设计。第3部分为处理，主要介绍固体废物物理处理法、化学处理法和生物处理法的基本原理及基本规律，并为运用这些原理和方法进行过程设计和解决工程实际问题打下良好的基础。第4部分为固体废物的最终处置方法，主要解决固体废物的归宿问题。介绍土地填埋场的基本构造和类型、填埋场中的化学反应特性和生物降解行为、气液污染物的迁移转化规律等，填埋气、渗滤液的产生机制和一般控制方法，填埋场垃圾的矿化过程特性以及开采、利用价值，土地填埋场选址、设计、运行遵循的一般原则等。第 5 部分为固体废物的资源化，在讨论固体废物的一般资源化技术（第 10 章）原理、资源化途径、资源化系统特性等的基础上，重点介绍典型固体废物（废塑料、废橡胶、废电池等）（第 11 章）、废弃电器电子产品（第 12 章）、生物质（第 13 章）等的处理和资源化。

　　本教材是在我们已出版的《固体废物污染控制工程》[化学工业出版社，2004 年出版第一版，2010 年出版第二版] 基础上编写而成的，全书由张小平编写。学生叶颖姗、张天宇等绘制了书中部分图表，对他们的辛勤劳动表示感谢。另外，在编写过程中参考了大量资料和许多学者的研究结果，但限于篇幅未能在参考文献中一一列出，对他们表示歉意。

　　固体废物相对于废水、废气来说，其污染控制还比较落后，技术也相对不够成熟，加之编者水平所限，时间仓促，资料收集不够全面，书中的不足和疏漏甚至错误之处在所难免，敬请专家、同行和广大读者批评指正。

编　者

2016 年 12 月于华南理工大学

目　　录

第3部分　处　　理

第 4 部分　处　　置

第 5 部分　资　源　化

第1部分 概　　念

　　本部分主要介绍固体废物的基本概念，包括固体废物的定义和范畴，固体废物的一般性质，与废水、废气相比的异同，处理处置的一般工艺流程和处理处置技术，固体废物污染途径及其危害，固体废物的物流特征与循环经济发展模式的关系等。通过学习，熟悉固体废物的来源、类别和组成，掌握各类固体废物的结构组成和性质特点，为进一步学习和找寻合理的固体废物处理、处置方法和资源化技术奠定基础。

第1章 绪 论

1.1 固体废物的定义、特性和分类

1.1.1 固体废物的定义及范畴

固体废物是指人类在生产建设、日常生活和其他活动中产生，在一定时间和地点无法利用而被丢弃的污染环境的固体、半固体废弃物质。（Solid wastes are all the wastes arising from human and animal activities that are normally solid and are discarded as useless or unwanted.）

《中华人民共和国固体废物污染环境防治法》中表明，固体废物是指在生产、生活和其他活动中产生的丧失原有利用价值或者虽未丧失利用价值但被抛弃或者放弃的固态、半固态和置于容器中的气态的物品、物质以及法律、行政法规规定纳入固体废物管理的物品、物质。

通常将各类生产活动中产生的固体废物称为废渣（residue）；生活过程中产生的固体废物则称为垃圾（refuse）。"固体废物"实际上只是针对原过程而言的。在任何生产或生活过程中，对原料、商品或消费品，往往仅利用了其中某些有效成分，而产生的大多数固体废物中，仍含有对其他生产或生活过程有用的成分，经过一定的技术环节，可以将其转变为有关行业的生产原料，或可以直接再利用。

根据物质的存在状态划分，废物包括固态、液态和气态废弃物质。在液态和气态废弃物中，若其污染物质混掺在水和空气中，直接或经处理后排入水体或大气，习惯上，将它们称为废水和废气，纳入水环境或大气环境管理范畴；而对于其中不能排入水体的液态废物和不能排入大气的、置于容器中的气态废物，因其具有较大的危害性，则将其归入固体废物管理体系。

固体废弃物的处理，通常是指通过物理、化学、生物、物化及生化方法将固体废物转化为适于运输、贮存、利用或处置的过程。固体废弃物处理的目标是无害化、减量化、资源化。

1.1.2 固体废物的性质

（1）"资源"和"废物"的相对性

从固体废物定义可知，它是在某一时间和地点丧失原有利用价值甚至未丧失

利用价值而被丢弃的物质，是在一定时间放错地方的资源。因此，此处的"废"，具有明显的时间和空间特征。

1）从时间方面看：固体废物仅仅相对于目前的科技水平还不够高、经济条件还不允许的情况下暂时无法加以利用的。但随着时间的推移，科技水平的提高，经济的发展，资源滞后于人类需求的矛盾也日益突出，今天的废物会成为明日的资源。

2）从空间角度看：废物仅仅相对于某一过程或某一方面没有使用价值，但并非在一切过程或一切方面都没有使用价值，某一过程的废物，往往会成为另一过程的原料。例如，煤干石发电、高炉渣生产水泥、电镀污泥中回收贵重金属等。

事实上，进入经济体系中的物质，仅有10%~15%以建筑物、工厂、装置器具等形式积累起来，其余都变成了所谓废物。因此，固体废物成为一类量大而面广的新的资源将是必然趋势。"资源"和"废物"的相对性是固体废物的最主要特征。

须注意的是，固体废物的资源属性有其前提和条件。例如，对生活垃圾而言，一方面，从环境保护角度看，首先它是污染源，在其收集运输、处理处置、资源能源回收利用的各个环节都可能对大气、水体、土壤等环境介质产生一定程度的污染；其次，从经济学角度来看，生活垃圾中蕴含着物质和能量，但生活垃圾是具有负价值的物质，要实现垃圾中蕴含的物质和能量的回收利用，必须有新的物质和能量输入，同时必然产生新的污染排放，既要付出相应的经济成本，也要付出相应的环境代价。另一方面，从物质属性上看，生活垃圾主要由碳、氢、氧、氮、硫、钙、硅、铁、铝等元素组成的有机物和无机物，如果不计成本，不惜代价，的确可以做到物尽其用，甚至全量回收利用，但是如果回收利用的经济成本高于其固有价值，全生命周期污染排放也高于其他方案，那么这样的回收利用就是得不偿失的和不可持续的。因此，如果说生活垃圾是资源，也是在特定时空背景下，有严格条件限制的资源，这个限制条件就是经济效益、社会效益、环境效益的平衡。

由此，就生活垃圾而言，生活垃圾的污染源属性是首要的，资源属性是其次的，二者之间的关系是辨证的，需要从生命周期角度加以审视。当我们将生活垃圾作为污染源加以治理时，必须要考虑其资源属性，尽可能回收其中蕴含的资源与能源。同时，当我们将生活垃圾作为资源加以利用时，也要考虑其污染源属性，控制资源化全过程的二次污染，以及产品应用可能带来的长期环境影响。

（2）成分的多样性和复杂性

固体废物成分复杂、种类繁多、大小各异，既有无机物又有有机物，既有非金属又有金属，既有有味的又有无味的，既有无毒物又有有毒物，既有单质又有化合物，既有小分子化合物又有高分子聚合物，既有边角料又有设备配件。其构成可谓五花八门、琳琅满目。因此，可以说"垃圾为人类提供的信息几乎多于其他任何东西"。

（3）危害的潜在性、长期性和灾难性

固体废物对环境的污染不同于废水、废气和噪声。其呆滞性大、扩散性小，对环境的影响主要是通过水、气和土壤进行的。其中由于污染成分在环境介质中的迁移、转化使其危害更大并在较短时间内难以发现，如浸出液在土壤中的迁移是一个比较缓慢的过程，其危害可能在数年以致数十年后才能呈现。从某种意义上讲，固体废物，特别是有害废物对环境造成的危害可能要比水、气造成的危害严重得多。

（4）污染"源头"和富集"终态"的双重性

废水和废气既是水体、大气和土壤环境的污染源，又是接受其所含污染物的环境。固体废物则不同，它们往往是许多污染成分的终极状态。例如一些有害气体或飘尘，通过治理，最终富集成废渣；一些有害溶质和悬浮物，通过治理最终被分离出来成为污泥或残渣；一些含重金属的可燃固体废物，通过焚烧处理，有害金属浓集于灰烬中。但是，这些"终态"物质中的有害成分，在长期的自然因素作用下，又会转入大气、水体和土壤，又成为大气、水体和土壤环境污染的"源头"。

固体废物还具有来源广、种类多、数量大、成分复杂的特点。固体废物污染防治正是利用这些特点，力求使固体废物减量化、资源化、无害化。按废物的不同特性分类收集、运输和贮存，进行合理利用，尽量变废为宝；对那些不可避免地产生和无法利用的固体废物需要进行处理处置，减少环境污染。

1.1.3 固体废物的分类

分类是任何一门科学研究的基础工作，是对事物的深刻认识。固体废物的科学分类对其进行深入研究以及处理、处置和资源化利用具有重要意义。

固体废物按组成可分为有机废物和无机废物；按形态可分为固态、半固态和液（气）态废物；按污染特性可分为危险废物和一般废物；按来源分为工业固体废物、矿业固体废物、农业固体废物、有害固体废物和城市垃圾等。

《中华人民共和国固体废物污染环境防治法》中，将固体废物分为：a. 城市固体废物或城市生活垃圾（municipal solid waste，MSW）；b. 工业固体废物（industrial solid waste，ISW）；c. 危险废物（hazardous waste）三大类。本教材以此分类原则，主要就上述三类固体废物作以介绍。将固体废物类型、来源和组成总结于表 1-1 中，其中农业固体废物量大面广，在我国其产量已超过工业固体废物的产生量，故也将其列入表中予以介绍。

表 1-1　固体废物的类别、来源和主要组成物

类别	来源	主要组成
城市生活垃圾	居民生活	指日常生活过程中产生的废物。如食品垃圾、纸屑、衣物、庭院修剪物、金属、玻璃、塑料、陶瓷、炉渣、碎砖瓦、废器具、粪便、杂品、废旧电器等
	商业、机关	指商业、机关日常工作过程中产生的废物。如废纸、食物、管道、碎砌体、沥青及其他建筑材料、废汽车、废电器、废器具,含有易爆、易燃、腐蚀性、放射性的废物,以及类似居民生活栏内的各类废物
	市政维护与管理	指市政设施维护和管理过程中产生的废物。如碎砖瓦、树叶、死禽死畜、金属、锅炉灰渣、污泥、脏土等
工业固体垃圾	冶金工业	指各种金属冶炼和加工过程中产生的废弃物。如高炉渣、钢渣、铜铅铬汞渣、赤泥、废矿石、烟尘、各种废旧建筑材料等
	矿业	指各类矿物开发、利用加工过程中产生的废物。如废矿石、煤矸石、粉煤灰、烟道灰、炉渣等
	石油与化学工业	指石油炼制及其产品加工、化学品制造过程中产生的固体废弃物。如废油、浮渣、含油污泥、炉渣、碱渣、塑料、橡胶、陶瓷、纤维、沥青、油毡、石棉、涂料、化学药剂、废催化剂和农药等
	轻工业	指食品工业、造纸印刷、纺织服装、木材加工等轻工部门产生的废弃物。如各类食品糟渣、废纸、金属、皮革、塑料、橡胶、布头、线、纤维、染料、刨花、锯末、碎木、化学药剂、金属填料、塑料填料等
	机械电子工业	指机械加工、电器制造及其使用过程中产生的废弃物。如金属碎料、铁屑、炉渣、模具、砂芯、润滑剂、酸洗剂、导线、玻璃、木材、橡胶、塑料、化学药剂、研磨料、陶瓷、绝缘材料以及废旧汽车、冰箱、微波炉、电视、电扇等
	建筑工业	指建筑施工、建材生产和使用过程中产生的废物。如钢筋、水泥、黏土、陶瓷、石膏、砂石、砖瓦、纤维板等
	电力工业	指电力生产和使用过程中产生的废物。如煤渣、粉煤灰、烟道灰等
危险废物	核工业、化学工业、医疗单位、科研单位等	主要来自于核工业、核电站、化学工业、医疗单位、制药业、科研单位等产生的废弃物。如放射性废渣、粉尘、污泥等,医院使用过的器械和产生的废物、化学药剂,制药厂废渣,废弃农药、炸药、废油等
农业固体垃圾	种植业	指作物种植生产过程中产生的废弃物。如稻草、麦秸、玉米秸、根茎、落叶、烂菜、废农膜、农用塑料、农药等
	养殖业	指动物养殖生产过程中产生的废弃物。如畜禽粪便、死禽死畜、死鱼死虾、脱落的羽毛等
	农副产品加工业	指农副产品加工过程中产生的废弃物。如畜禽内容物、鱼虾内容物、未被利用的菜叶、菜梗和菜根、秕糠、稻壳、玉米芯、瓜皮、果皮、果核、贝壳、羽毛、皮毛等

1.2　固体废物的产量分析

1.2.1　固体废物的产量单位及其表示法

固体废物的产量一般用质量或重量表示,其原因在于:①易于直接测定;②不受压实程度影响；③与输运计量方法一致，使用方便。

某城市或地区垃圾总产量常用 10^4 t·d^{-1}，10^4 t·月$^{-1}$，10^4 t·a^{-1} 表示；单位产量用 kg·人$^{-1}$·d^{-1} 或 kg·人$^{-1}$·a^{-1} 表示；平均年增长率用质量百分数（%）表示。

1.2.2 城市垃圾产量预测

根据垃圾人均年产量及年增长率 γ 和基准年份的实际产量，可预测未来垃圾平均年产量。

$$W[\text{kg·人}^{-1} \cdot \text{a}^{-1}] = W_0(1+\gamma)^n \qquad (1\text{-}1)$$

式中，W_0 为基准年份实际产量，kg·人$^{-1}$·a^{-1}；γ 为年增长率，%；n 为预测年份。

1.3 固体废物治理现状

目前，生活垃圾主要以"末端处理"为主，主要采取土地填埋方式处理垃圾。未遵循循环经济的思想，即未追溯到生活垃圾产生的源头进行减量治理。由于垃圾量逐年增加，虽然投资不断增加，发挥的作用却有限。若采用源头减量，真正实现"零排放"才是固体废物污染控制的根本途径。

例如，我国每年生产一次性筷子450多亿双，需要砍伐2500万棵树，另外还向日、韩等国出口150亿双，照此下去，约10年内就要消耗掉中国剩下的森林。另外，我国每年生产12亿件衬衫，其中8亿件盒装，8亿件包装盒约需25万吨纸，需168万棵直径10 cm的树，即衬衫一项就"穿"掉一大片森林。若取消一次性筷子，就可减少"末端治理"的处理负荷。

就城市垃圾而言，主要存在以下问题：

（1）处理方式单一，不利于城市可持续发展

随着社会经济的发展，城市废物的成分趋于复杂，单一的处理方式往往不能适应发展的要求。由于垃圾填埋法具有技术较成熟、易操作和管理、投资额小等优点，得到了国内外广泛采用。但这种处理方式并没有真正遵循垃圾处理的无害化、资源化、减量化目标，填埋过程中填埋了大量有用之物，再加上填埋场地选择较困难，存在污水和废气的治理等一系列问题而削弱了其作为垃圾的最终处理技术。

（2）处理技术差，管理落后，对环境影响大

1）大气污染状况 由于填埋场基础设施水平较低，填埋作业不规范，导致填埋场散发出大量污染气体，如 H_2S、CH_4、CO 等污染物，主要污染物为 H_2S，是产生场内恶臭的主要原因，对周围居民的影响较大。

2）水污染状况 填埋场渗滤水产生量大，尤其是雨季，填埋场渗滤液有机污染较严重，主要以 $NH_3\text{-}N$、COD_{Cr} 为主，还有重金属污染，对地下水和地表水造

成污染。

3）生态环境状况　填埋场排出的废水、废气对场内及周围的植物生态系统的影响大。

总的来说，我国在固体废物治理方面起步较晚，相对于废气、废水污染控制而言，其治理还刚刚起步。收集方式基本上是混合收集，没有形成较有效的循环利用路线，亦使堆肥和焚烧的发展受到影响，有些城市甚至采用堆放和简易填埋处理，乱堆乱放还相当普遍。我国现阶段主要是针对已产生垃圾的处理，对于控制垃圾产生源头的理念并没有在技术路线中体现，而且处理的方式相对较单一，且由于分类不细化，导致资源的回收利用率较低。

1.4　固体废物处理处置基本流程

图 1-1 为固体废物处理处置系统示意图。如图中所示，固体废物通过物理、化学或生物的方法，将其转变为便于运输、贮存、回收利用和处理处置的形态。

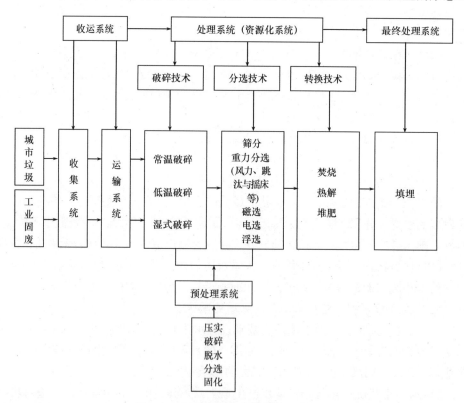

图 1-1　固体废物处理处置系统示意图

1.5 固体废物污染的环境影响

1.5.1 造成污染的途径

露天存放或置于处置场的固体废物，其中的化学有害成分可通过环境介质——大气、土壤、地表或地下水体等直接或间接传至人体，造成健康威胁。

为直观起见，用图 1-2 表示出固体废物进入环境和其中化学物质导致人类感染疾病的途径。各种途径的污染程度不仅取决于不同固体废物本身的物理、化学和生物特性，而且与固体废物所在场地的地质水文条件有关。

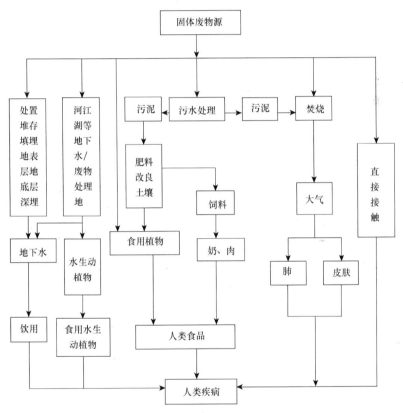

图 1-2 固体废物的污染途径

1.5.2 固体废物对环境和人体健康的影响

1.5.2.1 对大气环境的影响（污染大气）

（1）粉尘随风飘扬

堆放的固体废物中的细微颗粒、粉尘等可随风飘扬，从而对大气环境造成污染。

（2）毒气、恶臭气体的逸出

堆积废物中某些物质的分解和化学反应，可以不同程度地产生毒气或恶臭，造成地区性空气污染。

（3）破坏植物、臭氧层

废物填埋场逸出的沼气，会消耗上层空间的氧，使植物衰败。沼气中的 CH_4 会对臭氧层造成破坏（比 CO_2 大得多）。

1.5.2.2　对水环境的影响（污染水体）

（1）固体废物对河流、湖泊的污染

固体废物置于水体，将使水体直接受到污染，严重危害水生生物的生存条件，并影响水资源的充分利用。

（2）渗滤液和有害化学物质的转化和迁移

堆积的固体废物经过雨水的浸渍和废水本身的分解，其渗滤液和有害化学物质的转化和迁移，将对附近地区的河流及地下水系和资源造成污染。

（3）缩减江、河、湖的有效面积，降低排洪和灌溉能力

据我国有关资料估计，由于江、湖中排进固体废物，20世纪80年代的水面积较之于50年代减少约2000多万亩（1亩=666.7m^2）。目前，我国在不同地区每年仍有成千上万吨的固体废物直接倾入江、湖之中，其所产生的后果是不言而喻的。

1.5.2.3　对土壤环境的影响（污染土壤）

（1）改变土壤的性质和结构

固体废物及其淋洗和渗滤液中所含的有害物质会改变土壤的结构和土壤性质，并对土壤中的微生物的活动产生影响。

（2）妨碍植物生长、发育，危及人体健康

有害成分的存在，不仅危害植物根系的发育和生长，而且还会在植物有机体内积蓄，通过食物链危及人体健康。

1.5.2.4　对环境卫生的影响

我国生活垃圾、粪便的清运能力不高，无害化处理率低，很大一部分垃圾堆存在城市的一些死角，影响市容和城市环境卫生。

1.5.2.5　对人体健康的影响

固体废物，尤其是其中的危险废物，因具有毒性、易燃性、反应性、疾病传染性等特点，若处理不当，将会对人体健康造成严重危害。如日本富山县的"痛痛病"事件、美国纽约州拉夫河谷土壤污染事件，均是由于废渣处理不当引起的

灾难性公害事件。

1.5.3 固体废物的污染控制

从前述固体废物的特点和固体废物对环境的影响可以看出，固体废物具有不同于废水、废气和噪声对环境的影响。对其污染的控制需从两方面入手，一是从源头防治固体废物污染，二是综合利用废物资源。即控制好"源头"，处理好"终态"是固体废物控制的关键。

（1）从"源头"开始，采用先进的生产工艺，减少或不排废物

首先，从污染源头开始，改进或采用清洁生产工艺，尽量少排或不排废物。这是从根本上控制工业固体废物污染的主要措施。

（2）发展物质循环利用工艺

在企业的生产过程中，采用循环经济模式，以前一种产品的废物作为第二种产品的原料，再使用第二种产品的废物作为第三种产品的原料，如此循环和回收利用。最后只剩下少量废物进入环境，可取得经济、环境和社会的综合效益。

（3）发展无害化处理和处置技术

有害固体废物，可通过焚烧、热解、氧化/还原等方式，改变其中有害物质的性质，使之转化为无害物质或使有害物质含量达到国家规定的排放标准。

1.6 固体废物的处理处置技术

1.6.1 预处理技术

也称物理处理法，指通过浓缩、干燥或相变化改变固体废物的结构，使之成为便于运输、贮存、利用或处置的形态。包括压实、破碎、分选、干燥技术，污泥的浓缩、脱水等。

1.6.2 处理技术

固体废物的处理是通过一定的技术手段，改变废物的结构和性质，达到减量化、资源化和无害化的目的。其大致可分为物理处理、化学处理（包括热化学处理）、生物处理、固化/稳定化处理等。

（1）物理处理法

物理处理是通过物理、机械的方法改变固体废物形状、尺寸、物理结构等，使其便于回收利用和后端处理处置，该法亦常称为固体废物的预处理。主要包括固体废物的收运、压实、破碎、分选等。

（2）化学处理法

化学处理是通过化学方法破坏固体废物中的有害成分，从而使其达到无害化。

主要包括氧化、还原、中和、化学沉淀和化学溶出等。

（3）热化学处理法

热处理是通过高温破坏和改变固体废物的组成和结构，从而使其达到减量（容）、无害或综合利用的目的。主要包括焚烧、热解、焙烧、烧结等。

（4）生物处理法

生物处理是通过微生物分解固体废物中可降解的有机物，使其达到无害化或综合利用。包括好氧、厌氧和兼性厌氧处理等。

（5）固化/稳定化法

固化/稳定化技术是利用胶凝性材料将有害固体废物包封在固化体中，不使有害物质浸出的稳定化、无害化的一种技术。固化和稳定化虽常常结合使用，但它们具有不同的含义。

固化是指将污染物封入惰性基材中或在污染物外面加上低渗透性材料，通过减少污染物暴露的淋滤面积达到限制污染物迁移的目的。固化不一定需要固结剂与废弃物之间有化学反应，但需要把废弃物固结到固体结构中。稳定化是指从污染物的有效性出发，通过形态转化，将污染物转化为不易溶解、迁移能力或毒性更小的形式来实现无害化，以降低其对生态系统的危害风险。

为了达到对危险废物处理的更好效果，通常固化与稳定是结合使用的，例如在固化技术实施之前常要进行污染物的稳定化，使固化包裹的污染组分呈现化学惰性，进一步降低有毒有害污染物的毒性、溶解性和迁移性，减少后续处理处置的潜在危险。该法主要针对危险废物。

1.6.3　处置技术

《中华人民共和国固体废物污染环境防治法》（简称《固废法》）指出：处置，是指将固体废物焚烧和用其他改变固体废物的物理、化学、生物特性的方法，达到减少已产生的固体废物数量、缩小固体废物体积、减少或者消除其危险成分的活动，或者将固体废物最终置于符合环境保护规定要求的填埋场的活动。

固体废物的处置技术是固体废物污染控制的末端环节，解决固体废物的归宿问题。其可分为海洋处置和陆地处置两大类。海洋处置包括深海投弃和海上焚烧；陆地处置包括土地填埋、土地耕作和深井灌注等。

1.7　固体废物的管理体系

1.7.1　《固废法》的确立

由于固体废物污染环境的滞后性和复杂性，人们对固体废物污染防治的重视程度远不如对废水和废气那样深刻，长期以来尚未形成一个完整的、有效的固体废物管理体系。

随着固体废物对环境污染程度的加重，以及人们环保意识的不断提高，社会对固体废物污染环境问题越来越关注，建立完整有效的固体废物管理体系就显得日益迫切。

1995 年 10 月 30 日，首部《中华人民共和国固体废物污染环境防治法》（以下简称《固废法》）在第八届全国人民代表大会常务委员会第十六次会议上获得通过，于 1996 年 4 月 1 日起施行。在此基础上，2004 年 12 月 29 日，经中华人民共和国第十届全国人民代表大会常务委员会第十三次会议修订通过，修订后的《固废法》自 2005 年 4 月 1 日起施行。后经 2013 年 6 月 29 日第十二届全国人民代表大会常务委员会第三次会议第一次修正，根据 2015 年 4 月 24 日第十二届全国人民代表大会常务委员会第十四次会议第二次修正，同时颁布实施。

新修正的《中华人民共和国固体废物污染环境防治法》，全文共计六章九十一条，其中将原法规的第二十五条第一款和第二款中的"自动许可进口"修改为"非限制进口"，以及删去第三款中的"进口列入自动许可进口目录的固体废物，应当依法办理自动许可手续"。

《固废法》的实施为固体废物管理体系的建立和完善奠定了法律基础。

1.7.2 "三化"原则

《固废法》中，首先确立了固体废物污染防治的"三化"原则（"三化"原则作为控制固体废物污染的技术政策，是于 20 世纪 80 年代中期提出的）。其中，"三化"即减量化、资源化、无害化。

（1）减量化

减量化就是通过某种手段减少固体废物的产生量和排放量。那么，如何来减少固体废物的产生量和排放量呢？这一任务的实现，需从以下两个方面着手。

1）从"源头"开始治理

目前固体废物的排放量十分巨大，如我国每年工业固体废物排量在 32×10^8 t 以上，城市垃圾年产 1.9×10^8 t 以上。

如果采用"绿色技术"和"清洁生产工艺"，合理地利用资源，最大限度地减少产生和排放固体废物，则可从"源头"上直接减少或减轻固体废物对环境的污染和对人体健康的危害，最大限度地全面合理开发和利用资源。

2）改变粗放经营发展模式

就企业而言，应改善粗放经营的发展模式，鼓励和支持开展清洁生产，开发和推广先进的生产技术和设备，遵循"循环经济"的思想，充分合理地利用原材料、能源和其他资源。

"减量化"，不只是减少固体废物中的数量和体积，还包括尽可能地减少其种类，降低危险废物有害成分的浓度、减轻或消除其危险特性等。"减量化"原则要求对固体废物从"源头"上进行治理，它是防止固体废物污染环境的优先措施。

（2）资源化

资源化是指采取管理的和工艺的措施从固体废物中回收有用的物质和能源，创造经济价值的广泛使用的技术方法。

固体废物"资源化"是固体废物的主要归宿。

资源化的概念包括以下三个范畴：

1）物质回收：即处理废弃物并从中回收指定的二次物质。如纸张、玻璃、金属等。

2）物质转换：即利用废弃物制取新形态的物质。如利用炉渣生产水泥和建筑材料，利用废橡胶生产铺路材料，有机垃圾生产堆肥等。

3）能量转换：即从废物处理中回收能量，作为热能和电能。如通过有机废物的焚烧处理回收热量，进而发电；通过热解技术，生产工业或民用燃料；利用垃圾厌氧消化产生沼气，作为能源向居民和企业供热或发电。

（3）无害化

无害化是指已产生又无法或暂时尚不能综合利用的固体废物，经过物理、化学或生物的方法，进行对环境无害或低危害的安全处理、处置，达到废物的消毒、解毒或稳定化。

"无害化"处理的基本任务是将固体废物通过工程处理，达到不损害人体健康，不污染自然环境（包括原生和次生环境）的目的。

另外，废物的"无害化"处理工程已发展成为一门崭新的工程技术。如垃圾的焚烧、卫生填埋、堆肥、厌氧发酵，有害废物的热处理和解毒处理。

1.7.3 "三化"间的关系

国际上，自 20 世纪 70 年代以来，一些工业发达国家，由于废物处置场地紧张，资源缺乏，提出了"资源循环"的口号。从固体废物中回收资源和能源，逐步发展成为一种新的资源化产业——固体废物产业。

虽然固体废物污染控制的最佳途径是将其中可利用的材料充分回收利用，但它必须以先进可靠的技术作先导并投入大量资金。我国固体废物污染控制工作起步较晚，始于 20 世纪 80 年代初，限于技术和经济的考虑，近期还难于大面积实现废物的"资源化"，今后较长一段时间还仍将以垃圾的"无害化"为主。

减量化、资源化、无害化三者之间不是平行并列关系，更不是对立冲突关系，也不存在减量化、资源化优先于无害化的次序关系。三者之间的关系应该是：无害化是固体废物管理的根本目的，是固体废物管理的总体要求。固体废物从产生、收集、运输到减量（reduce）、再利用（reuse）、再生利用（recycle）、回收利用（recovery）都必须遵循这一要求。减量化、资源化是固体废物无害化管理的重要手段，减量化、资源化应服从和服务于无害化。只有满足无害化要求的减量化和资源化才是真正意义上的减量化和资源化。否则，不过是污染转移、污染延伸或污染扩散，不但对改善环境质量没有积极作用，反而会给人体健康和生态环境带来更大的危害。

但是，固体废物处理利用的趋势必然是从"无害化"走向"资源化"，即"三化"的关系是：以减量化为前提，以无害化为核心，以资源化为归宿。

1.8 固体废物物流特征与循环经济发展模式

人类生存与发展的物质基础是社会的物流过程，包括原料的集运、产品的生产与消费以及废物的产生与排放，因此废物物流是社会活动的必然产物，也是造成环境污染的源头之一。随着人类物质加工技术水平的提高，从废物物流中获得原料与能量的技术逐步发展，因此废物物流的资源属性也不断得到认识。但此资源概念仍建立在"资源→生产→产品→废物"的单向物流流动的开环式线性经济的基础之上，而非采用以"减量化、再利用、再循环"（3R）为基础建立的"资源→生产→产品→资源"循环经济模式。这种模式要求整个社会物流形成良性的循环，实现以较少的资源和能源消耗达到较高的经济增长速度，这是固体废物处理和利用以及环境质量改善的根本出路。本节首先介绍固体废物的物质流动特征，在此基础上，讨论处理、利用固体废物的循环经济模式。

1.8.1 固体废物物流特征

人类社会是一个由人与自然所组成的复杂系统。该系统包含了物质流、能量流和信息流，而决定这个系统结构、状态和功能的最基本的是物质流层次，它是人类生命活动得以维持的基础，也正是在物流层次使人类与自然系统紧密相连。图 1-3 示意了人类物流利用与固体废物的产生过程。可见，社会物质流与固体废物产生的途径，以及维持人类社会一切活动的物料，都处于一种动态平衡的状态，并遵循质量守恒定律。

由图 1-3 可见，人类利用物流的每一步（从原料生产、产品的制造到产品的消费）都可能伴有固体废物的产生，同时在固体废物产生过程的每一步，均有减少固体废物产生的可能，如再制造和加工利用；另一方面，进入最终处置的固体废物则是难以完全避免的。

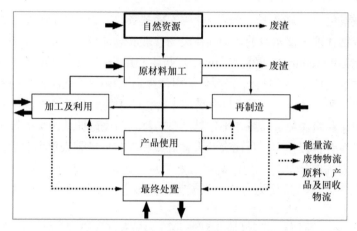

图 1-3　工业社会的物质流和废物物流流程图

　　分析该流程图，亦可以获得两点启示：①人类的一切活动相对于外界环境而言，只不过是开发和利用了自然资源，而最终将资源以废物的形式等量回归于环境。这种对资源的"利用与归还"，经常处于交变状态。在生产与产品的消费过程中，均产生各种形态的废物，这些废物一部分在生产与消费中得到回收和再利用，而另一部分恰好与在环境中开发的原料等量，以废物的形式返回到自然环境中，形成一个封闭的循环系统。②在现代社会中，人类活动的每一环节均产生各种状态的废物，从环境中原料的开发直至产品的利用，无一例外。减少废物产量的唯一途径是降低单位产品原料的消耗量，减少原料的开发。固体废物是社会物流系统的一个组成部分，遵循上述规律。

　　从物质流动的方向看，传统工业社会的物流是一种单向线性流动模式，走的是"资源→产品→废物"发展模式，是以高消耗、低利用、高排放（高污染）（两高一低）为特征的经济发展模式：人们以越来越高的强度把地球上的物质和能源开采出来，在生产加工和消费过程中又把污染和废物大量地排放到环境中，对资源的利用通常是粗放的和一次性的，是在把资源不断地变成废物的过程中实现经济的数量型增长，从而导致许多自然资源的短缺甚至枯竭，并造成灾难性的环境污染。那么，如何改变传统的发展模式，减少废物的排放和对环境的危害呢？这就是我们下面要介绍的"循环经济"的发展模式。

1.8.2　循环经济

1.8.2.1　源流

　　循环经济思想可追溯到 20 世纪 60 年代，美国经济学家 K.E.博尔丁（K. E. Boulding）提出了用"宇宙飞船经济理论"（即"航天员经济"）取代"牛仔经济"（"牧童经济"），它意味着人类社会的经济活动应该从服从以线性为特征的机械论规律，转向遵循以反馈为特征的生态学规律。它对经济发展的新要求是：①人与自然界应该形成双向互动的新关系，不能把人与自然的关系单纯理解为向自然索取，也不能把生产看成是对自然资源破坏的"单向式"发展过程；②采取新的循环式生产方式，把对环境的危害程度最小化；③改变单纯追求经济效益而忽视生态效益和社会效益的观念，把生产生态化，形成生态与经济有机结合的生态经济。既要重视量的增长，更要重视质的提高，实现生产方式和经济机制运作的创新，变革以物质为中心的旧发展观，把整个经济活动纳入社会—经济—自然协调发展的系统中。

1.8.2.2　循环经济的概念和特征

所谓循环经济（circular economy or recycle economy），就是物质闭路循环流动性经济（the economy of closed material cycles）的简称。

循环经济是一种按照"资源—产品—再生资源"的反馈式流程组成的"闭环式"经济，表现为"低开采—高利用—低排放"的特点。

循环经济的内在运行机理是按照自然生态系统内部物质循环和能量流动规律，以生态规律来指导人类的经济活动。它把清洁生产、资源综合利用、生态设计和可持续消费等融为一体，使整个生产和消费过程中不产生或少产生废物；在物质不断循环利用的基础上发展经济，最大限度地利用进入系统的物质和能量，提高资源的生产率，最大限度地减少污染物排放，从而使经济活动对自然环境的影响降低到最小程度，提升经济运行的质量和效益。

因此，循环经济就是将清洁生产和废弃物的综合利用融为一体的经济，它本质上是一种生态经济，要求运用生态学规律来指导人类社会的经济活动。

1.8.2.3　循环经济的内涵和原则

由以上讨论可见，循环经济本质上是一种生态经济（ecological economy）。它以资源的高效循环利用为核心，以"减量化、再利用、资源化"为原则，以低消耗、低排放、高利用为基本特征，在小、中及大 3 个层面实现物质的循环流动。其是符合可持续发展理念的经济增长模式。

循环经济通常以"减量化、再利用、再循环"为行为准则（简称"3R"原则）。

（1）减量化原则（reduce）

又称减物质化原则。"减量化"是以资源投入最小化为目标。它针对产业链的输入端——资源，通过产品的清洁生产而非末端技术治理，最大限度地减少对不可再生资源的耗竭性开采与利用，以替代性的可再生资源为经济活动的投入主体，以期尽可能地减少进入生产和消费过程的物质流和能量流，对废弃物的产生、排放实行总量控制。生产者通过减少产品原料投入和优化制造工艺来节约资源和减少排放；消费者通过优先选购包装简易、循环耐用的产品，以减少废弃物的产生，从而提高资源物质循环的利用率和环境同化能力。

（2）再利用原则（reuse）

也称重复利用。"再利用"是以废物利用最大化为目标。针对产业链的过程（中间）环节，对消费者采取过程延续方法，最大可能地增加产品使用方式和次数，有效延长产品的寿命和产品的服务效能；对生产者采取产业群体间的精密分工和高效协作，使产品到废弃物的转化周期加大，保障经济系统物质流、能量流的高效运转，实现资源产品的使用效率最大化。

（3）再循环原则（recycle）

或称再生利用，也即资源化原则。"资源化"是以污染排放最小化为目标。针对产业链的输出端——废弃物，一方面通过提升绿色工业技术水平，对废弃物多次回收和再用，实现废物多级资源化和资源的闭合式良性循环，实现废弃物的最少排放；另一方面它要求产品在完成其使用功能后，能重新变成可以利用的资源。

目前的资源化方式有两种：原级资源化和次级资源化。前者是将消费者遗弃的废物资源化后形成与原产品相同的新产品，它是最理想的资源化方式；后者即将废弃物变成不同类型的新产品。原级资源化在形成产品的过程中可以减少20%～90%的原生材料使用量，而次级资源化减少的原生物质使用量最多只有25%。

1.8.2.4　"3R"原则的优先法则及其涵义

"3R"原则之间的关系极为密切，但是它们在循环经济中的重要性不是简单并列的。过去人们常常认为循环经济仅仅是将废弃物资源化，实际上循环经济的根本目标是要求在经济运行的整个物流过程中系统地避免和减少废物，而废弃物的再生利用只是减少废物最终处理量的方式之一。发展循环经济，不仅能够极大地减少污染排放，而且还可以实现资源的高效利用，进而促进经济的健康发展。"3R"原则的优先顺序是：减量化、再利用、再循环。

循环经济要求以源头控制、避免废弃物产生和节省资源消耗为其优先目标，而"3R"原则则构成了循环经济的基本思路，是循环经济思想的基本体现，但三个原则的地位和重要性并非完全相同。事实上，与人们简单地将循环经济认为是把废物资源化、进行废物回收利用的观念不同，废物再生利用仅是减少废物最终处理量的方法之一，而循环经济的根本目标是要求在企业生产或人们消费等经济活动中系统地避免和减少废物的产生，因而从输入端加以控制的减量化原则，是循环经济具有第一法则意义的优选原则。例如，1996年德国《循环经济与废物管理法》明确规定了对待废弃物的优先顺序：避免产生—循环利用—最终处置。其基本涵义为：首先，为实现可持续发展，必须将以末端治理为污染控制的思想向以源头预防为避免污染的思想转变，将防治污染结合到生产和消费的整个经济活动的全过程。减少经济活动源头的污染物产生量不仅对于维护生态环境、减少污染产生后的负效应具有十分重要的意义，而且对于改变企业的形象、由被动地执行甚至"应付"政府的法规转变为主动地进行企业改造、实行清洁生产、走向生态化经济具有强大的推动作用。因而，减量化是循环经济的优先考虑法则。其次，对于源头不能控制或削减的"废物"和经消费者使用后的包装物、旧物品等应考虑通过原级或次级途径加以回收利用，使它们作为资源返回到经济循环过程中，充分发挥其使用价值。只有当避免产生和回收利用在许可条件下均不能实现时，才最终进行环境无害化处理或处置。

循环经济减量化优先的原则还表明，再生利用和资源化虽然是其三个原则的不可分割的组成部分，但必须认识到其所存在的某些不足和局限。废物的再生利用相对于末端治理而言虽然是社会对污染防治、节省资源、实现可持续发展认识的重大进步，但还必须清醒地看到：①再生利用本质仍然属于亡羊补牢式而非防患于未然的预防性措施。从热力学的角度看，它并非能有效地防止熵的增加，仍未从生态学乃至生态经济的角度认识到"每一种事物都与别的事物相关"的基本涵义。废物再利用虽然可以减少其最终处理的数量，但绝非意味着能够减少经济过程中物质的流动、使用和能量转换的速度和强度。②目前废物再利用方式尚不能满足环境友好的原则。因为目前的再利用方法和技术在处理和加工废弃物时，往往需要矿物资源和能源以及水、电等其他物质资源，并将未能利用的废弃物排入环境，未解决"自然界懂得的是最好的"生态学的第三条通俗法则。③如果用作再生资源的废弃物的有效成分过低，则会导致其收集、加工和处理成本过高，因而只有高含量的再生利用才有利可图。事实上，经济循环中的效率具有一定的规模效应，即生产效率与生产规模的关系至为密切。一般物质循环的范围越小，其生态经济效益就越高。如清洗与重新使用一个瓶子（再使用）与将瓶子打碎后重新加工成瓶子（再循环）相比，前者的能耗和物耗将远低于后者，因而不仅更具有环境友好的特性，而且所获得的效益也明显高于后者。因此，物质作为原料进行再循环只应作为最终的解决办法，在完成了其之前的所有循环（如产品的重新投入使用、元部件的维修更换、技术性能的恢复和更新等）之后的最终阶段才予以实施。

1.8.2.5 循环经济的三个层次

循环经济通过运用"3R"原则实现了3个层面的物质循环流动。

（1）小循环：企业内部的物质循环。根据生态效率的理念，推行清洁生产，减少产品和服务中物料和能源的使用量，实现污染物排放的最小量化。例如下游工序的废物返回上游工序，作为原料重新利用；水在企业内的循环；其他消耗品、副产品等在企业内的循环。美国杜邦化学公司是单个企业推行循环经济的典范。

（2）中循环：企业之间的物质循环。按照工业生态学的原理，通过企业间的物质集成、能量集成和信息集成，形成企业间的工业代谢和共生关系，建立生态工业园区（EIPs）。生态工业园区已经成为循环经济的一个重要发展形态。生态工业园区正在成为许多国家工业园区改造的方向，同时也正在成为第三代工业园区的主要发展形态。例如下游工业的废物返回上游工业，作为原料重新利用；或者扩而大之，某一工业的废物、余能送往其他工业加以利用。

（3）大循环：社会层面上的循环。通过废旧物资的再生利用，实现消费过程中和消费过程后物质和能量的循环。如工业产品经使用报废后，其中部分物质返回原工业部门，作为原料重新利用。

据此，可为固体废物物流利用提供如图 1-4 所示的循环模式系统。

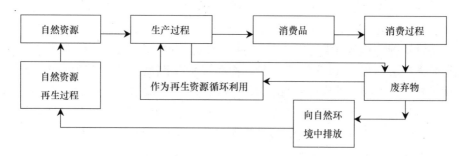

图 1-4　固体废物物流利用循环模式系统

由此看出，循环经济的概念为固体废物的污染控制提供了新的思路，指明了方向，可以说，固体废物的污染控制的根本出路在于循环经济的建立。

1.8.3　循环经济应用于城市垃圾的处理

循环经济应用于城市垃圾的处理，要求在生产和消费中倡导新的行为规范和准则，即要求从单纯收集、运输、处理的观念向优先抑制废弃物的产生和倡导循环利用转变。过去人们认为循环处理的目标是增加城市垃圾的循环量，事实上，循环本身并不是目的。城市垃圾循环处理的目标可以概括为：①节省填埋用地；②节约城市垃圾处理费用；③通过减少污染物排放显著改善环境质量；④增强经济发展的潜力。这意味着循环处理将社会对矿石或石油等不可更新资源的利用量降至最小，并将对木材等可再生资源的利用量降到一种可持续化的水平。

例如，在城市生活垃圾处理中，必须在分类收集的基础上，将垃圾分类收集→循环处理的环境影响和资源消耗量，与提供等量原料生产→垃圾处置的环境影响和资源消耗量进行比较，表明前者优于后者。例如，在市区回收铝制饮料罐对环境有利，但回收包装材料中少量铝则可能需要耗费更多的能量和其他资源加以分离和加工利用。

在现代社会物流循环中，当消费者不再保留某产品时，可能存在以下几种选择：①再利用（如旧家具）；②再制造（如复印机和汽车交流发电机）；③原级再循环（如废金属为原料循环利用）；④次级再循环（如再生塑料制成长凳）；⑤焚烧（如医疗废物）；⑥填埋（如大部分生活垃圾）；⑦直接排入环境（如一些杂物）。

狭义的循环处理只包含上述①～④项，但如果焚烧有效地回收了城市垃圾的大量能量，则它也被列在循环处理中；填埋场则可视为贮存资源的"大垃圾箱"，其中的有用物质可在未来被开发利用，因此有人将其也包括在循环处理体系中。

按循环经济的理念，城市生活垃圾处理遵循的原则应是：首先是实行源头减量，进行分类收集，强化废旧物品的回收和管理，使各类生活垃圾的产生量尽可能地少；其次对已产生的生活垃圾尽可能进行资源和能源的回收利用，包括对可生物降解有机物进行生物处理，对垃圾进行焚烧处理回收热能，垃圾热解生产二次资源等；最后对无法利用的剩余物进行填埋处置。

1.9 本书基本框架和内容

根据工业社会物流特征和固体废物处理处置的基本流程，构成本书各部分和各章节的基本框架和内容，见图1-5。

全书共5个部分。第1部分包括第1、2章的内容，是本书的一般性概念和基础。主要介绍固体废物的来源、组成和性质，固体废物的产生及其污染途径，固体废物的处理处置原则、处理处置技术和一般工艺流程，固体废物污染途径及其危害，固体废物处理的新模式与循环发展理念的关系等。

第2部分涉及第3章的内容。包括固体废物的分类、收集、运输和贮存。收集（collection）是将散乱、无序的废弃物收拢、聚集的熵减过程。收集一般要经历从产生者到垃圾容器、垃圾容器到运输工具、运输工具从一家到另一家或到处理处置场所以及运输路径等过程，因此收集过程总是涉及垃圾的输运（转运）和贮存，它们之间紧密相关、互相影响。

第3部分包括第4～8章的内容。涉及固体废物的物理处理法、化学处理法和

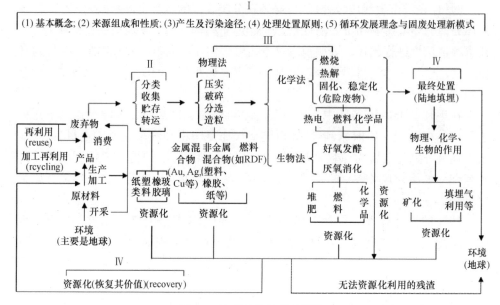

图 1-5　本书结构及基本框架

生物处理法，是本书内容最多的部分。固体废物的物理处理法主要包括固体废物的压实、破碎、分选等物理机械过程（第 4 章），亦称固体废物的预处理；化学处理法则涉及固体废物的焚烧处理（第 5 章）、热解处理（第 6 章）、固化处理（第 7 章）等；生物处理法则包括固体废物的厌氧消化处理过程和好氧发酵堆肥化处理过程（第 8 章）。本部分主要介绍固体废物物理处理法、化学处理法和生物处理法的基本原理和基本规律，并为运用这些原理和方法进行过程设计和解决工程实际问题打下良好的基础。

　　第 4 部分包括第 9 章的内容，是固体废物的最终处置方法，主要解决固体废物的归宿问题。本部分介绍土地填埋场的基本构造和类型、填埋场中的化学反应特性和生物降解行为、气液污染物的迁移转化规律等；填埋气、渗滤液的产生机制和一般控制方法；填埋场垃圾的矿化过程特性以及开采、利用价值；土地填埋场选址、设计、运行遵循的一般原则等。

　　第 5 部分为固体废物的资源化，包括第 10～13 章。在讨论固体废物的一般资源化技术（第 10 章）原理、资源化途径、资源化系统特性等的基础上，重点介绍典型固体废物（废塑料、废橡胶、废电池）（第 11 章）、废弃电器电子产品（第 12 章）、生物质（第 13 章）等的处理和资源化。

　　固体废物物流过程表明，固体废物的产生和处理、处置的每一步，即①原料的开采、生产加工、收运、处理到最终的处置，都有其资源利用、再生的价值；

②来自环境的物质经工业社会各种各样的过程，最后又返回、归趋于自然。因此可以说，我们并没有消耗来自环境或自然的物质和材料，我们只是在使用它们，最终将它们（改变状态）返还于环境或自然。

思　考　题

1. 何谓固体废物？固体废物的主要特点是什么？
2. 如何理解固体废物是"放错地方的资源"？
3. 为什么说固体废物的污染具有"源头"和"终态"的特点？
4. 从固体废物的特点出发，说明控制固体废物的总的原则。
5. 略述固体废物的污染途径及其对环境造成的影响。
6. 简述固体废物处理、处置方法及污染控制途径。
7. 简述"三化"原则及其关系。
8. 简述固体废物物流的特征。
9. 简述循环经济的内涵、特征、"3R"原则、3个层次。
10. 循环经济的"3R"原则与固体废物处理的"三化"原则的区别和联系。

第2章 固体废物的来源、组成和性质

2.1 城市固体废物的来源、组成和性质

2.1.1 城市固体废物的来源及特点

2.1.1.1 定义

城市固体废物或城市生活垃圾是指在城市居民日常生活中或为日常生活提供服务的活动中产生的固体废物以及法律、行政法规规定视为生活垃圾的固体废物。如：厨余物、废纸、废塑料、废织物、废金属、废玻璃陶瓷碎片、粪便、废旧电器、庭园废物等。

2.1.1.2 来源

城市居民家庭、城市商业、餐饮业、旅馆业、旅游业、服务业、市政环卫业、交通运输业、文教卫生业和行政事业单位、工业企业单位以及水和污水处理厂等。

2.1.1.3 分类（类型）

城市固体废物种类繁多、组成复杂、性质多样，因而也有多种分类方法。其分类方法主要有以下几种。

1）根据城市垃圾的性质分为：①可燃烧垃圾和不可燃烧垃圾；②高热值垃圾与低热值垃圾；③有机垃圾和无机垃圾；④可堆肥垃圾和不可堆肥垃圾。①和②可作为热化学处理的判断指标，而③和④可作为垃圾能否以堆肥化和其他生物处理的判断依据。

2）按资源回收利用和处理处置方式分为：①可回收废品；②易堆腐物；③可燃物；④无机废物。其可为资源回收利用和选择合适的处理处置方法提供依据。

3）按垃圾产生或收集来源分为：①食品垃圾（厨房垃圾），居民住户排出的垃圾的主要成分。②普通垃圾（零散垃圾），如纸类、废旧塑料、罐头盒等。以上两项包括无机炉灰，统称为家庭垃圾，是城市垃圾可回收利用的主要对象。③庭院垃圾，包括植物残余、树叶及其他清扫杂物。④清扫垃圾：指城市道路、桥梁、广场、公园及其他露天公共场所由环卫系统清扫收集的垃圾。⑤商业垃圾：指城市商业、服务网点、营业场所产生的垃圾。⑥建筑垃圾：指建筑物、构筑物兴建、

维修施工现场产生的垃圾。⑦危险垃圾，医院传染病房、放射治疗系统、试验室等场所排放的各种废物。⑧其他垃圾，以上所列以外的场所排放的垃圾。上述可作为城市垃圾分类收集、加工转化、资源回收以及选择合适的处理处置方法提供依据。

2.1.1.4　特点

（1）增长速度快，产生量不均匀

一般情况，固体废物的产生量与城市工业发展、城市规模、人口增长及居民生活水平的提高成正比。随着全球经济的持续发展和商品消费的增加，城市生活或市政垃圾的产生和排放量也随之剧增。据统计，世界各个地区城市固体废物的产生量占固体废物总产生量的份额有所不同，如欧洲约为 7%，北美洲约为 3%。

1）全球：总体来讲，城市固体废物的增长率，发展中国家高于发达国家。发达国家增长率约为 2%～5%，发展中国家平均约为 6%～8%，如美国城市垃圾增长率约为 5%，中国平均约为 9%。据世界银行统计，2010 年世界市政固废产生量约为 13 亿 t，而到 2025 年，固废产生量将达到 22 亿 t，主要增长来自于人口增长以及中等收入和低收入国家人均垃圾产生量的提高，人均垃圾产生量从目前的 1.2 kg·d^{-1} 提升至 1.4 kg·d^{-1}。

2013 年，美国市政固废产生量达到 2.54 亿 t，人均固废产生量约 2 kg·d^{-1}。从历史数据来看，虽然美国市政固废总量一直保持增长，但是人均固废产生量在 2005 年达到峰值之后一直在稳步下降，表明经济发展达到一定水平之后，固废产生随着生活方式和源头减量（随着居民回收意识提高，自主进行垃圾源头减量、回收利用）的进行而得到不断改善。

一般而言，人均城市生活垃圾产生量与人均 GDP 呈正相关关系。具体来说，高收入国家人均生活垃圾产生量达到 2.1 kg·人$^{-1}$，中上收入国家 1.2 kg·人$^{-1}$，中下收入国家 0.8 kg·人$^{-1}$，低收入国家 0.6 kg·人$^{-1}$。发展中国家处于快速发展阶段，将带来生产活动和生活方式的丰富，产生更多的固体废物，同时城市化快速发展，人口也会有较快的增长，这些国家的固废产生量也将持续上升。

2）中国：近年来我国国民经济持续快速发展，城市化进程加快，人民生活水平不断提高。垃圾的产量和增长率也逐年增加。自 1979 年以来，中国城市生活垃圾以每年约 9% 的增长率增长。目前，垃圾的年产量超过 2 亿 t，占全世界产量的 1/4 多，人均日产垃圾约 1～1.2 kg。清运量方面：1980 年，全国城市垃圾总清运量为 3132 万 t；1990 年，为 6770 万 t；2000 年，达到 1.18 亿 t；2015 年，达到 1.92 亿 t。

产生量的不均匀性，是指城市固体废物的产生量在一年中随季节，一天中随时间的变化明显不同，并呈现一定规律。随季节不同，是因与燃料结构等有关；而一天中的波动，是因与各城市垃圾的收集时间、收集方式和居民生活习惯有关。

（2）成分复杂、多变，有机物含量高

因各地气候、季节、生活水平与习惯、能源结构的不同，使垃圾的成分和种类多种多样，不均匀，而且产量变化幅度也很大。例如，①燃烧构成改变：油改气，无机炉灰大为减少；②冷冻食品、成品、半成品、净菜上市，食品垃圾也逐年降低；③包装材料的改变，纸、塑料、金属、玻璃则大量增加。

城市固体废物有机物含量高的特点亦很明显。从全球来看，固废中主要成分是有机物，占比 46%；其次是纸和塑料，占比在 27%左右；然后是金属和玻璃，占比 10%。从区域分布来看，高收入国家产生量最大，贡献 46%，低收入国家贡献仅在 6%，中等收入国家贡献 48%。

（3）主要成分为碳，其次为氧、氢、氮、硫等

分析测试表明，C：15%～30%；O：12%～24%；H：2%～5%；N：0.2%～1.0%；S：0.02%～0.1%。

（4）处理方式以填埋为主，但比例逐年下降

1）国外：总体而言，从数据分析，世界市政垃圾的主要处理方式是以填埋为主，其中高收入国家填埋占比 43%，中上收入国家填埋占比 59%，中下收入国家填埋占比 11%，低收入国家填埋占比 59%。1991 年，美国约 70%、英国 90%、意大利 90%、加拿大 82%、法国 48%、德国 60%、荷兰 50%的垃圾靠填埋处理。到 1995 年，填埋比例有所下降，分别为：美国 63%、英国 80%、意大利 74%、加拿大 80%、法国 45%、德国 46%、荷兰 45%。日本城市生活垃圾以焚烧为主（处理率达 80%以上），但填埋处理仍逐年下降，如其直接填埋处理率从 2001 年的 5.3%减为 2006 年的 2.5%。

20 世纪 60～70 年代，美国市政固体废物 95%以上处理方式主要依赖填埋，到 2013 年，其回收利用比率约为 25.5%，堆肥约为 8.8%，燃烧发电约为 12.9%，填埋与其他的方法约为 52.8%。自 60 年代至今，美国的固体废物处理方式经历了较大的变化，直接回收、焚烧以及堆肥的比例上升，填埋比例下降。

欧洲国家近十年来固体废物产生总量与人均固废产生量均稳中有降，如欧盟城市固体废物产生量从 2007 年的约 2.58 亿 t 减少到 2014 年的约 2.38 亿 t，相应年份的人均产生量从约 523 kg 降为 470 kg，反映出环保意识提高以及生活方式变化带来的固体废物产生量减少。欧洲固体废物的处理方式首先是从源头上减少固体废物的产生，并且增加回用和回收效率，最后才是在末端采取有效的处理方式。该方式可以最大限度地在源头减少固体废物产生，从而减少整个固体废物处理的负担，对于洁净整个城市环境更为有效。这也是未来我国固体废物处理模式的发展方向。

对于欧洲国家，由于人口密度和国土面积与美国相比有着显著差距，其固体

废物处理方式也和美国相比有很大的不同。欧洲较为发达国家的固体废物处理以焚烧方式为主。欧洲国家由于国土面积普遍较小,人口众多且人口密度较大,固体废物填埋并不是特别经济的选择,所以焚烧比例相对较高。欧洲经济发达国家,尤其是北欧国家的焚烧占比均接近或超过 50%。

2)中国:目前,对于垃圾处理主要有垃圾填埋、垃圾堆肥、垃圾焚烧 3 种方法。从表 2-1 可以看出,2005 年,城市生活垃圾清运量为 1.56 亿 t,城市生活垃圾无害化处理量为 0.81 亿 t,无害化处理率 51.7%,其中,卫生填埋处理量为 0.69 亿 t,占 85.2%;焚烧处理量为 0.079 亿 t,占 9.8%;其他处理方式(包括堆肥化)约占 5%。数据显示,2015 年,全国城市生活垃圾清运量为 1.92 亿 t,城市生活

表 2-1　2004～2014 年中国城市生活垃圾清运量及处理情况(数据来自《中国统计年鉴》)

年份	2014	2013	2012	2011	2010	2009	2008	2007	2006	2005	2004
生活垃圾清运量/万 t	17860.2	17238.6	17080.9	16395.3	15804.8	15733.7	15437.7	15214.5	14841.3	15576.8	15509.3
无害化处理厂数/座	818	765	701	677	628	567	509	460	419	471	559
生活垃圾卫生填埋无害化处理厂数/座	604	580	540	547	498	447	407	366	324	356	444
生活垃圾堆肥无害化处理厂数/座					11	16	14	17	20	46	61
生活垃圾焚烧无害化处理厂数/座	188	166	138	109	104	93	74	66	69	67	54
生活垃圾无害化处理能力/(t·d^{-1})	533455	492300	446268	409119	387607	356130	315153	271791	258048	256312	238519
生活垃圾卫生填埋无害化处理能力/(t·d^{-1})	335316	322782	310927	300195	289957	273498	253268	215179	206626	211085	205889
生活垃圾堆肥无害化处理能力/(t·d^{-1})					5480	6979	5386	7890	9506	11767	15347
生活垃圾焚烧无害化处理能力/(t·d^{-1})	185957	158488	122649	94114	84940	71253	51606	44682	39966	33010	16907
生活垃圾无害化处理量/万 t	16393.7	15394.0	14489.5	13089.6	12317.8	11232.3	10306.6	9437.7	7872.6	8051.1	8088.7
生活垃圾卫生填埋无害化处理量/万 t	10744.3	10492.7	10512.5	10063.7	9598.3	8898.6	8424.0	7632.7	6408.2	6857.1	6888.9
生活垃圾堆肥无害化处理量/万 t				2599.3	180.8	178.8	174.0	250.0	288.2	345.4	730.0
生活垃圾焚烧无害化处理量/万 t	5329.9	4633.7	3584.1	2599.3	2316.7	2022.0	1569.7	1435.1	1137.6	791.0	449.0
生活垃圾无害化处理率/%	91.8	89.3	84.8	79.7	77.9	71.4	66.8	62.0	52.2	51.7	52.1

垃圾无害化处理量为 1.80 亿 t，无害化处理率 93.7%，比 2014 年上升 1.9%，其中，卫生填埋处理量为 1.15 亿 t，占 63.9%，焚烧处理量为 0.61 亿 t，占 33.9%，其他处理方式占 2.2%。由此可见，我国城市生活垃圾主要还是依靠垃圾填埋方式进行处理，近年其占比下降的趋势亦较为明显。

截止到 2014 年底，我国有城市生活垃圾处理设施 818 座，其中垃圾填埋场 604 座，实际处理量约 1 亿 $t \cdot a^{-1}$；垃圾焚烧 188 座，实际处理量约 5330 万 $t \cdot a^{-1}$。由此可见，垃圾焚烧的应用不断增长，填埋占比不断下降，而堆肥处理的应用处于萎缩状态。垃圾焚烧具有减量多、耗时短、占地面积小等优点，可有效缓解城市生活垃圾与土地资源紧缺的矛盾。

2.1.2　城市固体废物的组成

2.1.2.1　总体情况

城市固体废物的组成受多种因素影响，主要有：①自然环境；②气候条件；③城市发展规模；④居民生活习性（食品结构）；⑤经济发展水平等。

一般来说，对于垃圾成分，工业发达国家：有机物（如厨余、纸张、塑料、橡胶）多，无机物少；不发达国家：无机物多，有机物少。在我国，南方城市较北方城市，有机物多，无机物少。经济发达、生活水平较高的城市，有机物含量较高。以燃煤为主的北方城市，受采暖期影响，垃圾中煤渣、沙石所占的份额较多。表 2-2 为美国城市生活垃圾的组成，表 2-3 为我国部分城市固体废物的组成。

表 2-2　美国城市生活垃圾的组成（2008 年）

成分	产生量/×10⁶t	占比/%
纸和纸板	77.42	31.0
玻璃	12.15	4.9
铁系或含铁金属	15.68	6.3
铝质金属	3.41	1.4
非铁金属	1.76	0.7
塑料	30.05	12.0
橡胶和皮革	7.41	3.0
织物	12.37	5.0
木头	16.39	6.6
其他金属	4.50	1.8
厨余垃圾	31.79	12.7
庭园修整废物	32.90	13.2
混杂无机物	3.78	1.5
总量	249.61	100

表 2-3　我国部分城市垃圾的组成（质量百分数，%）

	有机废物					无机废物			
	厨余	废纸	纤维	竹、木制品	塑料、橡胶	废金属	玻璃、陶瓷	煤灰、水泥、碎砖	其他
北京	39.00	18.18	3.56		10.35	2.96	13.02	10.93	
上海	70.00	8.00	2.80	0.89	12.00	0.12	4.00	2.19	
广州	63.00	4.80	3.60	2.80	14.10	3.90	4.00	3.80	
深圳	58.00	7.91	2.80	5.19	13.70	1.20	3.20	8.00	
天津	50.11	5.53	0.68	0.74	4.81				
南京	52.00	4.90	1.18	1.08	11.20	1.28	4.09	20.64	3.00
无锡	41.00	2.90	4.98	3.05	9.83	0.90	9.47	25.29	2.58
常州	48.00	4.28	1.70	1.01	10.02	1.10	5.80	25.09	3.00
南通	40.05	4.20	1.72	1.31	8.90	0.82	5.10	34.40	3.50
合肥	44.97	3.57	2.98	2.52	10.22	0.80	4.24	28.40	2.30
九江	47.27	4.18	1.93	1.00	12.50	0.54	3.50	27.08	2.00
武汉	39.16	4.33	1.33	3.20	7.50	0.69	6.55	32.74	4.50
宜昌	29.54	1.22	0.73	1.05	1.18	0.41	8.03	55.84	2.00
重庆	38.76	1.04	0.97	1.58	9.10	0.53	9.03	37.99	1.00
惠州	20.00	2.10	2.12	3.27	12.00	2.91	2.20	25.40	
肇庆	50.00	2.10	1.89	4.10	12.60	2.50	4.35	22.46	
清远	53.00	2.00	1.51	3.20	11.12	2.40	2.10	24.67	

2.1.2.2　中国城市生活垃圾成分的地域性变化

中国地域辽阔，南北温差大，东西经济发展不平衡，燃料结构差别大，生活习惯也有很大不同，因此，中国城市生活垃圾的成分随地域而变化。如在燃气区，城市生活垃圾中的有机物占 72.12 %，高于无机物（占 16.84 %）和其他成分（占 12.04 %）；在燃煤区，有机物只占 25.09 %，无机物却占 70.76 %，远远高于燃气区，其他成分只占 4.52 %；在发达地区，纸张在城市生活垃圾中所占比例很大，但在欠发达地区食品是生活垃圾的主要成分。

（1）南北差异

表 2-4 是 2000 年对 73 座城市生活垃圾成分按南方、北方分别进行统计的结果。从表中可明显地看出，南方城市生活垃圾中的有机物（特别是植物）和可回收物所占比例高于北方城市。其中，塑胶类（塑料、橡胶类，下同）所占比例比北方城市高约 1 倍，而灰土等无机物的含量则要低于一半以上。北方城市冬季均需采暖，在燃煤区还需通过燃煤来供暖。由于家庭采暖产生的大量煤灰全部进入生活垃圾中，造成其成分与南方城市的存在差异。

表 2-4　不同地域城市生活垃圾成分统计结果（2000 年）（质量百分数，%）

地区	城市数量/个	可回收物					有机物			无机物		其他
		纸类	塑料、橡胶	织物	玻璃	金属	竹木	植物	动物	灰土	砖瓦陶瓷	
南方	41	6.88	13.76	2.13	2.17	0.80	3.01	48.15	2.29	12.73	3.42	4.46
北方	32	6.22	7.40	2.38	2.25	1.50	2.62	28.25	3.08	28.51	7.19	10.60

注："其他"是指除前面 10 类组分外的物质，其中南方、北方的划分标准按冬季是否有采暖设施考虑

（2）城市差异

不同规模的城市，其生活垃圾的成分也存在差异。大城市居民的生活和消费水平比中小城市高，城市居民燃气化率也较高，因而大城市与中小城市之间的垃圾成分存在一定差异。表 2-5 是 2000 年不同规模城市生活垃圾成分的统计结果。可以看出，大城市的渣石、灰土等无机物含量明显低于中小城市，仅为中小城市的 30% 左右；而有机物和可回收物，尤其是可燃物的含量明显高于中小城市（如纸类、塑胶等），可回收物所占比例则高达 30% 左右，比中小城市高 50% 以上。

表 2-5　不同规模城市生活垃圾成分（2000 年）（质量百分数，%）

城市规模	城市数量/个	可回收物					有机物			无机物		其他
		纸类	塑料、橡胶	织物	玻璃	金属	竹木	植物	动物	灰土	砖瓦陶瓷	
大城市	13	7.87	12.07	1.99	3.29	0.83	3.19	53.17	1.51	11.42	2.65	2.01
中小城市	54	4.29	7.88	2.33	2.40	1.46	2.11	33.40	4.14	28.86	8.62	4.51

注：大城市是指市区人口大于等于 $50×10^4$ 人的城市，中小城市是指市区人口小于 $50×10^4$ 人的建制市

2.1.3　城市固体废物的性质

2.1.3.1　城市固体废物的物理性质

城市固体废物的物理性质与其组成密切相关，组成不同，物理性质亦不同。其物理性质一般用组分、含水率和容重来表示。

（1）组分

城市固体废物的组分以各成分质量占新鲜垃圾的质量百分数表示，包括湿基率（%）（含水分）和干基率（%）（去掉水分，如烘干）。

当垃圾的含水率已知时，用式（2-1）换算：

$$G = a(1-W) \times 100 \qquad (2-1)$$

式中，G 为新鲜湿垃圾中某成分的质量百分数，%；a 为烘干垃圾中同类组分的质

量百分数，%；W 为垃圾的含水率，%。

（2）含水率

含水率为单位质量垃圾的含水量，用质量百分数（%）表示：

$$W=(A-B)/A×100\%　　　　　　　　　　　（2-2）$$

其中，A 为湿垃圾试样的原始质量；B 为烘干后垃圾质量。表 2-6 为未压实城市生活垃圾各组分的含水率。

表 2-6　未压实城市生活垃圾各组分的含水率（%）

来源	成分	水分含量	
		范围	典型值
居民居住区	铝质罐、金属罐、易拉罐	2～4	3
	纸板	4～8	5
	厨余垃圾	50～80	70
	玻璃	1～4	2
	草	40～80	60
	皮革	8～12	10
	树叶	20～40	30
	纸	4～10	6
	塑料、橡胶	1～4	2
	纺织品、织物	6～15	10
	木制品	15～40	20
	庭院垃圾	30～80	60
商业区	餐厨垃圾	50～80	70
	木板和木屑	10～30	20
	混合商业废物	10～25	15
建筑垃圾	建筑垃圾（混合）	2～15	8

（3）容重（或体密度，bulk density）

城市固体废物在自然状态下，单位体积的质量称为垃圾的容重，单位为 $kg·L^{-1}$、$kg·m^{-3}$、$t·m^{-3}$。表 2-7 为城市生活垃圾一些组分的体密度。

2.1.3.2　城市固体废物的化学性质

城市固体废物的化学性质对选择加工处理和回收利用工艺十分重要。表示城市固体废物化学性质的特征参数有：①挥发分；②灰分、灰分熔点；③元素组成；④固定碳；⑤发热值。

表 2-7　城市生活垃圾某些组分的体密度

成分	条件或状态	体密度/ (lb·yd^{-3})
铝质罐	松散的	50~74
	压扁后	250
瓦楞纸板	松散的	350
厨余垃圾	松散的	220~810
	打包后	1000~1200
玻璃瓶	整瓶的	500~700
	压碎后	1800~2700
杂志	松散的	800
报纸	松散的	20~55
其他纸张	打包后	720~1000
	松散的	400
	打包后	700~750
	混合的	70~220
塑料	PETE，整瓶	30~40
	打包后	400~500
	HDPE，松散的	24
	压平后	65
塑料膜、塑料袋	打包后	500~800
	成粒后	700~750
钢罐	未压平	150
	打包后	850
织物	松散的	70~170
庭院垃圾	混合和松散的	250~500
	树叶，松散的	50~250
	杂草，松散的	350~500

注：1 lb·yd^{-3} = 0.59 kg·m^{-3}

（1）挥发分（V_s）

挥发分也称挥发性固体含量，是反映垃圾中有机物含量近似值的指标参数。它以垃圾在 600℃温度下的灼烧减量作为指标。

其计算式为

$$V_s = (W_3 - W_4)/(W_3 - W_1) \times 100\% \tag{2-3}$$

式中，V_s 为垃圾的挥发性固体含量，%；W_1 为坩埚的质量；W_3 为烘干的垃圾质量（W_2）+坩埚的质量（W_1）；W_4 为灼烧残留量（$W_{残}$）+坩埚质量（W_1）。

即

$$V_s = (W_2 - W_{残})/W_2 \times 100\%$$

测定方法与步骤：

1）用天平称取一定量的烘干试样 W_2，装入坩埚内

$$W_2 + W_1 = W_3$$

2）将坩埚置于马弗炉内，在 600℃温度下，灼烧 2 h。

3）取出后，置于干燥器中冷却到室温再称重

$$W_1 + W_{残} = W_4$$

有的方法规定，灼烧温度为 700℃，有机质和结合水均消失。

（2）灰分及灰分熔点

1）灰分 A　灰分指垃圾中不能燃烧也不挥发的物质，即灰分是反映垃圾中无机物含量的参数，常用 A 表示。其数值即是灼烧残留量 $W_{残}$（%），也就是

$$W_4 - W_1 = W_{残} = A$$

$$A = 1 - V_s \tag{2-4}$$

2）熔点 T_A　熔点与灰分的化学组成相关。主要决定于 Si、Al 等元素的含量。

（3）元素组成

元素组成主要指 C、H、O、N、S 及灰分的含量（%）。

1）意义　测知垃圾的化学元素组成，可以：①估算垃圾的发热值，确定焚烧的适用性；②估算生化需氧量（BOD），好氧堆肥化的适用性；③选择垃圾的处理工艺。

2）测定　组成复杂，需用到常规的化学分析方法、仪器分析方法及先进的精密测量仪器。

如 C、H 联合测定采用碳、氢全自动测定仪；N 测定用凯氏消化蒸馏法；P 用硫酸过氯酸铜蓝比色法；K 采用火焰光度法；金属元素采用原子吸收分光光度法。由此可见，垃圾化学元素测定较之物理组成分析更难、更复杂，普及也较困难。

据国外资料报道，经元素分析法测得的垃圾化学组成（质量百分数，%）大致为：C：15%～30%；O：12%～24%；H：2%～5%；N：0.2%～1.0%；S：0.02%～0.1%；灰分：10%～25%；水分：40%～60%；热值：2930～5020 kJ·kg^{-1}（700～1200 kcal·kg^{-1}）。

（4）热值

1）定义　单位质量的垃圾完全燃烧所放出的热量，称为垃圾的热值。可用氧弹量热计来测定垃圾的热值。热值分为高位热值 Q_H（粗热值）和低位热值 Q_L（净热值）。

高位热值是物料完全燃烧产生的全部热量，包括了全部氧化释放的化学能和燃烧产生的水蒸气消耗的汽化热。因此，用氧弹量热计测定的热值为 Q_H。

实际燃烧过程中，温度高于 100℃，水蒸气不会凝结，因而这部分汽化潜热不能加以利用。因此，高位热值扣除水蒸气消耗的汽化热，即得 Q_L。

2）热值计算　前面已讲过，当已知垃圾的元素组成时，可求得热值。可用下式（经验式）表示

a. 门氏公式

$$Q_H = 4.187[81C + 300H - 26(O-S)] \tag{2-5}$$

$$Q_L = 4.187[81C + 300H - 26(O-S) - 6(W+9H)] \tag{2-6}$$

式中，C、H、O、S 分别为 C、H、O、S 的质量百分数，%；W 为垃圾的含水率，%。

b. Q_L 与 Q_H 间的关系

$$Q_L = Q_H - 25.12(9H + W) \tag{2-7}$$

$$Q_L = Q_H - 2420[H_2O + 9(H - \frac{Cl}{35.5} - \frac{F}{19})] \tag{2-8}$$

式中，H_2O 为焚烧产物中水的质量分数，%；H、Cl、F 为废物中 H、Cl、F 含量的质量百分数，%。

c. 已知塑料含量

$$Q_L = [4400(1-\alpha) + 8500\alpha]R - 600W \tag{2-9}$$

式中，R 为垃圾中可燃成分含率，%；α 为可燃成分中塑料的百分含量，%；W 为垃圾的含水率，%。城市垃圾的热值及元素分析值见表 2-8。

表 2-8　城市垃圾热值及元素分析典型值

成分	惰性残余物（燃烧后）		质量/kg	热值/(kJ·kg⁻¹)	质量百分数/%				
	范围/%	典型值/%			C	H	O	N	S
食品垃圾	2~8	5	15	4 650	48.0	6.4	37.6	2.6	0.4
废纸	4~8	6	40	16 750	43.5	6.0	44.0	0.3	0.2
废纸板	3~6	5	4	16 300	44.0	5.9	44.6	0.3	0.2
废塑料	6~20	10	3	32 570	60.0	7.2	22.8	—	—
破布等	2~4	25	2	17 450	55.0	6.6	31.2	4.6	0.15
废橡胶	8~20	10	0.5	23 260	78.0	10.0	—	2.0	—
破皮革	8~20	10	0.5	17 450	60.0	8.0	11.6	10.0	0.4
园林废物	2~6	4.5	12	6 510	47.8	6.0	38.0	3.4	0.3
废木料	0.6~2	1.5	2	18 610	49.5	6.0	42.7	0.2	0.1
碎玻璃	6~99	98	8	140					
罐头盒	90~99	98	6	700					
非铁金属	90~99	96	1	—					
铁金属	94~99	98	2	700					
土、灰、砖	60~80	70	4	6 980	26.3	3.0	2.0	0.5	0.3
城市垃圾			100	10 470					

热值与可燃性的关系：当 $Q_L<3344$ kJ·kg^{-1}，需借助辅助燃料；当 3344 kJ·kg$^{-1}<$ $Q_L<4180$ kJ·kg^{-1}，不需借助辅助燃料，但废物利用价值不高；当 4180 kJ·kg$^{-1}<$ $Q_L<5000$ kJ·kg^{-1}，供热、发电均可；当 $Q_L>5000$ kJ·kg^{-1}，可稳定焚烧和能源利用。我国《城市生活垃圾处理及污染防治技术政策》规定，垃圾平均低位热值须高于 5000 kJ·kg^{-1}。

我国一些经济较发达的沿海城市，如深圳、广州、上海等城市混合垃圾（湿样）热值的统计值变化范围在 6000～7500 kJ·kg^{-1}，而欧美等发达国家的 Q_L 高达 10 000 kJ·kg^{-1} 以上。

2.1.3.3　城市固体废物的生物学特性

城市固体废物的生物学特性包括两方面的内容：① 城市固体废物本身的生物性质及其对环境的影响；② 城市固体废物不同组成进行生物处理的性能，即可生化性。

（1）城市固体废物的生物性质及其对环境的影响

由于城市垃圾成分的复杂性，尤其包括人畜粪便、生活污水处理后污泥等，本身有机生物体很复杂，其中含有不少生物性污染物。城市垃圾中，腐化的有机物也含有各种有害的病原微生物，还含有植物虫害、草籽、昆虫和昆虫卵，造成生物污染。

在生活污水污泥与粪便污泥中也发现许多病原细菌、病毒、原生动物及后生动物，尤其是肠道病原生物体。据报道，70%的疾病源于粪便未作无害化处理造成给水水体的生物性污染。

（2）可生化性（为生物处理的可行性提供依据）

1）BOD$_5$/COD 判断：

BOD$_5$/COD	>0.45	>0.30	<0.30	<0.25
生物法的难易程度	较好	可以	较难	不宜

2）用微生物的呼吸耗氧判断：呼吸好氧可用瓦勃（Warburg）呼吸仪测定。

表 2-9 为城市生活垃圾某些组分的生物可降解特性的计算值。

表 2-9　城市生活垃圾某些组分的生物可降解性

成分	百分含量/%	生物降解性
纸和纸板	37.6	0.50
玻璃	5.5	0
铁质金属	5.7	0
铝	1.3	0

续表

成分	百分含量/%	生物降解性
非铁金属	0.6	0
塑料	9.9	0
橡胶、皮革	3.0	0.5
织物	3.8	0.5
木头	5.3	0.7
厨余物	10.1	0.82
庭院修整废弃物	12.8	0.72
混杂无机物	1.5	0.8
其他物料	1.8	0.5

【例 1-1】有 100 kg 混合垃圾，其物理组成为：食品垃圾 25 kg，废纸 40 kg，废塑料 13 kg，破布 5 kg，废木材 2 kg，其余为灰、土、砖等，利用表 2-8 中的数据求垃圾的热值。

解：（1）灰、土、砖等质量为

$$100-25-40-13-5-2=15 （kg）$$

（2）采用加权公式计算垃圾的热值

$$Q_L=(25×4650+40×16\ 750+13×32\ 570+5×17\ 450+2×18\ 610+15×6980)/100$$
$$=14\ 388 （kJ·kg^{-1}）$$

2.1.4　城市固体废物处理处置现状

2.1.4.1　国外情况

发达国家在垃圾处理的过程中，非常重视垃圾的回收利用和在源头减少垃圾产生量的问题。由于发达国家城市化进程较早，在垃圾收集、运输、处理等方面技术更为成熟，在注重垃圾源头控制、对垃圾严格分类的同时，根据本国的情况采取了不同的垃圾处理方式，取得了良好的效果。表 2-10 为美、英、日、德垃圾产生量及年增长率情况。

表 2-10　美、英、日、德垃圾产生量及年增长率（比上年）

国家（年份）	产量/（10^4t·a^{-1}）	年增长率/%	单位产量/（kg·人$^{-1}$·d^{-1}）
美（2008 年）	25 000	—	2.02
英（2001 年）	2820	2.7	0.87
日（2006 年）	5202	−1.2	1.12
德（2006 年）	4080	—	1.14

日本土地资源紧缺，人口密度为 341 人·km^{-2}，垃圾焚烧在日本应用较广。在 20 世纪 50～70 年代，日本经历了"高度经济成长期"、"大量生产、大量消费、大

量废弃",其生活方式一度引发了大量垃圾问题。因此,在 20 世纪 60 年代后半期,日本不断推广垃圾焚烧技术,并提倡"3R"原则,即减量控制、回收利用和循环再利用。目前,日本的垃圾处理走在世界前列,也是垃圾焚烧技术最先进的国家,垃圾焚烧厂的数量位居世界第一。根据日本环境省数据,2012 年日本普通垃圾总量为 4522 万 t,其中直接焚烧占垃圾总量的 79.8%,填埋仅占 1.3%,回收利用约占 18.9%。

德国人口密度为 229 人·km^{-2},土地资源较紧缺,垃圾焚烧和回收在德国应用较广。德国垃圾处理的思路由"末端处理—循环利用—避免产生"向"避免产生—循环利用—末端处理"过渡。根据 2011 年的数据显示,德国城市固体垃圾中回收利用比例为 62%,焚烧比例为 37%,垃圾填埋比例为 1%。

美国为解决大量垃圾带来的问题,逐步形成了以控制垃圾源头为先、垃圾再循环和堆肥处理居次、填埋或焚烧垃圾随后的多层次垃圾管理模式,并取得了显著效果。据美国环境保护署数据(表 2-11),美国城市生活垃圾由 1960 年的 8810 万 t 升至 2007 年的最高值(2.54 亿 t),2005 年至今城市生活垃圾总量基本维持不变。1980 年,美国城市生活垃圾通过填埋处理的垃圾量约占总量的 89%,到 2012 年降至 53.8%。而与此相对应的是城市生活垃圾回收率从 1980 年的 14.5% 增长至 2012 年的 34.5%,垃圾焚烧近几年一直维持在 10% 左右。表 2-11 为美国 1960～2008 年城市生活垃圾产生及利用情况,表 2-12 为美国 1960～2008 年城市生活垃圾人均产生及利用率情况。

表 2-11　美国 1960～2008 年城市生活垃圾产生及利用情况(×10^{6}t)

产生及利用	1960 年	1970 年	1980 年	1990 年	2000 年	2003 年	2005 年	2007 年	2008 年
产生量	88.1	121.1	151.6	205.2	239.1	242.2	249.7	254.6	249.6
回收利用	5.6	8.0	14.5	29.0	52.9	55.6	58.6	62.5	60.8
堆肥	—	—	—	4.2	16.5	19.1	20.6	21.7	22.1
总的材料回收量	5.6	8.0	14.5	33.2	69.4	74.7	79.2	84.2	82.9
焚烧产能	0.0	0.4	2.7	29.7	33.7	33.1	31.6	32.0	31.6
填埋和其他处置	82.5	112.7	134.4	142.3	136.0	134.4	138.9	138.4	135.1

表 2-12　美国 1960～2008 年城市生活垃圾人均产生及利用率情况(lb·d^{-1})

产生及利用	1960 年	1970 年	1980 年	1990 年	2000 年	2005 年	2007 年	2008 年
人均产生量	2.68	3.25	3.66	4.50	4.64	4.62	4.63	4.50
回收再利用	0.17	0.22	0.35	0.64	1.03	1.08	1.14	1.10
堆肥	—	—	—	0.09	0.32	0.38	0.39	0.40
总的材料回收量	0.17	0.22	0.35	0.73	1.35	1.46	1.53	1.50
焚烧产能	0.00	0.01	0.07	0.65	0.66	0.58	0.58	0.57
填埋和其他处置	2.51	3.02	3.24	3.12	2.64	2.58	2.52	2.43
人口/×10^4	179.979	203.984	227.255	249.907	281.422	296.410	301.621	304.060

注: 1lb=0.453 59kg

可见，在人口密度较大的地区，土地资源紧缺，增加垃圾焚烧的占比是必要的；在人口密度较小的地区，垃圾填埋仍然被广泛应用。同时，在条件允许的情况下，应增加垃圾回收。

2.1.4.2 国内情况

（1）总体概况

伴随我国城镇化水平提高，城镇人口 10 年内增速达到 35.49%，2000 年，我国总人口数为 12.67 亿人，其中城镇人口为 4.59 亿人。截至 2013 年末，我国总人口 13.61 亿，其中城镇人口占比为 53.73%，这给城镇生活环境带来了极大压力，尤其是城镇生活垃圾的处理。按照城镇日人均垃圾产量 1kg 计算，2013 年，我国城镇垃圾产生量高达 2.668 亿 t，再加上农村大量的生活垃圾没有进入处理的行列，我国生活垃圾状况非常严峻，很多省市已经出现了垃圾围城的情况。由于我国垃圾处理产业链前后端存在脱节现象，垃圾分类收集、转运等不健全，使得垃圾清运量远低于垃圾产生量，而且目前的差距有逐渐增大的趋势。也因此推动行业加大对垃圾清运环节的建设力度，如“十二五”期间有 13% 的投资额在清转运环节。市政垃圾清运率也与经济发展密切相关，高收入国家垃圾清运率达到 96%，而低收入国家垃圾清运率仅为 42%。

1990 年前，全国城市垃圾处理率还不足 2%。进入 90 年代以后，我国城市垃圾处理水平不断提高。近 10 年来，我国城市垃圾处理方式有明显的变化，特别是先进的垃圾处理技术逐步得到应用。例如，在近几年建设的许多填埋场中，一些城市如杭州、广州、深圳等对填埋气体进行回收利用，1998 年 10 月，我国第一个填埋气体发电厂在杭州天子岭填埋场建成发电；1999 年 6 月，广州大田山利用填埋气体发电的一台机组投入运行。这些项目的实施，为我国填埋场填埋气体的开发利用奠定了基础。

垃圾焚烧处理从无到有，不断发展。深圳市于 1985 年从日本三菱重工业公司成套引进两台日处理能力为 150t 的垃圾焚烧炉，成为我国第一座现代化垃圾焚烧厂。1994 年底开始扩建的三号炉，结合国家“八五”攻关计划，完成了三号炉国产化工程，设备国产化水平达到 80% 以上，在技术性能方面达到或超过了原引进设备的水平，为我国大型垃圾焚烧设备国产化打下了基础。目前，我国生活垃圾焚烧得到快速发展。截止到 2015 年底，全国已建成生活垃圾焚烧厂 219 座，日处理能力达到 21.6 万 t，占我国城市生活垃圾无害化处理总量的比例已经超过 32%，预计在 2020 年超过 50%，将形成卫生填埋与焚烧发电并举的技术格局。

堆肥处理是我国城市垃圾处理使用最早也是在早期阶段使用最多的方式。堆肥处理主要采用低成本堆肥系统，大部分垃圾堆肥处理场采用敞开式静态堆肥。

"七五"和"八五"期间，我国相继开展了机械化程度较高的动态高温堆肥研究和开发，并取得了积极成果。但近年来，由于受化学肥料的冲击，堆肥的销售量逐年下降，市场前景欠佳，有的堆肥场甚至将肥料送至填埋场处理。

统计显示，2015 年全国设市城市生活垃圾清运量为 1.92 亿 t，城市生活垃圾无害化处理量 1.80 亿 t。其中，卫生填埋处理量为 1.15 亿 t，占 63.9%；焚烧处理量为 0.61 亿 t，占 33.9%；其他处理方式占 2.2%。无害化处理率达 93.7%，比 2014年上升 1.9%。全国生活垃圾焚烧处理设施无害化处理能力为 21.6 万 $t\cdot d^{-1}$，占总处理能力的 32.3%。随着生活垃圾焚烧处理进一步增加，堆肥处理处于萎缩状态，但以综合处理名义的各类不成熟工艺的应用有所增加，卫生填埋场的数量和处理能力也都在增长中。

（2）地区分布

1）各省、市、区情况。2013 年，全国共调查统计了生活垃圾处理厂（场）2135 座，比上年增加 10 座；填埋设计容量达到 334 519 万 m^3；堆肥设计处理能力达到 23 925 $t\cdot d^{-1}$；焚烧设计处理能力达到 78 967 $t\cdot d^{-1}$。全年共处理生活垃圾 2.06 亿 t，其中采用填埋方式处置的生活垃圾共 1.79 亿 t，采用堆肥方式处置的共 0.04 亿 t，采用焚烧方式处置的共 0.23 亿 t。图 2-1 为 2013 年全国各省（区、市）生活垃圾处理量情况。

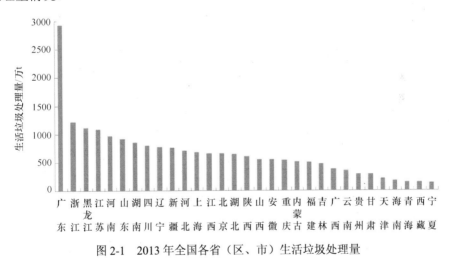

图 2-1　2013 年全国各省（区、市）生活垃圾处理量

2014 年，全国共调查统计了生活垃圾处理厂（场）2277 座，比 2013 年增加142 座；填埋设计容量达到 360 035 万 m^3；堆肥设计处理能力达到 15 903 $t\cdot d^{-1}$；焚烧设计处理能力达到 180 283 $t\cdot d^{-1}$。全年共处理生活垃圾 2.42 亿 t，其中采用填埋方式处置的生活垃圾共 1.82 亿 t，采用堆肥方式处置的共 0.03 亿 t，采用焚烧方

式处置的共 0.56 亿 t，其他处理方式 0.01 亿 t。图 2-2 为 2014 年全国各省（区、市）生活垃圾处理量情况。

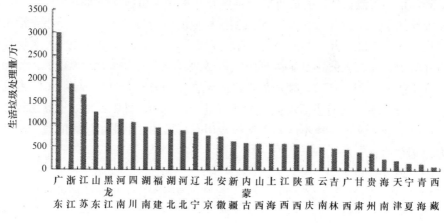

图 2-2　2014 年全国各省（区、市）生活垃圾处理量

2）各城市情况。2013 年和 2014 年，大中城市中，城市生活垃圾产生量居前 10 位的城市见表 2-13。2013 年城市生活垃圾产生量最大的是上海市，产生量为 736 万 t，其次是北京、深圳、重庆和成都，产生量分别为 671.69 万 t、521.69 万 t、452.5 万 t 和 398.3 万 t。前 10 位城市产生的城市生活垃圾总量为 4253.60 万 t，占全部发布城市产生总量的 26.34%。

表 2-13　2013 年和 2014 年城市生活垃圾产生量排名前十的城市

2013 年			2014 年		
序号	城市	城市生活垃圾产生量/万 t	序号	城市	城市生活垃圾产生量/万 t
1	上海	736	1	上海	743
2	北京	672	2	北京	734
3	深圳	522	3	重庆	635
4	重庆	453	4	深圳	541
5	成都	398	5	成都	460
6	广州	394	6	广州	430
7	杭州	308	7	宁波	342
8	宁波	260	8	杭州	330
9	西安	256	9	佛山	308
10	武汉	255	10	武汉	295
合计		4254	合计		4818

2014 年,城市生活垃圾产生量最大的是上海市,产生量为 742.7 万 t,其次是北京、重庆、深圳和成都,产生量分别为 733.8 万 t、635.0 万 t、541.1 万 t 和 460.0 万 t。前 10 位城市产生的城市生活垃圾总量为 4818.1 万 t,占全部发布城市产生总量的 28.7%。

2.2　工业固体废物的来源、类别、组成和性质

2.2.1　工业固体废物概况

2.2.1.1　概念

工业固体废物是指在工业生产活动中产生的固体废物,即工业生产过程中排入环境的各种废渣、粉尘及其他废物。

工业固体废物产生量是指企业在生产过程中产生的固体状、半固体状和高浓度液体状废弃物的总量,包括危险废物、冶炼废渣、粉煤灰、炉渣、煤矸石、尾矿、放射性废物和其他废物等;不包括矿山开采的剥离废石和掘进废石(煤矸石和呈酸性或碱性的废石除外)。酸性或碱性废石是指采掘的废石其流经水、雨淋水的 pH 小于 4 或 pH 大于 10.5 者。

2.2.1.2　危害

工业废物消极堆存不仅占用大量土地,造成人力物力的浪费,而且许多工业废渣含有易溶于水的物质,通过淋溶污染土壤和水体。粉状的工业废物,随风飞扬,污染大气,有的还散发臭气和毒气。有的废物甚至淤塞河道,污染水系,影响生物生长,危害人体健康。

2.2.1.3　处理

工业废物经过适当的工艺处理,可成为工业原料或能源,较废水、废气容易实现资源化。一些工业废物已被制成多种产品,如制成水泥、混凝土骨料、砖瓦、纤维、铸石等建筑材料;提取铁、铝、铜、铅、锌等金属和钒、铀、锗、钼、钪、钛等稀有金属;制造肥料、土壤改良剂等。此外,还可用于处理废水、矿山灭火,以及用作化工填料等。工业废物几乎都可加工成建筑材料,或从中回收能源和工业原料。

工业废物的管理,如今各国大多以工业部门处理为主,即在政府的管理下,由排放的工业部门、工厂自行处理和利用。随着工业废物排放量的增长,日本等国发展了专业化承包处理,以最终处理为目标。

工业废物受工业生产过程等因素的影响,成分常有变化,给处理和利用造成

困难。工业废物往往要经过一定处理过程方可利用，如高温形成的渣须经冷却，湿法生成的渣须经干燥，粉尘须经收集，因此成本较高。目前，许多国家致力于循环利用的研究。

2.2.1.4 产生情况

随着工业生产的发展，工业废物数量日益增加。尤其是冶金、火力发电等工业排放量最大。工业废物数量庞大，种类繁多，成分复杂，处理相当困难。如今只是有限的几种工业废物得到利用，如美国、瑞典等利用了钢铁渣，日本、丹麦等利用了粉煤灰和煤渣。其他工业废物仍以消极堆存为主，部分有害的工业固体废物采用填埋、焚烧、化学转化、微生物处理等方法进行处置。

（1）国外情况

来自经济合作与发展组织（Organization for Economic Cooperation and Development，OECD）的数据表明，全世界工业固体废物的产生量在 100 亿 t 以上，其中，欧洲约 13 亿 t，城市生活垃圾 2.1 亿 t；美国制造业每年产生的固体废物约 70 亿 t；加拿大仅采矿和采石业产生的固体废物就高达 10 亿 t；日本各类固体废物产生总量约 7 亿 t。

（2）国内情况

20 世纪 90 年代初，全国工业固体废物产生量约 6 亿 t。如 1989 年工业固体废物产生量为 5.7 亿 t（不包括乡镇工业，下同），比上年增加 0.1 亿 t，增长 2%，工业固体废物累计堆存量达 67.5 亿 t，较上年增加 1.6 亿 t。1990 年，全国工业固体废物产生量为 5.8 亿 t，比上年增长 1.1%，工业固体废物的排放量为 0.5 亿 t，比上年下降 9.5%，其中排入江河的工业固体废物为 0.1 亿 t，比上年下降 8.1%，工业固体废物累计堆存量为 64.8 亿 t，占地 58 390 hm²，比上年增加 2986 hm²。1991 年，全国工业固体废物产生量为 5.9 亿 t，比上年增长 1.7%，工业固体废物排放量为 0.3 亿 t，比上年下降约 40%，其中排入江河的为 0.1 亿 t，与上年持平，工业固体废物历年累计堆存量为 59.6 亿 t，占地面积为 50 539 hm²，比上年减少 7851 hm²。1992 年，全国工业固体废物产生量为 6.2 亿 t，比上年增长 5.1%，工业固体废物排放量为 0.3 亿 t，其中排入江河的为 0.1 亿 t，与上年持平，工业固体废物历年累计堆存量为 59.2 亿 t，堆存占地 54 523 hm²，比上年增加 3984 hm²。工业固体废物占用耕地 3711 hm²，比上年减少 1485 hm²。

全国工业固体废物，从 21 世纪初的 8 亿 t 左右增加到 2012 年产生量的 33.25 亿 t，增加近 4 倍多（表 2-14），年均增加约 33%，此后逐年有所下降，如 2013 年和 2014 年工业固体废物产生量分别为 33.09 亿 t 和 32.56 亿 t，这可能与这一时期工业企业结构调整、经济放缓有关。

表 2-14 全国工业固体废物产生、排放和综合利用情况（1999～2014 年）*

年份	工业固体废物产生量/万 t	工业固体废物排放量/万 t	工业固体废物综合利用量/万 t	工业固体废物贮存量/万	工业固体废物处置量/万 t	工业固体废物综合利用率/%
1999	78 442	3 880.5	35 756	26 295	10 764	45.6
2000	81 608	3 186.2	37 451	28 921	9 152	45.9
2001	88 840	2 893.8	47 290	30 183	14 491	52.1
2002	94 509	2 635.2	50 061	30 040	16 618	51.9
2003	100 428	1 940.9	56 040	27 667	17 751	54.8
2004	120 030	1 762.0	67 796	26 012	26 635	55.7
2005	134 449	1 654.7	76 993	27 876	31 259	56.1
2006	151 541	1 302.1	92 601	22 399	42 883	60.2
2007	175 632	1 196.7	110 311	24 119	41 350	62.1
2008	190 127	781.8	123 482	21 883	48 291	64.3
2009	203 943	710.5	138 186	20 929	47 488	67.0
2010	240 944	498.2	161 772	23 918	57 264	66.7
2011	326 204	433.3	196 988	61 248	71 382	59.8
2012	332 509	144.2	204 467	60 633	71 443	60.9
2013	330 859	129.3	207 616	43 445	83 671	62.2
2014	325 620	59.4**	204 330.2	45 033.2	80 387.5	62.1

注：2011 年环境保护部对统计制度中的指标体系、调查方法及相关技术规定等进行了修订，故不能与 2010 年直接比较。

*数据来自国家统计局。**为倾倒丢弃量。1999 年和 2014 年数据来自环境保护部统计公报

2.2.1.5 分类

工业固体废物，根据性质可分为一般工业废物（主要有高炉渣、钢渣、赤泥、有色金属渣、粉煤灰、煤渣、硫酸渣、废石膏、脱硫灰、电石渣、盐泥等）和工业有害固体废物（即危险固体废物）。根据来源可分为矿业固体废物、冶金工业固体废物、能源工业固体废物、石化工业固体废物、轻工业固体废物和其他等。

（1）矿业固体废物

矿业固体废物简称矿业废物，是指开采和洗选矿石过程中产生的废石和尾矿。矿石开采过程中，需剥离围岩，排出废石；采得的矿石亦需经洗选，提高品位，排出尾矿。

对环境的危害：矿业废物大量堆存，污染土地，或造成滑坡、泥石流等灾害；废石风化形成的碎屑和尾矿，可被水冲刷进入水体，被溶解渗入地下水，被风吹进入大气；废物中的含砷、镉等剧毒元素或放射性元素，直接危害人体健康。为消除污染，应对矿业废物进行无害化处理，开展废石和尾矿的综合利用。

（2）冶金工业固体废物

指冶金（金属冶炼）工业生产过程中产生的各种固体废弃物。主要指炼铁炉中产生的高炉渣；炼钢过程产生的钢渣；有色金属冶炼产生的各种有色金属渣，如铜渣、铅渣、锌渣、镍渣等；以及从铝土矿提炼氧化铝排出的赤泥以及轧钢过程产生的少量氧化铁渣。

（3）能源工业固体废物

指燃料燃烧后所产生的废物，亦称为燃料废渣。主要包括燃煤设备产生的煤渣和燃油装置产生的油渣，主要有煤渣、烟道灰、煤粉渣、页岩灰等，如产生于燃煤发电过程中的粉煤灰、炉渣等。

粉煤灰是煤燃烧所产生的烟气中的细灰。粉煤灰大部分是球状、表面光滑的细小颗粒，比表面积为 $2000 \sim 4000 \ cm^2/kg$。一般粉煤灰的化学成分为：SiO_2 40%～60%、Al_2O_3 15%～40%、Fe_2O_3 4%～20%、CaO 2%～10%、MgO 0.5%～4%、SO_2 0.1%～2%。粉煤灰中所含晶体矿物主要有莫来石、α-石英、方解石、钙长石、硅酸钙、赤铁矿和磁铁矿等，此外还有少量未燃炭。粉煤灰在我国每年排出量很大（一般燃用 1t 煤约产生 250～300 kg 粉煤灰），若不处理，则会造成大气粉尘污染，排入河湖等水体也会造成水污染、河流淤塞，而其中的有毒化学物质还会对人体和生物造成危害。

炉渣或煤渣是从工业和民用锅炉及其他设备燃煤所排出的废渣，其化学成分为 SiO_2 40%～50%、Al_2O_3 30%～35%、Fe_2O_3 4%～20%、CaO 1%～5%；其矿物组成主要有钙长石、石英、莫来石、磁铁矿和黄铁矿，含有大量硅玻璃体（$Al_2O_3 \cdot 2SiO_2$）和活性 SiO_2、活性 Al_2O_3 以及少量的未燃煤等。目前该类废渣在我国分布很广，利用量远没有排出量大，弃置堆积时还可放出含硫气体污染大气及危害环境。

（4）石油、化学工业固体废物

即石油炼制、加工和化工生产过程产生的固体废物。石油炼制行业固体废物主要有酸碱废液、废催化剂和页岩渣；石油化工和化纤行业的固体废物主要有废添加剂、聚酯废料、有机废液等。

石化工业固体废物的特点：①有机物含量高。原油处理的损失率为 0.25%，其中大部分含在固体废物中。如石油炼制工业，油品酸、碱精制产生的废碱液，油的含量高达 5%～10%，环烷酸含量达 10%～15%，酚含量高达 10%～20%。石油化工、化纤行业产生的固体废物中绝大多数为有机废液，此外，罐底泥、池底泥油含量都高于 60%。②危险废物种类多。如石油炼制产生的酸碱废液，不但含有油、环烷酸、酚、沥青等有机物，还含有毒性、腐蚀性较大的游离酸碱和硫化物。有机废液中 60%以上的物质属危险废物。油含量高的罐底泥、池底泥具有易燃易爆性，也属于危险物质。③多数石化固体废物利用价值较高，利用途径较多，只要采取适当的物化、熔炼等加工方式即可从废催化剂、污泥、废酸碱液、页岩渣获得有用物质。

（5）轻工业固体废物

轻工生产、加工过程产生的固体废物。主要包括食品工业、造纸印刷工业、纺织印染工业、皮革工业等生产过程中产生的污泥、动物残体、废酸、废碱、废纸、废塑料、废布头等，以及其他废物。

2.2.1.6　工业固体废物产生、贮存及排放方式

（1）产生方式

① 连续产生；② 定期批量产生；③一次性产生；④ 事故性产生或排放。

（2）贮存方式

① 件装容器贮存；②散状堆积贮存；③池、塘、坑贮存。

（3）排放方式

① 连续排放（如连续排放的废液直接排入下水管道）；② 定期清运排放；③ 集中一次性排放。

2.2.1.7　工业固体废物的形态与污染物特征

（1）形态

固态（如锅炉渣）和半固态（如废水处理污泥）。

（2）污染物含量特征

① 不同工业产品的生产，产生的固体废物类别因使用的原辅材料不同而不同；② 相同工业产品的生产，因工艺和原辅材料的产地不同，主要污染物含量也不同；③ 同一工业产品，相同的生产工艺和原辅材料，因生产工况条件和员工实际操作的变化，所产生的污染物含量也会变化。

2.2.2　工业固体废物的组成及性质

总体而言，工业固体废物的组成具有相对稳定性。工业固体废物中以尾矿和采煤、燃煤产生的废物最多，占总量的80%左右，而煤矸石、炉渣和粉煤灰约占产生量的50%，这与我国矿物资源主要靠自给、开采量大、能源以煤为主有密切关系。

工业固体废物的类型不同，其组成也不同。本书按矿业固体废物、冶金工业固体废物、化学工业固体废物、其他工业固体废物这四大类来分别阐述工业固体废物的组成。

2.2.2.1　矿业固体废物

（1）来源

矿业固体废物来自矿物开采和加工利用过程中产生的固体废物。各种矿石、煤的开采过程中，产生的矿渣数量大，涉及的范围广，如矿山的剥离废石、掘进废石、煤矸石、选矿废石、废渣、各种尾矿等。

矿石的开采方法有露天开采和地下开采两种，其中，露天开采产生了剥离物，地下开采产生了废石。一般大中型露天矿山剥离量都在数百万吨，地下采矿井巷工程每年要产生数十万吨以上的废石；在选矿作业中每选出 1t 精矿，平均要产出几十吨或上百吨的尾矿，有的甚至要产出几千吨尾矿。

（2）废物产生量

1）对露天矿的开采：每采 $1m^3$ 矿石，需剥离掉 $8 \sim 10 \, m^3$ 的剥离物（土岩）。如：开采 $1m^3$ 铝土矿，甚至要剥 $13 \sim 16 \, m^3$ 土岩。

2）对地下矿石开采：开采 1t 矿石，排出石渣约 3.6 t。

3）选矿中：选出 1t 精矿，产生几十吨、上百吨甚至上千吨尾矿。

4）冶炼中：每冶炼 1t 金属也要产生数吨的冶炼渣。

中国尾矿产生量很大，占工业固体废物的 30% 以上，年产 1.8×10^5 t 以上。此外，每年排放 10^8 t 的露天矿山剥离物和地下矿废石，未统计在工业固体废物范围内。

（3）矿业废物主要类别和性质

1）露天矿：其剥离物一般为土岩混杂、块度大小不一的固体废物，其性质随围岩的性质而变化。

2）地下矿：形态上是大小不同的石块，其性质也随围岩的组成而变化。

3）有色金属的尾矿：一般由矿石、脉石及围岩中所含矿物组成，其主要化学成分为 SiO_2、CaO、MgO、Fe_2O_3、K_2O、Na_2O 等。

2.2.2.2　冶金工业固体废物

（1）来源

主要来自各种金属冶炼过程中或冶炼后排出的所有残渣废物，主要包括高炉渣、钢渣、轧钢、铁合金、烧结、有色金属冶炼渣及铝冶炼固体废物。

（2）产生量

1）高炉渣固体废物：通常每炼 1 t 生铁可产生 $300 \sim 900 \, kg$ 渣。

2）钢渣固体废物：包括：①转炉钢渣：一般生产 1 t 钢产生 $130 \sim 240 \, kg$ 钢渣；②平炉钢渣：生产 1 t 钢产生 $170 \sim 210 \, kg$ 钢渣；③电炉钢渣：以废钢为原料，生产特殊钢，目前，生产 1 t 电炉钢产生 150～200 kg 钢渣。

3）轧钢固体废物：轧钢时产生的酸洗废液是钢铁厂具有代表性的污染物。

4）铁合金固体废物：1 t 火法冶炼铁合金产生 1 t 左右废渣。

5）烧结固体废物：每生产 1 t 烧结矿产生 20～40 kg 烧结粉尘。

6）有色金属冶炼渣：目前，每年产生有色金属冶炼渣约 $425×10^4$ t。

7）铝冶炼固体废物：每生产 1 t 氧化铝产生 1～1.75 t 赤泥。

2.2.2.3　化学工业固体废物

（1）来源

来自化学工业生产中排出的工业废渣，主要包括硫酸矿渣、电石渣、碱渣、煤气炉渣、磷渣、汞渣、铬渣、盐泥、污泥、硼渣、废塑料以及橡胶碎屑等，涉及化肥工业、农药、染料、无机盐等工业企业。

（2）产量

目前，全国共产生化工固体废物 2.8 亿～2.9 亿 t，占工业固体废物的 8.9%～9.3%。

（3）主要类别和性质

1）无机盐工业固体废物。

无机盐工业特点：①生产厂家多、产量多。有 20 多个行业，近 800 种产品，年产量数百吨固体废物；②布局分散，生产规模小；③设备密闭性差，"三废"治理落后。

废物组成：主要有 Cr、氰化物、Pb、P、As、Cd、Zn、Hg 等，毒性大。

污染源：主要有铬盐、黄磷、氯化物和锌盐等。

年排量：铬渣：$10×10^4$～$12×10^4$ $t·a^{-1}$，历年积存铬渣：$150×10^4$～$200×10^4$ t，黄磷年排量：$24×10^4$～$36×10^4$ $t·a^{-1}$，氰化钠：$1.3×10^4$～$2.0×10^4$ $t·a^{-1}$，锌盐：$0.6×10^4$～$1.2×10^4$ $t·a^{-1}$。

2）氯碱工业固体废物

成分：氯碱工业固体废物主要含汞盐、汞膏、废石棉隔膜、电石渣、废汞催化剂等。

排量：①废石棉产生量 0.4～0.5 $kg·t^{-1}$；②汞膏排量较小，Hg 含量 97%～99%，Fe 1%；③含废汞催化剂排量 1.43 $kg·t^{-1}$，Hg 含量 4%～6%。

3）磷肥工业固体废物

废物成分：P、F、Si。

危害：占用大片土地，由于风吹雨淋，使废物中可溶性 F 和 P 进入水体，造成水体污染。

4）氮肥工业固体废物

氮肥工业固体废物主要有造气炉渣、各种废催化剂。表 2-15 为氮肥工业主要废渣的产生量及组成。

表 2-15 氮肥工业主要废渣的产生量及组成

废渣名称	产生量	主要成分
煤造气炉渣	0.7～0.9 t（以 1 t 氨计）	SO_2、Al_2O_3、Fe_2O_3、CaO、Mg
油造气炭黑	16～25 kg	C
变换废催化剂	0.47 kg	Fe_2O_3、MgO、Cr_2O_3、K_2O、Mo
合成废催化剂	0.23 kg	Fe_2O_3、Al_2O_3、K_2O
甲醇废催化剂	4～18 kg（1 t 甲醇计）	Cu、Zn、Al_2O_3、S
硝酸氧化炉废渣	0.1 kg（以 1 t 硝酸计）	Pt、Rh、Pd、Fe_2O_3、SiO_2、Al_2O_3、Ca

5）纯碱工业固体废物

产生量：一般生产 1 t 纯碱，产生废液 9～11 m^3，其中含固体废物量约为 200～300 kg，年产废液 1300～1400 m^3，废渣 $30×10^4$～$40×10^4$ $t·a^{-1}$。

6）硫酸工业固体废物

主要为粉尘，生产 1 t 硫酸产生粉尘约 46～57 kg。硫酸工业废水量大，生产 1 t 硫酸排出 1～15 t 酸性废水。

7）有机原料及合成材料工业固体废物

废物特点：①废渣少。一般生产 1 t 产品，产生几千克至几吨废渣；②组成复杂。主要为高浓度有机物，具有毒性、易燃性、爆炸性，可焚烧处理之。

8）染料工业固体废物

染料工业产生的固体废物主要有：①染料生产工艺的硝化、酸化、偶合、水解、氯化等产生的铁泥、铜渣、有机树脂、废母液、废酸等；②染料产品分离、精制过程中产生的过滤液及蒸馏残液等。

9）感光材料工业固体废物

感光材料工业生产中产生的固体废物主要有：①胶片涂布及整理过程中产生的废胶片；②乳剂制备及胶片涂布中产生的废乳剂；③片基生产中产生的过滤用的废棉垫及废片基；④涂布含银废水处理回收的银泥及废水生化处理的剩余活性污泥等。

感光材料工业固体废物的组成较复杂，含有大量的有机物及重金属，主要污染物有明胶、卤化银、三醋酸纤维素酯等。若处理不当会对环境造成一定危害。

　　染料和感光材料工业固体废物大多具有回收价值，搞好综合利用是消除污染、保护环境的重要途径。

2.2.2.4　其他工业固体废物

（1）类别

主要包括煤矸石、粉煤灰、放射性废物等。

（2）产生量

1）煤矸石：是指夹在煤层中的岩石，是采煤和选煤过程中产生的固体废物。其对环境的危害很大：侵占土地，影响生态，破坏景观；矸石山的淋溶水（酸性水）污染地下水源和江河，危害农作物和水产养殖业；由于煤矸石中有硫化铁和含碳物质存在，还会自燃，排放大量烟尘，严重污染大气，损害人体健康，抑制植物生长，腐蚀建筑物结构；个别煤矸石山还有发生爆炸和崩落事故的隐患，对矿区安全构成严重威胁。

　　煤矸石产量约为原煤的10%～15%，截止到2007年，全国历年累计堆放的煤矸石约43亿t，占用土地约1.5×10^4 hm²。据统计，2015年全国煤炭产量为37.5亿t（比2013年的36.8亿t升高约2%，比2014年的38.7亿t减少3.3%），按占煤产量10%的低排矸量计算，当年排放煤矸石就达3.75亿t。据环境保护部统计，2013年煤矸石产生量3.8亿t，占一般工业固体废物的12.3%，综合利用量为2.8亿t，综合利用率为71.1%；2014年煤矸石产生量为37 342.5万t，占12.0%，综合利用量为28 328.5万t，综合利用率为74.1%。虽然今后煤炭产量基本保持稳定，但累积排矸量将逐年增加，加上以往积存的煤矸石，其数量相当巨大。因此，煤矸石的综合利用及生态治理是亟待解决的重要问题。

　　2）粉煤灰：指从燃煤（含煤矸石、煤泥）锅炉烟气中收集的粉尘和炉底渣以及燃煤电厂生产过程中产生的脱硫、脱硝灰渣。电厂燃煤锅炉分煤粉炉、循环流化床锅炉及液态排渣炉三大类型，煤质不同，所烧煤的粒度、燃烧温度、炉内停留时间均有不同，所产生的粉煤灰、炉渣比例、形态及物理、化学性质均有较大的不同。据统计2006～2008年中国粉煤灰的产生量分别是3.52亿t、3.88亿t和3.95亿t；2013年，粉煤灰产生量达到4.6亿t，占一般工业固体废物的14.8%，综合利用量为4.0亿t，综合利用率为86.2%；2014年粉煤灰产生量45 924.0万t，占一般工业固体废物的14.7%，综合利用量为40 664.3万t，综合利用率为87.5%。

　　3）放射性废物

　　放射性废物为含有放射性核素或被放射性核素污染，其浓度或活度大于国家审管部门规定的清洁解控水平，并且预计不再利用的物质。放射性废物尽管有各种各样，但却具有一些共同特征：

a. 含有放射性物质。它们的放射性不能用一般的物理、化学和生物方法消除，只能靠放射性核素自身的衰变而减少。

b. 射线危害。放射性核素释放出的射线通过物质时会发生电离和激发作用，对生物体会引起放射性废物固化处理装置辐射损伤。

c. 热能释放。放射性核素通过衰变放出能量，当废液中放射性核素含量较高时，这种能量的释放会导致废液的温度不断上升甚至自行沸腾。

放射性废物的危害包括物理毒性、化学毒性和生物毒性。通常主要是物理毒性。有些核素如铀还具有化学毒性，此外，对于混合废物还含有有毒、有害化学污染物。至于生物毒性，仅来自医院的个别废物才可能掺有。物理毒性指的是辐射作用。大剂量照射可出现确定性效应，小剂量照射会出现随机性效应。放射性废物来自三大领域：核能开发、核技术应用、伴生放射性矿物开采利用。其产生量占工业固体废物产生量的 3%～5%。按近年（2011～2015 年）全国工业固体废物年均产生量近 33 亿 t 推算，放射性废物的产生量约 1 亿～1.6 亿 t。

2.2.3　我国工业固体废物处理利用概况

2.2.3.1　概况

随着我国经济高速发展，快速的城镇化过程和社会生活水平的提高，以及工业化进程的不断加快，工业固体废物也呈现了迅速增加的趋势。2001 年，全国工业固体废物产生量为 8.88 亿 t，到 2011 年已增至 32.6 亿 t，年平均增长率约为 11.6%，10 年间工业固体废物的产生量增长了近 4 倍。

工业固体废物的污染具有隐蔽性、滞后性和持续性，给环境和人类健康带来巨大危害。对工业固体废物的妥善处置已成为我国在快速经济发展中不可回避的重要环境问题之一。

随着技术的发展，我国工业固体废物的综合利用量不断增加，综合利用率不断提升，从 2001 年的 53.5%上升到了 2013～2014 年的 60.5%，提高了 7%。2013～2014 年全国利用尾矿总量约为 2.3 亿 t，综合利用率为 17%，比 2013～2014 年度提高 1.7%，全国尾矿综合利用产值超过 500 亿元。而 2013～2014 年，我国煤矸石、煤泥发电装机容量达 2800 万 kW，相当于减少原煤开采 4200 万 t；从钢渣中提取出约 450 万 t 渣钢，相当于减少铁矿石开采近 1740 万 t。综合利用已成为工业固体废物的最大流向，但 10 年间综合利用率提高年均不足 1%，由此可见，我国工业固体废物仍有较大的综合利用潜力。

另外，目前我国对工业固体废物的综合利用还仅限于初级的粗放式利用，如铺路、生产水泥建材、矿坑填充等，高附加值的产品较少。与国外相比，我国工业固体废物资源化的水平也较低，如我国矿产资源总回采率仅为 30%，比世界平均水平低 10%～20%，有很大的提升空间。

大宗工业固体废物综合处理与资源化利用作为国家发展循环经济的重要内容，在支撑引领工业领域节能减排、培育节能环保战略新兴产业的环节中处于先行先导地位。大宗工业固体废物是指我国各工业领域在生产活动中年产生量在 1000 万 t 以上（表 2-16）、对环境和安全影响较大的固体废物，主要来自能源和冶金工业，包括尾矿、煤矸石、粉煤灰、冶炼渣、工业副产石膏、赤泥和电石渣等。大宗工业固体废弃物的综合利用方式主要是转化为建筑和基础设施建设材料以及有用组分的再利用等。

表 2-16　我国大宗工业固体废物综合利用发展目标

种　类	产生量/万 t		综合利用量/万 t		综合利用率/%	
	2010 年	2015 年	2010 年	2015 年	2010 年	2015 年
尾矿	121 400	130 000	17 000	26 000	14	20
煤矸石	59 800	73 000	36 500	51 100	61	70
粉煤灰	48 000	56 600	32 600	39 600	68	70
冶炼渣	31 700	44 000	19 000	33 000	60	75
工业副产石膏	12 500	15 000	5 000	9 750	40	65
赤泥	3 000	3 500	120	700	4	20
合计	276 400	322 100	110 220	160 250	40	50

为了推进大宗固体废物综合利用，缓解工业发展面临的资源和环境约束，"十一五"期末，我国大宗工业固体废物综合利用量达到 11 亿 t，比"十五"期末增长 5.6 亿 t；综合利用率达到 40%，比"十五"期末提高 7%；从事大宗工业固体废物综合利用的企业超过 15 000 家，产值达到 3000 亿元。

"十二五"期间，随着我国工业的快速发展，大宗工业固体废物产生量也将随之增加，预计总产生量将达 150 亿 t，堆存量将净增 80 亿 t，总堆存量将达到 270 亿 t。根据《大宗工业固体废物综合利用"十二五"规划》，计划 2010～2015 年，大宗固体废弃物处理率从 40% 提升到 50%，处理量从 11 亿 t 提升到 16 亿 t，其中尾矿、有色冶炼废物处理是重点；2015 年我国工业固体废弃物综合处理市场产值将达到 5000 亿元，发展空间广阔。

由表 2-16 可见，2015 年，大宗工业固体废物综合利用量达到 16 亿 t，综合利用率达到 50%，年产值 5000 亿元。"十二五"期间，大宗工业固体废物综合利用量达到 70 亿 t；争取完成《工业转型升级规划（2011—2015 年）》中"工业固体废物综合利用率 72%"的指标。

2.2.3.2　分布

（1）类别分布

2013 年，全国一般工业固体废物产生量为 32.8 亿 t，重点调查工业企业的一般工业固体废物产生量为 31.3 亿 t。其中，尾矿产生量为 10.6 亿 t，占 34.0%，综合利用量为 3.3 亿 t，综合利用率为 30.7%；粉煤灰产生量为 4.6 亿 t，占 14.8%，综合利用量为 4.0 亿 t，综合利用率为 86.2%；煤矸石产生量为 3.8 亿 t，占 12.3%，综合利用量为 2.8 亿 t，综合利用率为 71.1%；冶炼废渣产生量为 3.7 亿 t，占 11.8%，综合利用量为 3.4 亿 t，综合利用率为 91.8%；炉渣产生量为 2.6 亿 t，占 8.5%，综合利用量为 2.4 亿 t，综合利用率为 89.9%。2014 年，全国一般工业固体废物产生量为 32.6 亿 t，而重点调查的工业企业产生量为 311 553.0 万 t，占全国一般工业固体废物产生量的 95.7%。重点调查工业企业中，尾矿产生量为 104 585.4 万 t，占重点调查单位产生量的 33.6%，尾矿综合利用量为 30 919.5 万 t，综合利用率为 29.4%；粉煤灰产生量为 45 924.0 万 t，占 14.7%，综合利用量为 40 664.3 万 t，综合利用率为 87.5%；煤矸石产生量为 37 342.5 万 t，占 12.0%，综合利用量为 28 328.5 万 t，综合利用率为 74.1%；冶炼废渣产生量 34 111.1 万 t，占 11.0%，综合利用量为 31 958.3 万 t，综合利用率为 92.7%；炉渣产生量 30 291.3 万 t，占 9.7%，综合利用量为 27 055.4 万 t，综合利用率为 88.6%。2013 年和 2014 年各类别工业固体废物分布见图 2-3。

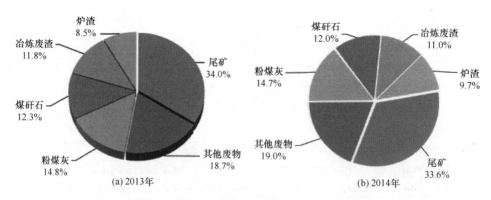

图 2-3　一般工业固体废物产生量种类分布情况

（2）行业分布

2013 年，一般工业固体废物产生量较大的行业依次为黑色金属矿采选业 6.8

亿 t，占重点调查工业企业的 21.7%；电力、热力生产和供应业 6.1 亿 t，占重点调查工业企业的 19.4%；黑色金属冶炼和压延加工业 4.4 亿 t，占重点调查工业企业的 14.1%；有色金属矿采选业 3.9 亿 t，占重点调查工业企业的 12.1%；煤炭开采和洗选业 3.8 亿 t，占重点调查工业企业的 12.5%；化学原料和化学制品制造业 2.8 亿 t，占重点调查工业企业的 8.9%。这 6 个行业一般工业固体废物产生量占重点调查工业企业的 88.7%。2014 年，一般工业固体废物产生量超过 1 亿 t 以上的行业依次为黑色金属矿采选业 6.8 亿 t，占重点调查工业企业的 21.9%；电力、热力生产和供应业 6.1 亿 t，占重点调查工业企业的 19.7%；黑色金属冶炼和压延加工业 4.4 亿 t，占重点调查工业企业的 14.0%；煤炭开采和洗选业 3.8 亿 t，占重点调查工业企业的 12.0%；有色金属矿采选业 3.6 亿 t，占重点调查工业企业的 11.7%；化学原料和化学制品制造业 2.9 亿 t，占重点调查工业企业的 9.3%；有色金属冶炼和压延加工业 1.2 亿 t，占重点调查工业企业的 3.8%。这 7 个行业一般工业固体废物产生量占全国重点调查工业企业的 92.4%。2013 年和 2014 年各行业工业固体废物分布见图 2-4。

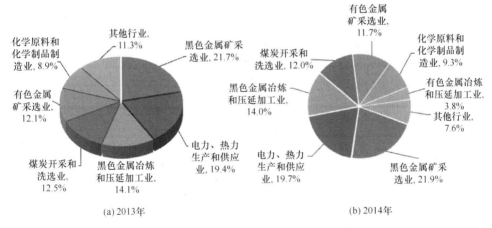

(a) 2013年　　　　　　　　　　　　　　(b) 2014年

图 2-4　一般工业固体废物产生量行业分布情况

（3）地区分布

2014 年，一般工业固体废物产生量较大的省份为河北 41 927.6 万 t，占全国工业企业产生量的 12.9%；山西 30 198.7 万 t，占全国工业企业产生量的 9.3%；辽宁 28 666.3 万 t，占全国工业企业产生量的 8.8%；内蒙古 23 191.3 万 t，占全国工业企业产生量的 7.1%；山东 19 199.4t，占全国工业企业产生量的 5.9%。尾矿产生量较大的省份依次为河北 23 671.2 万 t、辽宁 11 638.2 万 t、四川 7716.3 万 t、内蒙古 6925.8 万 t、江西 6724.7 万 t，其中河北、辽宁两省尾矿产生量占全国重点调查工业企业尾矿产生量的 33.8%。粉煤灰产生量较大的省份依次为山东 4649.8 万 t、内蒙古 4452.6 万 t、山西 3681.4 万 t、河南 3615.2 万 t 和江苏 2907.1 万 t，这 5 个省（区）粉煤灰产生量占全国重点调查工业企业的 42.0%。煤矸石产生量较大的省（区）依次为山西 13 272.4 万 t、内蒙古 5646.8t、安徽 3243.3 万 t、河南 2609.2 万 t 和山东 1891.7 万 t。其中，山西省煤矸石产生量占全国重点调查工业企业的 35.5%。冶炼废渣产生量较大的省份依次为河北 6692.0 万 t、江苏 2992.9 万 t、辽宁 2977.2 万 t、山东 2375.9 万 t 和山西 1871.0 万 t，这 5 个省冶炼废渣产生量占全国重点调查工业企业的 49.6%。其中河北省冶炼废渣产生量占 19.6%。炉渣产生量较大的省份依次为山东 2944.4 万 t、河北 2608.5 万 t、山西 2578.9 万 t、内蒙古 2332.2 万 t 和江苏 2263.1 万 t，这 5 个省（区）炉渣产生量占全国重点调查工业企业的 42.0%。

（4）处理利用情况

1）我国不同行业 2014 年工业固体废物处理利用情况。

综合利用量较大的行业依次为电力、热力生产和供应业 53 044.9 万 t，占重点调查工业企业的 27.4%；黑色金属冶炼和压延加工业 39 915.5 万 t，占重点调查工业企业的 20.6%；煤炭开采和洗选业 28 326.9 万 t，占重点调查工业企业的 14.6%；化学原料和化学制品制造业 19 132.8 万 t，占重点调查工业企业的 9.9%；黑色金属矿采选业 14 067.9 万 t，占全国的 7.3%；有色金属矿采选业 12 817.8 万 t，占重点调查工业企业的 6.6%。

处置量较大的行业依次为黑色金属矿采选业 40 240.5 万 t，占重点调查工业企业的 51.4%；有色金属矿采选业 11 054.3 万 t，占重点调查工业企业的 14.1%；煤炭开采和洗选业 8647.6 万 t，占重点调查工业企业的 11.0%；电力、热力生产和供应业 4599.5 万 t，占重点调查工业企业的 5.9%；化学原料和化学制品制造业 4335.1 万 t，占重点调查工业企业的 5.5%；有色金属冶炼和压延加工业 3932.9 万 t，占重点调查工业企业的 5.0%。

贮存量较大的行业依次为黑色金属矿采选业 14 079.6 万 t，占重点调查工业企业的 32.1%；有色金属矿采选业 13 212.0 万 t，占重点调查工业企业的 30.2%；化学原料和化学制品制造业 6044.8 万 t，占重点调查工业企业的 13.8%；电力、热力生产和供应业 4290.6 万 t，占重点调查工业企业的 9.8%；有色金属冶炼和压延加工业 2107.2 万 t，占重点调查工业企业的 4.8%；煤炭开采和洗选业 1753.6 万 t，占重点调查工业企业的 4.0%。

2）我国不同地区 2014 年工业固体废物处理利用情况。

综合利用量较大的省份为山西 19 680.9 万 t，主要为煤矸石，占全省工业企业综合利用量的 45.0%；山东 18 380.2 万 t，主要为粉煤灰、冶炼废渣和尾矿，占全省工业企业的 55.0%；河北 18 227.7 万 t，主要为冶炼废渣，占全省工业企业的

37.6%；内蒙古 13 260.0 t，主要为煤矸石和尾矿，占全区工业企业的 46.9%；河南 12 319.3 t，主要为粉煤灰和煤矸石，占全省工业企业的 50.4%。这 5 个省份的一般工业固体废物综合利用量占全国工业企业的 40.1%。一般工业固体废物综合利用率较大的省（市）为天津、上海、江苏、山东和浙江，均高于 90%。

　　处置量较大的省份为河北 22 926.9 万 t，主要为尾矿，占全省工业企业的 90.2%；辽宁 9421.7 万 t，主要为尾矿，占全省工业企业的 41.2%；内蒙古 8272.2 万 t，主要为尾矿和煤矸石，占全区工业企业的 73.1%；山西 7716.4 万 t，主要为煤矸石和尾矿，占全省工业企业的 73.0%；四川 5512.3 万 t，主要为尾矿，占全省工业企业的 83.6%。这 5 个省份的一般工业固体废物处置量占全国工业企业的 67.0%。

　　贮存量较大的省份为辽宁 8725.3 万 t，主要为尾矿，占全省工业企业的 55.1%；青海 5448.9 万 t，主要为尾矿，占全省工业企业的 32.1%；江西 4476.0 万 t，主要为尾矿，占全省工业企业的 97.3%；山西 2867.3 万 t，主要为尾矿，占全省工业企业的 53.4%；四川 2849.0 万 t，主要为尾矿，占全省工业企业的 81.6%。这 5 个省份的一般工业固体废物贮存量占全国工业企业的 54.1%。

　　倾倒丢弃量较大的省（区、市）为新疆 26.8 万 t，主要为炉渣，占全区工业企业的 36.4%；云南 6.7 万 t，主要为尾矿和其他废物，占全省一般工业固体废物倾倒丢弃量的 97.0%；重庆 6.7 万 t，主要为煤矸石，占全市工业企业的 62.7%；辽宁 5.9 万 t，主要为其他废物，占全省工业企业的 84.7%；黑龙江 3.3 万 t，主要为炉渣和其他废物，占全省工业企业的 87.3%。这 5 个省（区、市）的工业固体废物倾倒丢弃量占全国工业企业的 83.3%。

2.3　危险废物的来源及特性

2.3.1　危险废物定义

　　1）美国环境保护署（USEPA）："危险废物是固体废物，由于不适当的处理、贮存、运输、处置或其他管理方面，它能引起或明显地影响各种疾病和死亡，或对人体健康或环境造成显著的威胁。"（《资源保护与回收法》，1976 年）

　　2）联合国环境规划署（UNEP）："危险废物是指除放射性以外的那些废物（固体、污泥、液体和用容器盛装的气体），由于它们的化学反应性、毒性、易爆性、腐蚀性或其他特性引起或可能引起对人类健康或环境的危害。不管它是单独的或与其他废物混在一起，不管是产生的或是被处置的或正在运输中的，在法律上都称为危险废物。"

　　3）《中华人民共和国固体废物污染环境防治法》将危险废物定义为：危险废

物是指列入国家危险废物名录或者根据国家规定的危险废物鉴别标准和鉴别方法认定的具有危险特性的固体废物。危险废物通常具有腐蚀性、急性毒性、浸出毒性、反应性、传染性、放射性等一种及一种以上危害特性的废物。

2.3.2　危险废物的来源、产生量及分布情况

2.3.2.1　来源

危险废物来源于工、农、商、医各部门乃至人类的家庭生活。工业企业是危险废物的主要来源之一，集中于化学原料及化学品制造业、采掘业、黑色和有色金属冶炼及其压延加工业、石油加工及炼焦业、造纸及其制品业等工业部门，约占工业固体废物总量的 0.5%～2.0%。表 2-17 为我国工业危险废物排放量、危险废物占比、综合利用量、贮存量及处置量情况。表 2-17 显示，1998～2014 年中国危险废物占工业固体废物总量的比例，最低约为 0.6%，最高为 1.3%，且这一比例在 1998～2010 年间，基本呈降低的趋势，但到 2011 年，由于统计规则的更改发生变化。

表 2-17　全国危险废物产生和综合利用情况（1998～2014 年）

年份	工业固废总产生量/万 t	危废产生量/万 t	危废占比/%	危废综合利用量/万 t	危废贮存量/万 t	危废处置量/万 t	综合利用率/%
1998	80 068	974	1.22	428	387	131	43.9
1999	78 441.9	1 015	1.29	465	397	132.0	45.8
2000	81 607.7	830	1.02	408	275.6	179.0	49.2
2001	88 746	952	1.07	442	307.1	229.0	46.4
2002	94 509	1 001	1.06	391	382.8	242.2	39.1
2003	100 428	1 170	1.17	427	423.0	375.4	36.5
2004	120 030	995	0.83	403	343.3	275.2	40.5
2005	134 449	1 162	0.86	496	337.3	339.0	42.7
2006	151 541	1 084	0.72	566	266.8	289.3	52.2
2007	175 632	1 079	0.61	650	153.9	346.0	60.2
2008	190 127	1 357	0.71	819	196.0	389	60.4
2009	203 943	1 429.8	0.70	830.7	218.9	428.2	58.1
2010	240 944	1 586.8	0.66	976.8	166.3	512.7	61.6
2011	322 722.3	3 431.2	1.06	1 773.1	823.7	916.5	51.7
2012	329 044.3	3 465.2	1.05	2 004.6	846.9	698.2	57.8
2013	327 701.9	3 156.9	0.96	1 700.1	810.9	701.2	53.9
2014	325 620.0	3 633.5	1.12	2 061.8	690.6	929.0	56.7

从统计情况来看：①产生量最大的为工业危险废物，占全部危险废物产生

量的 70% 以上（如 2014 年为 74.5%），其次为医疗废物，约占 14% 其他危险废物约占 11% 以上（2014 年为 11.6%）。②工业危险废物种类主要为石棉废物、废酸废碱、金属冶炼废物、无机氰化物废物等。图 2-5 表示了危险废物的来源、种类及危害性。

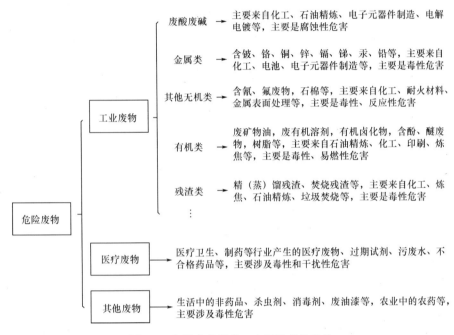

图 2-5　危险废物种类、来源及其危害性

2.3.2.2　产生量及处理利用

图 2-6 为危险废物产生及综合利用情况。由表 2-17 和图 2-6 可知，从 1998~2007 年，在工业固体废物产生量增长 82% 的情况下，危险废物的产生量始终维持在 1000×10^4 t 左右；2008 年~2010 年略有增加；而 2011 年，从 2010 年的 1587×10^4 t 增加到 3431×10^4 t，增加几乎 1 倍。2011 年的突增是由于统计规则变化引起的，2011 年之前的申报是 1 年产生危险废物 10 kg 以上的纳入统计，而从 2011 年开始则是 1 年产生危险废物 1 kg 就要纳入统计，使得 2011 年较 2010 年的统计量发生跃升。

2.3.2.3　分布

我国工业危险废物产生量中，按种类分，碱溶液和固态碱、无机氟化物、含铜废物、废酸或固态酸、无机氰化物、含砷废物、含锌废物、含铬废物等产生量较大。按地区分，贵州、四川、江苏、辽宁、山东、广西、广东、重庆、湖南、

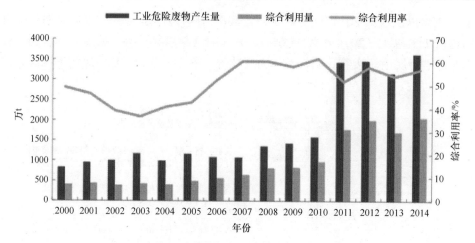

图 2-6　全国危险废物产生、处理处置及综合利用情况

上海、河北、甘肃、云南等 13 个省（区、市）产生量占全国总产生量的 80%以上。总体来讲，我国工业危险废物产生量最大的是西部地区，占全国的 56%，其次是东部和中部地区，分别占全国的 34.5%和 9.5%。而西部排放量占其产生量的 0.17%，比例远远高于全国平均水平，同时，其综合利用率和处置率也较低。按行业分，工业危险废物产生于 99 个行业，重点有 20 个行业，其中化学原料及化学制造业产生的危险废物占总量的 40%。另外，社会生活中也产生了大量废弃的含有镉、汞、铅、镍等的废电池和日光灯管等危险废物。

　　由此可见，我国危险废物具有产生源数量多、分布广泛的特点，不利于管理，今后必须提高对危险废物的处理处置水平，加强对危险废物的管理，降低危险废物污染的风险。以 2014 年为例简要介绍我国不同地区、不同行业危险废物的产生量情况及处理利用情况。

　　（1）种类分布

　　2014 年，全国工业危险废物产生量为 3633.5 万 t，比 2013 年增加 15.1%；综合利用量为 2061.8 万 t，比 2013 年增加 21.3%；处置量为 929.0 万 t，比 2013 年增加 32.5%；贮存量为 690.6 万 t，比 2013 年减少 14.8%。工业危险废物处置利用率为 81.2%，比 2013 年增加了 6.4%。

　　产生量较大的危险废物种类为废碱 608.2 万 t，占重点调查工业企业的 16.7%；石棉废物 561.7 万 t，占重点调查工业企业的 15.5%；废酸 549.4 万 t，占重点调查工业企业的 15.1%；有色金属冶炼废物 391.3 万 t，占重点调查工业企业的 10.8%；无机氰化物废物 246.8 万 t，占重点调查工业企业的 6.8%；废矿物油 152.9 万 t，占重点调查工业企业的 4.2%。

废碱产生量较大的省份为山东 374.4 万 t 和湖南 131.8 万 t，这两个省份废碱产生量占重点调查工业企业的 83.2%。石棉废物主要产生的省份为青海 290.0 万 t 和新疆 271.4 万 t，这两个省（区）的石棉废物产生量占重点调查工业企业的 99.9%。废酸产生量较大的省份为四川 91.2 万 t、江苏 68.3 万 t、云南 67.3 万 t、广西 59.1 万 t、安徽 51.0 万 t，这 5 个省（区）废酸产生量占重点调查工业企业的 61.3%。有色金属冶炼废物产生量较大的省份为云南 132.3 万 t、内蒙古 70.3 万 t、广西 33.3 万 t、湖南 29.7 万 t、河南 20.5 万 t，这 5 个省（区）有色金属冶炼废物产生量占重点调查工业企业的 73.1%。无机氰化物废物主要产生在山东，为 184.3 万 t，占重点调查工业企业的 74.7%。废矿物油产生量较大的省份为陕西 30.9 万 t、辽宁 29.8 万 t、山东 21.1 万 t、新疆 19.6 万 t，这 4 个省（区）废矿物油产生量占重点调查工业企业的 66.4%。

（2）行业分布

2014 年，工业危险废物产生量较大的行业为化学原料和化学制品制造业 865.1 万 t，占重点调查工业企业危险废物产生量的 23.8%；有色金属冶炼和压延加工业 584.2 万 t，占重点调查工业企业的 16.1%；非金属矿采选业 561.6 万 t，占重点调查工业企业的 15.5%；造纸和纸制品业 490.9 万 t，占重点调查工业企业的 13.5%。

其中，化学原料和化学制品制造业产生的危险废物主要是废酸 416.2 万 t、废碱 103.0 万 t 和有机氰化物废物 58.8 万 t，分别占该行业重点调查工业企业危险废物产生量的 48.1%、11.9% 和 6.8%。有色金属冶炼和压延加工业产生的危险废物主要是有色金属冶炼废物 362.4 万 t、无机氰化物废物 111.2 万 t 和含铅废物 40.6 万 t，分别占 62.0%、19.0% 和 7.0%。非金属矿采选业产生的危险废物主要是石棉废物 561.4 万 t，占 99.97%。造纸和纸制品业产生的危险废物主要是废碱 462.4 万 t 和染料、涂料废物 26.1 万 t，分别占该行业重点调查工业企业危险废物产生量的 94.2% 和 5.3%。

就不同行业而言，2014 年，工业危险废物综合利用量较大的行业为化学原料和化学制品制造业 545.2 万 t，占重点调查工业企业的 26.4%，综合利用率为 62.9%；造纸和纸制品业 473.8 万 t，占重点调查工业企业的 23.0%，综合利用率为 96.5%；有色金属冶炼和压延加工业 341.7 万 t，占重点调查工业企业的 16.6%，综合利用率为 56.8%。

工业危险废物处置量较大的行业为化学原料和化学制品制造业 296.2 万 t，占重点调查工业企业危险废物处置量的 31.9%，处置率为 33.9%；有色金属冶炼和压延加工业 97.1 万 t，占重点调查工业企业的 10.5%，处置率为 16.5%；电力、热力生产和供应业 93.4 万 t，占重点调查工业企业的 10.1%，处置率为 75.0%；计算机、通信和其他电子设备制造业 75.0 万 t，占重点调查工业企业的 8.1%，处置率为 42.5%。

工业危险废物贮存量较大的行业为非金属矿采选业 428.6 万 t，占重点调查工业企业危险废物贮存量的 62.0%；有色金属冶炼和压延加工业 165.4 万 t，占重点调查工业企业的 24.0%；化学原料和化学制品制造业 33.8 万 t，占重点调查工业企业的 4.9%。

对不同地区来说，2014 年，工业危险废物综合利用量较大的省份为山东 639.8 万 t，占全国工业企业危险废物综合利用量的 31.0%；湖南 232.5 万 t，占全国工业企业的 11.3%；青海 146.0 万 t，占全国工业企业的 7.1%；云南 137.1 万 t，占全国工业企业的 6.6%；江苏 125.3 万 t，占全国工业企业的 6.1%。全国工业危险废物综合利用率为 56.4%。共有 11 个省份工业危险废物综合利用率超过全国平均水平，其中山东、湖南和安徽超过 80%。2014 年，工业危险废物处置量较大的省份为江苏 113.1 万 t，占全国工业企业危险废物处置量的 12.2%；浙江 89.8 万 t，占全国工业企业工业的 9.7%；广东 82.8 万 t，占全国工业企业的 8.9%；四川 66.2 万 t，占全国工业企业的 7.1%；山东 62.8 万 t，占全国工业企业的 6.8%。2014 年，工业危险废物贮存量较大的省（区）为新疆 273.6 万 t，占全国工业企业的 39.6%；青海 176.8 万 t，占全国工业企业的 25.6%，这两个省（区）的占全国工业危险废物贮存量的 65.2%。

此外，城市垃圾中的废电池、废日光灯管和某些日用化工品也属于危险废物。资料显示，一节 5 号旧电池能损坏 $1 m^2$ 土地，使土壤永久失去利用价值，即使是 1 颗纽扣电池也能对数十升水造成污染。我国电池的产量占世界总产量的 30% 以上，居世界第一，年产干电池超过 150×10^8 只，消费量 $70 \times 10^8 \sim 80 \times 10^8$ 只。作为电池生产和消费大国，每年必将产生数量庞大的废电池；另据统计，我国每年生产荧光灯 8×10^8 多只，其中汞的用量超过 12 t。如果对其乱丢乱扔，将对人们的健康造成严重危害。

由此可见，我国危险废物具有产生源数量多、分布广泛的特点。

2.3.3　危险废物处理利用方法

危险废物处理处置总的技术路线大致分为分类、预处理、最终处置等几个核心环节（图 2-7），其中，①资源化：分类时，主要将一些溶剂、金属等能回用的组分进行资源化回用，这是危险废物资源化项目的主要技术路线；②无害化：缺乏回用价值的危险废物，一般通过预处理和最终处置等环节，进行无害化处置，这是危险废物无害化项目的主要技术路线。无害化的预处理中，主要包括物理法、化学法、固化/稳定化等核心技术；最终处置方法，主要包括填埋、焚烧以及其他一些非焚烧的处置方法。

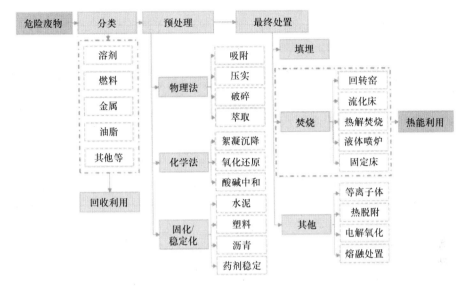

图 2-7　危险废物处理处置利用技术路线图

2.3.4　危险废物的特性

危险废物具有毒害性（包括急性毒性、浸出毒性、生物蓄积性、刺激性等）、易燃性、易爆性、腐蚀性、传染性、化学反应性、疾病传染性以及危害的长期性和潜伏性等特性。危险废物的处理处置方法主要有固化、焚烧和填埋三种。表 2-18 为美国对危险废物危害特性的定义及鉴别标准。

表 2-18　美国对危险废物危害特性的定义及鉴别标准

序号	危险废物的特性及其定义	鉴别标准
1. 易燃性	闪点低于定值；或经过摩擦、吸湿、自发的化学变化有着火的趋势；或在加工、制造过程中发热，在点燃时燃烧剧烈而持久，以致管理期间会引起危险	美国 ASTM 法，闪点低于 60℃
2. 腐蚀性	与接触部位作用时，使细胞组织、皮肤有可见性破坏或不可治愈的变化；使接触物质发生质变，使容器泄露	pH>12.5 或 pH<2 的液体；在 55.7℃ 以下时对钢制品的腐蚀速率大于 0.64 cm/a
3. 反应性	通常情况下不稳定，极易发生剧烈的化学反应，与水猛烈反应，形成爆炸性混合物或产生有毒的气体、臭气；含有氰化物或硫化物；在常温、常压下即可发生爆炸反应，在加热或有引发源时可爆炸；对热或机械冲击有不稳定性	
4. 放射性	由于核衰变而能放出 α、β、γ 射线的废物中，放射性同位素超过最大允许浓度	^{226}Ra 浓度等于或大于 10 μCi/g 废物

续表

序号	危险废物的特性及其定义	鉴别标准
5. 浸出毒性	在规定的浸出或萃取方法的浸出液中，任何一种污染物的浓度超过标准值。污染物指镉、汞、砷、铅、铬、银、六氯化苯、甲基氯化物、毒杀芬、2,4-D 和 2,4,5-T 等	美国 EPA/EP 法试验，超过饮用水 100 倍
6. 急性毒性	一次投给试验动物的毒性物质，半数致死量（LD_{50}）小于规定值的毒性	美国 NIOSH 试验方法，口服毒性 LD_{50}≤50 mg/kg 体重；吸入毒性 LD_{50}≤2 mg/L；皮肤吸收毒性 LD_{50}≤200 mg/kg 体重
7. 水生生物毒性	鱼类试验，常用 96h 半数（TL_{m96}）受试鱼死亡的浓度值小于定值	TL_m<1000×10^{-6}（96h）
8. 植物毒性		半抑制浓度 TL_{m50}<1000mg/L
9. 生物蓄积性	生物体内富集某种元素或化合物达到环境水平以上，试验时呈阳性结果	阳性
10. 遗传变异性	由毒物引起的有丝分裂或减数分裂细胞的脱氧核糖核酸或核糖核酸的分子变化产生致癌、致畸、致突变的严重影响	阳性
11. 刺激性	使皮肤发炎	使皮肤发炎≥8 级

新颁布（2016 年 6 月 14 日）的、自 2016 年 8 月 1 日起施行的《国家危险废物名录》（以下简称《名录》）（2016 版），与 2008 年版《名录》相比，本次修订前言部分主要调整内容包括：一是明确了医疗废物的管理内容；二是修改了危险废物与其他固体废物的混合物，以及危险废物处理后废物属性的判定说明；三是新增危险废物豁免管理，以及通过危险废物鉴别确定是危险废物时如何对其归类的说明。调整《名录》废物种类。2008 年版《名录》共有 49 个大类别 400 种危险废物。本次修订将危险废物调整为 46 大类别 479 种（362 种来自原名录，新增117 种）。其中，将原名录中 HW06 有机溶剂废物、HW41 废卤化有机溶剂和 HW42废有机溶剂合并成 HW06 废有机溶剂与含有机溶剂废物，将原名录中 HW43 含多氯苯并呋喃类废物和原名录中 HW44 含多氯苯并二噁英类废物删除，增加了HW50 废催化剂类废物。《名录》中，根据危险废物的来源、生产工艺和组成的不同，将危险废物分成医疗废物、医药废物、农药废物、废有机溶剂与有机溶剂废物、废矿物油与含矿物油废物、多氯（溴）联苯废物、精（蒸）馏残渣、染料、涂料废物、感光材料废物、表面处理废物、含重金属废物等。

2.3.5 危险废物集中处置情况

危险废物的管理和无害化处理技术以及处置工程是目前固体废物管理的核心内容。据统计，2008 年，全国有危险废物集中处置厂 518 座，比上年新增 196 座。除云南和西藏无危险废物集中处置厂外，其余各省份均有数量不等的处置厂，最多的是广东省，共 86 座。危险废物日处置能力为 19 362 t。其中，焚烧处置能力为 13 909 t，填埋处置能力为 1701 t；危险废物实际处置量为 130.0 万 t，比上年增加 13.7%。其中，焚烧量为 98.9 万 t，比上年增加 26.5%，填埋量为 16.6 万 t，比上年减少 42.9%；危险废物综合利用量为 122.9 万 t，比上年增加 35.1%。

2010 年，纳入统计的危险废物集中处置厂共 546 座。除西藏外，其余省份均建成了危险废物集中处置厂。危险废物集中处置厂运行费用为 38.9 亿元，比上年增加 21.0%；危险废物日处置能力为 17 795 t。其中，焚烧处置能力为 13 147 t，填埋处置能力为 3768 t；危险废物实际处置量为 181.2 万 t，比上年减少 8.2%。其中，焚烧量为 134.4 万 t，比上年减少 13.6%，填埋量为 42.1 万 t，比上年增加 24.6%；危险废物综合利用量为 150.1 万 t，比上年减少 3.2%。

2.4　医疗废物的产生及对环境的影响

2.4.1　定义

医疗废物，是指医疗卫生机构在医疗、预防、保健以及其他相关活动中产生的具有直接或者间接感染性、毒性以及其他危害性的废物。医疗废物共分 6 类，并列入《国家危险废物名录》。

医疗废物中可能含有大量病原微生物和有害化学物质，甚至会有放射性和损伤性物质，因此医疗废物是引起疾病传播或相关公共卫生问题的重要危险性因素。

2.4.2　分类

《国家危险废物名录》中将医疗废物分为 6 类，包括感染性废物、损伤性废物、病理性废物、化学性废物、药物性废物以及非特定行业的为防治动物传染病而需要收集和处置的废物。

感染性废物是指携带有病原微生物的具有引发感染性疾病传播危险的医疗废物，包括被病人血液、体液、排泄物污染的物品，传染病病人产生的垃圾等医疗废物塑料制品；病理性废物是指在诊疗过程中产生的人体废弃物和医学试验动物尸体，包括手术中产生的废弃人体组织、病理切片后废弃的人体组织、病理蜡块等；损伤性废物是指能够刺伤或割伤人体的废弃的医用锐器，包括医用针、解剖刀、手术刀、玻璃试管等；药物性废物是指过期、淘汰、变质或被污染的废弃药品，包括废弃的一般性药品，废弃的细胞毒性药物和遗传毒性药物等；化学性废物是指具有毒性、腐蚀性、易燃易爆性的废弃化学物品，如废弃的化学试剂、化学消毒剂、汞血压计、汞温度计等。

2.4.3　产生量及分布

2.4.3.1　产生量

据统计，2013 年，全国向社会发布了固体废物污染环境防治信息的 261 个大中城市，医疗废物产生量约为 54.75 万 t；2015 年，全国向社会发布了固体废物污染环境防治信息的 244 个大中城市，共产生医疗废物约 62.2 万 t，处置量 60.7 万 t，大部分城市的医疗废物处置率都达到了 100%。医疗废物产生量较大的省份主要集中在东部地区，产生量排在前 3 位的省分别是广东、浙江、河南。

2.4.3.2　分布

2013 年和 2014 年，大中城市医疗废物产生量居前 10 位的城市见表 2-19。2013 年，医疗废物产生量最大的城市是上海市，产生量为 30 000 t，其次是广州、成都、杭州和武汉，产生量分别为 17 514.5 t、15 510.96 t、15 000 t 和 13 657 t。前 10 位城市产生的医疗废物总量为 14.43 万 t，占全部发布城市产生总量的 26.36%。

表 2-19　2013 年和 2014 年医疗废物产生量排名前十的城市

2013 年			2014 年		
序号	城市	城市生活垃圾产生量/万 t	序号	城市	城市生活垃圾产生量/万 t
1	上海	3.00	1	上海	3.5
2	广州	1.75	2	北京	2.8
3	成都	1.55	3	广州	2.0
4	杭州	1.50	4	成都	1.7
5	武汉	1.37	5	杭州	1.6
6	重庆	1.13	6	郑州	1.5
7	郑州	1.12	7	西安	1.4
8	昆明	1.02	8	武汉	1.3
9	深圳	1.00	9	重庆	1.3
10	宁波	0.99	10	宁波	1.1
合计		14.43	合计		18.2

2014 年，医疗废物产生量最大的城市是上海市，产生量为 3.5 万 t，其次是北京、广州、成都和杭州，产生量分别为 2.8 万 t、2.0 万 t、1.7 万 t 和 1.6 万 t。前 10 位城市产生的医疗废物总量为 18.2 万 t，占全部发布城市产生总量的 29.3%。

2.4.4　对环境影响

（1）对土壤的污染

医疗废物伴随医疗服务过程而发生，如处置不当，任意露天堆放，不仅占用大量的土地，导致可利用土地资源的减少，而且大量的有毒废渣或废液在自然界到处流放，很容易就接触到土壤，有的医疗卫生机构甚至将医疗废物简单掩埋，这对土壤的污染则是非常大的。而医疗废物的有毒物质一旦进入土壤，会被土壤所吸附，对土壤造成污染，杀死土壤中的微生物和原生动物，破坏土壤中的微生态，反过来又会降低土壤对污染物的降解能力；其中的酸、碱和盐类等物质会改变土壤的性质和结构，导致土质酸化、碱化、硬化，影响植物根系的发育和生长，破坏生态环境；同时，许多有毒的有机物和重金属会在植物体内积蓄，人体吸入后，对肝脏和神经系统会造成严重损害，诱发癌症和使胎儿畸形。

（2）对水域的污染

医疗废物可以通过多种途径污染水体，如可随地表径流进入河流湖泊，或随风迁徙落入水体。特别是当医疗废物露天放置或者混入生活废物露天堆放时，有害物质在雨水作用下，很容易流入江河湖海，造成水体的严重污染与破坏。最为严重的是，有些医疗卫生机构甚至将医疗废物直接倒入河流、湖泊或沿海海域中，造成更大污染。其中的有毒有害物质进入水体后，首先会导致水质恶化，对人类饮用水安全造成威胁，危害人体健康；其次会影响水生生物正常生长，甚至会杀死水中生物，破坏水体生态平衡；医疗废物中往往含有重金属和人工合成的有机物，这些物质大都稳定性极高，难以降解，水体一旦遭受污染就很难恢复；对于含有传染性病原菌的医疗废物，一旦进入水体，将会迅速引起传染性疾病的快速蔓延，后果不堪设想。许多有机类医疗废物长期堆放后也会和城市废物一样产生渗滤液。渗滤液的危害众所周知，它可进入土壤使地下水受污染，或直接流入河流、湖泊和海洋，造成水资源的水质型短缺。

（3）对大气的污染

医疗废物在堆放过程中，在温度、水分的作用下，某些有机物质发生分解，产生有害气体。有些医疗废物本身含有大量的易挥发的有机物，在堆放过程中还会自燃，放出 CO_2、SO_2 等气体，不仅污染环境，而且火势一旦蔓延，则难以救护。以微粒状态存在的医疗废物，在大风吹动下，将随风飞扬，扩散至远处，既污染环境，影响人体健康，又会玷污建筑物、花果树木，影响市容与卫生，扩大危害面积与范围。此外，医疗废物在运输与处理的过程中，如不采用严格的封闭措施，产生的有害气体和粉尘也是十分严重的。扩散到大气中的有害气体和粉尘不但会造成大气质量的恶化，而且一旦进入人体和其他生物群落，还会危害到人类健康和生态平衡。

2.4.5　处理情况

为落实《医疗废物管理条例》，国家卫生和计划生育委员会与环境保护部联合印发了《关于进一步加强医疗废物管理工作的通知》（以下简称《通知》），以进一步加强医疗废物管理工作。《通知》强调医疗卫生机构和医疗废物集中处置单位落实医疗废物分类、收集、贮存、集中处置等全过程管理；对非法排放、倾倒、处置医疗废物涉嫌犯罪的情况加大处罚力度；加强基层医疗卫生机构医疗废物管理能力建设，防止因医疗废物导致疾病传播和环境污染事故；实行未被污染的输液瓶（袋）和医疗废物分类管理，严禁在未被污染的输液瓶（袋）中混入医疗废物；提高医疗废物集中无害化处置能力，督促医疗废物集中处置单位建设，并对完善医疗废物收费制度和费用分担机制提出了明确要求。

2013 年，全国建成《全国危险废物和医疗废物处置设施建设规划》确定的危险废物集中处置设施建设项目 41 个，新增危险废物焚烧、填埋集中处置试生产企业 35 家，利用处置量超过 1400 万 t；医疗废物集中处置设施建设项目 253 个。

2014 年，全国拥有许可证的医疗废物处置设施分为两大类，即单独处置医疗废物设施和同时利用处置医疗废物和危险废物设施。2014 年，全国各省（区、市）共颁发 280 份医疗废物经营许可证（其中，252 份为单独处置医疗废物设施，28 份为同时利用处置危险废物和医疗废物设施），全年医疗废物实际经营规模为 68.7 万 t。2014 年，江苏省颁发许可证数量最多，共 19 份。

思 考 题

1. 城市固体废物按其性质可分为哪几类，有何意义？
2. 城市固体废物的主要特点有哪些？
3. 城市垃圾的组成主要受哪些因素影响？与经济水平和气候条件的关系如何？
4. 简述我国城市生活垃圾组成的地域分布特点。
5. 城市垃圾的化学性质主要由哪些特征参数表示？
6. 城市垃圾的可生化性主要由什么指标判断，其值是多少？
7. 为何城市固体废物的产量单位通常用质量（或重量）表示？
8. 工业固体废物的排放方式和贮存方式有哪些？
9. 简述工业固体废物各行业、地区产生量的分布特点。
10. 简述医疗垃圾的产生量情况及对大气、水体、土壤的影响。

第2部分 收 运

本部分内容包括固体废物的收集、运输和贮存。收集（collection）是将散乱、无序的废弃物收拢、聚集的熵减过程。收集一般要经历从产生者到垃圾容器、垃圾容器到运输工具、运输工具从一家到另一家或到处理处置场所以及运输路径等过程。因此，收集过程总是涉及垃圾从一处到另一处的输运和贮存，它们之间紧密相关、互相影响。通过本部分的学习，可了解工业废物、城市垃圾和危险废物收集、运输和贮存的一般原则；熟悉城市固体废物混合收集和分类收集适用的场合，垃圾容器设置及其数量计算，清运路线设计及优化计算；了解危险废物在其收集、贮存和转运过程中不同于一般废物的管理特性。

第3章　固体废物的收集、运输和贮存

固体废物产生后，收集、运输、中转过程是固体废物处理中的第一环节，是连接发生源与处置设施的重要环节。固体废物的收运是一项困难而复杂的工作，特别是城市垃圾的收运更加复杂。由于产生垃圾的地点分散在每个街道、每幢住宅和每个家庭，并且垃圾的产生不仅有固定源，也有移动源，因此，给垃圾的收运工作带来许多困难。本章将从工业废物、城市垃圾和危险废物来讨论固体废物的收集、运输和贮存问题。

3.1　工业固体废物的收集、运输

工业固体废物处理的原则是"谁污染，谁治理"。一般，产生废物较多的工厂在厂内外都建有自己的堆场，收集、运输工作由工厂负责。零星、分散的固体废物（工业下脚废料及居民废弃的日常生活用品）则由商业部所属废旧物资系统负责收集。对大型工厂，回收公司到厂内回收，中型工厂则定人定期回收，小型工厂划片包干巡回回收。并配备管理人员，设置废料仓库，建立各类废物"积攒"资料卡，开展经常性的收集和分类存放活动。收集的品种有黑色金属、有色金属、橡胶、塑料、纸张、破布、麻、棉、化纤下脚、牲骨、人发、玻璃、料瓶、机电五金、化工下脚、废油脂等16个大类1000多个品种。在回收物中，工业废料占回收总量绝大多数。将回收可以再利用的废物加工变成产品或原料加以利用；暂时不能利用的进行暂时堆存，留待以后再处理；对有害废物专门分类收集，分类管理。

3.2　城市垃圾的收集、运输及贮存

城市垃圾的收运通常包括三个阶段：①垃圾的收集、搬运与贮存（运贮），是指由垃圾产生者或环卫系统从垃圾产生源头将垃圾送至贮存容器或集装点的过程，即垃圾产生源到垃圾桶的过程；②收集与清除（清运），指用清运车按一定路线收集清除贮存容器（垃圾桶）中的垃圾并运至堆场或中转站的过程，一般该过程的运输线路较短，故也称为近距离运输；③转运过程（也称远途运输），即垃圾大型运输车自中转站运输至最终处置场（填埋场）的过程。这三个过程构成一个收运系统，该系统是城市垃圾处理的第一环节，耗资大、操作复杂。收运费用通

常占整个处理系统的 60%～80%。因此，须科学地制订垃圾收运计划和提高收运效率，并在满足环卫要求前提下，降低收运费用。

3.2.1　城市垃圾的收集、搬运和贮存

3.2.1.1　收集

此阶段的收集可分为分类收集和混合收集。在垃圾发生源进行分类收集是最为理想、能耗最少的方法；实际上为资源的利用和处理方便，混合收集的垃圾也要经过分选。国外发达国家从 20 世纪 70 年代末通常都采用家庭分类、直接送到回收利用场所另行收集的方法。

我国到目前为止，仍未采取分类收集的办法，而是采取收购或鼓励分类收集。通常的做法是居民将混合垃圾送至垃圾桶，拾荒者再将垃圾桶中未分类的垃圾，进行分类收集，卖给回收公司。

1）混合收集　混合收集是指统一收集未经任何处理的原生废物的方式。优点是比较简单易行，收集费用低，但是在混合收集过程中，各种废物相互混杂、黏结，降低了废物中有用物质的纯度和再利用价值，同时增加了处理的难度，提高了处理费用。我国目前主要采用混合收集方式。

2）分类收集　分类收集是根据废物的种类和组成分别进行收集的方式。分类收集优点很多，它是降低废物处理成本、简化处理工艺、实现综合治理的前提。其收集原则是工业废物与城市垃圾分开；危险废物与一般垃圾分开；可回收利用的物质与不可回收利用的物质分开；可燃性物质与不可燃性物质分开。

垃圾分类应根据城市环境卫生专业规划要求，结合本地区垃圾的特性和处理方式制订本地区的垃圾分类指南，选择垃圾分类方法。采用焚烧处理垃圾的区域，宜按可回收物、可燃垃圾、有害垃圾、大件垃圾和其他垃圾进行分类；采用卫生填埋处理垃圾的区域，宜按可回收物、有害垃圾、大件垃圾和其他垃圾进行分类；采用堆肥处理垃圾的区域，宜按可回收物、可堆肥垃圾、有害垃圾、大件垃圾和其他垃圾进行分类。已分类的垃圾，应分类投放、分类收集、分类运输、分类处理。表 3-1 为城市生活垃圾分类方法。

3）我国垃圾分类收集　作为垃圾处理的前端环节，垃圾分类的作用早已得到世界的公认，分类收集不仅能大幅度减少垃圾给环境带来的污染、节约垃圾无害化处理费用，更能使宝贵的自然资源得到重复利用，即"分类产生价值"。

我国的垃圾分类工作多年来一直在有效地推进，早在 2000 年，北京、上海、广州、深圳、南京、杭州、桂林、厦门就被确定为全国首批垃圾分类收集试点城市；2014 年又有部分城市创建生活垃圾分类示范城市。虽然这些城市由于种种原

表 3-1　城市生活垃圾分类

分类	分类类别	内容
一	可回收物	包括下列适宜回收循环使用和资源利用的废物： 1. 纸类，未严重玷污的文字用纸、包装用纸和其他纸制品等； 2. 塑料，废容器塑料、包装塑料等塑料制品； 3. 金属，各种类别的废金属物品； 4. 玻璃，有色和无色废玻璃制品； 5. 织物，旧纺织衣物和纺织制品
二	大件垃圾	体积较大、整体性强，需要拆分再处理的废弃物品。包括废家用电器和家具等
三	可堆肥垃圾	垃圾中适宜于利用微生物发酵处理并制成肥料的物质。包括剩余饭菜等易腐食物类厨余垃圾，树枝花草等可堆沤植物类垃圾等
四	可燃垃圾	可以燃烧的垃圾。包括植物类垃圾，不适宜回收的废纸类、废塑料橡胶、旧织物用品、废木料等
五	有害垃圾	垃圾中对人体健康或自然环境造成直接或潜在危害的物质。包括废日用小电子产品、废油漆、废灯管、废日用化学品和过期药品等
六	其他垃圾	在垃圾分类中，按要求进行分类以外的所有垃圾

因，分类收集效果并不理想，一些施行垃圾分类收集试点的社区、街道，一段时间后又回到了混放、混装的原始状态，但同时也积累了一些经验，如"能卖拿去卖，有害单独放，干湿要分开"等。

一直以来，政府推进垃圾分类的力度都在不断加大，亦受到国家领导人的高度关注，并指出"普遍推行垃圾分类制度，关系 13 亿多人生活环境改善，关系垃圾能不能减量化、资源化、无害化处理"。在 2017 年政府工作报告中对垃圾分类亦作了明确要求：2017 年将加强城乡环境综合整治，普遍推行垃圾分类制度。尤其是国务院办公厅于 2017 年 3 月 18 日，转发了国家发展改革委、住房城乡建设部发布的《生活垃圾分类制度实施方案》（以下简称《方案》），具体部署推动生活垃圾分类工作。

《方案》要求树立和贯彻落实创新、协调、绿色、开放、共享的发展理念，加快建立分类投放、分类收集、分类运输、分类处理的垃圾处理系统，形成以法治为基础、政府推动、全民参与、城乡统筹、因地制宜的垃圾分类制度，努力提高垃圾分类制度覆盖范围，将生活垃圾分类作为推进绿色发展的重要举措，不断完善城市管理和服务，创造优良的人居环境。实现"到 2020 年底，基本建立垃圾分类相关法律法规和标准体系，形成可复制、可推广的生活垃圾分类模式，在实施生活垃圾强制分类的城市，生活垃圾回收利用率达到 35%以上"的主要目标。

《方案》指出，2020 年底前，在一些重点城市的城区范围内先行实施生活垃圾强制分类。这些城市包括：①直辖市、省会城市和计划单列市；②住房城乡建设部等部门确定的第一批生活垃圾分类示范城市，包括河北省邯郸市、江苏省苏州市、安徽省铜陵市、江西省宜春市、山东省泰安市、湖北省宜昌市、四川省广元市、四川省德阳市、西藏自治区日喀则市、陕西省咸阳市。即全国将有 46 个城市先行实施生活垃圾强制分类，而这些区域内负责分类主体包括公共机构（包括党政机关、学校、科研、文化、出版、广播电视等事业单位，协会、学会、联合会等社团组织，车站、机场、码头、体育场馆、演出场馆等公共场所管理单位），相关企业（包括宾馆、饭店、购物中心、超市、专业市场、农贸市场、农产品批发市场、商铺、商用写字楼等）。同时《方案》提出强制分类要求，即"实施生活垃圾强制分类的城市要结合本地实际，于 2017 年底前制定出台办法，细化垃圾分类类别、品种、投放、收运、处置等方面要求；其中，必须将有害垃圾作为强制分类的类别之一，同时参照生活垃圾分类及其评价标准，再选择确定易腐垃圾、可回收物等强制分类的类别。未纳入分类的垃圾按现行办法处理"。

　　《方案》将垃圾分为 3 类，即有害垃圾、易腐垃圾、可回收物。有害垃圾主要包括：废电池（镉镍电池、氧化汞电池、铅蓄电池等），废荧光灯管（日光灯管、节能灯等），废温度计，废血压计，废药品及其包装物，废油漆、溶剂及其包装物，废杀虫剂、消毒剂及其包装物，废胶片及废相纸等。易腐垃圾主要包括：相关单位食堂、宾馆、饭店等产生的餐厨垃圾，农贸市场、农产品批发市场产生的蔬菜瓜果垃圾、腐肉、肉碎骨、蛋壳、畜禽产品内脏等。可回收物主要包括：废纸，废塑料，废金属，废包装物，废旧纺织物，废弃电器电子产品，废玻璃，废纸塑铝复合包装等。

　　《方案》还制定了居民生活垃圾分类投放方式。包括单独投放有害垃圾和分类投放其他生活垃圾。对有害垃圾，居民社区应通过设立宣传栏、垃圾分类督导员等方式，引导居民单独投放。针对家庭源有害垃圾数量少、投放频次低等特点，可在社区设立固定回收点或设置专门容器分类收集、独立贮存有害垃圾，由居民自行定时投放，社区居委会、物业公司等负责管理，并委托专业单位定时集中收运。

　　对其他生活垃圾，根据本地实际情况，采取灵活多样、简便易行的分类方法。引导居民将"湿垃圾"（滤出水分后的厨余垃圾）与"干垃圾"分类收集、分类投放。有条件的地方可在居民社区设置专门设施对"湿垃圾"就地处理，或由环卫部门、专业企业采用专用车辆运至餐厨垃圾处理场所，做到"日产日清"。鼓励居民和社区对"干垃圾"深入分类，将可回收物交由再生资源回收利用企业收运和处置。有条件的地区可探索采取定时定点分类收运方式，引导居民将分类后的垃圾直接投入收运车辆，逐步减少固定垃圾桶。

　　须注意的是：由于地域的不同，发展程度的差异，垃圾组成和成分变化较大，垃圾分类的方法、标准亦应不同。对于城市生活垃圾的分类，要做到"因地制宜，因城施策"，才能真正从根本上解决垃圾分类的问题。

3.2.1.2　搬运

垃圾的搬运也分为 2 种方式：①自行搬运。由居民自行负责将产生的垃圾搬运至公共贮存器、垃圾集装点或垃圾收集车内。前者对居民方便，不受时间限制，但若收集不及时会影响环境卫生，后者对环境卫生和市容管理有利，但受时间限制，不便于居民；②由收集人员负责从家门口搬运垃圾至集装点或收集车。此方法于居民极为方便，但需付费。

3.2.1.3　贮存

垃圾的贮存方式通常分为家庭贮存、公共贮存、单位贮存和街道贮存等，收集贮存容器的形式多种多样，应根据垃圾的数量、特征及环卫部门的要求，来确定贮存方式，选择合适的贮存容器，规划容器的放置地点和数目。

（1）容器形式

对公共贮存，有固定砌筑的混凝土垃圾箱、垃圾台、移动式铁制圆形垃圾桶；对街道贮存，除使用公共贮存容器外，在繁华商业街（区）、路边常设置废物箱，收集贮存行人随时丢弃的垃圾，路面垃圾则由人力或清运车清扫，并送入垃圾箱；对家庭贮存，通常由家庭自备旧桶、箩筐、簸箕等随意性容器。为改善环境卫生，一些城市或地区已实行垃圾袋装化，不允许散装垃圾进入垃圾箱，袋装后投于垃圾箱或放于路边，再由垃圾车运走。袋装化可减少垃圾箱周围臭气、滋生蚊蝇、输运过程中垃圾飞扬和撒漏以及装卸时间；对单位贮存，则由产生者根据垃圾量和收集的要求选择容器类型。

（2）垃圾容器的设置数量

某地段需配置多少垃圾容器，主要考虑的因素是：①服务范围内居民人数 R；②垃圾人均产量 C；③垃圾容重 D；④容器大小（如体积 V）；⑤收集次数 n。

设置数量的计算方法：

1）先求出服务区域内的垃圾日产量：

$$W = RCA_1 A_2 \tag{3-1}$$

式中，W 为垃圾日产量，$t \cdot d^{-1}$；R 为服务范围内居民人口数，人；C 为垃圾人均产量，$t \cdot 人^{-1} \cdot d^{-1}$；$A_1$ 为垃圾日产量不均匀系数，取 1.1～1.5；A_2 为居住人口变动系数，取 1.02～1.05。

2）计算出垃圾日产体积：

$$V_{ave} = W / (D_{ave} A_3) \tag{3-2}$$

$$V_{max} = K V_{ave} \tag{3-3}$$

式中，V_{ave} 为平均日产体积，$m^3 \cdot d^{-1}$；D_{ave} 为垃圾平均容重，$t \cdot m^{-3}$；A_3 为容重变动

系数，取 0.7~0.9；V_{max} 为日产最大体积，$m^3 \cdot d^{-1}$；K 为垃圾产生高峰时体积变动系数，取 1.5~1.8。

3）求出收集点所需设置的垃圾容器数量：

$$N_{ave} = A_4 V_{ave} / (V_1 A_5) \tag{3-4}$$

$$N_{max} = A_4 V_{max} / (V_1 A_5) \tag{3-5}$$

式中，N_{ave} 为平时所需设置的垃圾容器数，个；N_{max} 为高峰时所需设置的垃圾容器数，个；V_1 为单个垃圾容器的容积，$m^3 \cdot 个^{-1}$；A_4 为垃圾收集周期，$d \cdot 次^{-1}$，若 1 天收集 1 次，$A_4=1$，1 天收集 2 次，$A_4=0.5$，2 天收集 1 次，$A_4=2$；A_5 为容器填充系数，取 0.75~0.9。

注意事项：①以 N_{max} 来设置服务地段容器数量；②收集点的半径一般不超过 70 m；③新住宅区，未设置垃圾通道的多层公寓一般每四幢楼应设置一个容器收集点。

3.2.2 城市垃圾的清除和运送

3.2.2.1 清运系统分析

垃圾清除阶段的操作，不仅是指对各产生源贮存的垃圾集中和集装，还包括收集清除车辆终点往返运输过程和在终点的卸料等全过程。因此这一阶段是收运管理系统中最复杂的，耗资也最大。清运效率和费用之高低，主要取决下列因素：①清运操作方式；②收集清运车辆数量、装载量及机械化装卸程度；③清运次数、时间及劳动定员；④清运路线。

（1）清运操作方法

清运操作方法分移动式和固定式两种。

1）移动容器操作方法及计算

移动容器操作方法是指将某集装点装满的垃圾连容器一起运往中转站或处理处置场，卸空后再将空容器送回原处（一般法）或下一个集装点（修改法），其收集过程见图 3-1。

收集成本的高低主要取决于收集时间长短，因此对收集操作过程的不同单元时间进行分析，可以建立设计数据和关系式，求出某区域垃圾收集耗费的人力和物力，从而计算收集成本。可以将收集操作过程分为四个基本用时，即集装时间、运输时间、卸车时间和非收集时间（其他用时）。

a. 集装时间。对常规法，每次行程集装时间包括容器点之间行驶时间，满容器装车时间，以及卸空容器放回原处时间三部分。用公式表示为

$$P_{hcs} = t_{pc} + t_{uc} + t_{dbc} \tag{3-6}$$

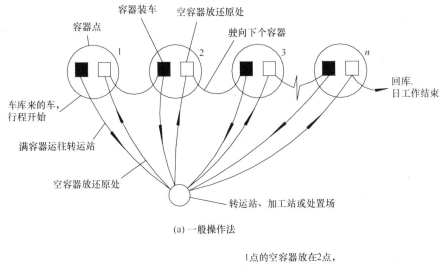

(a) 一般操作法

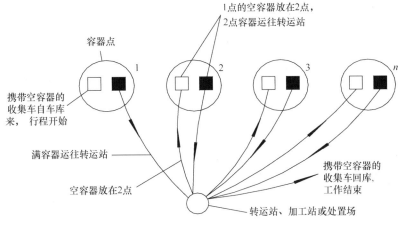

(b) 修改工作法

图 3-1　移动容器收集操作

式中，P_{hcs} 为每次行程集装时间，h·次$^{-1}$；t_{pc} 为满容器装车时间，h·次$^{-1}$；t_{uc} 为卸空容器放回原处时间，h·次$^{-1}$；t_{dbc} 为容器点间行驶时间，h·次$^{-1}$。

b. 运输时间。运输时间指收集车从集装点行驶至终点所需时间，加上离开终点驶回原处或下一个集装点的时间，不包括停在终点的时间。当装车和卸车时间相对恒定时，则运输时间取决于运输距离和速度。从大量的不同收集车的运输数据分析，发现运输时间可以用式（3-7）近似表示：

$$h = a + bx \tag{3-7}$$

式中，h 为运输时间，h·次$^{-1}$；a 为经验常数，h·次$^{-1}$；b 为经验常数，h·km^{-1}；x

为往返运输距离，km·次$^{-1}$。

c. 卸车时间。专指垃圾收集车在终点（转运站或处理处置场）逗留时间，包括卸车及等待卸车时间。每一行程卸车时间用符号 S（h·次$^{-1}$）表示。

d. 非收集时间。非收集时间指在收集操作全过程中非生产性活动所花费的时间。常用符号 w（%）表示非收集时间占总时间百分数。

因此，一次收集清运操作行程所需时间（T_{hcs}）可用式（3-8）表示：

$$T_{hcs} = (P_{hcs} + S + h)/(1-w) \tag{3-8}$$

也可用式（3-9）表示：

$$T_{hcs} = (P_{hcs} + S + a + bx)/(1-w) \tag{3-9}$$

当求出 T_{hcs} 后，则每日每辆收集车的行程次数用式（3-10）求出：

$$N_d = H/T_{hcs} \tag{3-10}$$

式中，N_d 为每天行程次数，次·d^{-1}；H 为每天工作时数，h·d^{-1}。

每周所需收集的行程次数，即行程数可根据收集范围的垃圾清除量和容器平均容量，用式（3-11）求出：

$$N_W = V_W/(cf) \tag{3-11}$$

式中，N_W 为每周收集次数，即行程数，次·周$^{-1}$（若计算值带小数时，需进值到整数值）；V_W 为每周清运垃圾产量，m^3·周$^{-1}$；c 为容器平均容量，m^3·次$^{-1}$；f 为容器平均充填系数。由此，每周所需作业时间 D_W（d·周$^{-1}$）为

$$D_W = t_W P_{hcs} \tag{3-12}$$

应用上述公式，即可计算出移动容器收集操作条件下的工作时间和收集次数，并合理编制作业计划。

2）固定容器收集操作法及计算

固定容器收集操作法是指用垃圾车到各容器集装点装载垃圾，容器倒空后固定在原地不动，车装满后运往转运站或处理处置场。固定容器收集法的一次行程中，装车时间是关键因素。因为装车有机械操作和人工操作之分，故计算方法也略有不同。固定容器收集过程参见图3-2。

a. 机械装车

每一收集行程时间用式（3-13）表示：

$$T_{scs} = (P_{scs} + S + a + bx)/(1-w) \tag{3-13}$$

式中，T_{scs} 为固定容器收集法每一次行程时间，h·次$^{-1}$；P_{scs} 为每次行程的集装时间，h·次$^{-1}$；其余符号同前。

此处，集装时间为

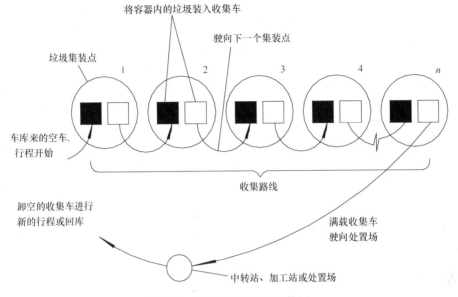

图 3-2　固定容器收集操作简图

$$P_{scs} = c_t t_{uc} + (N_p - 1)t_{dbc} \qquad (3\text{-}14)$$

式中，c_t 为每次行程倒空的容器数，个·次$^{-1}$；t_{uc} 为卸空一个容器的平均时间，h·个$^{-1}$；N_p 为每一行程经历的集装点数；t_{dbc} 为每一行程各集装点之间平均行驶时间。如果集装点平均行驶时间未知，也可用公式（3-7）进行估算，但以集装点间距离代替往返运输距离 x（km·次$^{-1}$）。

每一行程能倒空的容器数直接与收集车容积、压缩比以及容器体积有关，其关系式为

$$c_t = Vr/(cf) \qquad (3\text{-}15)$$

式中，V 为收集车容积，m^3·次$^{-1}$；r 为收集车压缩比。

每周需要的行程次数为

$$N_W = V_W/(Vr) \qquad (3\text{-}16)$$

式中，N_W 为每周行程次数，次·周$^{-1}$。

由此，每周需要的收集时间为

$$D_W = [N_W P_{scs} + t_W(S + a + bx)]/[(1 - w)H] \qquad (3\text{-}17)$$

式中，D_W 为每周收集时间，d·周$^{-1}$；t_W 为 N_W 值进到大整数值。

b. 人工装车

使用人工装车，每天进行的收集行程数为已知值或保持不变。在这种情况下，日工作时间为

$$P_{\text{scs}} = (1-w)H/N_{\text{d}} - (S+a+bx) \tag{3-18}$$

每一行程能够收集垃圾的集装点可以由式（3-19）估算：

$$N_{\text{r}} = 60P_{\text{scs}}n/t_{\text{P}} \tag{3-19}$$

式中，n 为收集工人数，人；t_{P} 为每个集装点需要的集装时间，人·min·点$^{-1}$。

每次行程的集装点数确定后，即可用式（3-20）估算收集车的合适车型尺寸（载重量）：

$$V = V_{\text{P}}N_{\text{P}}/r \tag{3-20}$$

式中，V_{P} 为每一集装点收集的垃圾平均量，m^3·次$^{-1}$；每周的行程数，即收集次数为

$$N_{\text{W}} = T_{\text{P}}F/N_{\text{P}} \tag{3-21}$$

式中，T_{P} 为集装点总数，点；F 为每周容器收集频率，次·周$^{-1}$。

（2）收集车辆及劳力配备

1）收集车数量配备

收集车数量配备是否得当，关系到费用及收集效率。某收集服务区需配备各类收集车辆数量多少可参照下列公式计算：

简易自卸车数=该车收集垃圾日平均产量/车额定吨位×日单班收集次数定额×完好率

式中，垃圾日平均产生量用式（3-1）计算；日单班收集次数定额按各省、自治区环卫定额计算；完好率按 85%计。

多功能车数=收集垃圾日平均产生量/车箱额定容量
×箱容积利用率×日单班收集次数定额×完好率 （3-22）

式中，箱容积利用率按 50%～70%计；完好率按 80%计；其余同前。

侧装密封车数=该车收集垃圾日平均产生量/桶额定容量×桶容积利用率
×日单班装桶数定额×日单班收集次数定额×完好率 （3-23）

式中，日单班装桶数定额按各省、自治区环卫定额计算；完好率按 80%计；桶容积利用率按 50%～70%计；其余同前。

2）收集车劳力配备

每辆收集车配备之收集工人，需按车辆之型号与大小、机械化作业程度、垃圾容器放置地点与容器类型等情形而定，最终须从工作经验的逐渐改善而确定劳力。一般情况，除司机外，人力装车的 3 t 简易自卸车配 2 人；人力装车的 5 t 简易自卸车配 3～4 人；多功能车配 1 人；侧装密封车配 2 人。

（3）收集次数与作业时间

垃圾收集次数：在我国各城市住宅、商业区基本上要求及时收集，即日产日清。在欧美各国则划分较细，一般情形，对于住宅区厨房垃圾，冬季每周两三次，

夏季至少三次；对旅馆酒家、食品工厂、商业区等，不论夏冬每日至少收集一次；煤灰夏季每月收集二次，冬季改为每周一次；如厨房垃圾与一般垃圾混合收集，其收集次数可采取二者之折中或酌情而定。国外对废旧家用电器、家具等庞大垃圾则定为一月两次，对分类贮存的废纸、玻璃等亦有规定的收集周期，以利于居民的配合。垃圾收集时间，大致可分昼间、晚间及黎明三种。住宅区最好在昼间收集，晚间可能骚扰住户；商业区则宜在晚间收集，此时车辆行人稀少，可加快收集速度；黎明收集，可兼有白昼及晚间之利，但集装操作不便。总之，收集次数与时间，应视当地实际情况，如气候、垃圾产量与性质、收集方法、道路交通、居民生活习俗等而确定，不能一成不变，其原则是希望能在卫生、迅速、低价的情形下达到垃圾收集目的。

3.2.2.2　收集线路设计

一旦劳动量和收集车辆已定，则收集线路应当很好地规划，使劳动力和设备有效地发挥作用。但收集线路的设计没有固定的规则，一般用尝试误差法进行。

线路设计的主要问题是收集车辆如何通过一系列的单行线或双行线街道行驶，以使整个行驶距离最小，或者说空载行程最小。

线路设计大体上分成以下四步。

1）在商业、工业或住宅区的大型地区图上标出每个垃圾桶的放置点，垃圾桶的数量和收集频率。如是固定容器系统，则还应标出每个放置点的垃圾产生量。根据面积的大小和放置点的数目，将地区划分成长方形和方形的小面积，使之与工作所使用的面积相符合（图3-3）。

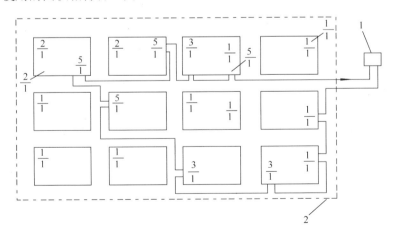

图 3-3　典型的工作使用平面图
1. 调度站或车辆停车场；2. 工作疆界

2）根据图 3-3 的平面图，将每周收集相同频率的收集点的数目和每天需要出空的垃圾桶数目列成一张表，见表 3-2，即各收集点的频率和相应频率的收集点数分别列于表中（1）（2）栏内，从而确定每一工作日得到相同频率的容器数 [（4）～（8）栏内]。

3）从调度站或垃圾车停车场开始设计每天的收集线路。图 3-3 中的黑线表示了周一的收集路线。F/N 数字中，F 表示收集频率，N 表示垃圾桶的数目。例如 5/1，则表示每周收集 5 次，1 只垃圾桶。

表 3-2　工作运筹表

收集频率/（次·周$^{-1}$）	收集点数目	每周往返次数	每日出空垃圾桶数目（达到相同的收集频率）				
		（1）×（2）	周一	周二	周三	周四	周五
（1）	（2）	（3）	（4）	（5）	（6）	（7）	（8）
1	10	10	2	2	2	2	2
2	3	6	0	3	0	3	0
3	3	9	3	0	3	0	3
4	0	0	0	0	0	0	0
5	4	20	4	4	4	4	4
总计	45	0	9	9	9	9	9

在设计路线时应考虑下列因素：①收集地点和收集频率应与现存的政策和法规一致；②收集人员的多少和车辆类型应与现实条件相协调；③线路的开始与结束应邻近主要道路，尽可能地利用地形和自然疆界作为线路的疆界；④在陡峭地区，线路开始应在道路倾斜的顶端，下坡时收集，便于车辆滑行；⑤线路上最后收集的垃圾桶应距处置场的位置最近；⑥交通拥挤地区的垃圾应尽可能地安排在一天的开始收集；⑦垃圾量大的产生地应安排在一天的开始时收集；⑧如果可能，收集频率相同而垃圾量小的收集点应在同一天收集或同一个旅程中收集。利用这些因素，可以制订出效率高的收集线路。

4）当各种初步线路设计好后，应对垃圾桶之间的平均距离进行计算。应使每条线路所经过的距离基本相等或相近，如果相差太大应当重新设计。如果不止一辆收集车辆时，应使驾驶员的负荷平衡。

以上是针对拖曳容器系统的，对固定容器系统基本相同，只是第二步以每日收集垃圾量来平衡制表。

传统的设计计算太复杂。现在，比较先进的设计方法是利用系统工程采取模拟方法，求出最佳收集线路。

3.2.3　城市垃圾的转运及中转站设置

在城市垃圾收运系统中，将第三阶段操作过程称为转运，它是指利用中转站将从各分散收集点较小的收集车清运的垃圾，转装到大型运输工具中，并将其远距离运输至垃圾处理利用设施或处置场的过程。转运站（即中转站）就是指进行上述转运过程的建筑设施与设备。

3.2.3.1　转运的必要性

只要城市垃圾收集的地点距处理地点不远，则可用垃圾收集车直接运送垃圾是最常用而较经济的方法。但随着城市的发展，已越来越难在市区垃圾收集点附近找到合适的地方来设立垃圾处理工厂或垃圾处置场。而且从环境保护与环境卫生角度看，垃圾处理点不宜离居民区太近，土壤条件也不允许垃圾管理站离市区太近。因此城市垃圾要远运将是必然的趋势。垃圾要远运，最好先集中。因为垃圾收集车公认是专用的车辆，先进而成本高，常需 2~3 人操纵的车辆，不是为进行长途运输而设计的，用于长途运输的费用会变得很昂贵。此外，还会造成几名工人无事干的"空载"行程，应限制使用。因此，设立中转站进行垃圾的转运就显得必要，其突出的优点是可以更有效地利用人力和物力，使垃圾收集车更好地发挥其效益。也使大载重量运输工具能经济而有效地进行长距离运输。然而，当处置场远离收集路线时，究竟是否设置中转站，主要视经济性而定。经济性取决于两个方面：一方面是有助于垃圾收运的总费用降低，即由于长距离大吨位运输比小车运输的成本低或由于收集车一旦取消长距离运输则能够腾出时间更有效地收集；另一方面是对转运站、大型运输工具或其他必要的专用设备的大量投资会提高收运费用。因此，有必要对当地条件和要求进行深入经济性分析。一般来说，运输距离长，设置转运合算。那么运距的所谓"长"以何为依据呢？下面就运输的三种方式进行转运站设置的经济分析。

三种运输方式为：①移动容器式收集运输；②固定容器式收集运输；③设置中转站转运。三种运输方式的费用方程可以表示为

$$C_1 = a_1 \cdot S \tag{1}$$

$$C_2 = a_2 \cdot S + b_2 \tag{2}$$

$$C_3 = a_3 \cdot S + b_3 \tag{3}$$

式中，S 为运距；a_n 为各运输方式的单位运费；b_n 为设置转运站后，增添的基建投资分期偿还和操作管理费；C_n 为运输方式的总运输费。一般情况下，$a_1 > a_2 > a_3$，$b_3 > b_2$。

将三个方程作三条直线，如图 3-4 所示。从图中分析可知，当 $S < S_1$ 时，用方式（1）合理，不需设置转运站；当 $S_1 < S < S_3$ 时，用方式（2）合理，也不需设置转运站；而当 $S > S_3$ 时，则用方式（3）合理，即需设置转运站。

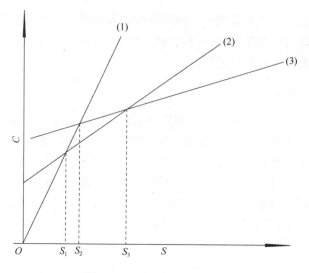

图 3-4　三种形式的运费图

下面例子可以定量分析在什么情况下，设立中转站在经济上是最合理的。

【例 3-1】设清运成本如下：移动清运方式，使用自卸收集车，容积 6 m³，运输成本 32 元/h；固定式清运方式，使用 15 m³ 侧装带压缩装置密封收集车，运输成本 48 元/h；中转站采用重型带拖挂垃圾运输车，容积 90 m³，运输成本 64 元/h；中转站管理费用（包括基建投资偿还费在内）1.2 元/m³；第三种较其他车辆增加成本 0.20 元/m³。

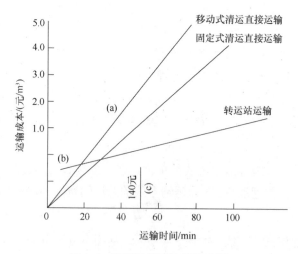

图 3-5　设置转运站的经济分析

（a）固定式清运时的转交时间；（b）移动式清运时的转交时间；（c）中转站管理增值

解：用 C 表示单位运输量成本（元/m³），先求出三种运输方式的 C：

（1）用自卸收集车方式：$C=32/（6×60t）=0.089t$；

（2）用侧装带压缩装置密封收集车方式：$C=48/（15×60t）=0.053t$；

（3）用重型带拖挂垃圾运输车方式：$C=（1.2+0.2）+64/（90×60t）=1.4+0.012t$。

根据上述方式，可以绘制运输时间与成本的关系曲线，如图 3-5 所示，横坐标表示需要的运输时间，纵坐标表示运输成本。当 $t<18$ min（可算出相应的运距），可以用方式（1）；当 18 min$<t<$34 min 时选取固定清运方式（2）；当 $t>$34 min 则用方式（3），即设中转站最经济。

3.2.3.2　中转站类型与设置要求

（1）中转站类型

中转站使用广泛、型式多样，可按不同方式进行分类。

1）按转运能力可分为：小型中转站（日转运量 150 t 以下）；中型中转站（日转运量 150～450 t）；大型中转站（日转运量 450 t 以上）。

2）按大型运输工具不同可分为：公路运输；铁路运输；水路转运。

（2）中转站设置要求

在大中城市通常设计多个垃圾中转站。每个中转站必须根据需要配置必要的机械设备和辅助设备，如铲车及布料用胶轮拖拉机、卸料装置、挤压设备和称量用地磅等。

我国 2013 年 5 月 1 日开始实施的新的《环境卫生设施设置标准》（CJJ 27—2012），对公路、铁路和水路运输中转站设置有具体明确的要求。

1）公路中转站一般要求。公路中转站的设置数量和规模取决于收集车的类型、收集范围和垃圾转运量，一般每 10～15 km² 设置一座中转站，一般在居住区域城市的工业、市政用地中设置，其用地面积根据日转运量确定，见表 3-3。

表 3-3　中转站用地标准

类型		设计转运量/ （t/d）	用地面积/m²	与站外相邻 建筑间距/m	转运作业功能区 退界距离/m	绿地 率/%
大型	I 类	1000～3000	≤20 000	≥30	≥5	20～30
	II 类	450～1000	10 000～15 000	≥20	≥5	
中型	III 类	150～450	4000～10000	≥15	≥5	
小型	IV 类	50～150	1000～4000	≥10	≥3	
	V 类	≤50	800～1000	≥8	—	—

2）铁路中转站一般要求。当垃圾处理场距离市区路程大于 50 km 时，可设置铁路运输中转站。中转站必须设置装卸垃圾的专用站台以及与铁路系统衔接的调

度、通信、信号等系统。如果在专用装卸站台两侧均设一条铁道，那么站台的长度会减少一半，并可设置轻型机帮助进行列车调度作业。

3）水路运输中转站一般要求。水路中转站设置要有供卸料、停泊、调档等作用的岸线。岸线长度应根据装卸量、装卸生产率、船只吨位、河道允许船只停泊档数确定。其计算公式为

$$L = Wq + I$$

式中，L 为水路中转站岸线长度，m；W 为垃圾日装卸量，t；q 为岸线折算系数，$m \cdot t^{-1}$，参见表 3-4；I 为附加岸线长度，m，参见表 3-4。

表 3-4 中，岸线为日装卸量 300 t 时所要求的停泊岸线。当日装卸量超过 300 t 时，用表中"岸线折算系数"栏中的系数进行计算。附加岸线系拖轮的停泊岸线。

表 3-4　水路中转站岸线计算表

船只吨位/t	停泊档数	停泊岸线/m	附加岸线/m	岸线折算系数/（m·t⁻¹）
30	二	110	15～18	0.37
30	三	90	15～18	0.30
30	四	70	15～18	0.24
50	二	70	18～20	0.24
50	三	50	18～20	0.17
50	四	50	18～20	0.17

水路中转站还应有陆上空地作为作业区。陆上面积用以安排车道、大型装卸机械、仓贮、管理等项目的用地。所需陆上面积按岸线规定长度配置，一般规定每米岸线配备不少于 40 m² 的陆上面积。

4）对中转站环境保护与卫生要求。城市垃圾中转站因操作管理不善，常给环境带来不利影响，引起附近居民的不满。故大多数现代化及大型垃圾中转站采用封闭形式，注意规范的作业，并采取一系列环保措施：

a. 有露天垃圾场的直接装卸型中转站，要防止碎纸等到处飞扬，故需设置防风网罩和其他栅栏；

b. 作业中抛洒到外边的固体废物要及时捡回；

c. 当垃圾暂存待装时，中转站要对贮存的废物经常喷水以免飘尘及臭气污染周围环境，工人操作要戴防尘面罩；

d. 中转站一般均设有防火设施；

e. 中转站要有卫生设施，并注意绿化，绿化面积应达到 10%～20%。

总之，中转站要注意飘尘、噪声、臭气、排气等指标应符合环境监测标准。

此外，如用铁路运输，垃圾运输列车敞开时，应盖有一层篷布或带小网眼网

罩以防止运输过程中垃圾的散落。水路运输时，则需注意避免废物洒落水中，以免污染河水。

3.2.3.3　中转站选址

中转站选址要注意：①尽可能位于垃圾收集中心或垃圾产量多的地方；②靠近公路干线及交通方便的地方；③居民和环境危害最少的地方；④进行建设和作业最经济的地方。

此外，中转站选址应考虑便于废物回收利用及能源生产的可能性。

3.2.3.4　中转站工艺设计计算

假定某中转站要求：①采用挤压设备；②高低货位方式装卸料；③机动车辆运输。其工艺设计如下：垃圾车在货位上的卸料台卸料，倾入低货位上的压缩机漏斗内，然后将垃圾压入半拖挂车内，满载后由牵引车拖运，另一辆半拖挂车装料。

根据该工艺与服务区的垃圾量，可计算应建造多少高低货位卸料台和配备相应的压缩机数量，需合理使用多少牵引车和半拖挂车。

（1）卸料台数量（A）

该垃圾中转站每天的工作量可按式（3-24）计算：

$$E = MW_y k_1 / 365 \tag{3-24}$$

式中，E 为每天的工作量，$t \cdot d^{-1}$；M 为服务区的居民人数，人；W_y 为垃圾人均年产量，$t \cdot 人^{-1} \cdot a^{-1}$；$k_1$ 为垃圾产量变化系数（参考值 1.15）。

一个卸料台工作量的计算公式为

$$F = t_1 / (t_2 k_t) \tag{3-25}$$

式中，F 为卸料台 1 天接受清运车辆，$辆 \cdot d^{-1}$；t_1 为中转站 1 天的工作时间，$min \cdot d^{-1}$；t_2 为一辆清运车的卸料时间，$min \cdot 辆^{-1}$；k_t 为清运车到达的时间误差系数。

则所需卸料台数量为

$$A = E / (WF) \tag{3-26}$$

式中，W 为清运车的载重量，$t \cdot 辆^{-1}$。

（2）压缩设备数量（B）

$$B = A$$

（3）牵引车数量（C）

一个卸料台工作的牵引车数量可按式（3-27）计算：

$$C_1 = t_3 / t_4 \tag{3-27}$$

式中，C_1 为牵引车数量；t_3 为大载重量运输车往返的时间；t_4 为半拖挂车的装料时间。其中半拖挂车装料时间的计算公式为

$$t_4 = t_2 n k_4 \qquad (3\text{-}28)$$

式中，n 为一辆半拖挂车装料的垃圾车数量。因此，该中转站所需的牵引车总数为

$$C = C_1 A \qquad (3\text{-}29)$$

（4）半拖挂车数量（D）

半拖挂车是轮流作业，一辆车满载后，另一辆装料，故半拖挂车的总数为

$$D = (C_1 + 1)A \qquad (3\text{-}30)$$

【例 3-2】某住宅区生活垃圾量约 280 $m^3 \cdot$周$^{-1}$，用一垃圾车采用交换模式负责清运工作。已知该车每次集装容积为 8 $m^3 \cdot$次$^{-1}$，容器利用系数 0.67，垃圾车采用 8 小时工作制。试求为及时清运该住宅垃圾，每周需出动清运多少次？累计工作多少小时？已知：平均运输时间为 0.512 $h \cdot$次$^{-1}$；容器装车时间为 0.033 $h \cdot$次$^{-1}$；容器放回原处的时间为 0.033 $h \cdot$次$^{-1}$；卸车时间为 0.022 $h \cdot$次$^{-1}$；非生产时间占全部工时的 25%。

解：（1）一次集装时间（或拾取时间）：

$$P_{hcs} = t_{pc} + t_{uc} + t_{dbc} = 0.033 + 0.033 + 0 = 0.066 （h \cdot 次^{-1}）$$

其中，t_{pc} 为装车时间，h；t_{uc} 为容器放回原处的时间，h；t_{dbc} 为容器间行驶时间，h。

（2）收集一桶垃圾所需时间 T_{hcs}（双程时间）：

$$T_{hcs} = (P_{hcs} + s + h)/(1 - w)$$
$$= (0.066 + 0.022 + 0.512)/(1 - 0.25) = 0.80 （h \cdot 次^{-1}）$$

其中，T_{hcs} 为收集一桶垃圾所需时间，h；s 为卸车时间，$h \cdot$次$^{-1}$；h 为双程运输时间，h；w 为收集时间比率，%。

（3）清运车每天集运次数（N_d）

$$N_d \approx H/T_{hcs} \approx 8/0.80 = 10 （次 \cdot d^{-1}）$$

其中，H 为日工作时间，$h \cdot d^{-1}$。

（4）每周清运次数（N_W）

$$N_W = V_W/(Cf) = 280/(8 \times 0.67) = 52.3 = 53 （次 \cdot 周^{-1}）$$

其中，V_W 为每周垃圾产生量，$m^3 \cdot$周$^{-1}$；C 为集装容器大小，$m^3 \cdot$次$^{-1}$；f 为容器利用系数。

（5）每周所需的工作时间 D_W（$h \cdot$周$^{-1}$）

$$D = t_W T_{hcs} = 53 \times 0.8 = 42.4 （h \cdot 周^{-1}）$$

亦可　　　$$D_W = t_W \cdot (P_{hcs} + s + h)/[(1 - w)H] = 5.3 （d \cdot 周^{-1}）$$

$$D_W H = 5.3 \times 8 = 42.4 \text{（h·周}^{-1}\text{）}$$

【例 3-3】 某住宅区共有 1000 户居民，由 2 个工人负责清运该区垃圾。试按固定式清运方式，计算清运时间及清运车容积。已知：每一集装点平均服务人数 3.5 人；垃圾单位产量 1.2 kg·d^{-1}·人$^{-1}$；容器内垃圾容重 120 kg·m^{-3}；每个集装点设 0.12 m^3 的容器 2 个；收集频率 1 次·周$^{-1}$；收集车压缩比为 2；来回运距 24 km；每天工作 8 h，每次行程 2 次；卸车时间 0.10 h·次$^{-1}$；运输时间 0.29 h·次$^{-1}$，每个集装点需要的人工集装时间为 1.76 h·点$^{-1}$·人$^{-1}$；非生产时间占 15%。求 D_W 和 V。

解：

$$D_W = [N_W P_{scs} + t_W(s+a+bx)/(1-w)H]$$

其中，D_W 为每周工作时间；N_W 为每周行程数；P_{scs} 为集装时间；t_W 为每周行程次数；H 为每天工作时间。

$$V = V_P N_P/r$$

其中：V_P 为放置垃圾容积；N_P 为集装点数；r 为压缩比。

因为 N_W 和 P_{scs} 未知，因此先求出 P_{scs}。

（1）集装时间：

$$\begin{aligned}
P_{scs} &= （1-w）H/N_d - (s+h) \\
&= （1-0.15）8/2 - (0.1+0.29) \\
&= 3.01 \text{（h·次}^{-1}\text{）}
\end{aligned}$$

（2）一次行程进行的集装点数 N_P

$$\begin{aligned}
N_P &= 60 P_{scs} n/t_P \\
&= 60 \times 3.01 \times 2/1.76 \\
&= 205 \text{（点·次}^{-1}\text{）}
\end{aligned}$$

（3）每个集装点每周垃圾量（m^3）（每个放置点垃圾桶中可收集到的垃圾体积）：

$$\begin{aligned}
V_P &= 单位产量（kg·人^{-1}·d^{-1}）\times 人数（人）\times 天数（7 天）/ 容重 \\
&= （1.2 \times 3.5 \times 7）/120 = 0.245 \text{（m}^3\text{）}
\end{aligned}$$

（4）清运车的容积

$$\begin{aligned}
V_{车} > V &= V_P N_P/r \\
&= 0.245 \times 205/2 \\
&= 25.2 \text{（m}^3·\text{次}^{-1}\text{）}
\end{aligned} \tag{3-31}$$

（5）每周行程数

$$N_W = T_P F/N_P = 1000 \times 1/205 = 4.88 \text{（次）}$$

（6）每周需清运时间（D_W）

$$D_W = [N_W(P_{scs}) + t_W(s+h)]/[(1-w)H]$$

$$= 2×[4.88×3.01+5(0.10+0.29)]/(1-0.5) ×8$$
$$= 4.89（d·周^{-1}）$$

（7）每人每周工作日

$$D_W/n = 2.44（d·周^{-1}·人^{-1}）$$

3.3　危险废物的收集、运输及贮存

由于危险废物固有的危害特性，在其收集、贮存和转运期间，必须注意进行不同于一般废物的特性管理。

3.3.1　危险废物的贮存

危险废物的产生部门、单位或个人，均必须有安全存放危险废物的装置，如钢桶、钢罐、塑料桶（袋）等。一旦危险废物产生出来，必须依照法律规定将它们妥善地存放于这些装置内，并在容器或贮罐外壁清楚标明内盛物的类别、数量、装进日期以及危害说明。

除剧毒或某些特殊危险废物，如与水接触会发生剧烈反应或产生有毒气体和烟雾的废物、氰酸盐或硫化物含量超过1%的废物、腐蚀性废物、含有高浓度刺激性气味物质（如硫醇、硫化物等）或挥发性有机物（如丙烯酸、醛类、醚类及胺类等）的废物、含杀虫剂及除草剂等农药的废物、含可聚合性单体的废物、强氧化性废物等，除须予以密封包装之外，大部分危险废物可采用普通的钢桶或贮罐盛装。

危险废物产生者应妥善保管所有装满废物待运走的容器或贮罐，直到它们运出产地作进一步贮存、处理或处置。

3.3.2　危险废物的收集

产生者暂存的桶装或袋装危险废物可由产生者直接运往收集中心或回收站，也可以通过地方主管部门配备专用运输车辆按规定路线运往指定的地点贮存或作进一步处理。典型的收集转运方案如图3-6所示。

收集站一般由砖砌的防火墙及铺设有混凝土地面的若干库房式构筑物组成，贮存废物的库房室内应保证空气流通，以防止具有毒性和爆炸性的气体积聚而产生危险。收进的废物应详细登记其类型和数量，并按废物不同特性分别妥善存放。

转运站的位置宜选择在交通路网便利的场所或其附近，由设有隔离带或埋于地下的液态危险废物贮罐、油分离系统及盛有废物的桶或罐等库房群组成。站内工作人员应负责废物的交接手续，按时将所收存的危险废物如数装进运往处理场的运输车厢,并责成运输者负责途中安全。转运站内部的典型运作方式及程序见图 3-7。

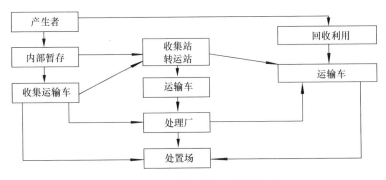

图 3-6 危险废物收集与转运方案

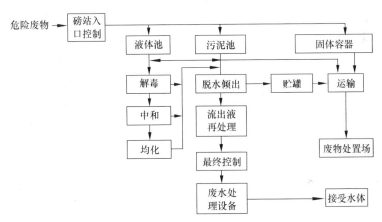

图 3-7 危险废物转运站内部运行系统

3.3.3 危险废物的运输

通常危险废物的主要运输方式为公路运输。为确保运输安全,在采用汽车作为主要工具来运输危险废物时,应采取如下控制措施:

1)承担危险废物运输的车辆必须经过主管单位检查,并持有关单位签发的许可证;车身需有明显的标志或适当的危险符号,以引起关注;在公路上行驶时,需持有运输许可证,其上应注明废物来源、性质和运往地点。

2)负责危险废物运输的司机应由经过培训并持有证明文件的人员担任,必要时须有专业人员负责押运工作。

3)组织危险废物运输的单位,事先应制订出周密的运输计划,确定好行驶路线,并提出废物泄漏时的有效应急措施。

思　考　题

1. 垃圾的收集方式有哪些？您所在的城市用何种方式收集垃圾？
2. 容器收集和袋装收集垃圾的方式各有何优缺点？
3. 为某地段设置垃圾容器数量主要考虑哪些因素？
4. 为校园设计一条高效率的废物收运路线。

第3部分 处 理

　　第 3 部分涉及固体废物的物理处理法、化学处理法和生物处理法，是本课程内容最多、学习掌握的重点之一。固体废物的物理处理法主要包括固体废物的压实、破碎、分选等物理机械过程（第4章），亦称固体废物的预处理；化学处理法则涉及固体废物的焚烧处理（第5章）、热解处理（第6章）、固化处理（第7章）等；生物处理法包括固体废物的厌氧消化处理过程和好氧发酵堆肥化处理过程（第8章）。通过学习，了解物理处理法、化学处理法和生物处理法各自的基本原理和基本规律，掌握它们各自的基本概念和基本方法以及它们的适用对象和适用范围等。为运用这些原理和方法进行过程设计和解决工程实际问题打下良好的基础。

第4章 固体废物的预处理技术

对于形状、大小、结构和性质各异的固体废物，为使其便于进行合适的处理、处置，首先要进行适当的预处理，预处理通常包括压实、破碎和分选。

例如：①对于要填埋的废物，通常要把废物按一定方式压实，以便减少运输量和运输费用，填埋时占较小的空间。通常通过压缩，体积可减少为原体积的 1/3～1/10；②对于焚烧和堆肥的废物，通常要进行破碎处理，以便增加比表面积，提高反应速率；③废物的资源回收利用，须进行破碎和分选处理。

4.1 固体废物的压实

所谓固体废物的压实（compaction），就是通过消耗压力能来提高废物的容重和减小废物体积的过程。

压实目的在于使固体废物便于运输、贮存和填埋。压实主要用于处理压缩性能大而恢复性能小的固体废物，如生活垃圾、机加工行业排出的金属丝、金属碎片、家用电器、小汽车及各类纸制品和纤维等。而对于某些较密实的固体，如木头、玻璃、金属、硬质塑料块等则不宜采用。对于有些弹性废物也不宜采用压实处理，因为它们在解压后，体积又会增大。

4.1.1 压实程度的量度

4.1.1.1 空隙比和空隙率

1）空隙比：固体废物可看成由各种固体物质颗粒及颗粒间充满气体的空隙所构成的集合体。

所以　固体总体积（V_m）=固体颗粒体积（V_s）+空隙体积（V_v）　　　（4-1）
则废物的空隙比（e）可定义为

$$e=V_v/V_s \tag{4-2}$$

2）空隙率 ε

$$\varepsilon=V_v/V_m \tag{4-3}$$

3）ε、e 与容重的关系：ε 或 e 越小，则垃圾压实程度越高，容重越大。

4.1.1.2　湿密度与干密度

忽略空隙中的气体质量，则总质量（包括水分质量）（W_m）=固体颗粒的质量（W_s）+水分质量（W_w），即

$$W_m = W_s + W_w \qquad (4\text{-}4)$$

则
① 湿密度 ρ_w

$$\rho_w = W_m / V_m \qquad (4\text{-}5)$$

② 干密度 ρ_d

$$\rho_d = W_s / V_m \qquad (4\text{-}6)$$

废物收运及处理过程中测定的物料质量通常包括水分，故容重一般是指湿密度。

4.1.1.3　体积减少数百分比（R）

$$R = \frac{(V_i - V_f)}{V_i} \times 100\% \qquad (4\text{-}7)$$

式中，V_i 为压实前体积，m^3；V_f 为压实后体积，m^3。

4.1.1.4　压缩比与压缩倍数

1）压缩比（r）

$$r = V_f / V_i \qquad (r \leqslant 1) \qquad (4\text{-}8)$$

显然，r 越小，压实效果越好。

2）压缩倍数（n）

$$n = V_i / V_f \qquad (n \geqslant 1) \qquad (4\text{-}9)$$

3）n、r、R 三者间的关系

$$n = \frac{1}{r}; \quad R = (1 - r) \times 100\% \qquad (4\text{-}10)$$

压实的实质就是减少空隙率。就固体废物而言，它们是由不同颗粒和颗粒间空隙所组成的集合体。当受到外界压力时，颗粒间就会相互挤压，变形和破碎，空隙率减小，容重增大。例如，城市垃圾经压实，其密度可增大到 320 $kg \cdot m^{-3}$，表观体积可减少 70%左右。

如果采用高压压实，除可减少固体废物的空隙率外，还可能产生分子晶格的破坏，从而使物质变性。

日本近年来制造了一种高压压实设备，对垃圾进行三次压缩，最后一次压力

达 258 kg·cm^{-2}（25.3 MPa），最后制成的垃圾块的密度达到 1380 kg·m^{-3}。由高压产生的挤压和升温作用，使垃圾中的 BOD 从 6000 mg·L^{-1} 降到 200 mg·L^{-1}，COD 从 8000 mg·L^{-1} 降到 150 mg·L^{-1}。垃圾块已变为一种均匀的类塑料结构的惰性材料，自然暴露于空气中 3 年，也无任何明显降解。

4.1.2 压实设备简介

压实设备也称压实器。压实器可分为固定式和移动式。前者只能定点（如废物转运站）使用；后者一般安装于垃圾收集车上，常用于废物处置场所。下面介绍几种常用的压实器。

（1）水平式压实器

水平式压实器的结构如图 4-1 所示，主要用于城市垃圾的处理中。将废物加入装料室，依靠具有压面的水平压头作用使垃圾致密和定形，然后将坯块推出。破碎杆的作用是将坯块表面的杂乱废物破碎，以有利坯块的移出。

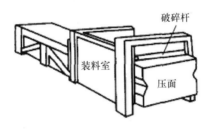

图 4-1 水平式压实器结构图

（2）三向联合压实器

三向联合压实器的结构如图 4-2 所示，适用于金属类废物的压实。它具有三个互相垂直的压头，依次启动 1、2、3 三个压头，即可将料斗中的废物压实成块。

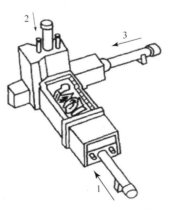

图 4-2 三向联合压实器结构图

（3）回转式压实器

回转式压实器结构如图 4-3 所示，适于压实体积小、重量轻的废物。废物装入容器单元后，先按水平压头 1 的方向压缩，然后按箭头运动方向驱动旋动式压头 2，使废物致密化，最后按水平压头 3 的运动方向将废物压至一定尺寸排出。

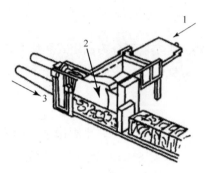

图 4-3　回转式压实器结构图

4.2　固体废物的破碎

通过人为或机械等外力的作用，破坏物体内部的凝聚力和分子间的作用力，使物体破裂变碎的操作过程统称为破碎（shredding），即大块固体废物 $\xrightarrow{\text{外力}}$ 小块固体废物。

4.2.1　破碎的目的

1）使运输、焚烧、热解、熔化、压缩等操作能够或容易进行，更经济有效；

2）为分选和进一步加工提供合适的粒度，有利于综合利用；

3）增大比表面积，提高焚烧、热解、堆肥处理的效率；

4）破碎使固体废物体积减小，便于运输、压缩和高密度填埋，加速土地还原利用。

4.2.2　破碎方法

固体废物破碎机的种类很多，破碎机的选用主要依靠待处理废物的类型和希望得到的终端产品而定，类型不同的破碎机依靠不同的破碎作用来减少废物尺寸。破碎方式分为冲击破碎、剪切破碎、挤压破碎、摩擦破碎等。此外还有专用的低温破碎和湿式破碎。

（1）冲击破碎

冲击破碎有两种形式，即重力冲击和动冲击。重力冲击是使物体落到一个硬的表面上，就像玻璃瓶落在石板上摔成碎块一样；动冲击是指供料碰到一个比它硬的快速旋转的表面时发生的作用，这种情况下，给料是无支承的，冲击力使破碎的颗粒向破碎板以及向另外的锤头和机器的出口加速。

（2）剪切破碎

剪切破碎是指切开或割裂物料，特别适合于低 SiO_2 含量的松软废物。

（3）挤压破碎

挤压破碎是将材料放在挤压设备两个硬表面之间进行挤压。这两个表面或一个静止、一个移动，或两个都是移动的。当供料是坚硬的、脆性的和易碎的材料时，这种作用最为适合。

（4）摩擦破碎

摩擦破碎是两个硬表面间夹有较软材料时，彼此碾磨所产生的作用。锤式破碎机常常在锤头与出料筛之间间隙很小的状态下运行以产生摩擦作用，使物料尺寸比单靠锤头传递的冲击作用能有进一步的减小。

4.2.3　破碎比（程度）

在破碎过程中，原废物粒度与破碎产物粒度的比值称为破碎比。破碎比表示废物粒度在破碎过程中减少的倍数。破碎机的能量消耗和处理能力都与破碎比有关。破碎比有以下两种表示方法。

（1）最大粒度法

$$i = \frac{D_{max}}{d_{max}} \tag{4-11}$$

式中，D_{max} 为破碎前的最大粒度；d_{max} 为破碎后的最大粒度。

（2）平均粒度法

$$i = \frac{D_{ave}}{d_{ave}} \quad （较常用） \tag{4-12}$$

式中，D_{ave} 为破碎前的平均粒度；d_{ave} 为破碎后的平均粒度。

4.2.4　破碎流程

（1）单纯破碎工艺

该破碎工艺具有简单、易操作、占地面积小等优点，但只适于对粒度要求不高的场合。

（2）带预先筛分的破碎工艺

该工艺流程可预先分离出不需破碎的细粒物料，减少破碎量。

（3）先破碎后筛分工艺

该工艺可将破碎产物中大于要求粒度的颗粒分离出来，返回破碎机再破碎，使产品粒度全部符合要求。

（4）带预先筛分和检查筛分的破碎工艺

该工艺是（2）和（3）的组合工艺，因此兼具有（2）和（3）两种工艺的优点。图 4-4 为 4 种破碎流程。

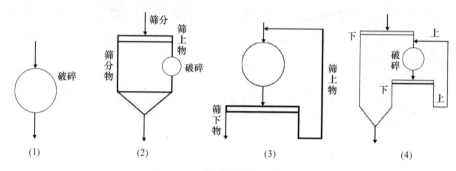

图 4-4　4 种不同破碎工艺流程

4.2.5　破碎机简介

处理固体废物的破碎机主要有辊式破碎机、颚式破碎机、冲击式破碎机和剪切式破碎机。

4.2.5.1　辊式破碎机

辊式破碎机是利用冲击剪切和挤压作用进行破碎的。是用两个相对旋转的辊子抓取并强制送入要破碎的废物。其抓取作用取决于该种物料颗粒的大小和物性、各辊子的大小、间隙和特性。该种破碎机主要用于破碎脆性材料，而对延性材料只能起到压平作用。在资源回收和废物处理领域，既可用于对废物的破碎，也可用于对含有玻璃器皿、铝和铁皮罐的废物进行分选。

4.2.5.2　颚式破碎机

颚式破碎机主要利用冲击和挤压作用。颚式破碎机为挤压型破碎机械，俗称老虎口。可分为简单摆动型、复杂摆动型和综合摆动型三种，其中，以前两种应用较为广泛。该破碎机主要用于选矿、建材和化学工业领域。颚式破碎机结构简单、操作维护方便、工作可靠，适用于破碎中等硬度和坚硬的物料，如煤矸石等。

4.2.5.3　冲击式破碎机

冲击式破碎机可分为锤式破碎机和反击式破碎机。

（1）锤式破碎机

锤式破碎机是一种最普通的工业破碎设备，利用的是冲击、摩擦和剪切作用。可分为单转子和双转子两类。此种破碎机可破碎质地较硬的物料，还可破碎含水分及油质的有机物等，破碎后物料粒度均匀，缺点是振动及噪声大。

（2）反击式破碎机

反击式破碎机是一种新型高效破碎设备，具有破碎比大、构造简单、外形尺寸小、安全方便、易于维护等优点。主要用于水泥、火电、玻璃、化工、建材、冶金等部门，适于破碎中硬、软、脆、韧性、纤维性物料。

4.2.5.4　剪切式破碎机

剪切式破碎机是通过固定刀和可动刀之间的啮合作用，将物料切开或割裂而完成破碎过程。

除此以外，还有属于粉磨的球磨机和自磨机，以及低温破碎技术、湿式破碎技术和半湿式破碎技术等。

4.3　固体废物的分选

分选（separation）的目的是将固体废物中可回收利用的或不利于后续处理、处置工艺要求的物料用人工或机械方法分门别类地分离出来，并加以综合利用的过程。根据物料的物理或化学性质（包括粒度、密度、重力、磁性、电性、弹性等），采用不同的分选方法。分选方法包括人工检选和机械分选，其中机械分选又分为筛分、重力分选、磁力分选、电力分选等。

4.3.1　筛分

筛分是利用筛子将粒度范围较宽的颗粒群分成窄级别的作业。该分离过程可看作是由物料分层和细粒透过筛子两个阶段组成。物料分层是完成分离的条件，细粒透过筛子是分离的目的。为了使粗细物料通过筛面分离，必须使物料和筛面之间具有适当的相对运动，使筛面上的物料层处于松散状态，即按颗粒大小分层，形成粗粒位于上层，细粒位于下层的规则排列，细粒到达筛面并透过筛孔。细粒透筛时，尽管粒度都小于筛孔，但它们透筛的难易程度却不同。粒度小于筛孔 3/4 的颗粒，很容易通过粗粒形成的间隙到达筛面而透筛，称为"易筛粒"；粒度大于筛孔 3/4 的颗粒，很难通过粗粒形成的间隙到达筛面而透筛，而且粒度越接近筛孔尺寸就越难透筛，称为"难筛粒"。

根据筛分在工艺过程中应完成的任务，筛分作业可分为以下六类：

1）独立筛分：目的在于获得符合用户要求的最终产品的筛分，称为独立筛分；

2）准备筛分：目的在于为下步作业做准备的筛分，称为准备筛分；

3）预先筛分：在破碎之前进行筛分，称为预先筛分，目的在于预先筛出合格或无须破碎的产品，提高破碎作业的效率，防止过度粉碎和节省能源；

4）检查筛分：对破碎产品进行筛分，又称为控制筛分；

5）选择筛分：利用物料中的有机成分在各粒级中的分布，或者性质上的显著差异所进行的筛分；

6）脱水筛分：脱出物料中水分的筛分，常用于废物脱水或脱泥。

适用于固体废物处理的筛分设备主要有固定筛、筒形筛、振动筛和摇动筛。其中用得最多的是固定筛、筒形筛、振动筛。

4.3.1.1　固定筛

筛面由许多平行排列的筛条组成，可以水平安装或倾斜安装。固定筛由于构造简单、不耗用动力、设备费用低和维修方便，在固体废物处理中广泛应用。固定筛又分为格筛和棒条筛。

格筛一般安装在粗破碎机之前，以保证入料块度适宜。

棒条筛主要用于粗碎和中碎之前，为保证废物料沿筛面下滑，安装角应大于废物对筛面的摩擦角，一般为 30°～35°。棒条筛筛孔尺寸为筛下粒度的 1.1～1.2 倍，一般筛孔尺寸不小于 50 mm。筛条宽度应大于固体废物中最大粒度的 2.5 倍。

4.3.1.2　筒形筛

筒形筛是一个倾斜的圆筒，置于若干滚子上，圆筒的侧壁上开有许多筛孔。

圆筒以很慢的速度转动（10～15 r·min^{-1}），因此不需要很大动力。这种筛的优点是不会堵塞。筒形筛筛分时，固体废物在筛中不断滚翻，较小的物料颗粒最终通过筛孔筛出。物料在筛子中的运动有两种状态：

1）沉落状态：物料颗粒由于筛子的圆周运动被带起，然后滚落到向上运动的颗粒上面；

2）抛落状态：筛子运动速度足够时，颗粒飞入空中，然后沿抛物线轨迹落回筛底。

当筛分物料以抛落状态运动时，物料达到最大的紊流状态，此时筛子的筛分效率达到最高。如果筒形筛的转速进一步提高，会达到某一临界速度，这时粒子呈离心状态运动，结果使物料颗粒附在筒壁上不会掉下，使筛分效率降低。

筛分效率与圆筒筛的转速和停留时间有关，一般认为物料在筒内滞留 25～30 s，转速 5～6 r·min^{-1} 为最佳。例如，有的筒形筛的直径为 1.2 m，长 1.8 m，转速

18 r·min^{-1}，生产率 2 t·h^{-1}，效率 95%～100%，当生产率达到 2.5 t·h^{-1}，效率下降为 90%。另外，筒的直径和长度也对筛分效率有很大影响。

4.3.1.3　振动筛

振动筛在筑路、建筑、化工、冶金和谷物加工等部门得到广泛应用。振动筛的特点是振动方向与筛面垂直或近似垂直，振动次数 600～3600 r·min^{-1}，振幅 0.5～1.5 mm。物料在筛面上发生离析现象，密度大而粒度小的颗粒钻过密度小而粒度大的颗粒的空隙，进入下层到达筛面，大大有利于筛分的进行。振动筛的倾角一般在 8°～40°之间。

振动筛由于筛面强烈振动，消除了堵塞筛孔的现象，有利于湿物料的筛分，可用于粗、中细粒的筛分，还可以用于振动和脱泥筛分。振动筛主要有惯性振动筛和共振筛。

1）惯性振动筛：它是通过由不平衡体的旋转所产生的离心惯性力，使筛箱产生振动的一种筛子。由于该种筛子激振力是离心惯性力，故称为惯性振动筛。

2）共振筛：它是利用连杆上装有弹簧的曲柄连杆机构驱动，使筛子在共振状态下进行筛分。由于筛子是在共振状态下筛分，故称为共振筛。共振筛具有处理能力大、筛分效率高、耗电少及结构紧凑等优点，是一种有发展前途的筛分设备；但其制造工艺复杂，机体较重。

4.3.2　重力分选

（1）定义

重力分选是在活动或流动的介质中，按颗粒的密度或粒度的不同进行分选的过程。

（2）方法

重力分选的方法很多，按作用原理可分为：①气流分选；②惯性分选；③重介质分选；④摇床分选；⑤跳汰分选等。

（3）重力分选原理

悬浮于流体介质中的颗粒，其运动受自身重力 F_g、介质摩擦阻力 F_d 和介质浮力 F_f 三种力的作用。受力平衡时：

$$F_g = F_f + F_d$$

而重力　　　　　　　　　　　$$F_g = \rho_s V g$$

式中，ρ_s 为颗粒密度；g 为重力加速度；V 为颗粒体积。

假设颗粒为球形，则

$$V = \frac{\pi}{6} d_s^3$$

重力　　　　　　　　　　$F_g = \rho_s \dfrac{\pi}{6} d_s{}^3 g$

浮力　　　　　　　　　　$F_f = \rho V g$

式中，ρ 为介质的密度；d_s 为颗粒的直径。

介质摩擦阻力　　　　　$F_d = \dfrac{1}{2} C_D v^2 \rho A \xrightarrow{\text{层流}} \pi \mu r v$

式中，C_D 为阻力系数；v 为颗粒相对于介质的速度；A 为颗粒投影面积，且

$$A = \frac{\pi d_s{}^2}{4}$$

所以　　　　　　　$\rho_s V g = \rho V g + \dfrac{1}{2} C_D v^2 \rho A$

变换为

$$\frac{\pi}{6} d_s{}^3 (\rho_s - \rho) g = \frac{\pi d^2}{4} \cdot \frac{C_D v^2 \rho}{2}$$

故　　　　　　　$v = \sqrt{\dfrac{4(\rho_s - \rho) g d_s}{3 C_D \rho}}$　　　　　　（4-13）

此即牛顿公式。

C_D 与颗粒尺寸和运动状况有关，假设流体运动为层流，则与雷诺数 Re 的关系为

$$C_D = 24/Re \tag{4-14}$$

其中　　　　　　　$Re = \dfrac{v d \rho}{\mu} = \dfrac{v d}{\nu}$

式中，μ 为介质的黏度系数，ν 为介质动力黏度系数。

代入式（4-13），得到

$$v = \frac{d_s{}^2 g (\rho_s - \rho)}{18 \mu} = \frac{2}{9} \cdot \frac{(\rho_s - \rho_0) g r_s{}^2}{\mu} \tag{4-15}$$

该式即为熟知的 Stokes 方程。

由 Stokes 方程可以看出，影响重力分选的主要因素为颗粒尺寸、颗粒与介质的密度差和介质的黏度。

4.3.2.1　气流分选（风力分选）

（1）原理

在气流作用下，利用固体废物颗粒的密度和粒度差进行分选的方法。由于不

同物质的密度不同，因而其在一定气速的气流中有不同的沉降速度，从而达到轻重颗粒分离的目的。

（2）气流分选装置

按照气流吹入分选设备的方向不同，分选设备可分为立式风力分选设备和卧式分选装置两种。

1）立式风选机：物料在上升气流作用下，重组分沉降到分选机底部排出，轻组分随上升气流一起从顶部排出，然后经旋风分离器进行气固分离，这样就使轻重组分得到了分离（图 4-5）。

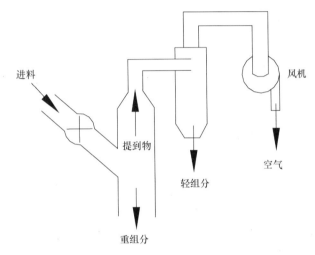

图 4-5　立式风力分选机结构原理图

2）卧式（水平）风选机：物料在风选机内下降时，被水平气流吹散，密度不同的组分沿不同的运动轨迹落入不同的收集槽中而得以分离（图 4-6）。

若气流为层流，可用 Stokes 方程计算物料颗粒悬浮在气流中的速度：

$$v = \frac{(\rho_s - \rho)g d_s^2}{18\mu}$$

气流分选经验模型：

a. 立式气流分选

$$v \approx \frac{13300\rho_s}{\rho_s + 1} d_s^{0.57}$$

式中，ρ_s 为颗粒密度，$g \cdot cm^{-3}$。

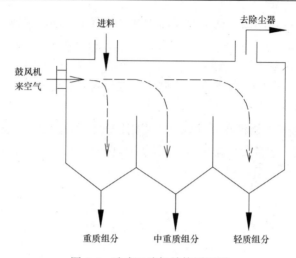

图 4-6　卧式风选机结构原理图

b. 水平式气流分选

$$v = \frac{6000\rho_s}{\rho_s + 1} d_s^{0.398}$$

4.3.2.2　重介质分选

所谓重介质，就是密度大于水的介质。重介质有重液和重悬浮液两大类。重液主要有四溴乙烷和丙酮的混合液（密度为 2400 $kg \cdot m^{-3}$）、五氯乙烷（密度 1670 $kg \cdot m^{-3}$）；重悬浮液通常有硅铁、铅矿、磁铁矿等与水按一定比例混合的混合物，如硅铁与水按 85∶15 混合，可得到相对密度达 3000 $kg \cdot m^{-3}$ 重悬浮液。

重介质的分离原理可用牛顿公式表示：

$$v_s = \sqrt{\frac{4(\rho_s - \rho)gd_s}{3C_D\rho}}$$

式中，ρ 为重介质的密度。

通常重介质的密度应介于大密度和小密度颗粒之间（$\rho_{s_1} < \rho < \rho_{s_2}$），由牛顿公式可知，若 $\rho < \rho_{s_2}$，则 $v_{s_2} > 0$；若 $\rho > \rho_{s_1}$，则 $v_{s_1} < 0$。这时无论两种颗粒的粒度和形状如何，大密度颗粒下沉，而小密度颗粒则悬浮于介质的表面上，从而实现物料按密度的分选（离）。重介质分离的精度很高，颗粒粒度范围可以很宽，很适合于各种固体废物的处理和分选。

4.3.2.3　跳汰分选

跳汰分选是在垂直变速介质中按密度分选固体物料的方法。分选介质为水时，称为水力跳汰。水力跳汰分选设备为跳汰机。

跳汰分选时，将固体废物送入跳汰机的筛板上，形成密集的物料层，从下面透过筛板周期性地给入上下交变的水流，使床松散并按密度分层。分层后，密度大的颗粒集中到底层，小的则集中于上层。上层的轻物料被水平水流带出机外成为轻产物；下层重物料则透过筛板或通过排料装置排出成为重产物。随着固体废物的不断给入和轻、重产物的不断排出，形成连续不断的分选过程。

4.3.2.4　浮选

浮选是在固体废物与水调制的料浆中加入浮选药剂，并通入空气形成无数细小气泡，使欲选物颗粒黏附于气泡上，随气泡上浮于料浆表面成为泡沫层，然后刮出泡沫层回收，没有浮上的颗粒物仍留在料浆内，从而达到分选的目的。

浮选过程中，固体废物各组分对气泡黏附的选择性，是由固体颗粒、水、气泡组成的三相界面间的物理化学特性所决定的，其中物质表面的润湿性起着决定作用。若固体废物中有些物质表面的疏水性较弱，则易黏附于气泡上而上升；而另一些物质表面的亲水性较强，则不会黏附在气泡之上。

固体废物中物质的表面亲水性与疏水性或润湿性，可通过浮选药剂的添加或减少而改变。因此，浮选工艺中正确选择合适的浮选药剂调整物料的可浮性非常关键。

4.3.3　磁力分选

4.3.3.1　磁选的基本原理

磁选是利用固体废物中各种物质的磁性差异在不均匀磁场中进行分选的一种处理方法。将固体物料送入磁选设备之后，磁性颗粒则在不均匀磁场的作用下被磁化，从而受到磁场吸引力的作用，使磁性颗粒吸在磁选机的转动部件上，被送至排料端排出，实现了磁性物质和非磁性物质的分离。在磁选的过程中，固体颗粒在非均匀磁场中同时受到两种力的作用——磁力和机械力（包括重力、摩擦力、介质阻力、惯性力等）的作用。当磁性物质所受到的磁力大于与它相反的机械力的合力时，则可以被分离出来。而非磁性物质所受磁力很小，机械力的作用占优势，所以仍留在物料层中。

磁选只适用于分离出铁磁性物质，可以作为一种辅助手段用于回收黑色金属。

4.3.3.2　磁选设备

（1）磁力滚筒

磁力滚筒有两种型式，如图 4-7 所示。

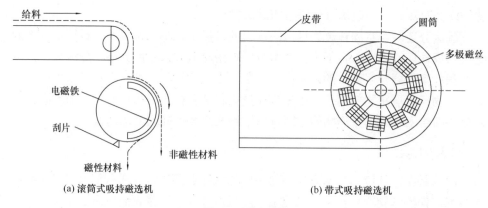

(a) 滚筒式吸持磁选机   (b) 带式吸持磁选机

图 4-7　磁力滚筒

图 4-7 中（a）型也称滚筒式吸持磁选机。主要部分是一个用黄铜、不锈钢等非导磁材料制成的滚筒，内有半环形磁铁。物料从传送带上落到滚筒表面时，磁性物质被吸引，带至下部刮板处被刮脱收集到料斗中。非磁性材料则直接落入另一料斗。（b）型也称带式吸持磁选机，磁力滚筒作为传动滚筒装在皮带机头部。当物料经过滚筒时，非磁性或弱磁性物质在离心力和重力作用下脱离皮带面；而非磁性物质则被吸在皮带上，并被带到滚筒下部，当皮带离开磁力滚筒伸直时，由于磁场强度的减弱而落入收集料斗中。

（2）悬吊磁铁器

悬吊磁铁器有一般式和带式两种，其结构如图 4-8 所示。

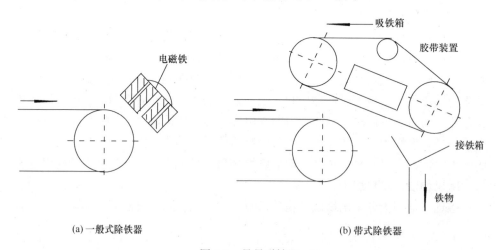

(a) 一般式除铁器   (b) 带式除铁器

图 4-8　悬吊磁铁器

图 4-8 中（a）型可用于除铁量小的场合，通过切断电磁铁电流来排除磁性物

质，而带式除铁器则通过胶带排除磁性物质。

4.3.4　电力分选

4.3.4.1　电力分选原理

电力分选是利用固体废物中各种组分在高压电场中电性的差异来实现分选的一种方法。电力分选的原理可用图 4-9 来说明。分选器由接地的金属圆筒板（正极）和放电板（负极）组成，放电极与圆筒间有适当距离，而在极间发生电晕放电，产生电晕电场区。物料随滚筒转动进入电晕电场区后，由于空间带有电荷使之获得负电荷。物料中的导电颗粒荷电后立即在滚筒上放电，当滚筒进入静电场之后，导电颗粒负电荷释放完毕并从滚筒上获得正电荷而被排斥，在电力、重力、离心力的综合作用下排入料斗。而非导体颗粒不易在滚筒上失去所荷负电荷，因而与滚筒相吸被带到滚筒后方用毛刷强制刷下，从而完成了分选过程。

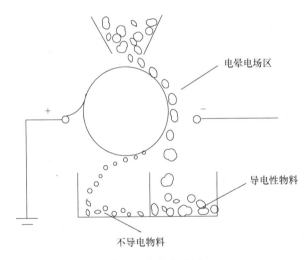

图 4-9　电力分选原理

4.3.4.2　电力分选设备——静电分选机

静电分选机的结构如图 4-10 所示。如将含有铝和玻璃的废物通过加料器均匀地加到带电滚筒上，铝为良导体从滚筒电极获得相同符号的电荷，因而被滚筒电极排斥落入铝收集槽。玻璃为非导体，由于与带电辊筒接触而被极化，在靠近辊筒一端产生相反电荷而被辊筒吸住，随滚筒带至后面被毛刷强制刷落入玻璃收集槽，完成了铝与玻璃的分离。

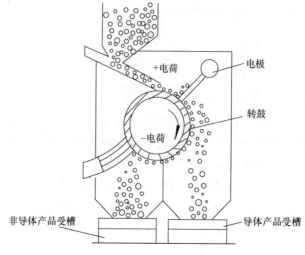

図 4-10　静电分选机结构图

4.3.5　光电分选

4.3.5.1　光电分选系统及工作过程

光电分选系统及工作过程包括以下三个部分。

（1）给料系统

固体废物入选前，需要预先进行筛分分级，使之成为窄粒级物料，并清除废物中的粉尘，以保证信号清晰，提高分离精度。分选时，使预处理后的物料颗粒排队呈单行，逐一通过光检区受检，以保证分离效果。

（2）光检系统

光检系统包括光源、透镜、光敏元件及电子系统等。这是光电分选机的心脏，因此，要求光检系统工作准确可靠，工作中要维护保养好，经常清洗，减少粉尘污染。

（3）分离系统（执行机构）

固体废物通过光检系统后，其检测所收到的光电信号经过电子电路放大，与规定值进行比较处理，然后驱动执行机构。一般为高频气阀（频率为 300 Hz），将其中一种物质从物料流中吹动使其偏离出来，从而使物料中不同物质得以分离。

4.3.5.2　光电分选机及应用

图 4-11 是光电分选过程示意图。固体废物经预先窄分级后进入料斗。由振动溜槽均匀地逐个落入高速沟槽进料皮带上，在皮带上拉开一定距离并排队前进，从皮带首端抛入光检箱受检。当颗粒通过光检测区时，受光源照射，背景板显示

颗粒的颜色或色调，当欲选颗粒的颜色与背景颜色不同时，反射光经光电倍增管转换为电信号（此信号随反射光的强度变化），电子电路分析该信号后，产生控制信号驱动高频气阀，喷射出压缩空气，将电子电路分析出的异色颗粒（即欲选颗粒）吹离原来下落轨道，加以收集。而颜色符合要求的颗粒仍按原来的轨道自由下落加以收集，从而实现分离。

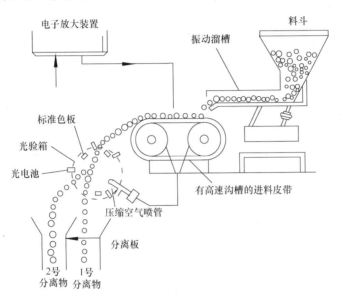

图 4-11　光电分选过程示意图

光电分选可用于从城市垃圾中回收橡胶、塑料、金属等物质。

4.4　分选回收工艺系统

为了经济有效地回收城市垃圾和工业固体废物中有用物质，根据废物的性质和要求，将两种或两种以上的分选单元操作组合成一个有机的分选回收工艺系统，也称为分选回收工艺流程。

4.4.1　城市垃圾分选回收工艺系统

城市垃圾分选回收工艺系统包括收集运输、破碎、筛选、重选、磁选、摩擦与弹跳分选、浮选等。

图 4-12 为城市垃圾分选回收系统图。经该系统分选回收可得到以下产品：①轻质可燃物（热值约 $15 \times 10^3 \ \mathrm{kJ \cdot kg^{-1}}$），主要有纸类、塑料薄膜、布类等；②杂纸类；③铁系金属；④重质无机物，玻璃约占重量的 65%，其余为非金属。

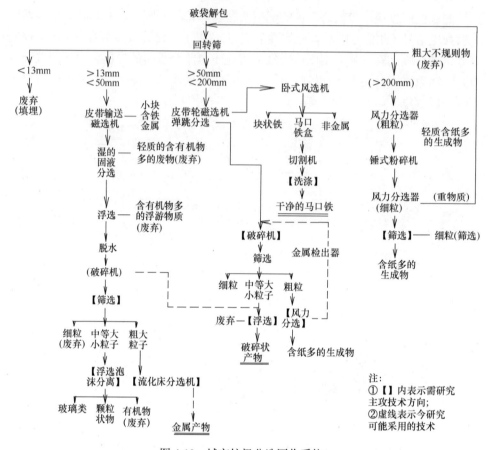

图 4-12　城市垃圾分选回收系统

4.4.2　粉煤灰分选回收系统

粉煤灰中除含有炭粒外，还含有空心玻璃微珠、磁珠和密实玻璃等有用物质。对于这些物质既可单独加以回收，也可以采用综合回收的方法。图 4-13 是粉煤灰分选回收系统图。

4.4.3　从煤矸石中分选回收硫铁矿系统

首先将煤矸石破碎，使硫铁矿与矸石单体分离，然后进行分选回收。通常采用分段破碎、分段分选回收。50～13 mm 的大块，采用跳汰分选或重介质分选回收硫铁矿；13 mm 以下的中小块可采用摇床分选回收；小于 0.5 mm 的细粒，采用磁选或浮选回收。图 4-14 是从煤矸石中回收硫铁矿的工艺系统。

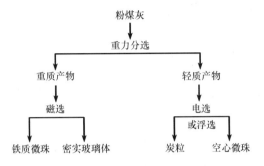

图 4-13 粉煤灰分选回收原则系统

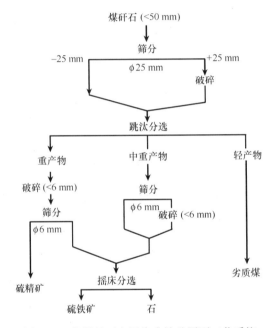

图 4-14 从煤矸石中回收硫铁矿原则工艺系统

思 考 题

1. 表示固体废物压实程度的指标有哪些？为何要进行压实处理？

2. 破碎程度用什么指标来衡量？简述破碎的意义。

3. 破碎流程有哪几种组合方式？分别是什么？

4. 试述重力分选的基本原理，并举出重力分选的几种常见方法及适用的场合。

5. 根据城市垃圾和工业固体废物中各组分的性质,怎样组合分选回收工艺系统？

第5章　固体废物的焚烧处理技术

5.1　概　　述

5.1.1　焚烧或燃烧的定义

1）从焚烧（incineration）或燃烧（combustion）过程的表象来看，焚烧或燃烧是一种伴有火焰发生的快速放热反应。

2）从燃烧的最终结果来看，它是物质间的一种能量转换过程，是通过燃料和氧化剂在一定条件下进行的具有放热和发光特点的剧烈氧化反应，将燃料的内能转化为热能。

3）就其本质特性而言，燃烧是指具有强烈放热效应，有基态和电子激发态的自由基出现的并伴有光辐射的化学反应现象。

5.1.2　固体废物焚烧过程的"三化"特性

1）减量化：固体废物经过焚烧，可减重 80%以上，减容 90%以上。与其他处理技术比较，减量化是它最卓越的效果。

2）无害化：与卫生填埋和堆肥所存在的潜在环境危害相比，其无害化特性具有明显优势。固体废物经焚烧，可以破坏其组成结构，杀灭病原菌，达到解毒除害的目的。

3）资源化：固体废物含有潜在的能量，通过焚烧可以回收热能，并以电能输出。

由以上可见，固体废物的焚烧，是一种同时具有减量化、无害化和资源化的处理技术。

5.1.3　燃烧过程分析

从前面的定义可知：燃烧是燃料（固体废物）和氧化剂两种组分在一定空间及时间下，激烈地发生放热化学反应的过程。

燃烧反应是过程进行的主体，是内因，而燃烧装置则是使这一过程得以实现的外部环境，二者缺一不可。当然，燃烧也可以不在具体的燃烧装置中进行，但热能不能利用，还会造成环境污染。

从动力学分析可知，燃烧过程炉型的变化并不影响本征的化学反应过程，即燃烧过程的化学反应是一定的，而改变的只能是装置的特性——流体动力学行为。

因此，目前主要通过改进炉型结构和工艺过程，进而改变流体动力学和传递特性，来降低焚烧的二次污染和提高能源的利用率。

下面给出燃烧过程各因素间的相互作用关系（图 5-1），以此来说明燃烧反应过程的基本特点。

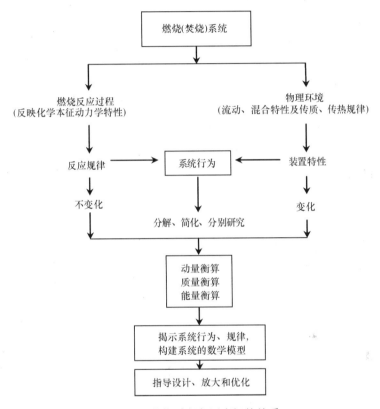

图 5-1　焚烧过程各因素间的关系

由以上分析可见，燃烧反应器（焚烧炉）中的燃烧过程是伴有流动、传质和传热等物理过程的热化学反应过程。这些过程相互作用和影响，共同决定燃烧系统的行为和特性，是一个极为复杂的综合过程。而垃圾焚烧要提高效率和优化的关键则着重于改善焚烧过的传递条件，如选择合适炉型，改善气、固相间的接触，提高燃烬率，降低气相有毒有害物质的再合成。

5.1.4　固体废物的可燃性

（1）固体废物的热值

1）定义：固体废物的热值是指单位质量的固体废物燃烧所释放出来的热量，

单位为 $kJ \cdot kg^{-1}$。热值是衡量固体废物可燃性的一个标度或指标。

2）热值的表示方法：热值有两种表示法，即高位热值（HHV 或 Q_H）和低位热值（LHV 或 Q_L）。高位热值和低位热值的意义相同，均指化合物在一定温度下反应到达最终产物的焓变。

其区别在于，反应产物的状态不同：Q_H 的终态 H_2O 为液态，Q_L 的终态 H_2O 为气态。

因此

$$Q_H - Q_L = 水的汽化潜热$$

3）高位热值与低位热值的关系

$$Q_L = Q_H - 25.12（9H + W）$$

$$Q_L = Q_H - 2420[H_2O + 9(H - \frac{Cl}{35.5} - \frac{F}{19})]$$

式中，H_2O 为焚烧产物中水的质量百分率，%；H，Cl，F 为废物中 H，Cl，F 含量的质量百分率，%；W 为水的质量百分数，%。高位热值（粗热值），可用氧弹量热计测量。

（2）热值与可焚烧性的关系

要使固体废物维持燃烧，就要求其燃烧所释放出的热量足以提供废物达到燃烧温度所需要的热量和发生燃烧反应所需的活化能。否则，要维持燃烧，必须添加辅助燃料。

对生活垃圾来说，当 $Q_L < 3344 \ kJ \cdot kg^{-1}$ 时不满足焚烧条件；当 $3344 \ kJ \cdot kg^{-1} < Q_L < 4180 \ kJ \cdot kg^{-1}$ 时，理论上不借辅助燃料可焚烧，但废热利用价值不大；当 $4180 \ kJ \cdot kg^{-1} < Q_L < 5000 \ kJ \cdot kg^{-1}$ 时，供热和发电均可进行。

5.1.5　固体废物焚烧的控制因素

（1）固体废物在焚烧炉中充分燃烧的条件

1）燃烧所需的氧气（空气）能充分供给；

2）反应系统有良好的搅动（废物与氧良好地接触）；

3）系统的操作温度必须足够高。

（2）基本控制因素

1）废物在焚烧炉中与空气接触的时间，即停留时间（$\bar{t}$）；

2）废物与空气之间的混合量，即混合程度或湍流度（T）；

3）反应进行的温度（t）。

（3）三者之间的关系

用一个等边三角形三个边分别代温度、停留时间和混合程度或湍流度，用三角形的面积表示燃烧效果或效率（图 5-2）。由于某种原因，它的某个边变短了，那么，为保持同样大的面积（即燃烧效果），三角形的另外两边就必须延伸。

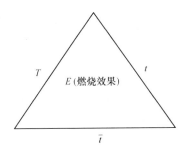

图 5-2　3T 间的关系

　　例如：焚烧炉中，废物和空气的混合量减少了，就必须延长停留时间或提高温度，才能达到同样的燃烧效果。同样，炉温降低了，为达到同样的燃烧效果，就必须充分地搅动和延长停留时间。

　　这三个因素（3T）对焚烧过程的操作及焚烧炉的设计，至关重要。

5.1.6　焚烧效果

　　在实际的燃烧过程中，因某种原因，其操作达不到理想效果，使得废物燃烧过程不完全，这就是燃烧效果问题。

　　评价焚烧效果的方法有：目测法、热灼减量法和 CO 法等。

　　1）目测法：通过观察烟气的"黑度"来判断焚烧效果，烟气越黑，效果当然越差。

　　2）热灼减量法：它是用焚烧炉渣中有机可燃物的量来评价焚烧效果的，可表示为

$$E_S = (1 - \frac{W_L}{W_f}) \times 100\%$$

式中，E_S 为焚烧效果，%；W_L 为单位质量炉渣中热灼减量，kg；W_f 为单位质量废物中的可燃物量，kg。

　　3）CO 法（也称 CO_2 法）：

$$E_g = \frac{C_{CO_2}}{C_{CO} + C_{CO_2}} \times 100\%$$

式中，E_g 为燃烧效率，E_g 越大，燃烧效果越好。

5.1.7　现代焚烧系统基本组成

　　现代焚烧系统的基本组成如图 5-3 所示。

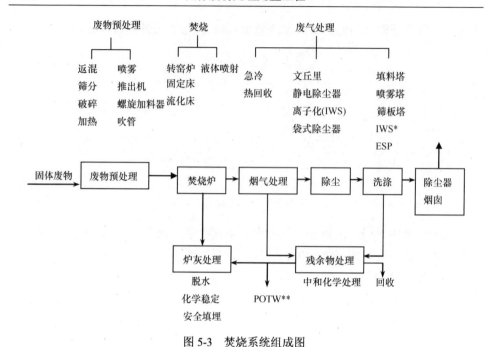

图 5-3 焚烧系统组成图

*离子化湿式洗涤器；**公共废物处理厂

5.2 燃烧反应过程的动力学规律

5.2.1 固体废物燃烧的异相反应特性

固体废物与氧化剂（O_2）的反应为气固相反应，为非均相反应或异相反应。

气固异相反应速度，是指单位时间、单位反应表面上物质的反应量，即

$$\frac{dn}{Adt} = r = f(T, c)$$

式中，n 为物质的量，mol 或 kg；A 为反应表面积，m^2；t 为反应时间，s；r 为表面反应速率，$mol·m^{-2}·s^{-1}$ 或 $kg·m^{-2}·s^{-1}$；T 为反应温度，K；c 为物质的浓度，$mol·m^{-3}$，$kg·m^{-3}$。

例如，固体废物与 O_2 反应通常包括以下几个步骤：① O_2 自气相主体向反应表面的传递（扩散）；② O_2 被反应表面吸附；③发生表面化学反应；④反应产物的脱附；⑤气相产物向表面气相主体的扩散。

上面各步骤串联进行，稳态时，各步速率相等，即

$$r = N = \frac{dn}{Adt} = -D\frac{dc}{dz}$$

式中，N 为物质的通量，$mol \cdot m^{-2} \cdot s^{-1}$ 或 $kg \cdot m^{-2} \cdot s^{-1}$；$D$ 为扩散系数，$m^2 \cdot s^{-1}$；z 为扩散距离，m。

（1）异相燃烧反应的动力区和扩散区

若 O_2 的气相主体浓度为 c_b，表面浓度为 c_i。则根据膜扩散理论，若 O_2 在扩散层的分布为线性，则扩散通量 N_d 为

$$N_d = \frac{D}{\delta}(c_b - c_i) = k_d(c_b - c_i) \tag{5-1}$$

式中，k_d 为物质（O_2）的扩散传质系数，$m \cdot s^{-1}$；δ 为扩散层厚度，m。

而表面反应速率为

$$r_i = k_i c_i^n \tag{5-2}$$

式中，r_i 为表面反应速率；k_i 为表面反应速度常数。

稳态时，反应速率与扩散传质速率相等，且等于总反应速率 r_G，即

$$N_d = r_i = r_G \tag{5-3}$$

将式（5-1）和式（5-2）做如下变换（并用 r_G 代替 N_d 和 r_i），则式（5-1）变为

$$\frac{r_G}{k_d} = c_b - c_i \tag{5-4}$$

式（5-2）变为

$$\left(\frac{r_G}{k_i}\right)^{\frac{1}{n}} = c_i \tag{5-5}$$

消去未知的 c_i，即式（5-4）+式（5-5），得

$$\frac{r_G}{k_d} + \left(\frac{r_G}{k_i}\right)^{\frac{1}{n}} = c_b \tag{5-6}$$

若为一级反应，则

$$\frac{r_G}{k_d} + \frac{r_G}{k_i} = c_b \tag{5-7}$$

或

$$r_G = \frac{c_b}{\dfrac{1}{k_d} + \dfrac{1}{k_i}} \tag{5-8}$$

该式即为同时考虑扩散和反应规律的表面反应速率表达式，且化学反应为一级。

将式（5-8）写成

$$r_G = k_G c_b \tag{5-9}$$

则

$$k_G = \frac{k_d k_i}{k_d + k_i} \tag{5-10}$$

式中，k_G 称为综合速率常数或总括速率常数。

对式（5-10）进行讨论：

1）当 $k_i \ll k_d$ 时，如当温度很低时，则

$$k_G = \frac{k_i k_d}{k_i + k_d} = k_i \Rightarrow r_{\dot{G}} = k_i c_b \tag{5-11}$$

此时，总体反应速率取决于化学动力学因素，称为异相反应处于"动力区"。

2）当 $k_i \gg k_d$ 时，如高温区，则

$$k_G = \frac{k_i k_d}{k_i + k_d} = k_d \Rightarrow r_G = k_d c_b \tag{5-12}$$

这种情况下，异相反应速率取决于气相反应介质（O_2）向反应表面的扩散传质速度，称为反应处于"扩散区"。

由此可见：① 若反应处于动力区，则强化燃烧过程的主要手段是提高系统的反应温度；② 若反应处于扩散区，则为了强化燃烧过程应设法增大传质系数，这可通过增加流体（气体）的流速，减小颗粒直径而达到。

因为

$$Sh = \frac{k_d \cdot d}{D} \Rightarrow k_d = \frac{Sh \cdot D}{d}$$

式中，Sh 为 Sherwood 准数；k_d 为传质系数，$k_d = D/\delta$，其中 D 为扩散系数，δ 为浓度边界层厚度，气固反应时，为气膜的厚度；d 为特征尺寸（此处为颗粒直径）。

而

$$Sh = 2 + \frac{1}{2} Re^{1/2} Sc^{1/3}$$

式中，Re 为 Reynold 准数；Sc 为 Schmidt 准数。

其中

$$Re = \frac{\rho u d}{\mu} \qquad Sc = \frac{\mu}{\rho D}$$

式中，ρ 为密度，μ 为黏度，u 为流体（气体）速度。

当为层流时，

$$Sh = 2$$

故

$$k_d = \frac{2D}{d}$$

由此可知，若反应处于扩散区，则可通过增加流体的流速（气体）和减小颗粒直径来增大传质系数，从而强化燃烧过程。

（2）固体的内部反应

上述我们介绍的反应是在固体表面上进行的。固体废物具有多孔性，O_2 可进入内部进行反应。

设固体颗粒的半径为 R，外表面积为 A，颗粒内部单位体积所具有的内表面面积为 A_i，则粒子的总反应表面积为

$$A_{总} = A + \frac{4}{3}\pi R^3 A_i = A\left(1 + \frac{RA_i}{3}\right) \tag{5-13}$$

因为　　　　　　　　　　　$A = 4\pi r^2$

则

$$r_i' = -\frac{dn}{dt} = A(1 + \frac{RA_i}{3})k_i c_{i(内)} = A\bar{k} c_{i(内)} \tag{5-14}$$

式中，$\bar{k}$ 为有效反应速率常数。

1）当温度很低时，化学反应速率很慢，则 $r_i' << N_d$，可认为内表面上的氧气浓度等于 c_i，则

$$r_i' = A\bar{k}_i c_i$$

2）当温度很高时，化学反应速率很快，即 $N_d' << r_i'$，则 $c_{i(内)} \to 0$，可认为内部反应基本停止，故

$$r_i' = A k_i c_i$$

动力学方程中的表面浓度 c_i 难以用试验测定，所以反应工程学中采用效率因子法和表观动力学法，以主体浓度 c_b 代替 c_i。

表观动力学法：

$$r_i' = AK c_b$$

将传递的影响因素归并于速率常数 K 之中，则 K 不仅由反应的特性决定，而且与传递特性有关，而本征动力学中的 k 则由化学因素决定。

效率因子法

$$r_i' = A\eta k_i c_b$$

即传递过程的影响归并于效率因子 η 中。

虽然 c_i 难以测定，但可通过传递方程得到 c_i 与 c_b 的关系。

以碳粒的燃烧反应为例，设碳粒的半径为 R，气相 O_2 的浓度为 $c_{b(O_2)}$。

假设该过程只有分子扩散存在，故对任何一半径为 r 的球形面来说，氧气的扩散量为

$$q = D\frac{dc}{dr}4\pi r^2 \tag{5-15}$$

对式（5-15）求导：

$$\frac{dq}{dr} = D\frac{d}{dr}\left(\frac{dc}{dr}\cdot 4\pi r^2\right) \tag{5-16}$$

对稳态过程，且不存在外部空间的反应，则 $dq=0$。故

$$dq = D\frac{d}{dr}\left(\frac{dc}{dr}\cdot 4\pi r^2\right)dr = 0 \tag{5-17}$$

即

$$D\left(\frac{d^2c}{dr^2}r^2 + 2\frac{dc}{dr}r\right)dr = 0 \tag{5-18}$$

因为

$$dr \neq 0$$

故

$$D\left(\frac{d^2c}{dr^2} + \frac{2}{r}\cdot\frac{dc}{dr}\right) = 0 \tag{5-19}$$

$$边界条件:\begin{cases} r=\infty时,c=c_b \\ r=R时,c=c_i \end{cases}$$

求解式（5-19）得

$$c_i = \frac{c_b}{1 + \dfrac{k_i\left(1+\dfrac{R}{3}A_i\right)R}{D}} \tag{5-20}$$

根据

$$k_G c_b = k_i c_i$$

将式（5-20）代入，得到表观速率常数

$$k_G = \frac{k_i}{1 + \dfrac{k_i(1+\varepsilon A_i)R}{D}} \tag{5-21}$$

式中，$\varepsilon = \dfrac{R}{3}$。

由式（5-21）可知，减小碳粒的直径，使扩散阻力减少（R/D），进而使反应速率加大。

当 $R \to 0$ 时，有 $k_G = k_1$ 传递影响消除。就是说，温度不变时，随着碳粒的烧尽，燃烧过程总是要进入动力区的。

5.2.2　C 和 H 的燃烧反应机理及动力学特性

固体废物中可燃物质主要为 C 和 H，因此，以 C 和 H 的燃烧反应为例，了解固体废物焚烧过程的本征动力学规律。

例如，对一个简单基元反应来说：

$$a\text{A}+b\text{B} \longrightarrow c\text{C}+d\text{D}$$

$$r_\text{A} = -\frac{\mathrm{d}c_\text{A}}{\mathrm{d}t} = kc_\text{A}^a \cdot c_\text{B}^b$$

$$r_\text{A} \neq r_\text{B} \neq r_\text{C} \neq r_\text{D}$$

它们之间的关系为

$$\frac{r_\text{A}}{a} = \frac{r_\text{B}}{b} = \frac{r_\text{C}}{c} = \frac{r_\text{D}}{d}$$

式中，r_A、r_B、r_C 和 r_D 分别为组分 A、B、C 和 D 的反应速率；c_A 和 c_B 分别为组分 A 和组分 B 的浓度。

例如，

$$2\text{H}_2+\text{O}_2 =\!\!= 2\text{H}_2\text{O}$$

则

$$r_{\text{H}_2} = 2r_{\text{O}_2} = r_{\text{H}_2\text{O}}$$

5.2.2.1　氢的燃烧反应机理及动力学

我们知道，对氢的氧化反应来说，其反应式是 $2\text{H}_2+\text{O}_2 \longrightarrow 2\text{H}_2\text{O}$，则反应的动力学方程似乎应是 $r_{\text{H}_2} = -\dfrac{\mathrm{d}c_{\text{H}_2}}{\mathrm{d}t} = kc^2_{\text{H}_2} \cdot c_{\text{O}_2}$，但实际并非如此。因为上式不是基元反应，唯有基元反应才能按质量作用定律直接写出反应的速率方程。

氢的燃烧反应机理被认为是典型支链反应，其基本反应方程式如下：

1）链的产生：

A　$\text{H}_2+\text{O}_2 \longrightarrow 2\text{OH}$

B　$\text{H}_2+\text{M} \longrightarrow 2\text{H}+\text{M}$

$$C \quad O_2 + O_2 \longrightarrow O_3 + O$$

2）链的继续及支化

$$A' \quad H + O_2 \longrightarrow OH + O$$
$$B' \quad OH + H_2 \longrightarrow H_2O + H$$
$$C' \quad O + H_2 \longrightarrow OH + H$$

3）器壁断链（链的终止）

$$A'' \quad H + 器壁 \longrightarrow \frac{1}{2}H_2$$

$$B'' \quad OH + 器壁 \longrightarrow \frac{1}{2}(H_2O_2)$$

$$C'' \quad O + 器壁 \longrightarrow \frac{1}{2}O_2$$

另外还有空间断链，总之，A′、B′、C′反应循环进行，引起 H 原子数的不断增加。将链支化的三步相加，即

$$H + O_2 \longrightarrow OH + O$$

$$2OH + 2H_2 \longrightarrow 2H_2O + 2H$$

$$+) \quad O + H_2 \longrightarrow OH + H$$

$$\overline{H + 3H_2 + O_2 \longrightarrow 2H_2O + 3H}$$

由上式可知，一个氢原子产生了三个氢原子，三个将产生 9 个氢原子，等等，从而使反应速度越来越快。因此，H_2 的反应速率就可按上述支链反应的 A′、B′、C′写出，而在三个反应中，A′的活化能最大（$7.54 \times 10^4 J \cdot mol^{-1}$），B′和 C′的活化能较小。因此，速率的控制步骤为 A′步，则

$$r_{H_2} = -\frac{dc_{H_2}}{dt} = kc_H \cdot c_{O_2} \tag{5-22}$$

式中，k 为 H_2 反应的速率常数，$k = 10^{-11}\sqrt{T}\exp\left(-\frac{7.54 \times 10^4}{RT}\right)$。由此可知，温度对燃烧反应速率的影响极为显著。

5.2.2.2 碳的燃烧反应机理及动力学

$$C(s) + O_2(g) \longrightarrow CO_2(g)$$

碳的燃烧反应属非均相反应，氧气与碳原子作用，包括扩散、吸附、化学反应，反应产物又和氧及碳相互作用，十分复杂。但就碳的化学反应来说，包括初次反应和二次反应（三步），即

初次反应

（1）碳与氧的反应（即燃烧反应）

$$C + O_2 === CO_2 + 409 \text{ kJ} \cdot \text{mol}^{-1}$$

$$2C + O_2 === 2CO + 246 \text{ kJ} \cdot \text{mol}^{-1}$$

二次反应

（2）C 与 CO_2 反应

$$C + CO_2 === 2CO - 162 \text{ kJ} \cdot \text{mol}^{-1}$$

（3）CO 的氧化反应

$$2CO + O_2 === 2CO_2 + 571 \text{ kJ} \cdot \text{mol}^{-1}$$

由上述这些反应可见，初次反应和二次反应都生成 CO 和 CO_2。

根据对碳氧化反应机理的研究表明，碳与氧可结合成一种结构不定的质点（C_xO_y）。该质点或者在氧分子的撞击下分解成 CO 和 CO_2，或者为简单的热力学分解。即

①　　　　　　　　　$C_xO_y + O_2 \longrightarrow mCO_2 + nCO$

②　　　　　　　　　　　$C_xO_y \longrightarrow mCO_2 + nCO$

生成 CO_2 和 CO 的多少，即 m 和 n 值的大小，与温度有关。

a. 当温度低于 1200～1300℃时，反应分两阶段进行，第一步是氧在石墨内迅速溶解，即

$$4C + 2O_2 === 4C \cdot 2(O_2)_{(溶)} \tag{1}$$

第二步，溶液在氧分子的撞击下缓慢分解，即

$$4C \cdot 2(O_2)_{(溶)} + O_2 === 2CO + 2CO_2 \tag{2}$$

则总反应为

$$4C + 3O_2 === 2CO + 2CO_2 \tag{3}$$

两个反应中，反应（2）较慢，决定着总反应的速率，对 O_2 来说，属一级反应，因此，反应速率可表示为

$$r_{低温} = k_1 p_{O_2} = A_1 \exp(-\frac{E_1}{RT}) \cdot p_{O_2} \tag{5-23}$$

b. 当温度高于 1500～1600℃时，同样，反应分两步进行，先是 O_2 在碳晶格上的化学吸附，即

$$3C + 2O_2 === 3C \cdot 2(O_2)_{(吸)} \tag{4}$$

然后是质点的热力学分解

$$3C \cdot 2(O_2)_{(吸)} === 2CO + CO_2 \tag{5}$$

反应（4）+反应（5）

$$3C+2O_2 == 2CO+CO_2 \tag{6}$$

热力分解的一步较慢，为控制步骤，又因该反应为零级反应，故

$$r_{高温} = k_2 = A_2 \exp(-\frac{E_2}{RT}) \tag{5-24}$$

由以上分析可知：

1）在高温条件下，增加 O_2 的浓度，并不能提高反应速率；而低温时，增加 O_2 的浓度可提高 C 的燃烧反应速率。

2）燃烧时生成 CO_2 与 CO 的比例，在低温时，为 1：1，高温时为 1：2。

5.2.3　固体废物焚烧过程的宏观动力学特性

在固体废物的焚烧过程中，气体反应物（O_2）向颗粒表面扩散并进入内部，然后进行反应。随反应进行，颗粒不断变小，反应的产物有两种情况：一种无固体产物生成，一种有固体产物生成，而对固体反应物（固体废物）而言，有无孔颗粒和多孔颗粒之分。因此，针对固体废物本身的特点和焚烧过程有无固体产物生成，可将垃圾与 O_2 的反应分成：①无固体产物层的无孔颗粒与气体 O_2 间的反应；②有固体产物层的无孔颗粒与气体 O_2 间的反应；③无固体产物层的有孔固体与气体 O_2 间的反应；④有固体产物层的有孔固体与气体 O_2 间的反应。

若有固体产物层生成，则 O_2 与固体废物进行反应，必须通过产物层。

但无论有无固体产物层生成，反应区总是向内推移，未反应的内核逐渐缩小，直至反应终了。下面介绍在不同情况下，固体废物与 O_2 反应的宏观动力学规律。

5.2.3.1　无固体产物层的无孔颗粒与气体 O_2 的反应

反应机理如图 5-4 所示，图中 c_{Ab} 和 c_{Ai} 分别为组分 A 在气相主体和界面处的浓度；c_{Pi} 和 c_{Pb} 分别为组分 P（产物）在界面处和体相中的浓度；c_{Ac} 为缩小核界面处的浓度，$c_{Ac}=c_{Ai}$。

反应通式可写成

$$A(g)+bB(s) == pP(g) \tag{5-25}$$

则

1）反应物 A 向固体表面的传质速率 n_A（$mol \cdot s^{-1}$）为

$$n_A = k_{gA} A_c (c_{Ab} - c_{Ai}) \tag{5-26}$$

式中，k_{gA} 为 A 的传质系数，$m \cdot s^{-1}$；A_c 为未反应核（颗粒）的表面积，m^2。

2）气固间组分 A 的反应速率 r_A（$mol \cdot s^{-1}$）为

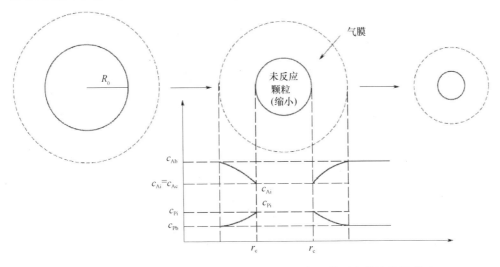

图 5-4　无固体产物层生成的无孔颗粒与气体 O_2 的反应的缩核模型

$$r_A = k_r A_c f(c_{Ai}) \overset{\text{一级}}{\Longrightarrow} r_A = k_r A_c c_{Ai} \tag{5-27}$$

稳态时，$r_A = n_A = r_{GA}$（组分 A 的总反应速率）。消去界面浓度 c_{Ai}，由式（5-25）和式（5-27）得到

$$r_{GA} = \frac{A_c c_{Ab}}{\dfrac{1}{k_{gA}} + \dfrac{1}{k_r}} = \frac{4\pi r_c^2 c_{Ab}}{\dfrac{1}{k_{gA}} + \dfrac{1}{k_r}} \tag{5-28}$$

式中，r_c 为未反应（颗粒）的半径，m；k_r 为组分 A 的反应速率常数，$m \cdot s^{-1}$。

设 ρ_B 为固体颗粒 B 的摩尔密度（$mol \cdot m^{-3}$），而固体颗粒 B 的减少表现为未反应核的缩小，则根据式（5-25），可写出

$$r_{GA} = \frac{r_{GB}}{b} = -\frac{\rho_B}{b} \times \frac{d}{dt}\left(\frac{4}{3}\pi r_c^3\right) \tag{5-29}$$

$$= -\frac{\rho_B 4\pi r_c^2}{b} \times \frac{dr_c}{dt}$$

式中，r_{GB} 为固体颗粒 B 消耗的总反应速率，$mol \cdot s^{-1}$；b 为固体颗粒 B 的摩尔数。

将式（5-28）代入式（5-29），得

$$-\frac{dr_c}{dt} = \frac{bc_{Ab}}{\rho_B} \cdot \frac{1}{1/k_{gA} + 1/k_r} \tag{5-30}$$

式（5-30）右端除 k_{gA} 外，均与 r_c 无关，分离变量并利用初始条件：$t=0$ 时，$r_c = R_0$，积分得到

$$t = \frac{\rho_B}{bc_{Ab}}\left[\frac{R_0 - r_c}{k_r} - \int_{R_0}^{r_c}\frac{dr_c}{k_{gA}}\right] \tag{5-31}$$

式（5-31）中的 k_{gA}（传质系数）与气体流速 u_g、颗粒的大小和形状、气体的物性等有关。

如前所述：

$$Sh = k_{gA}d/D = 2 + 0.5Re^{1/2}Sc^{1/3}$$

$$Re = du_g\rho/\mu; \quad Sc = \mu/\rho D$$

式中，d 为颗粒直径；u_g 为气体流速。

当气体流动处于层流区时，$Sh = 2$，

$$k_{gA} = \frac{2D}{d} = \frac{D}{r_c} \tag{5-32}$$

将式（5-32）代入式（5-31），并积分，得到

$$t = \frac{\rho_B R_0}{bk_r c_{Ab}}\left[(1 - \frac{r_c}{R_0}) + \frac{k_r R_0}{2D}(1 - \frac{r_c^2}{R_0^2})\right] \tag{5-33}$$

又因 B 的转化率可写成

$$X = 1 - (\frac{r_c}{R_0})^3 \tag{5-34}$$

将式（5-34）代入式（5-33），有

$$t = \frac{\rho_B R_0}{bk_r c_{Ab}}\left\{\left[1 - (1-X)^{1/3}\right] + \frac{k_r R_0}{2D}\left[1 - (1-X)^{2/3}\right]\right\} \tag{5-35}$$

当固体 B 完全转化，即 $X=1$，$r_c=0$ 时，则该过程所需的时间以 τ 表示，有

$$\tau = \frac{\rho_B R_0}{bk_r c_{Ab}}(1 + \frac{k_r R_0}{2D}) \tag{5-36}$$

令

$$\sigma_0^2 = \frac{k_r R_0}{2D} = \frac{\dfrac{R_0}{2} \cdot \dfrac{1}{D}}{1/k_r} \tag{5-37}$$

式（5-37）表示边界层传质阻力与化学反应阻力的比值（无因次准数）。因此，可用它来判断过程的控制步骤：

1）当 $\sigma_0^2 \leqslant 0.1$ 时，为化学反应控制；

2）当 $\sigma_0^2 \geqslant 10$ 时，为扩散传质控制；

3）当 $0.1 < \sigma_0^2 < 10$ 时，混合控制。

（1）当为反应控制时

$$t = \frac{\rho_B R_0}{b k_r c_{Ab}} \left[1 - (1-X)^{1/3} \right] \tag{5-38}$$

$$\tau = \frac{\rho_B R_0}{b k_r c_{Ab}} \tag{5-39}$$

（2）当为传质控制时

$$t = \frac{\rho_B R_0^2}{2 b D c_{Ab}} \left[1 - (1-X)^{2/3} \right] \tag{5-40}$$

$$\tau = \frac{\rho_B R_0^2}{2 b D c_{Ab}} \tag{5-41}$$

【例 5-1】　900℃和 1atm 下，半径为 1 mm 的球形碳颗粒在含 10%氧的静止气体中燃烧。试计算完全燃烧所需的时间，并确定过程的控制步骤。若颗粒的半径改为 0.1 mm，其他条件不变时，结果会有何变化？已知该条件下，$k_r = 0.2 \, \text{m} \cdot \text{s}^{-1}$；$D = 2 \times 10^{-4} \, \text{m}^2 \cdot \text{s}^{-1}$，$\rho_B = 1.88 \times 10^5 \, \text{mol} \cdot \text{m}^{-3}$。

解：（1）气相主体 O_2 的浓度

$$c_{b,O_2} = \frac{P}{RT} = \frac{1 \times 0.1 \times 10^6}{82.06 \times 1173} = 1.039 (\text{mol} \cdot \text{m}^{-3})$$

（2）完全燃烧所需时间 τ

$$\sigma_0^2 = \frac{k_r R_0}{2D} = \frac{0.2 \times 10^{-3}}{2 \times 2 \times 10^{-4}} = 0.5$$

∵　　　　　　　　　　$0.1 < \sigma_0^2 < 10$

故为混合控制。

∵　　　　　　$\frac{\rho_B R_0}{b k_r c_{b,O_2}} = \frac{1.88 \times 10^5 \times 1 \times 10^{-3}}{1 \times 0.2 \times 1.039} = 904.7 \, (\text{s})$

因此，

$$\tau = \frac{\rho_B R_0}{b k_r c_{b,O_2}} (1 + \sigma_0^2)$$

$$= 904.7 \, (1 + 0.5) = 1357 \, （\text{s}）$$

$$= 22.62 \, （\text{min}）$$

（3）碳颗粒的半径为 0.1 mm 时的 τ

$$\because \qquad \sigma_0^2 = \frac{k_r R_0}{2D} = \frac{0.2 \times 0.1 \times 10^{-3}}{2 \times 2 \times 10^{-4}} = 0.05 < 0.1$$

故控制步骤为反应过程

$$又 \qquad \frac{\rho_B R_0}{b k_r c_{b,O_2}} = \frac{1.88 \times 10^5 \times 0.1 \times 10^{-3}}{1 \times 0.2 \times 1.039}$$

$$= 90.47(s) = 1.51(min)$$

$$\tau = \frac{\rho_B R_0}{b k_r c_{b,O_2}}(1 + \sigma_0^2) = 90.47(1 + 0.05)$$

$$= 94.99(s) = 95.00(s) = 1.58(min)$$

5.2.3.2　有固体产物层的无孔颗粒与气体（O_2）间的反应

此类反应的通式为

$$A(g) + bB(s) = pP(g) + rR(s) \qquad (5\text{-}42)$$

单个球形无孔颗粒与气体间的反应如图 5-5 所示。

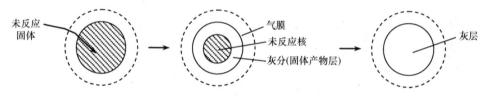

图 5-5　单个球形无孔颗粒与气体间的反应示意

式（5-42）的气体与固体间的整个反应过程由以下三个串联步骤组成：①气体 A 经气膜扩散到固体的外表面；②气体 A 通过灰层扩散到未反应核的表面；③在未反应核表面，气体与固体进行反应。

下面分别讨论：

1）气体反应物 A 在气流主体相与固体表面间的传质速率 n_A（mol·s^{-1}）为

$$n_A = k_{gA} A_s (c_{Ab} - c_{As}) = 4\pi R_0^2 k_{gA} (c_{Ab} - c_{As}) \qquad (5\text{-}43)$$

式中，c_{As} 为颗粒表面处 A 的浓度；R_0 为颗粒半径；A_s 为颗粒的表面积。

2）A 通过固体产物层（灰层）的扩散速率 n_d（mol·s^{-1}）为

$$n_d = 4\pi r^2 D_e \frac{dc_A}{dr} \qquad (5\text{-}44)$$

将式（5-44）分离变量，积分得

$$n_{\mathrm{d}} \int_{R_0}^{r_{\mathrm{c}}} \frac{\mathrm{d}r}{r^2} = 4\pi D_{\mathrm{e}} \int_{c_{\mathrm{As}}}^{c_{\mathrm{Ai}}} \mathrm{d}c_{\mathrm{A}} \tag{5-45}$$

$$n_{\mathrm{d}} = 4\pi D_{\mathrm{e}} \frac{R_0 r_{\mathrm{c}}}{R_0 - r_{\mathrm{c}}} (c_{\mathrm{As}} - c_{\mathrm{Ai}}) \tag{5-46}$$

式中，D_{e} 为灰层内 A 的扩散系数；r_{c} 为未反应核的半径；c_{Ai} 为反应界面处的浓度。

3）A 在反应界面上的反应速率 $r_{\mathrm{A}}(\mathrm{mol \cdot s^{-1}})$ 为

$$r_{\mathrm{A}} = k_{\mathrm{r}} A_{\mathrm{c}} f(c_{\mathrm{Ai}}) \overset{-\text{级}}{=\!=\!=} 4\pi r_{\mathrm{c}}^2 k_{\mathrm{r}} c_{\mathrm{Ai}} \tag{5-47}$$

稳态时

$$n_{\mathrm{A}} = n_{\mathrm{d}} = r_{\mathrm{A}} = r_{\mathrm{GA}} \tag{5-48}$$

由式（5-43）、式（5-46）、式（5-47）和式（5-48），消去 c_{As} 和 c_{Ai} 项得到

$$r_{\mathrm{GA}} = \frac{4\pi R_0^2 c_{\mathrm{Ab}}}{\dfrac{1}{k_{\mathrm{gA}}} + \dfrac{R_0}{D_{\mathrm{e}}}\left(\dfrac{R_0}{r_{\mathrm{c}}} - 1\right) + \dfrac{1}{k_{\mathrm{r}}}\left(\dfrac{R_0}{r_{\mathrm{c}}}\right)^2} \tag{5-49}$$

因为

$$r_{\mathrm{GA}} = \frac{r_{\mathrm{GB}}}{b} = -\frac{\rho_{\mathrm{B}}}{b}\frac{\mathrm{d}}{\mathrm{d}t}\left(\frac{4\pi r_{\mathrm{c}}^3}{3}\right) = -\frac{\rho_{\mathrm{B}}}{b}4\pi r_{\mathrm{c}}^2 \frac{\mathrm{d}r_{\mathrm{c}}}{\mathrm{d}t} \tag{5-50}$$

联式（5-49）和式（5-50），得到

$$-\frac{\mathrm{d}r_{\mathrm{c}}}{\mathrm{d}t} = \frac{bc_{\mathrm{Ab}}}{\rho_{\mathrm{B}}} \cdot \frac{1}{\dfrac{1}{k_{\mathrm{gA}}}\left(\dfrac{r_{\mathrm{c}}}{R_0}\right)^2 + \dfrac{r_{\mathrm{c}}}{D_{\mathrm{e}}}\left(1 - \dfrac{r_{\mathrm{c}}}{R_0}\right) + \dfrac{1}{k_{\mathrm{r}}}} \tag{5-51}$$

此处，k_{gA} 与 r_{c} 无关，则式（5-51）分离变量积分得到

$$t = \frac{\rho_{\mathrm{B}} R_0}{b k_{\mathrm{r}} c_{\mathrm{Ab}}}\left[\frac{k_{\mathrm{r}}}{3k_{\mathrm{gA}}}\left(1 - \frac{r_{\mathrm{c}}^3}{R_0^3}\right) + \frac{k_{\mathrm{r}} R_0}{6D_{\mathrm{e}}}\left(1 - 3\frac{r_{\mathrm{c}}^2}{R_0^2} + 2\frac{r_{\mathrm{c}}^3}{R_0^3}\right) + \left(1 - \frac{r_{\mathrm{c}}}{R_0}\right)\right] \tag{5-52}$$

将 $X = 1 - \left(\dfrac{r_{\mathrm{c}}}{R_0}\right)^3$，代入式（5-52）得到

$$t = \frac{\rho_{\mathrm{B}} R_0}{b k_{\mathrm{r}} c_{\mathrm{Ab}}}\left\{\frac{k_{\mathrm{r}}}{3k_{\mathrm{gA}}}X + \frac{k_{\mathrm{r}} R_0}{6D_{\mathrm{e}}}\left[1 - 3(1-X)^{2/3} + 2(1-X)\right] + \left[1 - (1-X)^{1/3}\right]\right\} \tag{5-53}$$

同理，当完全转化为产物时（$X=1$），则反应所需的时间为

$$\tau = \frac{\rho_B R_0}{b k_r c_{Ab}}\left(\frac{k_r}{3k_{gA}} + \frac{k_r R_0}{6D_e} + 1\right)$$ （5-54）

讨论:

1) 当整个反应由界面反应控制时，即 $k_r \ll k_{gA}$，$k_r \ll D_e$，则

$$t = \frac{\rho_B R_0}{b k_r c_{Ab}}\left[1 - (1-X)^{1/3}\right]$$ （5-55）

$$\tau = \frac{\rho_B R_0}{b k_r c_{Ab}}$$ （5-56）

2) 当由灰层内的传质扩散控制时，即 $D_e \ll k_{gA}$，$D_e \ll k_r$，则

$$t = \frac{\rho_B R_0^2}{6bD_e c_{Ab}}\left[1 - 3(1-X)^{2/3} + 2(1-X)\right]$$ （5-57）

$$\tau = \frac{\rho_B R_0^2}{6bD_e c_{Ab}}$$ （5-58）

3) 气膜传质控制时，即 $k_{gA} \ll D_e$，$k_{gA} \ll k_r$，则

$$t = \frac{\rho_B R_0}{3bk_{gA} c_{Ab}} X$$ （5-59）

$$\tau = \frac{\rho_B R_0}{3bk_{gA} c_{Ab}}$$ （5-60）

5.3　燃烧反应计算

5.3.1　空气需要量的计算

5.3.1.1　理论空气需要量（完全燃烧空气量）的计算

已知燃料成分为（质量百分数）

$$C\% + H\% + O\% + N\% + S\% + A\% + W\% = 100\%$$

当完全燃烧时，

1) C 燃烧时，　　　　　　　　　　$C + O_2 \Longrightarrow CO_2$

数量关系为　　　　　　　　　　$12 + 32 = 44$ （kg）

则每千克碳完全燃烧时，为

$$1 + \frac{8}{3} = \frac{11}{3} \ (\text{kg} \cdot \text{kg}^{-1})$$

2）H 燃烧时，

$$H_2+\frac{1}{2}O_2 === H_2O$$

$$2+16=18（kg）$$

则每千克氢完全燃烧时，为　　$1+8=9$（kg·kg^{-1}）

3）S 燃烧时，

$$S+O_2 === SO_2$$

$$32+32=64（kg）$$

则每千克硫完全燃烧时，为　　$1+1=2$（kg·kg^{-1}）

由此可知，每千克燃料完全燃烧时所需要的氧气量为

$$G_{0,O_2}=(\frac{8}{3}C+8H+S-O)\frac{1}{100}\quad（kg·kg^{-1}）\qquad(5-61)$$

因为标准状态下，氧的密度为 32/22.4=1.429（kg·m^{-3}），则换算成氧的体积需要量为

$$V_{0,O_2}=\frac{1}{1.429}(\frac{8}{3}C+8H+S-O)\frac{1}{100}\quad（m^3·kg^{-1}）\qquad(5-62)$$

至此，氧气的需要量完全按化学式计算而来，并未考虑其他因素的影响，称为"理论氧气需要量"。

我们知道，一般的燃烧反应是在空气中进行的，则式（5-61）和式（5-62）除以空气中氧的含量，便得到每千克燃料完全燃烧时的空气需要量，称为"理论空气量"。

由于空气中的重要成分为 O_2、N_2 和水蒸气，还有少量稀有气体 Ar、He、氖、氪和 CO_2，则一般干空气的成分，以质量百分数表示，O_2 为 23.2%；N_2 为 76.8%；按体积，O_2 为 21%；N_2 为 79%。故可得

$$G_0=\frac{1}{0.232}(\frac{8}{3}C+8H+S-O)\cdot\frac{1}{100}\quad（kg·kg^{-1}）$$

$$=（11.48C+34.48H+4.31S-4.31O）\times10^{-2}\quad（kg·kg^{-1}）\qquad(5-63)$$

$$V_0=\frac{1}{1.429\times21/100}(\frac{8}{3}C+8H+S-O)\times\frac{1}{100}\quad（m^3·kg^{-1}）$$

$$=（8.89C+26.67H+3.33S-3.33O）\times10^{-2}\quad（m^3·kg^{-1}）\qquad(5-64)$$

5.3.1.2　实际空气需要量

在实际操作中，要保证炉内燃料完全燃烧，通常供给比理论值多一些的空气（过量空气量），而有时为使炉内处于还原性气氛中，便供给少一些空气。

实际空气需要量 V_n 可表示为

$$V_n = nV_0 \qquad\qquad (5\text{-}65)$$

式中，n 为空气消耗系数；当 $n > 1$ 时，被称为"空气过剩系数"。

上面的计算中未计入空气中的水分，若计水分，则按下面方法换算。

空气中的水分含量 $G_{H_2O}^g$，通常为 $1\ m^3$ 干气体中水分含量，以 $g \cdot m^{-3}$ 表示，可以通过相关手册查到。

将 $G_{H_2O}^g$ 换算成体积含量，则为

$$G_{H_2O}^g \times \frac{22.4}{18} \times \frac{1}{1000} = 0.00124 G_{H_2O}^g \quad (m^3 \cdot m^{-3})$$

则湿空气的需要量为

$$V_n = nV_0 + 0.00124\ G_{H_2O}^g V_n$$

$$= (1 + 0.00124\ G_{H_2O}^g) \cdot nV_0 \qquad\qquad (5\text{-}66)$$

由以上计算可知：

1）V_0 只取决于燃料的成分，燃料中可燃物含量越高，则 V_0 就越大；

2）实际空气需要量 V_n 与空气消耗系数 n 有关，而 n 与燃烧条件有关。

5.3.2　燃烧温度的计算

5.3.2.1　热平衡法

燃料燃烧时产物达到的温度，即是燃烧温度。它与燃料种类、燃料成分、燃烧条件和传热特性有关。从能量转换的角度分析，焚烧系统是一个能量转换设备，它将固体废物燃料的化学能，通过燃烧过程，转化为烟气的热能，该热能再经过辐射、对流、导热等基本传热方式，分配交换给工质或排放到大气环境。在稳定工况条件下，焚烧系统输入和输出的热量处于平衡状态，即燃烧温度取决于燃烧过程中热量的收支平衡。

（1）热量收入

1）燃料的化学热，即燃料发热量：Q_L。

2）空气带入的物理热：

$$Q_{air} = V_n \cdot C_{air} \cdot t_{air}$$

3）燃料带入的物理热：

$$Q_{fuel} = C_{fuel} \cdot t_{fuel}$$

式中，C_{air} 为空气的比热容；t_{air} 为进入空气的温度；C_{fuel} 为燃料（固体废物）的比

热容；t_{fuel} 为燃料的温度。

（2）热量支出

1）燃烧产物含有的物理热：

$$Q_p = V_{n,p} \cdot C_p \cdot t_p$$

式中，$V_{n,p}$ 为实际燃烧产物的生成量，$m^3 \cdot kg^{-1}$ 或 $m^3 \cdot m^{-3}$；C_p 为燃烧产物的平均恒压热容，$kJ \cdot m^{-3} \cdot ℃^{-1}$；$t_p$ 为燃烧产物的温度，即实际燃烧温度，℃。

2）由燃烧产物传给周围物质的热量：$Q_{transfer}$ 或 Q_t。

3）因燃烧条件变化而造成的不完全燃烧的热损失：Q_{un}

4）燃烧产物中某些气体在高温下，热分解所消耗的热量：Q_d。

根据热平衡原理，当 $Q_{收} = Q_{支}$ 时，燃烧产物达到一个相对稳定的燃烧温度，则

$$Q_L + Q_{air} + Q_f = V_{n,p} \cdot C_p \cdot t_p + Q_t + Q_{un} + Q_d$$

那么

$$t_p = \frac{Q_L + Q_{air} + Q_f - Q_t - Q_{un} - Q_d}{V_{n,p} \cdot C_p} \tag{5-67}$$

式中，t_p 为实际条件下的燃烧产物温度，称为实际燃烧温度。

t_p 的影响因素很多，随燃烧的工艺过程、热工过程和炉子结构的不同而变化。实际燃烧温度的计算十分困难。

1）若在绝热系统中完全燃烧，则 $Q_t = 0$，$Q_{un} = 0$，按式（5-67）计算出的温度称理论燃烧温度。

$$t_{o,p} = \frac{Q_L + Q_{air} + Q_f - Q_d}{V_{n,p} C_p} \tag{5-68}$$

理论燃烧温度是燃烧过程的一个重要指标，它表明某种成分在某一燃烧条件下所能达到的最高温度。

2）热分解所消耗的热量 Q_d 在高温下，才有估计的必要，如果忽略 Q_d 不计，便得到不计入热分解的理论燃烧温度，也称量热计温度。

3）若燃烧过程中空气和燃料均不预热，即 $Q_{air} = 0$，$Q_f = 0$，且空气消耗系数 $n=1.0$，则燃烧温度只与燃料性质有关。即

$$t_{o,h} = \frac{Q_L}{V_{o,p} C_p} \tag{5-69}$$

式中，$V_{o,p}$ 为理论产物生成量；$t_{o,h}$ 为燃料理论发热温度或发热温度。理论发热温度是评价燃料性质的一个指标，它可以根据燃料的性质和燃烧条件计算。

（3）燃料理论发热温度的计算

定义式为

$$t_{o,h} = \frac{Q_L}{V_{o,p}C_p}$$

而

$$V_{o,p} \cdot C_p = V_{CO_2} \cdot C_{CO_2} + V_{H_2O} \cdot C_{H_2O} + V_{N_2} \cdot C_{N_2} \tag{5-70}$$

$$C_p = (\varphi_{CO_2} \cdot C_{CO_2} + \varphi_{H_2O} \cdot C_{H_2O} + \varphi_{N_2} \cdot C_{N_2})\frac{1}{100} \tag{5-71}$$

式中，φ_{CO_2}、φ_{H_2O} 和 φ_{N_2} 分别为各自产物的体积分数；C_{CO_2}、C_{H_2O}、C_{N_2} 为各气体在 $t_{o,h}$ 时的恒压平均热容，$kg \cdot m^{-3} \cdot ℃^{-1}$。

式（5-69）中，Q_L、$V_{o,p}$ 都可按燃料成分计算，但各气体的平均热容与温度有关，故 $t_{o,h}$ 和 C_p 都是未知数。为此，可采用联立求解方程组方法计算 $t_{o,h}$。

各气体的平均热容 C 与温度 t 的关系，可近似地表示为

$$C = A_1 + A_2 t + A_3 t^2 \tag{5-72}$$

则由式（5-70）可以写成

$$\begin{aligned} V_{o,p}C_p &= \Sigma V_i C_i = \Sigma V_i (A_{1i} + A_{2i}t + A_{3i}t^2) \\ &= \Sigma V_i A_{1i} + \Sigma V_i A_{2i}t + \Sigma V_i A_{3i}t^2 \end{aligned} \tag{5-73}$$

令 $t = t_{o,h}$，则

$$t_{o,h} = \frac{Q_L}{\Sigma V_i A_{1i} + \Sigma V_i A_{2i}t_{o,h} + \Sigma V_i A_{3i}t_{o,h}^2} \tag{5-74}$$

整理后得到

$$\Sigma V_i A_{3i} \cdot t_{o,h}^3 + \Sigma V_i A_{2i}t_{o,h}^2 + \Sigma V_i A_{1i}t_{o,h} - Q_L = 0 \tag{5-75}$$

解该方程，便可得到 $t_{o,h}$，式中

$$\Sigma V_i A_{1i} = V_{CO_2}A_{1CO_2} + V_{H_2O}A_{1H_2O} + V_{N_2}A_{1N_2}$$

$$\Sigma V_i A_{2i} = V_{CO_2}A_{2CO_2} + V_{H_2O}A_{2H_2O} + V_{N_2}A_{2N_2}$$

$$\Sigma V_i A_{3i} = V_{CO_2}A_{3CO_2} + V_{H_2O}A_{3H_2O} + V_{N_2}A_{3N_2}$$

各气体的 A_1、A_2、A_3 值列于表 5-1 中。

表 5-1　气体的 A_1、A_2、A_3 值

气体	A_1	$A_2 \times 10^5$	$A_3 \times 10^8$
CO_2	1.6584	77.041	21.215
H_2O	1.4725	29.899	3.010

续表

气体	A_1	$A_2\times10^5$	$A_3\times10^8$
N_2	1.2657	15.073	2.135
O_2	1.3327	13.151	1.114
CO	1.2950	11.221	—
H_2	1.2933	2.039	1.738

5.3.2.2　工程简算法

若空气没有预热，则热平衡方程可写成

$$C_{p,g}[V_{0,p} + (n-1)V_0]F_w t_{0,g} = \eta F_w Q_L(1-\sigma) + C_w F_w t_w + C_{p,a} n V_0 F_w t_0 \qquad (5-76)$$

式中，F_w 为单位时间的废物燃烧量，$kg\cdot h^{-1}$；Q_L 为废物的低位热值，$kJ\cdot kg^{-1}$；V_0 为理论空气需要量，$m^3\cdot kg^{-1}$；n 为过剩空气系数；$V_{0,p}$ 为理论焚烧烟气量，$m^3\cdot kg^{-1}$；$C_{p,g}$ 为焚烧烟气的平均恒压热容，$kg\cdot m^{-3}\cdot ℃^{-1}$；$C_w$ 为废物的平均热容，$kJ\cdot m^{-3}\cdot ℃^{-1}$；$C_{p,a}$ 为空气的平均热容，$kJ\cdot m^{-3}\cdot ℃^{-1}$；$\sigma$ 为辐射比率，%；$t_{0,g}$ 为燃烧温度，℃；t_w 为废物最初温度，℃；t_0 为大气温度，℃；η 为燃烧效率，%。

右端第一项中的 $\eta F_w Q_L$ 为单位时间的供热量，而 $\eta F_w Q_L(1-\sigma)$ 为辐射散热后可用的热量；右端第二项 $C_w F_w t_w$（$kJ\cdot h^{-1}$）为废物原有的热焓；右端第三项为助燃空气带入的热焓；左端为废物燃烧后废气的热焓。

因此

$$t_{0,g} = \frac{\eta Q_L(1-\sigma) + C_w t_w + C_{p,a} n V_0 t_0}{C_{p,g}[V_{0,p} + (n-1)V_0]} \qquad (5-77)$$

C_w 可用式（5-78）求算：

$$C_w = 1.05(A+B) + 4.2W \qquad (5-78)$$

式中，A 为灰分，%；B 为可燃分，%；W 为水分，%。

另外，还有经验和半经验的燃烧温度计算公式。

5.3.3　完全燃烧产物生成量的计算

完全燃烧时，单位质量（或体积）燃料燃烧后生成的燃烧产物有：CO_2、H_2O、SO_2、N_2、O_2，其中 O_2 是当 $n>1$ 时才会有的。

燃烧产物的生成量，当 $n\neq1$ 时，称为实际燃烧产物生成量；当 $n=1$ 时称为理论燃烧产物生成量。

5.3.3.1　实际燃烧产物生成量 $V_{n,p}$

$$V_{n,p} = V_{CO_2} + V_{SO_2} + V_{H_2O} + V_{N_2} + V_{O_2} \quad (\text{m}^3 \cdot \text{kg}^{-1}, \text{ 或 } \text{m}^3 \cdot \text{m}^{-3}) \quad (5\text{-}79)$$

式中，V_i 表示燃烧产物中 CO_2、H_2O、SO_2、N_2、O_2 的量，$\text{m}^3 \cdot \text{kg}^{-1}$ 或 $\text{m}^3 \cdot \text{m}^{-3}$。

因为 $V_{o,p}$ 与 $V_{n,p}$ 之间的差别在于 $n=1$ 与 $n>1$ 时，燃烧产物生成量中少一部分过剩空气量，因此

$$V_{n,p} - V_{o,p} = V_n - V_0 \quad (5\text{-}80)$$

$$V_{o,p} = V_{n,p} - (n-1)V_0 \quad (5\text{-}81)$$

或

$$V_{n,p} = V_{o,p} + (n-1)V_0 \quad (5\text{-}82)$$

式（5-79）中的 V_i 计算如下：

对于固体或液体物料的焚烧，并考虑物料中所含的 N 及 W 值，空气带入的 N_2 和过剩的 O_2，以及空气中的水分，即得到

$$\left.\begin{array}{l}
V_{CO_2} = \dfrac{11}{3} \cdot C \cdot \dfrac{1}{100} \cdot \dfrac{22.4}{44} = \dfrac{C}{12} \cdot \dfrac{22.4}{100} \quad (\text{m}^3 \cdot \text{kg}^{-1}) \\[3mm]
V_{SO_2} = \dfrac{S}{32} \cdot \dfrac{22.4}{100} \quad (\text{m}^3 \cdot \text{kg}^{-1}) \\[3mm]
V_{H_2O} = \left(\dfrac{H}{2} + \dfrac{W}{18}\right) \cdot \dfrac{22.4}{100} + 0.00124 G_{H_2O}^g V_n \ (\text{m}^3 \cdot \text{kg}^{-1}) \\[3mm]
V_{N_2} = \dfrac{N}{28} \cdot \dfrac{22.4}{100} + \dfrac{79}{100} V_n \quad (\text{m}^3 \cdot \text{kg}^{-1}) \\[3mm]
V_{O_2} = \dfrac{21}{100}(V_n - V_0) \quad (\text{m}^3 \cdot \text{kg}^{-1})
\end{array}\right\} \quad (5\text{-}83)$$

将式（5-83）代入式（5-79），并整理得到

$$V_{n,p} = \left(\dfrac{C}{12} + \dfrac{S}{32} + \dfrac{H}{2} + \dfrac{W}{18} + \dfrac{N}{28}\right)\dfrac{22.4}{100} + \left(n - \dfrac{21}{100}\right)V_0$$
$$+ 0.00124 G_{H_2O}^g V_n \quad (\text{m}^3 \cdot \text{kg}^{-1}) \quad (5\text{-}84)$$

当 $n=1$ 时，即得到理论燃烧产物生成量。

当不计空气中的水分且 $n=1$ 时，有

$$V_{o,p} = \left(\dfrac{C}{12} + \dfrac{S}{32} + \dfrac{H}{2} + \dfrac{W}{18} + \dfrac{N}{28}\right)\dfrac{22.4}{100} + \dfrac{79}{100}V_0 \quad (5\text{-}85)$$

由上述计算公式可知：

1）理论燃烧产物的生成量 $V_{o,p}$ 只与燃料成分有关。燃料中可燃成分含量越高，则 $V_{o,p}$ 越大。

2）实际燃烧产物生成量 $V_{n,p}$，除与燃料成分有关外，还与 n 值有关，n 越大，$V_{n,p}$ 也越大。

5.3.3.2　燃烧产物成分计算

燃烧产物成分用各组分所占的体积百分数表示，即

$$\varphi_{CO_2\%} + \varphi_{SO_2\%} + \varphi_{H_2O\%} + \varphi_{N_2\%} + \varphi_{O_2\%} = 100\%$$

按式（5-83）和式（5-84），分别求出各组分的生成量和 $V_{n,p}$，便可得到燃烧产物的成分。即

$$\left. \begin{aligned} \varphi_{CO_2} &= \frac{V_{CO_2}}{V_{n,p}} \times 100 \\[2mm] \varphi_{CO_2} &= \frac{V_{SO_2}}{V_{n,p}} \times 100 \\[2mm] \varphi_{H_2O} &= \frac{V_{H_2O}}{V_{n,p}} \times 100 \\[2mm] \varphi_{N_2} &= \frac{V_{N_2}}{V_{n,p}} \times 100 \\[2mm] \varphi_{O_2} &= \frac{V_{O_2}}{V_{n,p}} \times 100 \end{aligned} \right\} \qquad (5\text{-}86)$$

$$\sum = 100$$

5.3.3.3　产物密度 ρ_p 的计算

根据质量守恒原理，有两种计算方法：①参与反应的物质（燃料与氧化剂）的总质量除以燃烧产物的体积；②燃烧产物的质量除以燃烧产物的体积。

（1）按参加反应的物质质量，对固体和液体燃料有

$$\rho_p = \frac{(1 - \dfrac{A}{100}) + 1.293 V_n}{V_{n,p}} \quad (kg \cdot m^{-3}) \qquad (5\text{-}87)$$

对于气体燃料有

$$\rho_p = \frac{[28CO + 2H_2 + \Sigma(12n+m)C_nH_m + 34H_2S + 32O_2 + 28N_2 + 18H_2O]}{V_{n,p}}$$

$$\times \frac{1}{100 \times 22.4} + 1.293V_n \quad (kg \cdot m^{-3}) \tag{5-88}$$

（2）按燃烧产物质量计算

$$\rho = \frac{44\varphi_{CO_2} + 64\varphi_{SO_2} + 18\varphi_{H_2O} + 28\varphi_{N_2} + 32\varphi_{O_2}}{100 \times 22.4} \quad (kg \cdot m^{-3}) \tag{5-89}$$

式中，φ_i 为各组分的体积分数，下标 i 代表 CO_2、SO_2、H_2O、N_2、O_2。

5.3.4　热值计算（根据元素分析值计算）

（1）杜隆公式

$$Q_H = 4.187[81C + 342.5(H - \frac{O}{8}) + 22.5S] \quad (kJ \cdot kg^{-1}) \tag{5-90}$$

（2）门捷列夫公式

$$Q_H = 4.187[81C + 300H - 26(O - S)] \tag{5-91}$$

$$Q_L = 4.187[81C + 246H - 26(O - S) - 6W] \tag{5-92}$$

（3）高、低位热值换算公式

$$Q_L = Q_H - 25.12(9H + W) \quad (kJ \cdot kg^{-1}) \tag{5-93}$$

【例 5-2】　已知某垃圾的成分为：$C\% = 50.4\%$，$H\% = 3.5\%$，$O\% = 14.0\%$，$N\% = 1.4\%$，$S\% = 0.7\%$，$A\% = 10\%$，$W\% = 20\%$。求该固体废物完全燃烧时的理论空气量、烟气量及密度（已知 $G_{H_2O}^g = 18.9 \ g \cdot m^{-3}$）。

解：（1）根据式（5-64），理论空气量为

$$V_0 = (8.89C + 26.67H + 3.33S - 3.33O) \times 10^{-2}$$
$$= (8.89 \times 50.4 + 26.67 \times 3.5 + 3.33 \times 0.7 - 3.33 \times 14) \times 10^{-2}$$
$$= 4.97 \ (m^3 \cdot kg^{-1})$$

（2）根据公式（5-79），烟气量为

$$V_{n,p} = V_{CO_2} + V_{SO_2} + V_{H_2O} + V_{N_2} + V_{O_2}$$

由公式（5-83）分别计算 V_i，再求得 $V_{n,p}$。

或用公式（5-84）直接计算：

$$V_{o,p} = \left(\frac{C}{12} + \frac{S}{32} + \frac{H}{2} + \frac{W}{18} + \frac{N}{28}\right)\frac{22.4}{100} + \frac{79}{100}V_0 + 0.00124G_{H_2O}^g V_0$$

$$=\left(\frac{50.4}{12}+\frac{0.7}{32}+\frac{3.5}{2}+\frac{20}{18}+\frac{1.4}{28}\right)\frac{22.4}{100}+0.79\times4.97+0.00124\times18.9\times4.97$$

$$=5.64\ (\mathrm{m^3\cdot kg^{-1}})$$

（3）根据式（5-89），烟气密度为

$$\rho_{\mathrm p}=\frac{44\varphi_{\mathrm{CO_2}}+64\varphi_{\mathrm{SO_2}}+18\varphi_{\mathrm{H_2O}}+28\varphi_{\mathrm{N_2}}+32\varphi_{\mathrm{O_2}}}{22.4\times100}$$

由式（5-86）计算 φ_i：

$$\varphi_{\mathrm{CO_2}}=\frac{V_{\mathrm{CO_2}}}{V_{\mathrm{n,p}}}\times100\%=\left(\frac{C}{12}\cdot\frac{22.4}{100}\Big/5.64\right)\times100\%=16.68\%$$

$$\varphi_{\mathrm{SO_2}}=\frac{V_{\mathrm{SO_2}}}{V_{\mathrm{n,p}}}\times100\%=\left(\frac{S}{32}\cdot\frac{22.4}{100}\Big/5.64\right)\times100\%=0.0869\%$$

$$\varphi_{\mathrm{H_2O}}=\frac{V_{\mathrm{H_2O}}}{V_{\mathrm{n,p}}}\times100\%=\left\{\left[\left(\frac{H}{2}+\frac{W}{18}\right)\frac{22.4}{100}+0.00124G_{\mathrm{H_2O}}^g V_{\mathrm n}\right]\Big/5.64\right\}\times100\%=13.41\%$$

$$\varphi_{\mathrm{N_2}}=\frac{V_{\mathrm{N_2}}}{V_{\mathrm{n,p}}}\times100\%=\left[\left(\frac{N}{28}\frac{22.4}{100}+\frac{79}{100}V_{\mathrm n}\right)\Big/5.64\right]\times100\%=69.81\%$$

$$\varphi_{\mathrm{O_2}}=\frac{V_{\mathrm{O_2}}}{V_{\mathrm{n,p}}}\times100\%=\left[\left(\frac{21}{100}(V_{\mathrm n}-V_0)\right)\Big/5.64\right]\times100\%=0$$

故

$$\rho_{\mathrm p}=\frac{44\times16.68+64\times0.0869+18\times13.41+28\times69.81+32\times0}{22.4\times100}$$

$$=1.30\ (\mathrm{kg\cdot m^{-3}})$$

也可按下式计算：

$$\rho_{\mathrm p}=\frac{(1-\frac{A}{100})+1.293V_{\mathrm n}}{V_{\mathrm{n,p}}}=\frac{(1-0.1)+1.293\times4.97}{5.64}=1.30\ (\mathrm{kg\cdot m^{-3}})$$

5.3.5　各成分之间的换算

（1）应用基

固体废物通常由 C、H、O、N、S、A（灰分）、W（水分）七种组分所组成，包括全部组分在内的成分，通常称为应用基。各种组分在应用基中的质量百分数称为应用成分。即

$$C^{\mathrm A}\%+H^{\mathrm A}\%+O^{\mathrm A}\%+N^{\mathrm A}\%+S^{\mathrm A}\%+A^{\mathrm A}\%+W^{\mathrm A}\%=100\% \tag{5-94}$$

（2）干燥基

固体废物中的含水量很容易受季节、运输和存放条件的影响而发生变化。因此，固体废物的应用成分经常受到水分的波动而不能反映出固体废物的固有本质。为便于比较，常以不含水分的干燥基中各组分的质量百分含量来表示固体废物的化学组成，称为干燥成分。即

$$C^D\% + H^D\% + O^D\% + N^D\% + S^D\% + A^D\% = 100\% \tag{5-95}$$

（3）可燃基

固体废物中的灰分也常常受到运输和存放条件的影响而有所波动，为了更确切地说明固体废物的化学组成特点，只用 C、H、O、N、S 五种元素在可燃基中的百分含量来表示固体废物的成分，称为可燃成分。即

$$C^C\% + H^C\% + O^C\% + N^C\% + S^C\% = 100\% \tag{5-96}$$

各成分表示法之间的换算关系如表 5-2 所示。

表 5-2　成分换算系数

已知成分	要换算成分		
	可燃成分	干燥成分	应用成分
可燃成分	1	$\dfrac{100 - A^D}{100}$	$\dfrac{100 - (A^A + W^A)}{100}$
干燥成分	$\dfrac{100}{100 - A^D}$	1	$\dfrac{100 - W^A}{100}$
应用成分	$\dfrac{100}{100 - (A^A + W^A)}$	$\dfrac{100}{100 - W^A}$	1

【例 5-3】　试将下表中的各成分换算成应用成分。

元素	C^C	H^C	O^C	N^C	S^C	A^D	W^A
含量	72%	5%	20%	2%	1%	12.5%	20%

解：（1）先求出灰分的应用成分

$$A^A = A^D\% \frac{100 - W^A}{100} = 12.5\% \times \frac{100 - 20}{100} = 12.5\% \times 0.8 = 10\%$$

（2）根据 $A^A\%$ 和 $W^A\%$ 进行其他成分的换算

$$C^A\% = C^C\% \frac{100 - (A^A + W^A)}{100} = 72\% \times \frac{100 - (10 + 20)}{100} = 72\% \times 0.7 = 50.4\%$$

同理

$$H^A\% = 5\% \times 0.7 = 3.5\%$$

$$O^A\% = 20\% \times 0.7 = 14.0\%$$

$$N^A\% = 2\% \times 0.7 = 1.4\%$$

$$S^A\% = 1\%0.7 = 0.7\%$$

5.3.6 停留时间的计算

5.3.6.1 分批（间歇）全混流反应器

所谓全混流反应器，是指器内的反应流体处于完全混合状态，并意味着反应流体在器内的混合是瞬间完成的，反应流体之间进行混合所需的时间无限小。

特点：①反应器内的物料具有完全相同的温度和浓度，且等于反应器出口物料的温度和浓度；②理想混合反应器内的返混为无限大。具有良好搅拌的釜式反应器可近似地按理想混合反应器处理。

根据完全混合和分批操作的特点，可以就整个反应器在单位时间内对组分 A 作物料衡算：

$$\begin{pmatrix} 单位时间流入 \\ 的物料A的量 \end{pmatrix} = \begin{pmatrix} 单位时间流 \\ 出的A的量 \end{pmatrix} + \begin{pmatrix} 单位时间反 \\ 应掉的A的量 \end{pmatrix} + \begin{pmatrix} A在反应器 \\ 中的积累量 \end{pmatrix} \quad (5\text{-}97)$$

$$0 = 0 + (-r_A)V + \frac{d(Vc_A)}{dt} \quad (5\text{-}98)$$

即

$$-\frac{d(Vc_A)}{dt} = (-r_A)V \quad (5\text{-}99)$$

恒容时

$$x_A = \frac{c_{A_0} - c_A}{c_{A_0}} \quad (5\text{-}100)$$

式中，r_A 为组分 A 的表面反应速率；V 为反应器有效体积；c_A 为组分 A 任意时刻的浓度；c_{A_0} 为组分 A 的初始浓度；x_A 为组分 A 的摩尔转化率。

恒容时，在 $t=0$，$c_A = c_{A_0}$；$t=t$，$c_A = c_{A_0}$ 条件下，对式（5-99）积分

$$t = -\int_{c_{A_0}}^{c_A} \frac{dc_A}{(-r_A)}$$

$$= c_{A_0} \int_0^{x_A} \frac{dx_A}{(-r_A)} \quad (5\text{-}101)$$

式（5-101）所求的时间是指在一定的操作条件下，为使反应物 A 反应达到转化率为 x_A 所需的时间。

5.3.6.2　连续操作全混流反应器

在这种操作中,反应物料连续不断地以恒定流速流入全混流反应器,而产物也以恒定的速率不断地从反应器内排出。

当反应流体的密度恒定时,则流出和流入反应器的容积流速 v_0 是一致的。则对组分 A 就整个反应器作物料衡算,有

$$流入 = 流出 + 反应 \tag{5-102}$$

$$v_0 c_{A_0} = v_0 c_A + V(-r_A) \tag{5-103}$$

$$\tau = \frac{V}{v_0} = \frac{c_{A_0} - c_A}{-r_A} = \frac{c_{A_0} x_A}{-r_A} \tag{5-104}$$

1)空时(τ):反应器的有效容积 V 与进料容积流速 v_0 之比,称为空时;

2)反应时间 t:反应物料进入反应器后从实际发生反应的时刻起到反应达到某一程度(如某个转化率或出口浓度)时所需的时间;

3)停留时间 $\bar{t}$:反应物自进入反应器的时刻算起到它们离开反应器时刻为止,在反应器共停留了多少时间。

5.3.6.3　平推流操作反应器

所谓平推流是指反应器内反应物料以相同的流速和一致的方向移动,完全不存在不同停留时间物料的混合,即返混为 0。因此,所有物料在器内具有相同的停留时间。

对于管径较小,管子较长,即长径比 L/D 较大,流速较快的管式反应器,可按平推流处理。

特点:①与流动方向垂直的截面上无流速分布;②在流动方向上不存在流体质点间的混合,即无返混现象;③离开平推流反应器的所有流体质点,均具有相同的停留时间 $\bar{t}$,因而 $\bar{t}$ 就等于反应时间 t。

若以 u 表示流体在反应器中的流速,l 表示管内离入口处的轴向距离,则

$$\bar{t} = t = \int_0^L \frac{\mathrm{d}l}{u} = \int_0^V \frac{\mathrm{d}V}{v} \tag{5-105}$$

若流体密度 ρ 恒定,则 $u = u_0$(u_0 为入口流速),有

$$\bar{t} = t = \frac{V}{v_0} = \tau \tag{5-106}$$

如图 5-6 对组分 A 作物料衡算,因沿流动方向反应物组成是变化的,所以必须对微元 $\mathrm{d}V$ 作衡算。

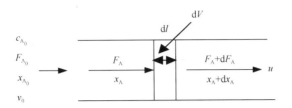

图 5-6　平推流物料衡算示意

$$\begin{pmatrix} 单位时间进入dV \\ 的A的摩尔数 \end{pmatrix} = \begin{pmatrix} 单位时间从dV流 \\ 出的A的摩尔数 \end{pmatrix} + \begin{pmatrix} 单位时间在dV \\ 微元中的反应量 \end{pmatrix} \tag{5-107}$$

$$F_A = F_A + dF_A + (-r_A)dV \tag{5-108}$$

而

$$dF_A = d[F_{A_0}(1 - x_A)] = -F_{A_0}dx_A \tag{5-109}$$

即

$$F_{A_0}dx_A = (-r_A)dV \tag{5-110}$$

$$\int_0^V \frac{dV}{F_{A_0}} = \int_o^{x_A} \frac{dx_A}{-r_A} \tag{5-111}$$

积分得

$$\frac{V}{F_{A_0}} = \frac{V}{c_{A_0}v_0} = \int_0^{x_A} \frac{dx_A}{-r_A} \tag{5-112}$$

$$\frac{V}{v_0} = \tau = c_{A_0} \int_0^{x_A} \frac{dx_A}{-r_A} \tag{5-113}$$

$$= -\int_{c_{A_0}}^{c_A} \frac{dc_A}{-r_A}$$

由此可知，恒容过程的平推流反应器与分批全混流反应器的设计方程一致。

讨论可知：①对于分批式操作的全混流反应器和连续操作的平推流反应器来说，反应时间和停留时间一致；②而对于具有返混的反应器，因器内流体的流动状况极为复杂，可能短路，也可能有死区和循环流。所以出口物料中有些微团可能在器内停留很短时间，而有的可能停留很长时间。所以出口物料是各种不同停留时间的混合物，即具有停留时间分布。在这种情况下，常用平均停留时间 $\bar{t}$ 来表示。

$\bar{t}$ 定义为反应器的有效容积与器内物料的体积流速之比，即 $\bar{t} = \dfrac{V}{v}$。因此，

平均停留时间 $\bar{t}$ 与空时 τ 之间具有不同的含义，只有在恒容过程(此时 $v = v_0$)，两者才一致。

5.3.6.4　燃烧过程的平均停留时间

假设燃烧为一级反应，则

$$(-r_A) = -\frac{dc_A}{dt} = kc_A \tag{5-114}$$

$$\int_{c_{A0}}^{c_A} \frac{dc_A}{c_A} = -\int_0^t k dt \tag{5-115}$$

$$\ln \frac{c_A}{c_{A0}} = -kt \tag{5-116}$$

$$k = A\exp(-\frac{E}{RT}) \tag{5-117}$$

对于平推流

$$\bar{t} = t = -\frac{\ln(c_A/c_{A0})}{k} \tag{5-118}$$

【例 5-4】　试计算在 800℃的焚烧炉中焚烧氯苯，当 DRE（破坏去除率）分别为 99%、99.9%、99.99%时的停留时间。已知：$A = 1.34 \times 10^{17}$；$E = 76\,600\ \text{cal·g}^{-1}\text{·mol}^{-1}$。

解：（1）求 800℃时的速率常数。

由式（5-117）得 $k = A\exp(-\frac{E}{RT})$

所以

$$k = 1.34 \times 10^{17} \exp\left(-\frac{76\,600}{1.987 \times 1073}\right)$$

$$= 33.407\ (\text{s}^{-1})$$

（2）求不同转化率的停留时间。

假设为平堆流，则

$$\bar{t} = t = -\frac{\ln \frac{c_A}{c_{A0}}}{k}$$

故

$$\bar{t}_{99\%} = -\frac{\ln \frac{0.01}{1}}{33.407} = 0.1378\ (\text{s})$$

$$\bar{t}_{99.9\%} = -\frac{\ln \dfrac{0.001}{1}}{33.407} = 0.2068 \quad (\text{s})$$

$$\bar{t}_{99.99\%} = -\frac{\ln \dfrac{0.0001}{1}}{33.407} = 0.2757 \quad (\text{s})$$

5.4　焚 烧 系 统

5.4.1　焚烧系统概述

实际上，垃圾焚烧系统应包括整个垃圾焚烧厂，即从垃圾的前处理到烟气处理整个过程。这里所指的焚烧系统仅指垃圾进入焚烧炉内燃烧生成产物（气和渣）排出的过程，即焚烧系统只涉及垃圾的接收、燃烧、出渣、燃烧气体的完全燃烧以及为保证完全燃烧助燃空气的供应（一次和二次）等，如图 5-7 所示。

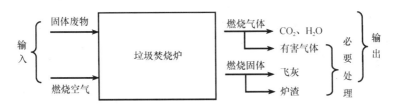

图 5-7　垃圾焚烧炉的燃烧过程

虽然焚烧系统与前处理系统、余热利用系统、助燃空气系统、烟气处理系统、灰渣处理系统、废水处理系统、自控系统等密切相关。但由以上分析可知，焚烧系统或焚烧炉是焚烧过程的关键和核心，它为垃圾燃烧提供了进行的场所和空间，其结构和型式将直接影响固体废物的燃烧状况和效果。

通常固体废物在焚烧炉中燃烧过程包括：①固体表面的水分蒸发；②固体内部的水分蒸发；③固体中挥发性成分的着火燃烧；④固体碳的表面燃烧；⑤完成燃烧（燃烬）。①和②为干燥过程；③～⑤为燃烧过程。

燃烧又可分为一次燃烧和二次燃烧。一次燃烧是燃烧的开始，二次燃烧则是完成整个燃烧过程的重要阶段。以分解燃烧为主的固体废物的焚烧，仅靠一次助燃空气难以完成燃烧反应。一次燃烧仅使易挥发成分中的易燃部分燃烧并使高分子成分分解，而且，一次燃烧产生的 CO_2 也可能会还原。二次燃烧是将一次燃烧中产生的可燃气体和颗粒碳进一步燃烧，其多为气态燃烧，因此合适的燃烧室容积、燃烧气体和二次助燃空气的良好混合等至关重要。一次燃烧和二次燃烧所起作用如图 5-8 所示。

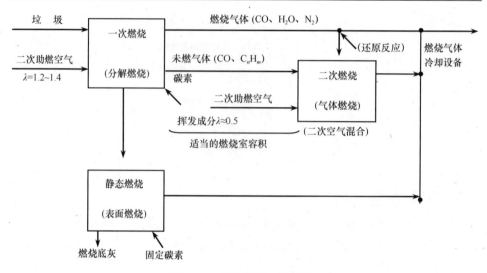

图 5-8　一次燃烧和二次燃烧

焚烧工艺就是依据焚烧的机理、特点等来进行设计的。

5.4.2　焚烧炉

从不同角度可对焚烧炉进行分类。按焚烧室的多少可分为：单室焚烧炉和多室焚烧炉；按炉型分为固定炉排炉、机械炉排炉、流化床炉、回转窑炉和气体熔融炉等。

5.4.2.1　单室焚烧炉

单室焚烧炉要求在一个燃烧室中完成：①供氧（空气）；②热分解、表面燃烧；③垃圾挥发组分、固定碳素、臭气成分、有害气体的完全燃烧等过程。此焚烧炉在处理挥发性成分含量高、热解速率快且在干燥过程中易产生有害气体时，单室炉常会产生不完全燃烧现象。因此，除少数工业垃圾外，单室炉在生活垃圾处理中几乎不用。

5.4.2.2　多室焚烧炉

该炉指在一次燃烧过程中，不供给全部所需空气，只供应将固定碳素燃烧的空气，依靠燃烧气体的辐射、对流传热等将垃圾热解气化，而在二次甚至三次燃烧过程中将热解气体（包括臭气、有害气体等）完全燃烧的设备。该炉适于处理燃烧气体量较多的物质，如生活垃圾的处理一般都为多室焚烧炉型。

5.4.2.3　固定炉排炉

该炉内设有固定的炉排，垃圾在没有搅拌的情况下完成燃烧。除了图示的水平式固定炉排炉外，还有倾斜式固定炉排炉以及圆弧曲面式固定炉排炉。

固定炉排炉造价低廉，但因对垃圾无搅拌作用等，故燃烧效果较差，易熔融结块，所以焚烧炉渣的热灼减率较高。在早期有使用固定炉排炉来焚烧生活垃圾的实例，但近期很少应用。

5.4.2.4　机械炉排炉

机械炉排炉的发展历史最长，应用实例也最多。图 5-9 所示为机械炉排炉燃烧的概念图。

机械炉排炉可大体分为三段：干燥段、燃烧段、燃尽段。各段的供应空气量和运行速度可以调节。

1）干燥段。垃圾的干燥包括：炉内高温燃烧空气、炉侧壁以及炉顶的放射热的干燥；从炉排下部提供的高温空气的通气干燥；垃圾表面和高温燃烧气体的接触干燥；垃圾中部分的燃烧干燥。

利用炉壁和火焰的辐射热，垃圾从表面开始干燥，部分产生表面燃烧。干燥垃圾的着火温度一般在 200℃左右。如果提供 200℃以上的燃烧空气，干燥的垃圾便会着火，燃烧便从这部分开始。垃圾在干燥段上的停留时间约为 30 min。

2）燃烧段。这是燃烧的中心部分。在干燥段垃圾干燥、热分解产生还原性气体，而在本段产生旺盛的燃烧火焰，在后燃烧段进行静态燃烧（表面燃烧）。燃烧段和后燃烧段界线称为"燃烧完了点"。即使垃圾特性变化，但也应通过调节炉排速度而使燃烧完了点位置尽量不变。垃圾在燃烧段的停留时间约为 30 min。总体燃烧空气的 60%～80%在此段供应。为了提高燃烧效果，均匀地供应垃圾，垃圾的搅拌混合和适当的空气分配（干燥段、燃烧段和燃尽段）等极为重要。空气通过炉排进入炉内，所以空气容易从通风阻力小的部分流入炉内。但空气流入过多部分会产生"烧穿"现象，易造成炉排的烧损并产生垃圾熔融结块。因此，设计炉排具有一定且均匀的风阻很重要。

3）燃尽段。将燃烧段送过来的固定碳素及燃烧炉渣中未燃尽部分完全燃烧。垃圾在燃尽段上停留约 1 h。保证燃尽段上充分的停留时间，可将炉渣的热灼减率降至 1%～2%。

5.4.2.5　流化床焚烧炉

流化床以前用来焚烧轻质木屑等，但近年来开始用于焚烧污泥、煤和城市生活垃圾。其特点是适用于高水分物质的焚烧等。流化床焚烧炉的流态化原理对选择流化床的结构和形式至关重要。根据风速和垃圾颗粒的运动而处于不同流区的流态化，流化床可分为固定床、沸腾流化床（鼓泡流化床）、湍动流化床和循环流化床（快床）（图 5-10）。

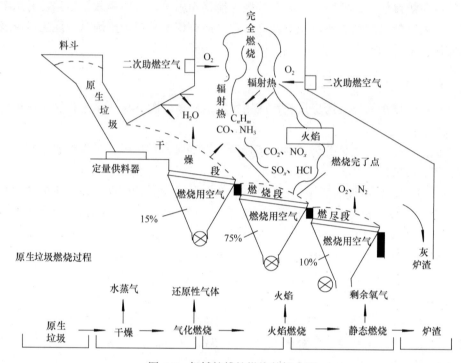

图 5-9　机械炉排炉燃烧的概念图

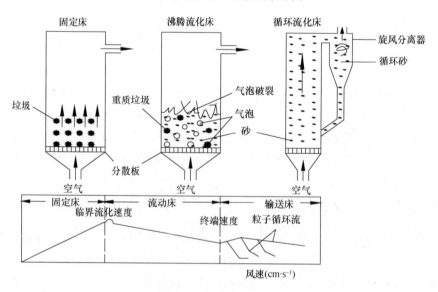

图 5-10　流化床的原理

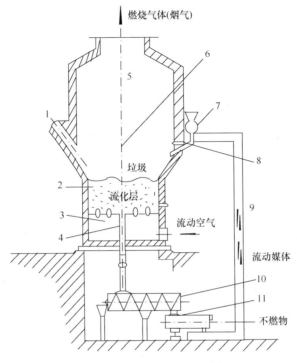

图 5-11 流化床焚烧炉的结构

1. 助燃器；2. 流化介质；3. 散气板；4. 不燃物排出管；5. 二次燃烧室；6. 流化床炉内；7. 供料器；8. 二次助
燃空气喷射口；9. 流化介质（砂）循环装置；10. 不燃物排出装置；11. 振动分选

1）固定床：气体流速 u 较低，则垃圾颗粒保持静态，而气体从垃圾颗粒间通过（如炉排炉）。

2）沸腾流化床：气体流速 u 超过临界流化速度 u_{mf}，颗粒中产生气泡，颗粒被气泡搅拌形成鼓泡或沸腾状态。

3）循环流化床：气体流速 u 超过极限速度（颗粒终端速度）u_t，气体和颗粒激烈碰撞混合，颗粒被气体带着飞散（如燃煤发电锅炉）。

流化床垃圾焚烧炉主要处于沸腾（鼓泡）流化状态。图 5-11 所示为流化床的结构，一般将垃圾破碎到 20 mm 以下再投入到炉内，垃圾和炉内的高温流动砂（650～800℃）接触混合，瞬时间气化并燃烧。未燃尽成分和轻质垃圾一起飞到上部燃烧室继续燃烧。一般认为上部燃烧室的燃烧占 40% 左右，但容积却为流化床层的 4～5 倍，同时上部的温度也比下部流化床层高 100～200℃，通常也称其为二燃室。

不可燃物沉到炉底和流动砂一起被排出，然后将流动砂和不可燃物分离，流动砂回炉循环使用。垃圾灰分的 70% 左右作为飞灰随着燃烧烟气流向烟气处理设备。流动砂可保持大量的热量，有利于炉子再启动。

流化床具有炉体较小，焚烧炉渣的热灼减率低（约1%），炉内可动部分设备少的优点。但与机械炉排炉相比，有以下缺点：①比机械炉排炉多设置流化砂循环系统，且流动砂造成的磨损较大；②燃烧速度快，燃烧空气的平衡较难，较易产生 CO，为使燃烧各种不同垃圾时都保持较合适的温度，必须调节空气量和空气温度；③炉内温度控制较难。

5.4.2.6 回转窑炉

回转窑可处理的垃圾范围广，特别是在焚烧工业垃圾的领域内应用广泛。在城市生活垃圾焚烧的应用主要是为了达到提高炉渣的燃尽率，将垃圾完全燃尽以达到炉渣再利用时的质量要求。在这种情况下，回转窑炉一般安装在机械炉排炉后。

图 5-12 所示为将回转窑作为干燥和燃烧炉使用时的示意图。在此流程中，机械炉排作为燃尽段安装于其后，作用是将炉渣中未燃尽物完全燃烧。除了这种设计外，也有不带燃尽段的回转窑炉。

回转窑炉是一个带耐火材料的水平圆筒，绕着其水平轴旋转。从一端投入垃圾，当垃圾到达另一端时已被燃尽成炉渣。圆筒转速可调，一般为 0.75～2.50 r·min^{-1}。处理垃圾的回转窑的长径比一般为 2∶1～5∶1。

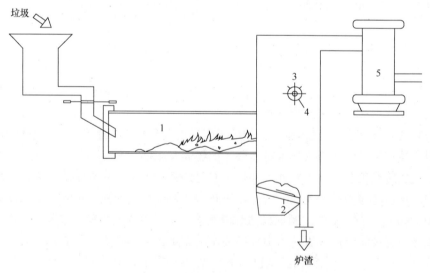

图 5-12　作为干燥和燃烧炉作用的回转窑
1. 回转窑；2. 燃尽炉排；3. 二次燃烧室；4. 助燃器；5. 锅炉

一般回转窑内设计为平滑结构。但有的设计，特别是处理粒状垃圾（粉矿、粉末）时，会在炉内设置翼板或桨状搅拌器以促进垃圾的前进、搅拌和混合。

回转窑由两个以上的支撑轴轮支持。由齿轮驱转的支撑轴轮或由链长驱动绕着回转窑体的链轮齿带动旋转窑炉旋转。回转窑的倾斜角度可以通过上下调整支撑轴轮来调节，一般为 2%~4%。但也有完全水平或倾斜极小的回转窑，且在两端设有小坝，以便在炉内维持一个池状。这种炉一般用为熔融炉。

根据设计，回转炉有如下分类。

1）顺流和逆流炉。根据燃烧气体和垃圾前进方向是否一致而定义为顺流和逆流炉。处理高水分垃圾时，选用逆流炉，助燃器设置在回转窑前方（出渣口方），而高挥发性垃圾常用顺流炉。

2）熔融炉和非熔融炉。炉内温度在 1100℃ 以下的正常燃烧温度域时，为非熔融炉。当炉内温度达约 1200℃ 以上，垃圾将会熔融。

3）带耐火材料炉和不带耐火材料炉。最常用的回转窑一般是顺流式且带耐火材料的非熔融炉。

5.4.3　焚烧炉的比较

在固体废物焚烧技术发展早期，固定炉排炉在生活垃圾焚烧领域得到一定的应用，但由于其焚烧效果的局限性，很快被机械炉排炉取代了。机械炉排炉焚烧技术发展历史很长，技术开发不断进步，所以通常所指垃圾焚烧炉，主要是指机械炉排炉。

流化床炉技术在 20 世纪 50 年代前已被开发，之后在 60 年代应用于焚烧工业污泥，在 70 年代初用来焚烧生活垃圾，80 年代在日本得到普及，市场占有率达 10% 以上。但在 90 年代后期，由于烟气排放标准的提高，流化床炉在生活垃圾的焚烧炉市场几乎消失。现在，日本各厂家转而将流化床炉用于垃圾气化熔融技术的开发。

热分解处理生活垃圾技术开发以后，由于生产的产品（碳、气）难以满足质量要求而难以找到使用者，所以没有很大的发展。而为了抑制二噁英等有害物质的气化熔融处理生活垃圾技术首先在欧洲得以开发。欧洲的各种气化技术几乎都被引进到日本并改进而投入日本市场，有些技术其实绩比欧洲更多。同时日本凭借其雄厚的流化床炉技术，还开发出流化床炉气化熔融技术，并开始投入市场，改变了一直引进焚烧技术的局面，而且技术出口至欧洲。

回转窑炉主要是用来处理工业垃圾。表 5-3 中，对机械炉排炉、流化床炉、回转窑炉和气化熔融技术进行了比较。

表 5-3 几种生活垃圾焚烧炉的比较

项　目	机械炉排式焚烧炉	流化床焚烧炉	回转窑式焚烧炉	熔融气化焚烧炉
焚烧原理	将垃圾供应到炉排上,助燃空气从炉排下供给,垃圾在炉内分干燥、燃烧和燃尽带	垃圾从炉膛上部供给,助燃空气从下部鼓入,垃圾在炉内与流动的热砂接触进行快速燃烧	垃圾从一端进入且在炉内翻动燃烧,燃尽的炉渣从另一端排出	先将生活垃圾进行热解产生可燃性气体和固体残渣,然后进行燃烧和熔融,或将气化和熔融燃烧合为一体
应　用	早期应用最广的生活垃圾焚烧技术	20世纪80年代中期日本开始用于焚烧城市生活垃圾	高水分的生活垃圾和热值低的垃圾常常采用	近年开始应用于美国、德国、日本等发达国家
最大能力/(t·d⁻¹)	1200	150	200	200
前处理	一般不需要	因为是瞬时燃烧,入炉前需破碎到20 cm以下	一般不要	因炉型而异,有时需干燥和破碎
烟气处理	烟气含飞灰较高、除二恶英外,其余易处理	烟气中含有大量灰尘,烟气处理较难,烟气量变动较大,所以对自动控制要求较高	烟气除二恶英外,其余易处理	烟气含二恶英少,易处理
二恶英控制	燃烧温度较低,易产生二恶英	较易产生二恶英	较易产生二恶英	不易产生二恶英
炉渣处理设备	简单	复杂	简单	简单
燃烧管理	缓慢燃烧,管理较容易	瞬时燃烧,管理较难	比较容易	气化和燃烧熔融为两个过程,燃烧管理达到前后热平衡等较难
运行费	比较便宜	比较高	较低	比较高
维修	方便	较难	较难	较难
焚烧炉渣	需经无害化处理后才能被利用	需经无害化处理后才能被利用	需经无害化处理后才能被利用	炉渣已经高温消毒,可利用
减量比	10:1(100 t→10 t)	10:1(100 t→10 t)	10:1(100 t→10 t)	12:1(100 t→8.3 t)
减容比	37:1(333 m³→8.9 m³)	33:1(333 m³→10 m³)	40:1(400 m³→10 m³)	70:1(333 m³→4.8 m³)

5.5　垃圾焚烧技术工艺

5.5.1　概述

　　生活垃圾焚烧厂的系统构成在不同的国家、研究机构有不同的划分方法,或由于垃圾焚烧厂的规模不同而具有不同的系统构成。但现代化生活垃圾焚烧厂的基本内容大体相同,其一般的工艺流程框图可参见图5-13。

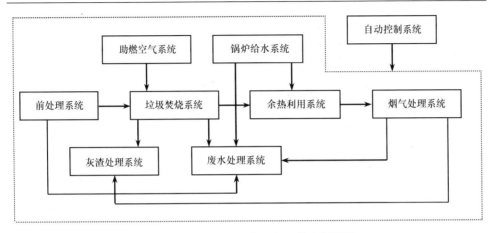

图 5-13　垃圾焚烧厂的一般工艺流程框图

　　垃圾焚烧厂的工艺流程可描述为：前处理系统中的垃圾与助燃空气系统所提供的一次和二次助燃空气在垃圾焚烧炉中混合燃烧，燃烧所产生的热能被余热锅炉加以回收利用，经过降温后的烟气送入烟气处理系统处理后，经烟囱排入大气；垃圾焚烧产生的炉渣经炉渣处理系统处理后送往填埋厂或作为其他用途，烟气处理系统所收集的飞灰做专门处理；各系统产生的废水送往废水处理系统，处理后的废水可排入河流等公共水域或加以再利用；现代化的垃圾焚烧厂的整个处理过程都可由自动控制系统加以控制。

5.5.2　垃圾焚烧厂一般工艺流程

　　如前所述，目前垃圾焚烧厂采用的垃圾焚烧炉主要为回转窑、流化床、机械炉排三种。对于不同型式的垃圾焚烧炉，垃圾焚烧厂各系统也必然具有不同的工艺流程。根据各国垃圾焚烧炉的使用情况，机械炉排焚烧炉应用最广且技术比较成熟，其单台日处理量的范围也最大（50～700 t·d^{-1}），是国内外生活垃圾焚烧厂的主流炉型。因而，此处对垃圾焚烧炉的讨论集中在机械炉排焚烧炉的讨论。对各系统而言，其工艺流程也不尽相同，比如，有些垃圾焚烧厂的前处理系统中不设垃圾贮坑，而将垃圾直接送入进料斗。为此，对各系统工艺流程的讨论也仅限于普遍情况。图 5-14 为某一垃圾焚烧厂主厂的工艺布置纵剖视图。

5.5.2.1　前处理系统

　　垃圾焚烧厂前处理系统也可称为垃圾接收贮存系统，其一般的工艺流程如下：

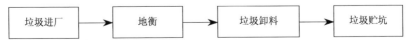

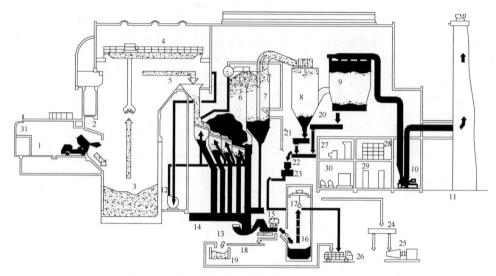

图 5-14　垃圾焚烧厂主厂房的工艺布置纵剖视图

1. 卸料平台；2. 卸料门；3. 垃圾贮坑；4. 垃圾吊车；5. 进料漏斗；6. 焚烧炉膛；7. 余热锅炉；8. 洗涤塔；9. 袋式除尘器；10. 引风机；11. 烟囱；12. 一次风机；13. 推灰器；14. 炉渣输送带；15. 磁选机；16. 炉渣贮坑；17. 炉渣吊车；18. 废金属输送带；19. 废金属贮坑；20. 飞灰输送带；21. 输送带；22. 混合输送带；23. 飞灰加湿器；24. 高压蒸汽联箱；25. 汽轮发电机；26. 灰渣输运系统；27. 中央控制室；28. 低压配电室；29. 高压配电室；30. 液压室；31. 车辆控制室

　　生活垃圾由垃圾运输车运入垃圾焚烧厂，经过地衡称重后进入垃圾卸料平台（也可称为倾卸平台），按控制系统指定的卸料门将垃圾倒入垃圾贮坑。

　　在此系统中，如果设有大件垃圾破碎机，可用吊车将大件垃圾抓入破碎机中进行处理，处理后的大件垃圾重新倒入垃圾贮坑。可通过分析垃圾成分的统计数据及大件垃圾所占的比例，决定垃圾焚烧厂是否需要设置大件垃圾破碎机。

　　称重系统中的关键设备是地衡，它由车辆的承载台、指示重量的称重装置、连接信号输送转换装置和称重结构打印装置等组成。承载台根据地衡最大称重决定其标准尺寸，垃圾焚烧厂地衡一般最大称重为 15～20 t。近年来垃圾收集车呈大型化趋势，出现了称重大于 30 t 的地衡。

　　一般的大型垃圾焚烧厂都拥有多个卸料门，卸料门在无投入垃圾的情况下处于关闭状态，以避免垃圾贮坑中的臭气外溢。为了垃圾贮坑中的堆高相对均匀，应在垃圾卸料平台入口处和卸料门前设置自动指示灯，以便控制哪个卸料门的开启。在垃圾焚烧技术发达的国家，这些设施一般都采用自动化系统，实现了卸料平台无人操作。当垃圾车到达卸料门前时，传感器感知到有车辆到达，自动控制卸料门的开闭。

　　垃圾贮坑的容积设计以能贮存 3～5 天的垃圾焚烧量为宜。贮存的目的是将原生垃圾在贮坑中进行脱水；吊车抓斗在贮坑中对垃圾进行搅拌，使垃圾组分均匀；在搅拌过程中也会脱去部分泥砂。这些措施都可改善燃烧状况，提高燃烧效率。在贮坑中停留的时间太短，脱水不充分，垃圾不易燃烧；时间太长，垃圾不再脱水，可燃挥发分溢出太多，也会造成垃圾不易燃烧和能量的耗散。

5.5.2.2　垃圾焚烧系统

　　垃圾焚烧系统是垃圾焚烧厂中最为关键的系统，垃圾焚烧炉提供了垃圾燃烧的场所和空间，它的结构和型式将直接影响垃圾的燃烧状况和燃烧效果。

　　垃圾焚烧系统的一般工艺流程如下：

　　吊车抓斗从垃圾贮坑中抓起垃圾，送入进料漏斗，漏斗中的垃圾沿进料滑槽落下，由饲料器将垃圾推入炉排预热段，机械炉排在驱动机构的作用下使垃圾依次通过燃烧段和后燃尽段，燃烧后的炉渣落入炉渣贮坑。

　　为了保证单位时间进料量的稳定性，饲料器应具有测定进料量的功能。现行的饲料器一般采用改变推杆的行程来控制进料的体积，但由于垃圾在进料滑槽中的密度不均匀，造成进料的质量控制并不能达到预期的效果。目前，解决这个问题的有效方法之一是在滑槽中设置挡板，使挡板上的垃圾自由落下以提高垃圾密度的均匀性，同时还可以改进滑槽中垃圾的堵塞现象。

　　饲料器和炉排可采用机械或液压驱动方式，其中因液压驱动方式具有操作稳定、可靠性好等优点而应用较广。

5.5.2.3　余热利用系统

　　从垃圾焚烧炉中排出的高温烟气必须经过冷却后方能排放，降低烟气温度可采用喷水冷却或设置余热锅炉的方式。

　　余热利用是在垃圾焚烧炉的炉膛和烟道中布置换热面，以吸收垃圾焚烧所产生的热量，从而达到回收能量的目的。在未设置余热锅炉而采用喷水冷却方式的系统中，余热没有得到利用，喷水的目的仅仅是为了降低排烟温度。一般来讲，将烟气余热用来加热助燃空气或加热水是最简单和普遍可行的方法。而且随着垃圾焚烧炉容量的增加，目前越来越普遍采用设置余热锅炉方式回收余热。国外有许多超过 100 t·d⁻¹ 的垃圾焚烧厂也配有余热锅炉。现行建设的大型垃圾焚烧厂都毫无例外地采用余热锅炉和汽轮发电设备。

设置余热锅炉的余热利用系统，其回收能量的方式有多种：①利用余热锅炉所产生的蒸汽驱动汽轮发电机发电，以产生高品位的电能，这种方式在现代化垃圾焚烧厂应用最广；②提供给蒸汽需求单位及本厂所需的一定压力和温度的蒸汽；③提供热水需求单位所需热水。

对于采用余热锅炉的垃圾焚烧厂，余热利用系统的工艺流程如下：

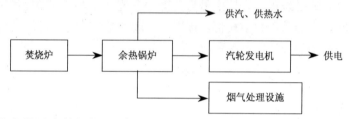

对于没有设置余热锅炉，采用喷水冷却方式的垃圾焚烧厂，其烟气冷却的工艺流程为：

有些垃圾焚烧厂，采用余热锅炉和喷水冷却相结合的方式，其工艺流程为：

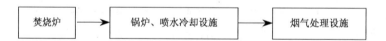

垃圾焚烧发电的热效率一般只有 20%左右，如何提高垃圾焚烧厂热效率已引起了普遍关注。近年来，部分垃圾焚烧厂采用热电联供系统，将发电后的蒸汽或一部分抽气向厂外进行区域性供热，以提高垃圾焚烧厂的热效率。但是，当进行大规模区域供热时，由于区域的热能需求随时间、季节的变化而变化很大，而垃圾焚烧炉的运行不能适应这样大的变化，因此，垃圾焚烧炉的供热一般只能提供用户一部分的热量需求。

5.5.2.4 烟气处理系统

烟气处理系统主要是去除烟气中的固体颗粒、烟尘、硫氧化物、氮氧化物、氯化氢等有害物质，以达到烟气排放标准，减少环境污染。

各国、各地区都有不同的烟气排放标准，相应垃圾焚烧厂也有不同的烟气处理系统。烟气处理系统一般有下列几种设备组合：

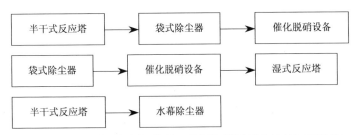

前两种设备组合为目前各国垃圾焚烧厂通常采用的烟气处理系统，后一种设备组合可供烟气排放标准较低的地区使用，在建设小型垃圾焚烧厂时选用参考。

近年来，二噁英污染引起了世界各国的普遍关注，而垃圾焚烧厂又是产生二噁英的主要来源之一。由于目前对二噁英的形成机理还没有达成统一的认识，因此仅通过控制焚烧参数来抑制二噁英的生成，其效果很难确定。目前所采用的去除二噁英的方法主要为采用活性炭喷射装置和袋式除尘器。

5.5.2.5　灰渣处理系统

灰渣处理系统一般有以下几种工艺流程：

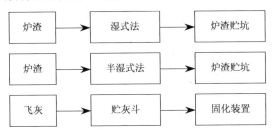

从垃圾焚烧炉出渣口排出的炉渣具有相当高的温度，必须进行降温。湿式法就是将炉渣直接送入装有水的炉渣冷却装置中进行降温，然后再用炉渣输送机将其送入炉渣贮坑中。

来自静电除尘器或袋式除尘器的灰渣称为飞灰，通常情况下，飞灰应与垃圾焚烧炉出口排出的炉渣分别进行处理，这是由于飞灰中重金属的含量较炉渣中多。一般的做法是将飞灰作为危险品固化后送入填埋厂做最终的处置。

过去垃圾焚烧炉渣作为一般废弃物，可以在垃圾填埋厂进行填埋处理。随着环保要求的愈加严格，炉渣中可能出现的重金属渗出已成为不可忽视的问题，炉渣的固化和熔融法是目前解决这一问题的两种有效途径。国外正在积极开发新的炉渣处理方法。

5.5.2.6　助燃空气系统

助燃空气系统是垃圾焚烧厂中的一个非常重要的组成部分，它为垃圾的正常燃烧提供了必需的氧气，它所供应的送风温度和风量直接影响到垃圾的燃烧是否充分、炉膛温度是否合理、烟气中的有害物质是否能够减少。

助燃空气系统的一般工艺流程为：

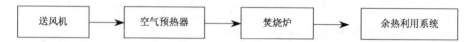

送风机包括一次送风机和二次送风机。通常情况下，一次送风机从垃圾贮坑上方抽取空气，通过空气预热器将其加热后，从炉排下方送入炉膛；二次助燃空气可从垃圾贮坑上方或厂房内抽取空气并经预热后，送入垃圾焚烧炉。燃烧所产生的烟气及过量空气经过余热利用系统回收能量后进入烟气处理系统，最后通过烟囱排入大气。

5.5.2.7　废水处理系统

垃圾焚烧厂中废水的主要来源有：垃圾渗滤水、洗车废水、垃圾卸料平台地面清洗水、灰渣处理设备废水、锅炉排污水、洗烟废水等。不同废水中有害成分的种类和含量各不相同，因此也应采取不同的处理方法，但这种做法过于复杂，也不现实。通常按照废水中所含有害物的种类将废水分为有机废水和无机废水，针对这两种废水采用不同的处理方法和处理流程。

在废水处理过程中，一部分废水经过处理后排入城市污水管网，还有一部分经过处理的废水则可加以利用。

废水的处理方法很多，不同的垃圾焚烧厂采用不同的废水处理工艺。下面是一种常用的废水处理工艺流程：

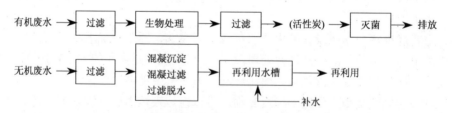

对于灰渣冷却水和洗烟用水等重金属含量较高的废水，其废水处理流程应具有去除重金属的环节。对于这类废水，常采用的废水处理工艺为：

5.5.2.8　自动控制系统

在实现垃圾焚烧厂的高度自动化以前，把垃圾焚烧炉看成是各个系统的组合，自动化的工作主要集中在实现这些单独系统的自动化管理，如垃圾焚烧状态的电视监控，各种设备通电状况的显示等。随后，为了推进各个系统设备自动化管理向更高水平发展，实现垃圾供料、垃圾焚烧一体化、自动化，引进了垃圾焚烧炉自动化燃烧控制系统。另外一些相关设备的自动化也有了进展，例如：垃圾接收、灰渣的输送和自动称重设备、吊车自动运行设备等的自动化都实现了实用化。

现在，由于计算机的应用，垃圾焚烧炉的运行管理除了日常操作实现了自动化，一些非日常的操作也实现了自动化，例如：垃圾焚烧炉、汽轮机的启动与关闭等。垃圾焚烧系统自动化的范围，大致可分为以下三个方面：①设施运行管理必需的数据处理自动化；②垃圾运输车及灰渣运输车的车辆管理自动化；③设备机器运行操作的自动化。

上述各种运行操作实现自动化以后，为了实现最佳的运行状态，目前仍须依赖人的判断。国外正在开发各种各样的软件，以期能够与熟练操作员的判断非常接近，能够进行图像解析、模糊控制等。目前这些软件仅作为主软件的支持系统，可以相信，在不远的将来，综合运行状态的最优化控制是完全可以实现的。

5.6　固体废物焚烧过程中烟气的产生及其控制

5.6.1　焚烧尾气中的污染物及其控制方法

5.6.1.1　烟气中的污染物

焚烧尾气中所含污染物的产生及含量，与废物的成分、燃烧速率、燃烧炉结构型式、燃烧条件、废物的进料方式等密切相关。垃圾焚烧产生的主要污染物有：

1）不完全燃烧产物：C_mH_n 化合物燃烧后主要产物为无害的水蒸气及 CO_2，它们均可以直接排入大气之中。不完全燃烧产物（PIC）主要有：CO、炭黑、烃、烯、酮、醇、有机酸及聚合物等。

2）粉尘：废物中的惰性金属盐类、金属氧化物或不完全燃烧物质等。

3）酸性气体：卤化氢（氟、氯、溴、碘），SO_x（主要为 SO_2 和 SO_3），NO_x，P_2O_5，H_3PO_4（磷酸）等。

4）重金属污染物：包括铅、汞、铬、镉、砷等的元素态、氧化物及氯化物形态存在的污染物。

5) 二噁英（dioxin）：PCDDs/PCDFs。

5.6.1.2　控制方法

1）不完全燃烧产物：设计良好、操作正常的焚烧炉不完全燃烧物质的产生量极低，因此通常设计尾气处理系统时，不考虑对其进行处理。

2）粉尘：洗涤器、布袋和静电除尘等。

3）NO_x：很难用一般方法去除，但因其含量低（约 $100\ mg\cdot m^{-3}$），通常是通过控制焚烧温度来降低 NO_x 产生量。

4）SO_x：城市垃圾和危险废物的含硫量很低（0.1%以下），尾气中少量 SO_x 可经湿式洗涤设备吸收。

5）Br_2、I_2、HI 等：目前尚无有效的去除方法，实际上因其含量甚低，一般情况，尾气处理系统并不考虑它们的去除。

6）HCl：HCl 是尾气中的主要酸性物质，其含量有几百 $mg\cdot L^{-1}$ 至几个百分比，必须将其降至 1%以下。通常可通过洗涤器、填料塔吸收去除。

7）重金属污染物：①挥发性重金属污染物，部分在温度降低时可自行凝结成颗粒，于飞灰表面凝结或被吸附，从而被除尘设备收集去除；②部分无法凝结及被吸附的重金属氯化物，可利用溶于水的特性，经湿式洗涤塔的洗涤液自废气中吸收下来。

8）二噁英的去除，后面详细介绍。

5.6.1.3　典型空气污染控制设备简介

可分为干式、半干式和湿式三类。

1）湿式处理流程：典型处理流程包括文式洗气器或静电除尘器与湿式洗气塔的组合。通常以文式洗气器或湿式电离洗涤器去除粉尘，填料吸收塔去除酸气。

2）干式处理流程：典型处理流程由干式洗气塔与静电除尘器或布袋除尘器相互组合而成，以干式洗气塔去除酸气，布袋除尘器或静由除尘器去除粉尘。

3）半干式处理流程：典型处理流程由半干式洗气塔与静电除尘器或布袋除尘器相互组合而成，以半干式洗气塔去除酸气，布袋除尘器或静电集尘器去除粉尘。

5.6.2　硫氧化物（SO_x）的生成及控制

SO_x 主要包括 SO_2、SO_3，硫酸雾和酸性尘。

5.6.2.1　SO_x 的生成机理

（1）SO_2 的生成

物料中的 S 在燃烧过程中与 O_2 反应，主要产物有 SO_2 和 SO_3，但 SO_3 的浓度很低，约占 SO_2 生成量的百分之几。

通常，当 $n<1$ 时，有机硫将分解，除生成 SO_2 外，还产生 S、H_2S、SO 等；当 $n>1$ 时，S 将全部生成 SO_2。约有 0.5%～2.0%的 SO_2 进一步氧化生成 SO_3。

燃料中的可燃硫，在完全燃烧时，为

$$S + O_2 \longrightarrow SO_2 + 70.86 \ kJ \cdot mol^{-1}$$

SO_2 的生成量可按下式计算

①

$$V_{SO_2} = 0.7 \times \frac{S \cdot B}{100} \times \frac{273 + t}{273} \tag{5-119}$$

式中，V_{SO_2} 为燃烧装置单位时间排出的 SO_2 体积数，$m^3 \cdot h^{-1}$；S 为物料的含硫量，%；t 为燃烧温度（排烟温度），℃；B 为单位时间消耗的燃料量，$kg \cdot h^{-1}$。

②

$$G_{SO_2} = 2 \times \frac{S \cdot B}{100} (kg \cdot h^{-1}) \tag{5-120}$$

式中，G_{SO_2} 为燃烧装置单位时间排出的 SO_2 质量；S，B 同上式。

（2）SO_3 的生成

当 $n>1$ 时，SO_2 会氧化生成 SO_3。SO_2 氧化生成 SO_3 是通过与离解的氧原子结合而生成的，即

$$O_2 \longleftrightarrow O + O$$

$$SO_2 + O \underset{k_-}{\overset{k_+}{\longleftrightarrow}} SO_3$$

式中，k_+ 为正反应速率常数；k_- 为逆反应速率常数。

则

$$\frac{d[SO_3]}{dt} = k_+[SO_2][O] - k_-[SO_3] \tag{5-121}$$

由此可见：SO_3 的生成量与氧原子的浓度[O]成正比。

Gianbitz 在研究氧气浓度的影响时发现，在炉中火焰结束后的下游区域内，即使再增加氧气的浓度，SO_3 的浓度也不会增加。因此，断定 SO_3 的生成量主要决定于火焰中生成的氧原子浓度[O]，即火焰温度越高，火焰中原子氧的浓度就越大，SO_3 的生成量也增加。

SO_3 的生成量与火焰末端温度有怎样的关系呢？研究表明，火焰末端的温度越低，烟气中 SO_3 的浓度越高。火焰末端温度低使 SO_3 生成量增加，实质上是火焰拖长使烟气停留时间增加的缘故。即停留时间越长，SO_3 的生成量就越多。因

此，希望缩短火焰长度，减少停留时间，降低 SO_3，结论是为防止 SO_3 生成量过大，火焰的中心温度不能太高，火焰不能拖得很长。

综上所述，影响 SO_3 生成量的主要因素有：①空气过量系数 n 越大，SO_3 的生成量就越多；②火焰中心温度越高，生成的 SO_3 也越多；③烟气停留时间越长，SO_3 越多；④燃料中的含硫量越多，SO_2 和 SO_3 越多。

5.6.2.2　SO_x 的控制

（1）流化床燃烧脱硫

流化床燃烧是利用空气动力使固体废物在流动状态下，完成传热、传质和燃烧反应。

流化床燃烧总体上讲是一种低温燃烧过程，炉内存在局部还原气氛，SO_x 基本上不生成。

流化床燃烧脱硫，使用的脱硫剂通常为石灰石。将石灰石粉碎成粒径约为 2 mm 的颗粒，与固体废物同时加入炉内，在 850～1050℃下燃烧，石灰石受热分解析出 CO_2，形成多孔的 CaO 进而与 SO_2 作用，生成硫酸盐，达到固硫的目的，反应式如下：

$$CaO + SO_2 + \frac{1}{2}O_2 \longrightarrow CaSO_4$$

$$CaCO_3 + SO_2 + \frac{1}{2}O_2 \longrightarrow CaSO_4 + CO_2$$

$$CaO + H_2S \longrightarrow CaS + H_2O$$

$$CaCO_3 + SO_2 \xrightarrow{\ H_2O\ } CaSO_3 + CO_2$$

脱硫剂用量及流化速度对脱硫率的影响：

脱硫剂的用量以钙与硫的摩尔比表示，即

$$\beta = \frac{\text{脱硫剂消耗量} \times \text{Ca的含量}/40}{\text{燃料消耗量} \times \text{S的含量}/32}$$

一般，流化床的 β 值应为 3～5，这将使石灰石消耗量过大。实际过程中，一般取 β=2～2.5。当流化速度一定时，脱硫率随 β 值增大而上升；当 β 一定时，脱硫率随流化速度降低而上升。

（2）低氧燃烧

S 和 O_2 生成 SO_2，部分 SO_2 氧化生成 SO_3，SO_3 与烟气中的水结合生成 H_2SO_4。

H_2SO_4 蒸气遇到低温金属表面就会凝结成粒径微小的硫酸雾滴。这些硫酸雾滴如果是在受热面的金属表面产生，受热面将受到腐蚀。如硫酸蒸气凝结在飞灰表面上，将形成含酸的大颗粒，造成酸性尘。

如前所述，SO_3 的生成量主要与烟气中氧的浓度有关。降低剩余氧的浓度，可使 SO_3 下降。因此，低氧燃烧可有效地控制因硫燃烧造成的危害。

注意：低氧燃烧时，将会使烟气中粉尘浓度增大，不完全燃烧增大，炉内火焰变暗，烟囱冒黑烟。因此，进行低氧燃烧时，应采取一定的技术措施，使燃烧设备更加完善，尽量使之在接近理论空气量的条件下完全燃烧。

5.6.3　氮氧化物（NO_x）的生成和控制方法

5.6.3.1　NO_x 的形成、分类及危害

（1）形成和分类

NO_x 包括：NO、NO_2、N_2O、N_2O_3、N_2O_4、N_2O_5 等，但燃烧过程中，生成的 NO_x 几乎全是 NO 和 NO_2。通常所指的 NO_x 就是 NO 和 NO_2。

燃烧过程生成的 NO_x，按其形成过程可分为三类。

1）温度型 NO_x（或称热力型 NO_x），指空气中的 N_2 在高温下氧化而形成的 NO_x。

2）燃料型 NO_x，燃料中所含氮的化合物在燃烧时氧化而形的 NO_x。

3）快速温度型 NO_x（亦称瞬时 NO_x），当燃料过浓时燃烧产生的 NO_x。

NO 是一种无色、无臭的气体，其相对分子质量为 30.01，熔点为 -161℃，沸点为 -152℃。NO 略溶于水，它在空气中易氧化为 NO_2。

NO_2 是一种棕红色有害恶臭气体。其含量为 $0.205~\mathrm{mg\cdot m^{-3}}$ 时即可嗅到；$2.05 \sim 8.20~\mathrm{mg\cdot m^{-3}}$ 时，有恶臭；达到 $51.3~\mathrm{mg\cdot m^{-3}}$ 时，则恶臭难闻。它的相对分子质量为 46.01，密度为空气的 1.5 倍。

NO_x 在空气中的含量始终处于变动之中，在一天之中也有变化，即有日变化，也有季节变化。对于日变化来说，在一天当中，早上最高，傍晚次高，午后最低。在一年当中，冬季高，夏季低。

NO_x 的日变化主要是由于光化学作用的结果。对于 NO_2，早上 NO_2 含量最高。随太阳上升，光照加强，光化学作用加快，NO_2 消耗增大，O_3 随之增多，一直到午后 2 时左右，光化学作用达最大，此时 NO_2 含量最低，O_3 含量最高。此后阳光逐渐减弱，NO_2 消耗逐渐增加，傍晚出现次高点。

（2）危害

1）NO_x 对人的危害。

当空气中 NO_2 含量 $7.2~\mathrm{mg\cdot m^{-3}}$ 持续 1 h 时，开始对人有影响；含量为 $40 \sim 100~\mathrm{mg\cdot m^{-3}}$ 时，对人眼睛有刺激作用；含量达到 $300~\mathrm{mg\cdot m^{-3}}$ 时，对人的呼吸器官有强烈的刺

激作用。

另外，NO_2 参与光化学烟雾的形成，其毒性更强。NO 在高空同温层中破坏臭氧层，使较多的紫外线辐射到地面而增加皮肤癌的发生率，还可影响人的免疫系统。

2）对森林和作物生长的危害。

酸雨是由硫酸、硝酸以及少量的碳酸和有机酸的稀释液组成。它们对作物生长和林木有危害和破坏作用。

3）NO_x 对全球气候变化的影响。

破坏臭氧层，造成温室效应（CO_2 起一半作用），其他还有氯氟化碳、氧化亚氮、甲烷等。

研究表明，如果地球大气中 NO 加倍或 CO_2 含量也加倍，那么将使地球气温上升 1.5～4.5℃。《1991 年世界环境状况》报告表明，随着温度的升高，海洋也将变暖和膨胀，从而导致海平面上升，并将淹没包括孟加拉国、埃及、印度尼西亚、中国和印度等广大地区在内的世界上有高产的三角洲地区。

5.6.3.2　温度型 NO_x 的生成机理及控制

前苏联科学家策尔多维奇研究了 NO 的生成机理。他指出，在燃料稀薄的火焰中，NO 的生成是在火焰带的后端进行的，NO 的生成过程可用如下链反应表示：

①　　　　　　　　　　　　　$N_2 + O \underset{k_{-1}}{\overset{k_1}{\rightleftharpoons}} NO + N$

②　　　　　　　　　　　　　$N + O_2 \underset{k_{-2}}{\overset{k_2}{\rightleftharpoons}} NO + O$

则 NO 的生成速率为

$$\frac{d[NO]}{dt} = k_1[N_2][O] - k_{-1}[NO][N] + k_2[N][O_2] - k_{-2}[NO][O] \qquad (5\text{-}122)$$

N 的生成速率为

$$\frac{d[N]}{dt} = k_1[N_2][O] - k_{-1}[NO][N] - k_2[N][O_2] + k_{-2}[NO][O] \qquad (5\text{-}123)$$

反应式中氮原子 N 的浓度比 NO 的浓度低 $10^{-5} \sim 10^{-8}$ 倍，即 $[N]/[NO] \leqslant 10^{-5} \sim 10^{-8}$。N 作为中间产物，可根据"拟稳态"原理，假定在很短的时间内，N 的生成速率=N 的消失速率，即[N]不随时间变化。

有

$$\frac{d[N]}{dt} = 0 \qquad (5\text{-}124)$$

则

$$[N] = \frac{k_1[N_2][O] + k_{-2}[NO][O]}{k_{-1}[NO] + k_2[O_2]} \tag{5-125}$$

将式（5-125）代入式（5-122），整理得到

$$\frac{d[NO]}{dt} = 2\frac{k_1 k_2[N_2][O_2][O] - k_{-1}k_{-2}[NO]^2[O]}{k_{-1}[NO] + k_2[O_2]} \tag{5-126}$$

因为$[O_2] \gg [NO]$，且k_2、k_{-1}基本是一个数量级，所以$k_{-1}[NO] \ll k_2[O_2]$，故式（5-126）可简化为

$$\frac{d[NO]}{dt} = 2k_1[N_2][O] \tag{5-127}$$

又因氧气的离解反应处于平衡状态，即

$$O_2 \rightleftharpoons O + O$$

则

$$K = \frac{[O]^2}{[O_2]} \Longrightarrow [O] = K^{1/2}[O_2]^{1/2} = K_0[O_2]^{1/2} \tag{5-128}$$

代入式（5-127），得

$$\frac{d[NO]}{dt} = 2K_0 k_1[N_2][O_2]^{1/2} \tag{5-129}$$

令

$$K = 2K_0 k_1 = 3 \times 10^{14} e^{\frac{-542000}{RT}} \tag{5-130}$$

其中，K称为策尔多维奇常数。

故

$$\frac{d[NO]}{dt} = 3 \times 10^{14}[N_2][O_2]^{1/2} e^{-542000/RT} \tag{5-131}$$

式（5-131）称为策尔多维奇 NO 生成速率表达式。

将式（5-131）改写成

$$d[NO] = 3 \times 10^{14}[N_2][O_2]^{1/2} e^{-542000/RT} dt \tag{5-132}$$

燃烧过程中，$[N_2]$基本不变，因此，影响 NO 生成量的主要因素为温度 T、$[O_2]$、反应时间或停留时间。根据策尔多维奇公式，控制$[NO]$生成量的方法如下：①降低燃烧温度水平；②降低氧气浓度；③缩短在高温区内的停留时间。

5.6.3.3　降低 NO_x 生成的燃烧技术

（1）低氧燃烧法

低氧燃烧法就是采用以低空气消耗（过剩）系数运行的燃烧方法来降低氧气

浓度，从而降低 NO_x 的生成量。低氧燃烧也能降低 SO_x 的生成量。

通常炉中的 $n=1.10\sim1.40$，也就是说燃烧是在理论空气量的 $1.10\sim1.40$ 倍的条件下进行的。

低空气消耗系数运行就是要尽可能降低空气供给量，使空气中的氧气完全与燃料化合，空气中的 N 或燃料 N 不被氧化，破坏 NO_2 的生成条件。

但是，低空气消耗系数 n 运行时，由于会出现部分空气不足，引起烟尘浓度增加。

（2）两段燃烧法

研究表明，当 $n<1$ 时，NO_x 的生成量减少。$n<1$，也就是燃料过浓燃烧，对控制温度型 NO_x 和燃料型 NO_x 都有明显效果。

该法分两段供给空气：在炉中第一段供给焚烧炉 $n<1$ 的空气，使燃烧在燃料过浓的条件下进行，产生不完全燃烧；在第二段供给多余下来的空气与燃料过浓燃烧生成的烟气混合，完成整个燃烧过程。

（3）烟气循环燃烧法

该法同时降低炉内温度和氧气浓度，是控制温度型 NO_2 的有效方法。

温度较低，不完全燃烧的锅炉排烟，通过循环风机，将烟气、空气送入混合器，然后一起送入焚烧炉中燃烧。

（4）新型燃烧器

这类燃烧器都是通过降低火焰温度和利用稀薄氧气的燃烧抑制 NO_x 的生成。如：使炉内具有烟气循环的功能，外围不必再设置排气循环系统和管路等设备。

5.6.4 二噁英的生成与控制

5.6.4.1 二噁英的物理、化学性质

（1）结构

二噁英是多氯二苯并二噁英（PCDDs）和多氯二苯并呋喃（PCDFs）类物质的总称。其结构如下：

PCDDs
异构体75种

PCDFs
异构体135种

其中，2,3,7,8-TCDD 的毒性为氰化钾的 1000 倍，沙林的 2 倍，是目前毒性最

强的物质。

二噁英的毒性用毒性当量 TEQ 表示，设定 2,3,7,8-二噁英（TCDD）的 TEQ 为 1，其他为与之比较的毒性当量。如：

1，2，3，7，8-P_5CDD 的 TEQ 为 0.5TEQ；

2，3，4，7，8-P_5CDF 的 TEQ 为 0.5TEQ；

8 个（其中 3 个二噁英 1,2,3,4,7,8；1,2,3,6,7,8；1,2,3,7,8,9），5 个呋喃类（2,3,7,8；1,2,3,4,7,8；1,2,3,6,7,8；1,2,3,7,8,9；2,3,4,6,7,8）为 0.1TEQ。

因为二噁英的结构（水平和垂直）非常对称，所以，其化学稳定性很高，不易分解，在环境中的半衰期长达 5～10 年，在环境中迁移、转化，对大气、河流、湖泊、土壤、海洋等造成污染。

（2）理化性质

相对分子质量（2,3,7,8-TCDD）为 322，无色结晶（室温），25℃时在水中的溶解度很低（0.2 $mg \cdot m^{-3}$），在苯中的溶解度为 57 $g \cdot m^{-3}$，在辛醇中的溶解度为 4.8 $g \cdot m^{-3}$。但它极易溶于脂肪，所以容易在人体内积累，引起皮肤痤疮、头痛、忧郁、失聪等症状。其长期效应，还会引起染色体损伤、畸形、癌症等。

5.6.4.2　二噁英类的生成机制

（1）二噁英类物质的产生途径

二噁英类物质主要产生于垃圾焚烧过程和烟气冷却过程。如日本过去采用传统的垃圾焚烧处理，每年产生二噁英类物质达 5～10 kgTEQ 等。其在焚烧过程的生成途径为：

1）垃圾中的含氯高分子化合物（聚氯乙烯、氯代苯、五氯苯酚等）前体物（前驱物），在适宜的温度和 $FeCl_3$、$CuCl_2$ 的催化作用下与 O_2、HCl 反应（重排、自由基缩合、脱氯等）生成二噁英类物质。

2）$T>800℃$，$t>2\ s$ 的情况下，约 99.9% 的二噁英会分解，但高温下被分解的二噁英类前驱物，在 $FeCl_3$、$CuCl_2$ 等灰尘的作用下，又会与烟气中的 HCl 在 300℃ 左右，重新合成二噁英类物质。

（2）二噁英类物质的生成机制

1）生成方式

方式 a

式中，X 代表 H，Na，K；Y 表示 Cl。

方式 b

方式 a 是 200～500℃时，在灰尘中 $CuCl_2$、$FeCl_3$ 等催化下，由未完全燃烧的含碳物质进行合成反应；方式 b 则是氯苯、氯苯酚等前驱物的分解、合成反应。

2）前驱物及二噁英的生成

a. 前驱物的生成。高温时，二噁英分解，结合力小的 C—O 键断裂，生成的氯苯，热稳定性好，不易分解。$+CH_2—CHCl+_n$ 类分解，结合力较小的 C—Cl 键断开，HCl 和 O_2 进行连锁反应，一部分生成较稳定的苯核，另一部分则生成稳定的氯苯化合物。低温时，对苯来说，当温度处于 300～400℃的还原气氛中时，有如下反应：

$$3+CH_2—CHCl+_n \xrightarrow{\text{分解}} nC_6H_6 + 3nHCl$$

$$C_6H_6 + HCl + \frac{1}{2}O_2 \xrightarrow[\text{约300℃}]{CuCl_2,FeCl_3} C_6H_5Cl + H_2O$$

对氯苯而言

$$C_6H_5Cl + HCl + \frac{1}{2}O_2 \longrightarrow C_6H_4Cl_2 + H_2O$$

$$C_6HCl_5 + HCl + \frac{1}{2}O_2 \longrightarrow C_6Cl_6 + H_2O$$

游离基反应：

在剧烈的燃烧反应中，存在大量的·OH 游离基，它与苯环进行如下反应：

$$C_6H_6 + \cdot OH \longrightarrow \cdot C_6H_5 + H_2O$$

$$\cdot C_6H_5 + \cdot Cl \longrightarrow C_6H_5Cl$$

$$\cdot C_6H_5 + \cdot OH \longrightarrow C_6H_5OH$$

b. 二噁英类物质的生成。

$$C_6H_3Cl_3 + C_6H(OH)Cl_4 + H_2O$$

$\xrightarrow{CuCl_2, FeCl_3}$ （2, 3, 7, 8-TCDD）+3HCl

3）二噁英生成量与 HCl 的关系。

从前面的分析可见：C_6H_5Cl、C_6H_4ClOH 生成量与 HCl 的浓度（分压）成正比。研究表明，氯苯的生成按如下方式进行：

$$C_6H_6 + 2CuCl_2 \longrightarrow C_6H_5Cl + HCl + 2CuCl$$

$$2CuCl + \frac{1}{2}O_2 \longrightarrow CuCl_2 + CuO$$

$$CuCl_2 + H_2O \Longleftrightarrow CuO + 2HCl$$

因此，$CuCl_2$ 的生成量与 HCl 的分压成正比。

（3）影响二噁英合成反应的因素

1）前体物、HCl、O_2 等的存在；

2）在 200～500℃范围内的停留时间；

3）$FeCl_3$、$CuCl_2$ 等催化剂的存在。

（4）传统炉排炉

传统焚烧炉（炉排炉）灰分中含 $CuCl_2$：0.04%～0.07%；$FeCl_3$：2%～3%，以及 HCl。HCl 一是来自高分子氯化物的分解；二是垃圾中所含的 NaCl、$CaCl_2$、$MgCl_2$、$FeCl_3$、$AlCl_3$ 等在燃烧过程中进行反应生成。如：

$$2NaCl + SO_2 + \frac{1}{2}O_2 + H_2O \longrightarrow Na_2SO_4 + 2HCl$$

$$CaCl_2 + SiO_2 + H_2O \longrightarrow CaO \cdot SiO_2 + 2HCl$$

$$2MgCl_2 + (Al_2O_3 \cdot 5SiO_2) + H_2O \longrightarrow (2MgO \cdot Al_2O_3 \cdot 5SiO_2) + 2HCl$$

$$2FeCl_3 + 3H_2O \longrightarrow Fe_2O_3 + 6HCl$$

$$2AlCl_3 + 3H_2O \longrightarrow Al_2O_3 + 6HCl$$

因此，传统炉排炉垃圾焚烧过程中既能提供含有 $CuCl_2$、$FeCl_3$ 的灰尘，又产生大量的 HCl，在烟气的冷却过程中又有 300℃左右的温度带。即生成二噁英类物质的必要条件均具备。

（5）二噁英的高温分解与重新合成

如前所述，二噁英类在高温（>800℃）下会分解，分解产生的氯苯类（如 C_6H_5Cl）物质稳定性很高，不易分解。随着燃烧的进行，这类物质会进行游离基反应形成 C_6H_4ClOH 等物质，当烟气温度冷却到 300℃左右时，在 $CuCl_2$、$FeCl_3$ 催化下，C_6H_5Cl 类和 C_6H_4ClOH 类前驱物又重新合成二噁英类。

（6）二噁英生成的控制因素

由上述分析可以看出，垃圾焚烧过程中，二噁英的生成量与燃烧状态的好坏直接相关。而焚烧状态好坏的控制因素主要为垃圾的焚烧温度（T），高温烟气在炉内的停留时间（$\bar{t}$），空气与垃圾的混合程度，即湍流度（T）。

5.6.4.3　二噁英类物质的控制

由上述二噁类生成机理的分析可知，要降低垃圾焚烧中二噁英的产生量，可从以下几方面入手：①控制来源（前驱物）；②减少炉内的形成；③避免炉外低温再合成；④高效处理系统。

（1）控制来源

分类收集，加强资源回收，避免含氯高的物质（如 PVC 塑料等）和重金属含量高的物质进入焚烧系统。

（2）减少炉内形成

1）焚烧炉燃烧室中应保持足够高的燃烧温度（800℃以上）；

2）足够的气体停留时间（>2 s）；

3）确保废气中具有适当的氧含量（6%～12%）。

如此，可达到分解破坏垃圾内含有的 PCDDs 和 PCDFs，避免氯苯及氯酚等物质生成。这些措施的实施虽可降低二噁英类物质，但会使 NO_x 的浓度升高。

若欲同时控制二噁英和 NO_x 的产生，应先以燃烧控制法降低炉内形成的二噁英及其前驱物质，再向炉内喷入 NH_3 或尿素（无触媒脱氮系统），以降低 NO_x 生成。当然，也可在气体处理设备末端加装触媒脱硝系统（SCR）以降低可能增加的 NO_x。

（3）避免炉外低温再合成

急冷技术：根据二噁英的形成机理可知，当焚烧烟气中有 HCl、二噁英的前驱物及 O_2、$CuCl_2$ 和 $FeCl_3$ 等物质存在时，在适宜的温度（300～400℃）下，极易形成二噁英。

为了扼制焚烧烟气中二噁英的再合成，采用控制烟气温度的办法。

通常是，当具有一定温度（温度不应低于 500℃）的焚烧烟气从余热锅炉中排出后，采用急冷技术使烟气在 0.2 s 以内急速冷却到 200℃以下，从而跃过二噁英易形成的温度区。急冷所用的设备称急冷塔。

（4）活性炭吸附法（已经产生的微量二噁英）

1）干式处理中：在烟气出口喷入活性炭粉，以吸附去除废气中的二噁英类物质。喷入活性炭的位置依除尘设备的不同而异。

a. 使用布袋除尘器时，吸附作用可能发生在滤袋表面，可为吸附物提供较长的停留时间，活性炭粉直接喷入除尘前的烟道内即可；

b. 当使用静电除尘器时，因为无停滞吸附作用，故活性炭粉喷入点应提前至半干式或干式洗器搭内（或其前烟管内），以增大吸附作用时间；

c. 除尘器后设置吸附塔，可直接在静电除尘器或布袋除尘器后加一活性炭吸附过滤装置（固定床吸附塔）。

2）湿式处理流程中，因为二噁英水溶性很低，目前还无很好的技术。

5.6.5　熔融气化焚烧技术

对 SW 焚烧处理来说，其主要任务是如何设计出更合理、操作上更优化和更稳定的焚烧设备。

城市生活垃圾气化熔融焚烧技术是发达国家为解决垃圾焚烧处理中产生的二噁英问题而开发的一种新型焚烧技术。

该技术包括 2 个过程：①垃圾于 450～600℃温度下的热解气化；②炭灰渣在 1300℃以上的融熔燃烧。该技术有以下特点：

1）垃圾先在还原性气氛下热分解制备可燃气体。垃圾中的有价金属不会被氧化，有利于金属回收；其次垃圾中的 Cu、Fe 等金属也不易生成促进二噁英生成的催化剂。

2）热分解的气体，燃烧时空气系数较低，能降低排烟量，提高能量利用率，降低 NO_x 的排放量，减少烟气处理设备的投资及运行费用。

3）含炭灰渣在高于 1300℃以上的高温熔融状态下燃烧，能扼制二噁英类物质的形成，熔融渣被高温消毒可再生利用，同时能最大限度地实现垃圾的减容和减量。

熔融气化焚烧通常有两种工艺结构：

1）热解气化与融熔焚烧过程在两个相对独立的设备中进行，即两步法气化熔融技术；

2）将气化与熔融焚烧两个过程有机结合，在一个整体（即一个设备）中进行，称为直接气化熔融焚烧技术。

与两步法比较，直接法工艺过程和设备更简单，工程投资和运行费用更低，操作更容易，运行更稳定。

5.7　垃圾焚烧过程的环保标准

城市固体废物的环保标准，因国家、地区、年代不同而不同。经济发达国家的环保标准相对经济欠发达国家要严格一些，同一国家不同年代也不相同，一般随经济、技术的发展日益严格。环保标准当然越严格越好，但相应地设备、技术的投资也越大。

目前欧洲的环保标准最为严格，美、加等北美国家的环保标准通常比欧洲国家要低一些（表 5-4），日本的环保标准有一个从低到高的过程，现在与欧洲国家基本相同。表 5-5 为欧盟生活垃圾焚烧过程烟气排放的环保标准。

　　我国于 2014 年 4 月制定了新的《生活垃圾焚烧污染控制标准》，标准要求新建生活垃圾焚烧炉自 2014 年 7 月 1 日、现有生活垃圾焚烧炉自 2016 年 1 月 1 日起执行本标准，同时，《生活垃圾焚烧污染控制标准》（GB 18485—2001）自 2016 年 1 月 1 日废止。新标准主要参照欧盟标准制定，且与其标准接近。当然，一方面我国作为发展中国家，其标准是以经济、技术水平为前提，因此我国的环保标准不可定得太高，否则会造成处理设施投资巨大而无法建设，或运转费用昂贵而无法运行；另一方面要求尽量不造成二次污染，这就要求环境保护与经济建设共同健康持续发展。表 5-6 为我国新的生活垃圾焚烧污染控制烟气标准。

表 5-4　美国垃圾焚烧炉污染物排放水平及标准

污染物	平均排放浓度	USEPA 标准	单位
二噁英	0.05	0.26	ng/Nm^3
粉尘	4	24	mg/Nm^3
CO	30	100	$mg \cdot m^{-3}$
SO_2	6	30	$mg \cdot m^{-3}$
NO_x	170	180	$mg \cdot m^{-3}$
HCl	10	25	$mg \cdot m^{-3}$
汞	0.01	0.08	mg/Nm^3
镉	0.001	0.02	mg/Nm^3
铅	0.02	0.20	mg/Nm^3

表 5-5　欧盟生活垃圾焚烧烟气排放环保标准（$mg \cdot m^{-3}$）

污染物	C
烟尘	30
HCl	10
HF	1
已建厂的 NO_x	800
新建厂的 NO_x	500
Cd+Tl	0.05
Hg	0.05
Sb+As+Pb+Cr+Co+Cu+Mn+Ni+V	0.5
二噁英和呋喃	0.1

表 5-6　中国垃圾焚烧厂烟气排放环保标准

序号	污染物项目	限值	取值时间
1	颗粒物（mg/m³）	30	1 小时均值
		20	24 小时均值
2	氮氧化物(NO$_x$)（mg/m³）	300	1 小时均值
		250	24 小时均值
3	二氧化硫(SO₂)（mg/m³）	100	1 小时均值
		80	24 小时均值
4	氯化氢(HCl)（mg/m³）	60	1 小时均值
		50	24 小时均值
5	汞及其化合物(以 Hg 计)（mg/m³）	0.05	测定均值
6	镉、铊及其化合物（以 Cd+Tl 计）（mg/m³）	0.1	测定均值
7	锑、砷、铅、铬、钴、铜、锰、镍及其化合物（以 Sb+As+Pb+Cr+Co+Cu+Mn+Ni 计）（mg/m³）	1.0	测定均值
8	二噁英类（ngTEQ/m³）	0.1	测定均值
9	一氧化碳（CO）（mg/m³）	100	1 小时均值
		80	24 小时均值

5.8　术语和定义

1）焚烧炉（incinerator）：利用高温氧化作用处理生活垃圾的装置。

2）焚烧处理能力（incineration capacity）：单位时间焚烧炉焚烧生活垃圾的设计能力。

3）炉膛（furnace）：焚烧炉中由炉墙包围起来供燃料燃烧的空间。

4）烟气停留时间（retention time of flue gas）：燃烧所产生的烟气处于高温段（≥850℃）的持续时间。

5）焚烧炉渣（incineration bottom ash）：生活垃圾焚烧后从炉床直接排出的残渣，以及过热器和省煤器排出的灰渣。

6）焚烧飞灰（incineration fly ash）：烟气净化系统捕集物和烟道及烟囱底部沉降的底灰。

7）热灼减率（loss on ignition）：焚烧炉渣经灼烧减少的质量占原焚烧炉渣质量的百分数。其计算方法如下：

$$P=(A–B)/A ×100\%$$

式中，P 为热灼减率，%；A 为焚烧炉渣经 110℃干燥 2 h 后冷却至室温的质量，g；B 为焚烧炉渣经 600℃（±25℃）灼烧 3 h 后冷却至室温的质量，g。

8）二噁英类（dioxins）：多氯代二苯并-对-二噁英（PCDDs）和多氯代二苯并呋喃（PCDFs）的统称。

9）毒性当量因子（toxic equivalency factor，TEF）：二噁英类同类物与2,3,7,8-四氯代二苯并-对-二噁英对 Ah 受体的亲和性能之比。

10）毒性当量（toxic equivalency quantity，TEQ）：各二噁英类同类物浓度折算为相当于 2,3,7,8-四氯代二苯并-对-二噁英毒性的等价浓度，毒性当量浓度为实测浓度与该异构体的毒性当量因子的乘积。

11）一般工业固体废物（non-hazardous industrial solid waste）：在工业生产活动中产生的固体废物，危险废物除外。

12）现有生活垃圾焚烧设炉（existing municipal solid waste incinerator）：《生活垃圾焚烧污染控制标准》（2014-05-16 发布）实施（2014-07-01 实施）之日前，已建成投入使用或环境影响评价文件已获批准的生活垃圾焚烧炉。现有生活垃圾焚烧炉自 2016 年 1 月 1 日起执行本标准。

13）新建生活垃圾焚烧炉（new municipal solid waste incinerator）：《生活垃圾焚烧污染控制标准》实施之日后环境影响评价文件获批准的新建、改建和扩建的生活垃圾焚烧炉。新建生活垃圾焚烧炉自 2014 年 7 月 1 日执行本标准。

14）标准状态（standard conditions）：温度在 273.16 K，压力在 101.325 kPa 时的气体状态。

15）测定均值（average value）：取样期以等时间间隔（最少 30 min，最多 8 h）至少采集 3 个样品测试值的平均值；二噁英类的采样时间间隔为最少 6 h，最多 8 h。

16）1 小时均值（hourly average value）：任何 1 小时污染物浓度的算术平均值；或在 1 小时内，以等时间间隔采集 4 个样品测试值的算术平均值。

17）24 小时均值（daily average value）：连续 24 个 1 小时均值的算术平均值。

18）基准氧含量排放浓度（emission concentration at baseline oxygen content）：《生活垃圾焚烧污染控制标准》规定的各项污染物浓度的排放限值，均指在标准状态下以 11%（体积分数）O_2（干烟气）作为换算基准换算后的基准含氧量排放浓度。按下式进行换算：

$$\rho = \rho' \times (21-11) / (\varphi^0_{(O_2)} - \varphi'_{(O_2)})$$

式中，ρ 为大气污染物基准氧含量排放浓度，$mg \cdot m^{-3}$；ρ' 为实测的大气污染物排放浓度，$mg \cdot m^{-3}$；$\varphi^0_{(O_2)}$ 为助燃空气初始氧含量，%，采用空气助燃时为 21；$\varphi'_{(O_2)}$ 为实测的烟气氧含量，%。

思　考　题

1. 为什么说固体废物焚烧技术是一种可同时实现"三化"的处理技术？

2. 固体废物的热值有几种表示法，它们之间的关系如何？

3. 焚烧炉中完全燃烧的条件是什么？基本控制因素有哪些？它们之间的关系如何？

4. 判断焚烧效果好坏的方法是什么？

5. 焚烧过程中固体废物与氧的反应包括哪几个步骤？

6. 当固体废物燃烧反应分别处于"动力区"和"扩散区"时，其强化燃烧过程的措施有什么不同？

7. 为什么说在异相燃烧过程中温度不变时，随着炭粒的燃尽，燃烧过程中总是要进入动力区？

8. 为何在高温下（1500~16000℃），增加氧的浓度（或压力），并不能够提高反应速率？当温度低于1200~1300℃，情况又如何？

9. 何谓全混流？何谓平推流？各自的特点是什么？并举例？

10. 典型空气污染控制设备分几类？分别是什么？

11. 垃圾焚烧中，影响 SO_2 和 SO_3 生成量的主要因素有哪些？你将采取什么措施降低 SO_x 的产量？

12. 焚烧过程中生成氮氧化物的方式有几种？分别是什么？

13. 氮氧化物，尤其是 NO_2 在一天或一年中不同季节是如何变化的？说明理由？

14. 影响氮氧化物的生成量的主要因素有哪些？并说明降低氮氧化物应采取什么措施？

15. 二噁英的生成途径是什么？目前有哪些方法可以降低它的产生？

计　算　题

1. 已知某固体废物的成分为：C^C=85.32%；$H^C=4.56\%$；$O^C=4.07\%$；$N^C=1.80\%$；$S^C=4.25\%$；$A^D=7.78\%$；$W^A=3.0\%$。求：该 SW 焚烧过程的发热量；理论空气需要量；燃烧产物生成量；成分；密度；燃烧温度（空气中水分可忽略不计）。

2. 假设在一内径为 8.0 cm 的管式焚烧炉中，于温度225℃分解纯二乙基过氧化物，进入炉中的流速为 12.1 L·s^{-1}，225℃时的速率常数为 38.3 s^{-1}。求当二乙基过氧化物的分解率达到99.95%时，焚烧炉的长度应为多少？

第6章 固体废物的热解处理技术

6.1 概　述

热解应用于工业已有很长的历史，最早应用于煤的干馏，所得到的焦炭产品主要用作冶炼钢铁的燃料。随着该技术应用范围的逐渐扩大，被用于重油和煤炭的气化。20 世纪 70 年代初期，世界性石油危机对工业化国家经济的冲击，使人们逐渐意识到开发再生能源的重要性。此时，热解技术开始用于固体废物的资源化处理，并制造燃料，成为一种很有前途的固体废物处理方法。

热解与焚烧有相似之处，都是热化学转化过程（thermal conversion technologies）。热解与焚烧又是完全不同的两个过程，焚烧是放热反应，而热解是吸热反应；二者产物亦不同，焚烧产物是 CO_2 和 H_2O，而热解产物主要是可燃的低分子化合物。

6.1.1　定义

有机物在无氧或缺氧的状态下加热，使之分解的过程称为热解（pyrolysis）。即热解是利用有机物的热不稳定性，在无氧或缺氧条件下，利用热能使化合物的化合键断裂，由相对分子质量大的有机物转化成相对分子质量小的可燃气体、液体燃料和焦炭等的过程。

6.1.2　热解产物

热解的产物由于分解反应的操作条件不同而有所不同。主要为：

1）以 H_2，CO、CH_4 等低分子碳氢化合物为主的可燃性气体；

2）以 CH_3COOH、CH_3COCH_3、CH_3OH 等化合物为主的燃料油；

3）以纯碳与金属、玻璃、土砂等混合形成的炭黑。

燃料热解是一个复杂的、同时的、连续的化学反应过程。在反应中包含着复杂的有机物断键、异构化等反应。其热解的中间产物一方面进行大分子裂解成小分子直至气体的过程，另一方面又有使小分子聚合成较大的分子的过程。

将可燃性废物在无氧气氛下加热，约在 500～550℃，低分子物质转化为油状，如进一步加热到 900℃，几乎全部气化。把热解温度控制在油化阶段，由废物得到油、焦油等，精制后得燃料油，这是热解的油化过程。在 800～900℃下进行热分解是热解的燃气化过程。

6.1.3　热解与焚烧的区别

热解法与焚烧法相比是完全不同的两个过程。①焚烧的产物主要是二氧化碳和水，而热解的产物主要是可燃的低分子物质：气态的有氢气、甲烷、一氧化碳；液态的有甲醇、丙酮、醋酸、乙醛等有机物及焦油、溶剂油等；固态的主要是焦炭或炭黑。②焚烧是一个放热过程，而热解需要吸收大量的热量。③焚烧产生的热能量大的可用于发电，量小的只可供加热水或产生蒸汽，适于就近利用，而热解的产物是燃料油及燃料气，便于贮藏和远距离输送。

6.1.4　热解的优点

废物的热解因废物种类是多种多样的，而且富于变化，异物、夹杂物多，要稳定、连续地分解，在技术上和运转操作上要求都较高，难度较大。但热解法与其他方法如焚烧相比具有如下优点：

1）热解可将 SW 的有机物转化为以燃料气、燃料油和炭黑为主的贮存性能源；

2）热解因其为缺氧分解，因此产生的 NO_x、SO_x、HCl 等较少，排气量也少，可减轻对大气环境的二次污染；

3）热解时，废物中的 S、金属等有害成分大部分被固定在炭黑中；

4）因为热解为还原气氛，Cr^{3+} 等不会被转化为 Cr^{6+}；

5）热分解残渣中无腐败性有机物，能防止填埋场的公害。排出物致密，废物被大大减容，而且灰渣熔融能防止金属类溶出。

6.1.5　热解方式分类

热分解过程由于供热方式、产品状态、热解炉结构等方面的不同，热解方式也各异。根据热解的温度不同，分为高温热解、中温热解和低温热解；按供热方式可分为直接加热和间接加热；按热解炉的结构可分为固定床、移动床、流化床和旋转炉等；按热解产物的聚集状态可分成气化方式、液化方式和炭化方式；按热分解与燃烧反应是否在同一设备中进行，热分解过程可分成单塔式和双塔式；还可按热解过程是否生成炉渣分为造渣型和非造渣型。

6.1.6　影响热解的主要参数

热解过程的几个重要参数是热解温度、热解速度、含水率、反应时间，每个参数都直接影响产物的分布和产量。另外，废物的成分不同，产气、产油和残渣产生量就不同，产物成分也不同；物料的颗粒度不同，则热传递速率就不同，颗粒度小，易于热解反应的进行；还有反应器类型、结构以及作氧化剂的空气供氧程度等不同，都会对热解反应过程及结果产生影响。

6.1.7　热解、气化、液化和部分燃烧

热解（pyrolysis）：严格地讲，热解是"不向反应器中通入氧、水蒸气或加热的 CO 的条件下，通过间接加热使含碳有机物发生热化学分解，生成燃料（气体、液体和炭黑）的过程"（由 Stanford Research Institute 的 J. Jones 提出）。

通过燃烧部分热解产物来直接提供热解所需热量的情况，不应称为热解，而应称为部分燃烧（partial-combustion）或缺氧燃烧（starved-air-combustion）。

严格意义上的热解、部分燃烧或缺氧燃烧引起的气化、液化等热化学转化过程统称为 PTGL（pyrolysis，thermal gasfication or liquification）过程。

而将欧洲、日本不进行破碎、分选，直接焚烧的过程称为层燃或混烧（mass burning）。

6.2　热　解　原　理

6.2.1　热解过程

有机物的热解可用以下通式表示：

$$有机固体废物 +热（\triangle） \longrightarrow gG(g)+lL(l)+sS(s)$$

其中，右端括号中的符号表示产物的相态；G 包括 H_2、CH_4、CO、CO_2；L 包括有机酸、芳烃、焦油；S 包括炭黑、炉渣。

产物中各成分的收率取决于原料的化学组成、结构、物理形态以及热解的温度和升温速率。例如，对同一组成的有机固体废物，不同的温度和升温速率会得到不同成分收率。

6.2.2　热解过程动力学分析

由以上讨论可知，热解过程包括链的断裂及挥发分的析出，即热解过程既有反应过程又涉及传递（扩散及传质、传热）过程。对于颗粒大而结构坚实的物料，当加热速率较低和床温较低时，传递过程占主要地位；对于颗粒尺寸较小和结构松软的物料，反应过程占主要地位。在粒子内部，气体扩散速率和传热速率取决于物料的结构和空隙率。

当挥发分析出时，反应和传递过程都很复杂，有些学者用简单的一级模型描述这个过程，即

$$\frac{dV}{dt} = k(V_{max} - V) \tag{6-1}$$

$$k = k_0 e^{-E/(RT)}$$

式中，k 为反应速度常数；k_0 为频率因子；E 为活化能；T 为热力学温度；V_{max} 为一定温度下的最大挥发分释放量；V 为在 t 时间内的挥发分释放量；R 为气体常数。

该模型比较适合描述中等温度的热解过程，但是当温度从低温升到高温以后，该模型就不能完全适用，因为 E、V_{max} 和 k_0 都是温度的函数。

也有用 n 级反应速率表达式来描述挥发分的析出过程，即

$$\frac{dV}{dt} = k'(V_{max} - V)^n \tag{6-2}$$

式中，k' 为 n 级反应速度常数；指数 n 为反应级数。当 $n=2$ 时，表达式（6-2）与试验结果吻合。

考虑到挥发分析出过程的非等温特性，亦可用下述公式来描述挥发分的析出过程，即

$$\frac{V_{max} - V}{V} = \int_0^\infty \exp(-\int_0^\infty k dt) f(E) dE \tag{6-3}$$

式中，$f(E)$ 是平均活化能 E 和标准偏差 σ 的高斯分布函数，即

$$f(E) = [\sigma(2\pi)^{0.5}] \exp[-(E - E_0)^2/(2\sigma)^2] \tag{6-4}$$

挥发分析出过程实际上包括许多复杂的连续和平行热分解反应过程。当物料加入床内后，粒子表面立即被床料加热到床温，于是发生化学反应，分子的化学键断裂，从粒子表面到粒子中心形成温度梯度。当粒子内部沿径向各点从表面到中心的温度逐渐升高时，更多的挥发分通过粒子中的空隙扩散到粒子周围的气流中。

挥发分析出时的传热、传质过程，取决于颗粒的尺寸、加热速率和周围介质的压力。试验结果表明：粒径小于 500 μm 的颗粒，当加热速率达到 1000 ℃·s^{-1} 时，粒子内部不会形成温度梯度；粒径大于 1 mm 的粗颗粒，粒子内部会出现温度梯度和传热过程，尤其是颗粒的孔隙越少和导热性越差的物料，温度梯度越大。

挥发分析出受化学反应速率控制时，挥发分析出的速度与粒径无关，只取决于化学反应常数、最大挥发分含量、活化能和温度。

在分析挥发分析出机理的基础上，下面再讨论挥发分析出的时间。

挥发分析出受化学反应速度控制时，粒子内部不存在温度梯度，即处于等温

状态，挥发分析出的时间可由式（6-1）积分求得，并把 V_{max} 当作常数。

$$t_V = \frac{1}{k_0 \exp[-E/(RT)]} \ln \frac{V_{max}}{V_{max}-V} \tag{6-5}$$

当粗大颗粒（大于 1 mm）的挥发分析出受传递过程控制时，粒子内部存在温度梯度，如图 6-1 所示。这是一个处于热解状态下的收缩模型，初始温度为 T_0，受热后粒子逐步被加热，经过时间 t 后，粒子表面温度升高到床温 T_B，并且在粒子表面上一直保持这一温度。由于向球形粒子内部导热，其内部各点的温度逐渐升高，升温规律用球形坐标表示，并忽略分解热，其导热方程式为

$$(1-\varepsilon_s)\rho_s c_p \frac{\partial T}{\partial t} = \lambda_s \frac{1}{r^2} \frac{\partial}{\partial r}\left(r^2 \frac{\partial T}{\partial r}\right) \tag{6-6}$$

式中，ε_s 为颗粒的空隙率；ρ_s 为粒子的密度；c_p 为粒子的恒压热容；λ_s 为颗粒的有效热导率；r 为颗粒半径。

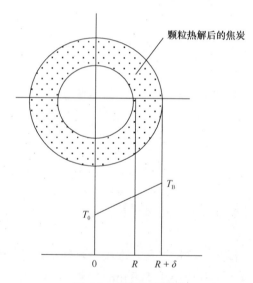

图 6-1 收缩热解模型

假定这些数值等于常数，

且有初始条件：
$$t = 0, T = T_0$$

边界条件：
$$r = R_P, T = T_B$$

$$r = 0, \frac{\partial T}{\partial r} = 0$$

由于粒子内部的不稳定热导，热从粒子表面逐渐向粒子中心传递，粒子内

部温度 T 逐渐升高，当达到挥发分的热解温度 T_{py} 后，颗粒就发生热解，挥发分开始析出。随着时间推移，热不断地向粒子中心传递，热解的前锋面也不断地向中心推进，当中心温度 T_0 也达到 T_{py} 后，颗粒的挥发分全部析出，此时所需的时间为 t_V。

解式（6-6），当 $T_0 = T_{py}$ 时，挥发分全部析出所需的时间为

$$t_V \approx \frac{1}{\pi\alpha}(\frac{R_s T_B}{T_{py} - T_B + T_0})^2 \qquad (6\text{-}7)$$

式中，α 为颗粒的热扩散率，$\alpha = \dfrac{\lambda_s}{(1-\varepsilon_s)\rho_s c_p}$；$T_0$ 为颗粒的中心温度；R_s 为颗粒半径。

从式（6-7）中可以看出：当颗粒热解受内部传热控制时，挥发分析出受颗粒半径 R_s、粒子热扩散率 α、床层温度（此时 $T_0=T_B$）的影响。

对于大于 1 mm 的粗大颗粒，粒子尺寸对挥发分析出有很大影响，挥发分全部析出所需时间近似地随颗粒 R_s^2 的增加而增加，随粒子热扩散率 a 的增大而减小。

挥发分全部析出时间随着床温的增加而减小，而挥发分析出速度随着床温的增加而加快，因为床温升高粒子表面温度增高，粒子内部传热速率增加。

6.2.3　不同温度和不同加热速率下的产物收率

（1）低温-低速加热

该条件下，有机物分子有足够的时间在其最薄弱的接点处断裂分解，重新结合成热稳定性的固体，而难以进一步分解。因此，低温-低速加热条件下会得到固体产率较多的产物。

（2）高温-高速加热

该条件下，有机物分子发生全面断裂（裂解），生成大范围的低分子有机物。因此，产物中气体的组分增加。

新近研究的闪热解（flash pyrolysis）过程转化为生物油的效率可达 70%。如：最近，开发研制一种新的快速裂解（热解）技术——流化床快速热解。最终得到的液体产率达到 75%（质量百分数）。

该技术采用干燥的生物质细小颗粒以流态化方式被快速加热，热蒸气的停留时间为 1 s，产物通过一旋风分离器，将焦炭与液体产物分离，得到的液体被迅速冷却，得到生物油燃料（图 6-2）。

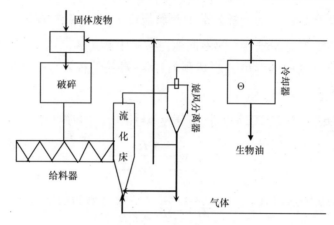

图 6-2　流态化快速热解流程示意图

6.3　典型固体废物的热解

6.3.1　城市垃圾的热解

根据装置特性,城市垃圾热解类型分为:

1)移动床熔融热解炉方式(新日铁):该方式是城市垃圾热解技术中最成熟的方法;

2)回转窑炉方式:最早开发的城市垃圾热解处理技术,代表性的系统有Landgard系统,主要产物为燃料气;

3)流化床热解方式(有单塔和双塔式两种):已达到工业化生产规模;

4)多段炉方式:主要用于含水率较高的有机污泥的处理;

5)闪热解方式:该方式以有机物液化为目的,代表性系统为Occidental系统,主要产物为燃烧油;新日铁系统(热解-熔融一体化设备,产物主要为燃料气)、Purox系统(由美国Union Carbide公司开发,产物主要为燃料气)和Torrax系统(由EPA资助开发,热解产物为气体)。

6.3.2　废塑料的热解

6.3.2.1　原料和产物

(1)废塑料热解的产物:主要为$C_1 \sim C_{44}$的燃料气、燃料油和固体残渣。

(2)废塑料的种类:聚乙烯(PE)、聚丙烯(PP)、聚苯乙烯(PS)、聚氯乙烯(PVC),酚醛树脂、脲醛树脂、PET、ABS树脂等。

(3)热解温度及难易程度:PE、PP、PS、PVC等热塑性塑料当加热到300~

500℃时，大部分分解成低分子碳氢化合物，其中，PVC 加热到约 200℃时发生脱氯反应，进一步加热发生断链反应。

酚醛树脂、脲醛树脂等热固（硬）性塑料则不适合作为热解原料；PEP、ABS 树脂含有氮、氯等元素，热解时会产生有害气体或腐蚀性气体，也不适宜作热解原料；PE、PP、PS 只含有 C 和 H，热解不会产生有害气体，是热解油化的主要原料。如 PE 热解所得原料油的热值和 C、H、N 含量与成品油基本相同。

6.3.2.2　塑料热解的成分及其产率

（1）以聚乙烯为原料的热解

聚乙烯塑料瓶破碎成 10 mm 的颗粒，采用 KPY（100%PE）塑料油化系统热解。

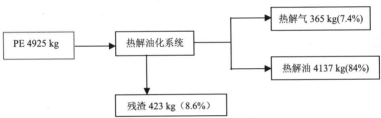

其中，残渣占 8.6%，热解气占 7.4%，热解油占 84%。热解气为：H_2 和 $C_1 \sim C_4$ 的烃类；残渣：主要为塑料中未分解的碳和在系统内产生的聚合物。

（2）以包装材料为主的混合塑料的热解

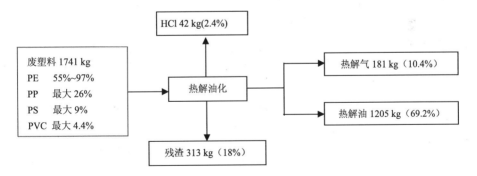

其中，热解气占 10.4%，热解油占 69.2%，残渣占 18%。

6.3.2.3　热解产品的精制

前面提到，一步热解后，相对分子质量分布于 $C_1 \sim C_{44}$ 间，冷凝后得到的油品，其中含有大量的石蜡、重油和焦油成分，常温下易固化，难以直接使用。

因此，将热解产物进一步经催化反应处理，产品的分子质量变为 $C_1 \sim C_{20}$，在常温下，得到汽油和煤油馏分混合的较高品质的燃料油和燃烧气。

6.4　欧美日等国家和地区热解处理技术的发展计划

6.4.1　美国热解技术开发及发展计划

　　美国是最早开展固体废物热解技术开发的国家。1970 年，随着美国将《固体废物法》改为《资源再生法》，原来由多个部门分别管理的固体废物处理处置技术的开发统一归环境保护局（EPA），各种固体废物资源化首端处理和末端处理的系统得到广泛开发。其中，热解技术作为从城市垃圾中回收燃料油等贮存性能源的再生能源新技术，其研究开发也得到大力推进。Landgard 系统、Occidental 系统、Purox 系统、Torrax 系统等技术均是在这一时期诞生的。在各企业和研究机构开发的诸多热解技术中，EPA 首先选中了以有机物气化为目标的回转窑式 Landgard 系统，并于 1975 年 2 月在 Baltimore 市投资建成了处理能力为 1000 t·d^{-1} 的生产性设施。城市垃圾经破碎后投入回转窑，通过辅助燃料燃烧产生的热量进行分解，最终回收可燃性气体。但是，由于种种原因，该系统只连续运行了 30 天，最后改成处理能力为 600 t·d^{-1} 的垃圾焚烧炉。

　　EPA 选中的以有机物液化为目标的热解技术是由西方研究公司（Occidental Research Corporation，ORC）开发的 Occidental 系统，并于 1977 年在圣地亚哥郡建成了处理能力为 200 t·d^{-1} 的生产性设施，总建设费用为：EPA 资助 420 万美元，圣地亚哥郡投资 200 万美元，ORC 投资 820 万美元，合计 1440 万美元。该系统如图 6-3 所示，分为垃圾预处理系统和热解系统两个部分。城市垃圾一次破碎、分选、干燥后，再经过二次破碎投入反应器，与反应器内循环流动的灰渣在 450～510℃混合接触数秒，使之分解为油、气和炭黑。由于是低温热解，反应时间也较短，理论上应该能够回收燃料油。但在热解系统的试运行中，只在设计处理能力的 20%条件下运行了三四次，最长的运行时间为 3 小时 45 分。最终由于机械故障太多，终止了该设施的运行。

　　EPA 经过对上述两种技术的开发过程，明确了热解技术开发和应用中存在的问题及其改进方向，达到了示范工程的目的，但最终并没有实现工业化生产。后期，EPA 将城市垃圾资源化处理的方向转到了垃圾衍生燃料（refuse derived fuel，RDF）技术的开发。

　　进入 20 世纪 80 年代后，美国能源部（Department of Energy，DOE）又推出了一套对固体废物实施资源和能源再利用的技术开发计划。该计划包括机械系统、热化学系统、微生物学系统、制度、相关计划的援助等五项内容。其研究开发的

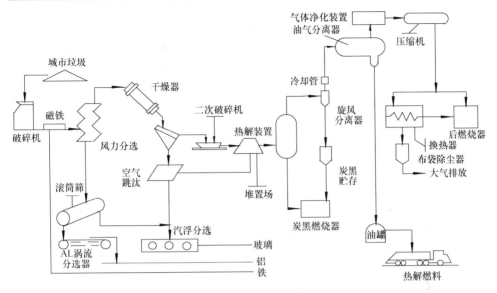

图 6-3　San Diego 固体废物热解处理流程（Occidental 系统）示意图

目标不仅仅是对化石燃料和有价物质的节约,还充分考虑了对环境和健康的保护。研究开发对象也从一般性城市垃圾转向了木材、农业废物等可能转化为能源的生物质,从微生物学和热化学两条技术路线,开发作为替代化石燃料的清洁能源转换技术。其中,作为热化学技术路线的开发内容包括:

1）以产生热、蒸汽、电力为目的的燃烧技术;

2）以制造中低热值燃料气、燃料油和炭黑为目的的热解技术:

3）以制造中低热值燃料气或 NH_3、CH_3OH 等化学物质为目的的气化热解技术;

4）以制造重油、煤油、汽油为目的的液化热解技术。

DOE 将生物能热化学转换系统开发计划分为直接燃烧、气化、系统研究、液化四个范畴,开展了大规模的研究工作,其研究内容如表 6-1 所示。

6.4.2　欧洲各国热解技术的研究和开发

欧洲在世界上最早开发了城市垃圾焚烧技术,并将垃圾焚烧余热广泛用于发电和区域性集中供热。但是,焚烧过程对大气环境造成的二次污染一直成为人们关注的热点。为了减少垃圾焚烧造成的二次污染,配合广为实行的垃圾分类收集,欧洲各国也建立了一些以垃圾中的纤维素物质（如木材、庭院废物、农业废物等）和合成高分子（如废橡胶、废塑料等）为对象的热解试验性装置,其目的是将热解作为焚烧处理的辅助手段。

表 6-1　DOE 关于生物质能热化学转换系统的开发研究计划

分类	研究单位	开发研究课题
A.直接 燃烧	Aerospace Research Corporation Wheelabrator Cleanfuel Corporation	木屑作为大型火力发电厂燃料的利用 生物质作为能源利用的开发研究
B.气化	University of Arkansas Battelle，Columbus Laboratories Battelle，Pacific Northwest Laboratories Garrett Energy Research & Development University of Missouri Rolla Texas Tech University Wright-Malta Corporation Catalytica Associates，Inc.	回转窑式生物质转换设备的开发 利用林业废物制造富甲烷气体的研究 生物质的催化气化研究 生物质的热解气化研究 利用热化学分解技术是从生物质制造大型试验工厂用合 成燃料的研究 利用其他原料的 SGFM 法研究 利用蒸汽接触法的生物质气化技术研究 利用生物质制造燃料和化学品的催化剂开发
C.系统 研究	Gilbert/Commonwealth，Inc. Gorham Intermational，Inc. The Rust Engineering Company	生物质研究及资源再生利用系统评价 利用煤炭技术从木屑制造燃料的技术经济评价 Albany 液化装置的运行
D.液化	University of Arizona Battelle，Pacific Northwest Laboratories Lawrence Berkeley Laboratory	向高压系统投加纤维素水浆用喷射式加料器 试验室规模的液化装置开发研究 液化热解系统的相关研究

表 6-2　欧洲各国开发的城市垃圾热解处理系统

系统	城市	规模	最高温度	年份	炭渣	油	气	蒸汽	摘要
Andco-Torrax	Luedelange	200 t·d^{-1}	1500℃	1976	—	—	—	○	间歇式气化
	Grasse	170 t·d^{-1}							
	Frankfurt	200 t·d^{-1}							
	Creteil	400 t·d^{-1}							
Pyrogas	Gislaved	50 t·d^{-1}	1500℃	1977	—	○	○	—	对流式竖式炉，利用空气和 蒸汽对废物/煤混合物汽化
Saarberg- Fernwärme	Velsen	24 t·d^{-1}	1000℃	1977	—	○	○	—	对流式竖式炉，利用纯氧对 废物气化，低温气体分离
Destrugas		5 t·d^{-1}			○	○	○	—	对流式竖式炉，间接加热
Warren-Spring	Kalundborg Stevenage	1 t·d^{-1}	800℃	1975	○	○	○	—	错流式竖式炉，利用热解气 体循环直接加热
T.U.Berlin	Berlin	0.5 t·d^{-1}	950℃	1977	○	○	○	—	竖式炉，间接加热
Sodeteg	Grand-Queville	12 t·d^{-1}			○	○	○	—	竖式炉，间接加热
Krauss-Maffel	Munchen	12 t·d^{-1}		1978	○		○	—	回转窑，间接加热，利用热 解装置分解重质碳氢化合物
Kiener	Goldshöfe	6 t·d^{-1}	500℃		○		○	—	回转窑，间接加热，热解气 驱动燃气发电机
University Eindhoven	Eindhoven	0.5 t·d^{-1}	900℃	1979	○	○	○	—	流化床反应器，间接加热
D.Anlagen Leasing	Mainz								回转窑，间接加热

注："○"表示利用；"—"表示未利用

表 6-3　欧洲各国开发的工业废物热解处理系统

系统	城市	规模	最高温度	年份	炭渣	油	气	蒸汽	摘要
Kerko/Kiener	Goldshöfe	6 t·d⁻¹	500℃		○	○	○	○	同 Kiener，无后助燃器，处理轮胎
Batchelor-Robinson	Stevenage	6 t·d⁻¹	800℃	1975	○	○	○	—	用于轮胎 Warren-Spring 系统
Forster-Wheeler	Hartldpool	1 t·d⁻¹	800℃	1976	○	○	○	—	同 Warren-Spring 系统
Herbold	Meckesheim		500℃		○	○	○	○	螺旋输送，间接加热，处理轮胎
GMU	Bochum	5 t·d⁻¹	700℃		○	○	○	—	间接加热回转窑，处理轮胎、电线、塑料
University Hanmburg	Hamburg	0.5 t·d⁻¹	800℃	1976	○	○	○	—	间接加热流化床，处理轮胎
University Brussels	Brussels	0.2 t·d⁻¹	850℃	1978	○		○	—	间接加热流化床，处理塑料、轮胎、废木材
Ruhrchemie	Oberbausen	1 t·d⁻¹	450℃		—	○	—	—	间接加热搅拌式干馏釜，处理聚乙烯废物
PPT	Hanover		430℃						间接加热固定床，处理电线
Bamms	Essen								同 PPT
Guilini	BRD							—	竖式炉气化装置，处理轮胎

注："○"表示利用；"—"表示未利用

　　在欧洲，主要根据处理对象的种类、反应器的类型和运行条件对热解处理系统进行分类，研究不同条件下反应产物的性质和组成，尤其重视各种系统在运行上的特点和问题。表 6-2 和表 6-3 分别列出了欧洲各国研究开发的各类固体废物热解处理技术的情况。

　　欧洲运行的固体废物热解系统以 10 t·d⁻¹ 以下的规模居多，以城市垃圾为对象的大部分设施主要生成气体产物，伴生的油类凝聚物通过后续的反应器进一步裂解。也有若干系统将热解产物直接燃烧产生蒸汽。在 Kiener 系统中采用了以热解气体为燃料的燃气发电机。而 Saarberg-Fernwärme 开发的热解系统为了提高热解气体品质，采用了纯氧氧化。在该系统中还包括了在–150℃下分馏热解气体的过程。使用最多的反应器类型是竖式炉，间接加热的回转窑和流化床也得到一定程度的开发。

6.4.3　日本热解技术的研究和开发

　　日本有关城市垃圾热解技术的研究是从 1973 年实施的 Star Dust′80 计划开始的，该计划的中心内容是利用双塔式循环流化床对城市垃圾中的有机物进行气化。随后，又开展了利用单塔式流化床对城市垃圾中的有机物液化回收燃料油的技术

研究。在上述国家行动计划的推动下，一些民间公司也相继开发了许多固体废物
热解技术和设备。这些技术大都是作为焚烧的替代技术开发的，并部分实现了工
业化生产。表 6-4 列出日本国内开发的部分固体废物热解技术。

表 6-4　日本开发的部分固体废物热解技术

序号	系统	公司或机构	反应器形式	处理能力	目标产物
1	双塔循环流化床系统	AIST&荏原制作所	双塔循环流化床	$100\ t·d^{-1}$	热解/气体
2	流化床系统	AIST&日立	单塔流化床	$5\ t·d^{-1}$	热解/气体
3	Pyrox 系统	月岛机械	双塔循环流化床	$150\ t·d^{-1}$	热解/气体、油
4	热解熔融系统	IHI Co.Ltd	单塔流化床	$30\ t·d^{-1}$	燃烧/蒸汽
5	废物熔融系统	新日铁	移动床竖式炉	$150\ t·d^{-1}$	热解/气体
6	熔融床系统	新明和工业	固定床竖式炉	实验室规模	热解/气体
7	竖窑热解系统	日立造船	移动床竖式炉	$20\ t·d^{-1}$	热解/气体
8	热解气化系统	日立成套设备建设	移动床竖式炉	中试规模	热解/气体
9	Purox 系统	昭和电工	移动床竖式炉	$75\ t·d^{-1}$	热解/气体
10	Torrax 系统	田熊	移动床竖式炉	$30\ t·d^{-1}$	热解/气体
11	Landgard 系统	川崎重工	回转窑	实验室规模	热解/气体、蒸汽
12	Occidental 系统	三菱重工	Flash Pyrolysis 反应器	$23\ t·d^{-1}$	热解/油
13	破碎轮胎热解系统	神户制钢	外部加热式回转窑	$40\ t·d^{-1}$	热解/气体、油
14	城市污泥热解系统	NGK	多段炉		热解及燃烧

在各企业开发的诸多热解系统中，新日铁的城市垃圾热解熔融技术最早得以
实用化。首先，于 1979 年 8 月在釜石市建成了两座处理能力 $50\ t·d^{-1}$ 的设备，接
着又于 1980 年 2 月在茨木市建成了三座 $150\ t·d^{-1}$ 的移动床竖式炉，迄今连续运行
20 多年，1996 年已在该市兴建二期工程。该系统是热解和熔融一体化的设备，通
过控制炉温，使城市垃圾在同一炉体完成干燥、热解、燃烧和熔解。干燥段温度
约 300℃，热解段温度为 300～1000℃，熔融段温度为 1700～1800℃。城市垃圾
在干燥段受热蒸发掉水分后，逐渐下移至热解段，通过控制炉内的缺氧条件，使
垃圾中的有机物热解转化为可燃性气体。该气体导入二燃室进一步燃烧，并利用
其产生的热量进行发电。由于灰渣熔融所需的热量仅靠固相中的炭黑不够，故还
需要通过添加焦炭来保证燃烧熔融段的温度。灰渣熔融后形成玻璃体，使垃圾的
体积大大减小，重金属等有害物质也被完全固定在固相中，可以直接填埋处理或
作为建材加以利用。

6.4.4　加拿大热解技术的研发

加拿大的热解技术研究主要是围绕农业废物等生物质，特别是木材的气化进行的。据有关研究测算，丰富的生物质资源可以满足加拿大全年运输部门的能源需求。基于这种观点，加拿大政府于 20 世纪 70 年代末，开始了以利用大量存在的废物生物质资源为目的的 R&D 计划，相继开展了利用回转窑、流化床对生物质进行气化和利用镍催化剂在高温高压下对木材进行液化的研究。这些研究与欧美国家相比起步较晚。

纵观国际上早期对热解技术的开发过程，其目的主要集中在两个方面：一个是以美国为代表的，以回收贮存性能源（燃料气、燃料油和炭黑）为目的的；另一个是以日本为代表的，减少焚烧造成的二次污染和需要填埋处置的废物量，以无公害处理系统的开发为目的。

其中，以回收能源为目的的热解处理系统，由于城市垃圾的物理及化学成分极其复杂，而且，其组分随区域、季节、居民生活水平以及能源结构的改变而有较大的变化，如果将热解产物作为资源加以回收，要保持产品具有稳定的质和量有较大的困难。因此，美国在开发城市垃圾热解技术的同时，还充分考虑了配套的城市垃圾破碎、分选等预处理技术。对于成分复杂、破碎性能各异的城市垃圾，要进行较为彻底的破碎和分选，需要消耗大量的动力和极其复杂的机械系统，其总体效率就不能仅仅对热解的单元操作进行单独评价。此外，城市垃圾中的低熔点物质给系统操作可能造成的障碍，有害物质的混入等对回收产物质量以及应用方面的影响等也必须予以充分考虑。从这个意义上来说，从城市垃圾中直接热解回收燃料的技术，在实现工业化生产方面并没有取得太大的进展。与此相对，将热解作为焚烧处理的辅助手段，利用热解的产物进一步燃烧废物，在改善废物燃烧特性、减少尾气对大气环境造成二次污染等方面，许多工业发达国家已经取得了成功的经验。

近年来，随着各国经济生活的不断改善，城市垃圾中的有机物含量越来越多，其中废塑料等高热值废物的增加尤为明显。城市垃圾中的废塑料成分不仅会在焚烧过程中产生炉膛局部过热，从而造成炉排及耐火衬里的烧损，同时也是剧毒污染物——二噁英的主要发生源。随着各国对焚烧过程中二噁英排放限制的严格化，废塑料的焚烧处理越来越成为人们关注的焦点问题。许多国家相继制订了有关法律、法规，大力推行城市垃圾的分类收集，鼓励开发城市垃圾的资源化/再生利用技术，限制大量焚烧废塑料。在此背景下，废塑料的热解处理技术又重新成为世界各国研究开发的热点，尤其是废塑料热解制油技术也已经开始进入工业实用化阶段。

6.5　流态化热解过程简介

6.5.1　流态化热解技术设备

流态化热解设备有单塔式和双塔式两种，其中双塔式流化床已经达到工业化生产规模。下面分别介绍这两种设备。

6.5.1.1　外热式双塔流化床热解炉

作为热解工艺中心的流化床热解装置，由用联络管相互连接的两个流化炉构成。一个是热解炉，投入固体废物与被加热了的砂子混合被热解；热解中放出了热量的砂和在热解反应中生成的炭再一起进入另一个炉，在此炉中，炭及辅助燃料和空气接触燃烧，将砂再一次加热，加热的砂再移向热解炉，这样砂在两炉之间循环流动，进行热量传递。如图 6-4 所示。

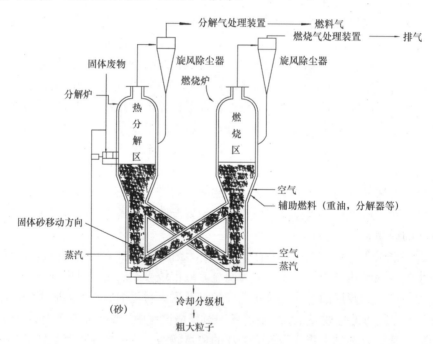

图 6-4　双塔流化床热解炉

本法因在热解炉内不进行燃烧反应，所以是间接加热的热解，燃气也具有 NO_x、SO_x、HCl 少，热值高的优点。此外本法还具有如下特点：①运转稳定，控制容易，停止、再运转操作简单；②因热解仅回收燃气，而炭渣、油在系统中作辅助燃料燃烧，因此不必另外处理；③高热值的燃气可用于燃气轮机发电，能量回收率高；④重金属大部分可以以不溶性的形式固定在灰或残渣中。

此法存在的问题：①固体废物必须破碎，动力消耗大；②流化需用气体压缩机，动力消耗大。

6.5.1.2　内热式单塔流化床炉

内热式单塔流化床热解炉是竖形流化床反应炉。垃圾由螺旋给料机连续加入，在炉内和高温砂混合，快速被加热、干燥和分解。有机物被分解成燃气、焦油和炭渣。热解所需的热量由废物的部分燃烧来供给。反应炉下部设有空气吹入孔供流化用和燃烧用。热解生成的燃气、油分、水分及燃烧气由炉上部排出，进入旋风除尘器，分离除去砂和炭渣，再去燃气处理工序，粒径大的不燃物沉于炉下部排出炉外。如图 6-5 所示。

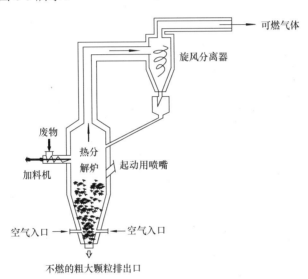

图 6-5　单塔流化床热解炉

利用内热式，按热解回收的主要产品又可分为油回收和气体回收方式。油回收是在 450～550℃范围内进行反应，燃气回收的反应温度是 650～750℃。

单塔式部分燃烧型流化床热解炉和其他形式的热解炉相比，结构简单。被认为特别适用于小规模的处理。热解时反应温度低，耐火材料的损伤较焚烧炉小。重金属呈还原状态固定在灰和分解残渣中，在填埋场溶出少。油回收方式能回收可贮存和运输的油，不产生 NO_x，与焚烧相比燃烧排气量少，但若原料废物水分太多，会降低油化率，需要作干燥前处理。燃气回收装置更简单，前处理仅是破碎，不需干燥，排水处理容易，但存在分解生成的燃气，大量贮存困难，而且燃气热值低，不利于利用和热平衡。

6.5.2　流态化热解技术在固体废物处理中的应用

随着人们对流态化技术研究的逐渐深入，流化床热解技术近年来得到越来越广泛的使用。例如，煤的流化床反应器热解技术、废轮胎循环流化床热解技术、城市垃圾流化床热解系统，以及塑料的流化床热解技术等，这些技术虽然有的还不是很成熟，但采用流态化热解技术与其他技术相比有一定的优越性。下面简要介绍一下流态化热解技术在城市垃圾处理及废轮胎处理中的应用。

6.5.2.1　城市垃圾的热解

城市垃圾的热解技术可以根据其装置的类型分为：①移动床熔融炉方式；②回转窑方式；③流化床方式；④多段炉方式；⑤闪热解方式。下面主要介绍双塔循环流化床热解工艺。

双塔循环流化床热解装置由热解器和燃烧器组成。热解器以蒸汽作为流化介质，燃烧器以空气作为流化介质并兼作助燃剂。该装置以河砂为热载体，粒径约为 $0.1 \sim 0.5\,mm$，通过输送装置和两器间适当的压差使其在两器之间进行循环。循环流化床热解装置如图 6-6 所示。

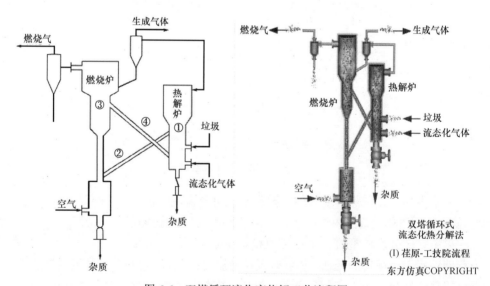

图 6-6　双塔循环流化床热解工艺流程图

燃烧用空气兼起流态化作用，在燃烧炉中的射流层③内加热后，经联结管④送至热分解塔的流化层①内，把热量供给垃圾热分解后再经过回流管②返回燃烧炉③内。垃圾在热分解炉①内分解。所产生的气体一部分当流态化气体循环使用；另一部分气体与燃烧炉产生的气体混合后经旋风除尘器去除粉尘后，再经分离塔分出气、油和水。欲产生水煤气，则可以加入一部分水蒸气。

其工艺流程为：垃圾经过预处理（破碎至 50 mm 以下的粒径），经定量输送带传至螺杆进料器，由此投入热解炉内。在流化床内，作为载体的石英砂在热解生成气和助燃空气的作用下产生流动，从进料口进入的垃圾在流化床内接受热量，在大约 500℃时发生热分解，热解过程产生的炭黑在此过程中发生部分燃烧。热解产生的可燃性气体经旋风除尘器去除粉尘后，再经分离塔分出气、油和水。分离出的热解气一部分用于燃烧，用来加热辅助流化空气，残余的热解气作为流化气回流到热解塔中。当热解气不足时，由热解油提供所需的那部分热量。

在热解中，物料随着停留时间的延长，垃圾的转化率增加，产气量上升，而液态产物减少。由于液态产物的二次分解，会有少量的碳析出，碳又会与水蒸气发生反应。所以只要物料在热解器内有足够的停留时间，产生的半焦量就不会变化。由于垃圾不具有黏结性，与黏结性煤进行混合热解时，垃圾具有破黏结性作用。垃圾与煤的质量比在 1.5∶1 以上时，黏结性煤几乎不出现黏结；当降到 1∶1 时会出现少量黏结。垃圾可热解的质量分数为：有机质（厨余、纸张、纤维）70%，塑料 5%，水分 10%，无机物 15%。循环流化床热解工艺参数和热解气成分以及两器的热平衡分别见表 6-5 和表 6-6。

表 6-5　循环流化床热解工艺参数和产气成分

项目		热解器	燃烧器
操作速度/(m·s⁻¹)		0.3	>5
物料停留时间/s		4~8	—
气体停留时间/s		5	—
操作温度/℃		850	1050
垃圾热量/(kJ·kg⁻¹)		4186	—
单位质量垃圾辅助燃料量(煤)/(kg·kg⁻¹)		—	0.088
单位质量垃圾物料循环量/(kg·kg⁻¹)		10~20	10~20
消耗指标	单位质量垃圾蒸汽量/(kg·kg⁻¹)	0.2	—
	单位质量垃圾空气耗量/(kg·kg⁻¹)	—	0.484
可燃气体各组分的体积分数/%	H_2	58.1	—
	CO	10.2	—
	CH_4	9.0	—
	C_2H_4	1.86	—
可燃气体热值/(kJ·m⁻³)		13880	—
单位质量垃圾产气率/(m³·kg⁻¹)		0.23	—

表 6-6　循环流化床热解过程的热平衡

		收入/kJ		支出/kJ
	项目	数量	项目	数量
热解器	垃圾化学热	5 660.8	蒸汽焓	1 713.4
	蒸汽焓	1 081.7	载热体显热	9 820.4
	载热体显热	12 131.0	半焦显热	704.6
	合计	18 873.5	半焦化学热	1 201.3
			可燃气体化学热	2 988.3
			焦油化学热	1 506.5
			热损失	605.3
			合计	18 539.3
燃烧器	辅助燃料化学热	2 026.4	载热体显热	12 133.3
	载热体显热	9 822.2	烟气焓	879.2
	半焦化学热	1 201.6	热损失	592.4
	半焦显热	704.6	灰渣显热	160.4
	空气焓	12.5	合计	13 765.3
	合计	13 767.3		

　　注：以 1kg 垃圾为基准

　　本方法适用于处理废塑料、废轮胎。由于干馏柱法处理能力小，用部分燃烧法可以提高处理速度。不过当分解气体中混入燃烧废气时，其热值会降低，另外，炭化物质将被烧掉一部分，其回收率也降低。根据热分解的不同目的，可对炉子结构炉排、除灰口构造、空气入口位置、操作条件等加以适当改变以适应工作需要。

6.5.2.2　废轮胎的流化床热解

　　目前世界各地每年有大量的轮胎报废（欧洲约为 1.5×10^9 kg·a^{-1}，北美为 2.5×10^9 kg·a^{-1}，日本为 0.8×10^9 kg·a^{-1}，在中国也有 1×10^9 kg·a^{-1}），因而如何有效地回收利用这些废轮胎具有重要的意义。传统的堆积填埋技术不仅放弃了轮胎中潜在的能量（轮胎的热值约为 3.36×10^5 kJ·kg^{-1}），而且也是令人忧虑的火灾隐患和污染来源。鉴于此，诸如焚烧、气化和热解等回收处理工艺便受到了人们的关注并发展起来。废轮胎的热解作为一种新兴的技术，具有很多优点。它不仅回收了能量，消除了污染，可作为简单的替代燃料，并且获得的产品油还易于存储和输运，因而得到了国内外的广泛关注。

　　废轮胎的热解主要应用流化床及回转窑，现已达到使用阶段。其热解产物非常复杂，根据原联邦德国汉堡大学研究，轮胎热解所得产品的组成中气体占 22%（质量百分数）、液体占 27%、炭灰占 39%、钢丝占 12%。气体组成主要为甲烷（15.13%）、乙烷（2.95%）、乙烯（3.99%）、丙烯（2.5%）、一氧化碳（3.8%），水、CO_2，氢气和一定比例的丁二烯。液体组成主要是苯（4.75%）、甲苯（3.62%）和其他芳香族化合物（8.50%）。

　　在气体和液体中还有微量的硫化氢及噻吩，但硫含量未超标。热解产物组成随热解温度不同略有变化。温度增加气体含量增加而油品减少，碳含量也增加。
某实验厂的流化床热解橡胶的工艺流程图如图 6-7 所示。

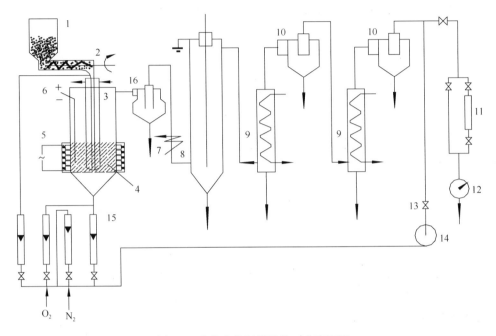

图 6-7　流化床热解橡胶的工艺流程图

1.塑料加料斗；2.螺旋输送器；3.冷却下伸管；4.流化床反应器；5.加热器；6.热电偶；7.冷却器；8.静电沉积器；
9.深度冷却器；10.气旋；11.气体取样器；12.气量计；13.节气阀；14.压气机；15.转子流量计；16.气旋

　　废轮胎经剪切破碎机破碎至小于 5 mm，轮缘及钢丝帘子布等绝大部分被分离
出来，用磁选去除金属丝。轮胎粒子经螺旋加料器等进入直径为 5 cm，流化区为
8 cm，底铺石英砂的电加热反应器中。流化床的气流速率为 500 L·h^{-1}，流化气体
由氮及循环热解气组成。热解气流经除尘器与固体分离，再经静电沉积器除去炭
灰，在深度冷却器和气液分离器中将热解所得油品冷凝下来，未冷凝的气体作为
燃料气为热解提供热能或作流化气体使用。

　　由于上述工艺要求进料切成小块，预加工费用较大，因此日本、美国和德国
的几家公司合作，在汉堡研究院建立了日处理 1.5～2.5 t 废轮胎的实验性流化床反
应器。该流化床内部尺寸为 900 mm×900 mm，整轮胎不经破碎即能进行加工，
可节约因破碎所需的大量费用。流化床由砂或炭黑组成，由分置为二层的辐射火
管间接加热。一部分生成的气体用于流化床，另一部分燃烧为分解反应提供热量。

　　整轮胎通过气锁进入反应器，轮胎到达流化床后，慢慢地沉入砂内，热的砂
粒覆盖在它的表面，使轮胎热透而软化，流化床内的砂粒与软化的轮胎不断交换

能量、发生摩擦，使轮胎逐渐分解，两三分钟后轮胎全部分解完，在砂床内残留的是一堆弯曲的钢丝。钢丝由伸入流化床内的移动式格栅移走。热解产物连同流化气体经过旋风分离器及静电除尘器（electrostatic precipitator），将橡胶、填料、炭黑和氧化锌分离除去。气体通过油洗涤器冷却，分离出含芳香族高的油品。最后得到含甲烷和乙烯较高的热解气体。整个过程所需能量不仅可以自给，还有剩余热量可供给他用。

目前，虽然流态化技术在固体废物处理领域中的应用还不是很成熟，但是随着人们对流态化技术研究的不断深入，以及流态化技术相对于其他技术的优点和其对固体废物处理的适用性，相信流化床热解技术将会有非常广阔的应用前景。

思　考　题

1. 说明热解、油化和汽化各自的特点、异同。
2. 如何根据固体废物的性质特点来选择适宜的热解处理工艺。
3. 简述流化床热解过程及其特点。

第7章 固体废物的固化处理技术

7.1 固化处理的原理和步骤

7.1.1 固化处理的原理

废物的固化处理是利用物理或化学的方法将有害的固体废物与能聚结成固体的某种惰性基材混合，从而使固体废物固定或包容在惰性固体基材中，使之具有化学稳定性或密封性的一种无害化处理技术。固化处理的机理十分复杂，在理论上迄今尚未进行过充分的研究，也未能获得一种对任何固体废物都适用的最佳处理方法。固化的过程有的是将有害物质通过化学转化或引入某种稳定的晶格中的过程，也有的是将有害废物用惰性材料加以包容的过程，或是上述两种过程兼而有之。

固化所用的惰性材料称为固化剂，经固化处理后的固化产物称为固化体。

固化处理的目的是将有毒废物转化为化学或物理上稳定的物质，因此要求处理后所形成的固化体应有良好的抗渗透性、抗浸出性、抗冻融性并具有一定的机械强度和稳定的物理化学性质。

7.1.2 固化处理的基本步骤

一个标准的固化处理过程主要由以下几个步骤所组成：

1）废物预处理。对收集到的固体废物必须进行预处理，如分选、干燥、中和、破坏氰化物等物理的和化学的处理过程，因为废物中所含的许多化合物都会干扰固化过程。例如，用水泥为固化剂时，锰、锡、铜、铝的可溶性盐类会延长凝固时间并降低固化体的物理强度。过量的水也会阻碍固化过程，含酸性物质过多则会使固化剂用量增加等等。

2）加入填充剂及固化剂。其用量一般根据实验结果来确定。

3）混合和凝硬。将废物和固化剂在混合设备中均匀混合，然后送到硬化池或处置场地中放置一段时间，使之凝硬完成硬化过程。

4）固化体的处理。根据所处理的废物的特性将固化体填埋或加以利用（如做建筑材料）。

7.1.3 固化处理效果

衡量固化处理效果的两项主要指标是固化体的浸出率和增容比。

所谓浸出率是指固化体浸于水中或其他溶液中时，其中有害物质的浸出速度。因为固化体中的有害物质对环境和水源的污染，主要是由于有害物质溶于水所造成的。所以，可用浸出率的大小预测固化体在贮存地点可能发生的情况。浸出率的数学表达式如下：

$$R_{in} = \frac{a_r / A_0}{(F/M)t} \qquad (7\text{-}1)$$

式中，R_{in} 为标准比表面的样品每天浸出的有害物质的浸出率，$g \cdot d^{-1} \cdot cm^{-2}$；$a_r$ 为浸出时间内浸出的有害物质的质量，mg；A_0 为样品中含有的有害物质的质量，mg；F 为样品暴露的表面积，cm^2；M 为样品的质量，g；t 为浸出时间，d。

增容比是指所形成的固化体体积与被固化有害废物体积的比值，即

$$c_i = \frac{V_2}{V_1} \qquad (7\text{-}2)$$

式中，c_i 为增容比；V_2 为固化体体积，m^3；V_1 为固化前有害废物的体积，m^3。

增容比是评价固化处理方法和衡量最终成本的一项重要指标。

固体化技术可按固化剂分为水泥固化、沥青固化、塑料固化、玻璃固化、石灰固化等。

7.2 固化处理的基本方法

根据固化处理中所用固化剂的不同，固化技术可分为水泥固化、石灰固化、热塑性材料固化、热固性材料固化、自胶结固化、玻璃固化和大型包封法等。下面介绍几种常用的固化方法。

7.2.1 水泥固化法

（1）水泥固化原理

水泥固化是以水泥为固化剂，将有害固体废物进行固化的处理方法。水泥是一种胶凝材料，当它与水反应后会形成一种硅酸盐水合凝胶，将有害的固体废物微粒包容在其中并逐步形成坚硬的固化体，使有害物质被封闭在固化体内，达到稳定、无害化的目的。

用作水泥固化处理的固化剂有普通硅酸盐水泥或火山灰质硅酸盐水泥。为了改善固化条件，提高固化质量，有时还需加入适当的添加剂如吸附剂（活性氧化

铝、黏土、蛭石等）、缓凝剂（如酒石酸、柠檬酸、硼酸盐等）、促凝剂（如水玻璃、碳酸钠等）和减水剂（表面活性剂）等。

（2）水泥固化法的应用

水泥固化法具有工艺简单、材料来源广泛、处理费用低、固化体机械强度高等优点。特别适用于处理含重金属的污泥，原子能工业中的废料及其他有毒有害废物的处理中。

1）电镀污泥的固化处理。电镀污泥的固化处理是最早开发的水泥固化技术，固化剂可采用 425 号硅酸盐水泥。干污泥、水泥和水的配比为（1~2）∶20∶（6~10）。水泥固化体的抗压强度可达 10~20 MPa，铅、镉、铬的浸出浓度均低于毒性鉴别标准。电镀污泥的水泥固化处理工艺如图 7-1 所示。

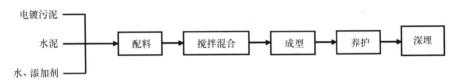

图 7-1　电镀污泥水泥固化处理工艺流程

2）含汞废渣的水泥固化处理。汞渣水泥固化处理时，汞渣与水泥的配比为1∶（3~8），加水均匀混合后成型。再经蒸汽养护（60~70℃下养护 24 h），使其凝结硬化为固化体后再加以深埋放置。

水泥固化法的主要缺点是固化体的浸出率较高，体积也比原废物增大 0.5~1.0倍，有些废物还需进行预处理和投加添加剂，这些都会造成处理费用增大。

7.2.2　石灰固化法

（1）石灰固化法原理

石灰固化是以石灰为固化剂，以活性硅酸盐类（粉煤灰、水泥窑灰）为添加剂的一种固化方法。石灰与上述添加剂在有水存在时会形成一种具有包裹废物性能的稳定不溶性化合物的物料，并逐渐凝硬使废物得以固化。

（2）石灰固化的应用

石灰固化法适用于固化钢铁机械行业中酸洗工序所排放的废渣、电镀污泥、烟道气脱硫废渣、石油冶炼污泥等。其固化工艺过程与水泥固化法类似。

石灰固化法的优点是填料来源丰富、操作简单、处理费用低；被固化的废渣不要求脱水干燥；可在常温下操作。其缺点是固化体易受酸性介质侵蚀、抗浸出性能较差等。

7.2.3　热塑性材料固化法

　　热塑性材料是指那些在加热后冷却时能反复转化和硬化的有机材料,如沥青、聚乙烯、聚氯乙烯、聚丙烯、石蜡等。这些材料在常温下为坚硬的固体,而在较高温度下有可塑性和流动性,从而可以利用这种特性对固体废物进行固化处理。

　　沥青是高分子碳氢化合物的混合物,具有较好的化学稳定性、黏结性,对多数酸、碱、盐类都有一定的耐腐蚀性,并具有一定的抗辐射稳定性,价格也较为低廉,因此沥青固化应用较为普遍。

　　沥青固化一般可用于处理中、低放射水平的蒸发残液,废水化学处理所产生的沉渣,焚烧炉产生的残渣、废塑料、电镀污泥、砷渣等。

　　沥青固化工艺过程如图 7-2 所示。

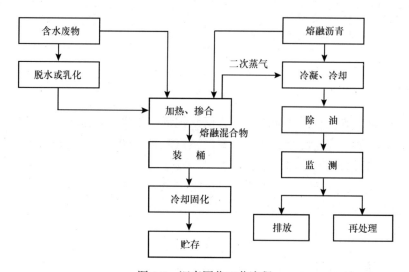

图 7-2　沥青固化工艺流程

7.2.4　热固性材料固化法

　　热固性材料是指在加热时变成固体并且硬化,且再进行加热或冷却时仍保持其固体状态不变的物质。目前,常用的热固性材料有脲醛树脂和不饱和聚酯等,酚醛树脂及环氧树脂也在小范围内使用。脲醛树脂使用方便,固化速度快,与有害物质形成的固化体有较好的耐水性、耐腐蚀性,价格也较便宜,使用较为广泛。不饱和聚酯树脂在常温常压下即可固化成型,使用方便,特别适于对有害废物和放射性废物的固化处理。

　　日本冈山公害防治中心利用不饱和聚酯树脂固化处理电镀污泥,所形成的固化体抗压强度大、重量轻、表面光泽,可以作为建筑材料使用。

7.2.5　玻璃固化法

玻璃固化是用玻璃原料（如氧化硅等）作为固化剂和待处理废料混合均匀，先在高温下煅烧，然后升温至 1100~1150℃保温数小时，形成熔融的玻璃，冷却后再经退火处理即可得到坚固而稳定的固化体。

玻璃固化可采用间歇式的单罐操作，使煅烧、熔融都在同一罐内进行；也可采用连续式操作，煅烧和熔融分别在煅烧炉和熔融炉内完成。采用的固化配方多数是磷酸盐玻璃和硼硅酸盐玻璃。

玻璃固化主要用于处理放射性废物。它的优点是固化体致密，在水及酸碱液中浸出率小，有较高的热稳定性和辐射稳定性，增容也比较小；缺点是处理费用高，操作温度高，能耗大，设备腐蚀严重，操作过程中会产生较多的废气，必须加以收集处理，以防止二次污染的产生。

7.2.6　自胶结固化和大型包封法

自胶结固化只适于处理含硫酸钙和亚硫酸钙的废渣。先在适当的条件下将废物煅烧，使其部分脱水形成有胶结作用的亚硫酸钙或半水硫酸钙，然后与粉煤灰及其他特制的添加剂混合，经凝结硬化而形成自胶结固化体。这种固化体具有化学稳定性高、浸出率低等优点。

大型包封法是用一种渗水的惰性保护层将经过处理或未经处理的废物包封起来。例如，对容器装的废料，可以将玻璃纤维、增强热固性树脂（环氧树脂）及水基聚氨脂树脂的混合物喷涂在容器壁上使之形成一个坚固的外套对器内废料进行包封，然后再加以填埋处理。利用水泥对盛在容器中的废料进行包封也是常用的方法，此时可将盛废料的容器移入钢桶中，然后灌入普通水泥浆，待水泥硬化后就将其包裹起来，最后再进行填埋处理。

思　考　题

1. 何谓固化，如何评定固化的效果？
2. 固化处理的基本方法有哪几种？试比较它们的优缺点和适用范围。

第 8 章 固体废物的堆肥化处理技术

8.1 概 述

8.1.1 堆肥化的定义

堆肥化（composting）是在人工控制下，在一定的水分、碳氮比（C/N）和通风条件下，通过微生物的发酵作用，将有机物转变为肥料的过程。

更科学一点讲：堆肥化是依靠自然界广泛分布的细菌、放线菌、真菌等微生物，人为地将可生物降解的有机物向稳定的腐殖质生化转化的微生物学过程。堆肥化的产物称为堆肥（compost）。

有机固体废物的堆肥化技术是进行稳定化、无害化处理的重要方式之一，也是实现固体废物资源化、能源化的技术之一。

8.1.2 固体废物堆肥化的意义

1）对城市固体废物进行处理消纳，实现稳定化、无害化，可以避免或减轻垃圾大面积堆积，影响市容及城市垃圾自然腐败、散发臭气、传播疾病，从而降低对人体和环境造成危害。

2）可以将固体废物中的适用组分尽快地纳入自然循环系统（如堆肥可回归农田生态系统中），促进自然界物质循环与人类社会物质循环的统一。

3）可以将大量有机固体废物通过某种工艺转换成有用的物质和能源（如产生沼气，生产葡萄糖、微生物、蛋白质等）。

4）堆肥化可减重、减容均约为 50%。

由于城市固体废物和农业废物数量巨大，其中农业生物质资源（秸秆、稻壳、甘蔗渣、花生壳等）年产 6 亿 t 左右，城市垃圾年产生量约 1.4 亿 t，可生物转换利用的成分多，在当前世界上普遍存在自然资源短缺及能源紧张的情况下，堆肥化回收和利用技术的开发具有深远的意义。

8.1.3 堆肥的作用

堆肥是一种人工腐殖质，堆肥施用后，可增加土壤中稳定的腐殖质，形成土壤的团粒结构，其作用如下所述。

1）改善土壤的物理性能：使土壤松软、多孔隙、易耕作，增加保水性、透气性和渗水性，进而改善土壤的物理性能。

2）保肥作用：肥料成分中的氮、钾、铵等都是以阳离子形态存在，而腐殖质带负电荷，可以吸附阳离子，即堆肥可以有助于土壤保住养分，提高保肥能力。

3）螯合作用：腐殖质中某种成分有螯合作用，它能和土壤中含量较多的活性铝结合，使其变成非活性物质，抑制活性铝和磷酸结合造成的危害。同样对作物有害的铜、铝、镉等重金属也可与腐殖质反应降低其危害性。

4）缓冲作用：腐殖质具有缓冲作用。其他条件恶化时，能起到减少冲击、缓和影响的作用，如水分不足时，可防止植物枯萎，起到缓冲器的作用。

5）缓效作用：堆肥具有缓效作用（缓慢持久起作用，不会损害农作物）。与硫铵、尿素等化肥中的氮不同，堆肥中的氮几乎都是以蛋白质氮形态存在。当施到田里时，蛋白质微生物分解成氨氮，在旱地里变成硝酸盐氮，不会出现施化肥短暂有效，或施肥过头的情况。

6）微生物对植物根部的作用：因为堆肥中富含大量微生物，施用后，增加土壤中的微生物数量，微生物分泌的各种有效成分易被根部吸收，有利于根系发育和伸长。

总之，腐殖质能改善土壤物理的、化学的和生物的性质，使土壤环境保持适于农作物生长的良好状态。此外，腐殖质还具有增进化肥肥效的作用。

8.1.4　堆肥化的原料

堆肥化的原料主要有：①城市生活垃圾；②纸浆厂、食品厂等排水处理设施排出的污泥；③下水污泥；④粪便消化污泥、家畜粪尿；⑤树皮、锯末、糠壳、秸秆等。

在我国，堆肥的主要原料为：①生活垃圾与粪便的混合物；②城市生活垃圾与生活污水污泥的混合物。

值得注意的是：生活垃圾作为堆肥原料时，其可堆肥物的数量、C/N、水分等常常不能满足堆肥的要求，需要进行适当的预处理，如配入粪尿或某些污泥可有效地调整 C/N 和水分，从而得到 N、P、K 含量较高的有机肥。

8.1.5　堆肥化原料特性的评价指标

我国颁布的《城市生活垃圾堆肥处理厂技术评价指标》中规定：

1）密度：适于堆肥的垃圾密度应为 350~650 $kg \cdot m^{-3}$；

2）组成成分（湿重）：其中有机物含量不得少于 20%；

3）含水率：适于堆肥的垃圾其含水量为 40%~60%；

4）碳氮比（C/N）：适合堆肥垃圾的 C/N 为 20∶1~30∶1。

8.1.6　堆肥产品质量及卫生要求

（1）堆肥产品质量要求（以干基计）

1）粒度：农用堆肥产品粒度≤12 mm，山林果园用堆肥产品粒度≤50 mm；

2）含水率：≤35%；

3）pH：6.5~8.5；

4）全氮（以 N 计）：≥0.5%；

5）全磷（以 P_2O_5 计）：≥0.3%；

6）全钾（以 K_2O 计）：≥1.0%；

7）有机质（以 C 计）：≥10%；

8）重金属含量：总镉（以 Cd 计）：≤3 $mg·kg^{-1}$；总汞（以 Hg 计）：≤5 $mg·kg^{-1}$；总铅（以 Pb 计）：≤100 $mg·kg^{-1}$；总铬（以 Cr 计）：≤300 $mg·kg^{-1}$；总砷（以 As 计）：≤30 $mg·kg^{-1}$。

（2）卫生要求

1）堆肥温度：（静态堆肥工艺）>55℃持续 5 d 以上；

2）蛔虫卵死亡率：95%～100%；

3）粪大肠菌值：$10^{-1}～10^{-2}$。

8.2　堆肥化的基本原理

8.2.1　好氧堆肥化过程的基本原理

8.2.1.1　堆肥化过程描述

同水处理一样，好氧堆肥是在通气条件下，通过好氧微生物使有机物得以降解。好氧堆肥温度一般在 50～60℃，最高可达 80～90℃。故好氧堆肥也称高温堆肥。

好氧堆肥的基本过程可描述为：

1）在堆肥过程中，生活垃圾中的溶解性有机物可透过微生物的细胞壁和细胞膜被微生物直接吸收；

2）对于不溶胶体和固体有机物，先附着在微生物体外，依靠微生物分泌的胞外酶分解为可溶性物质，再渗入细胞。

微生物通过自身的生命活动，进行分解代谢（主要是氧化还原过程）和合成代谢（生命合成过程），将一部分被吸收的有机物氧化成简单的无机物，并放出生物生长活动所需要的能量；将另一部分有机物转化为生物体必需的营养物质，进而合成为新的细胞物质，使微生物生长繁殖，产生更多的生物体，这个过程可用图 8-1 表示。

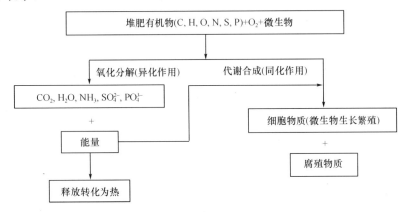

图 8-1　微生物代谢过程

堆肥过程中有机物氧化分解总的关系可用下式表示：

$$C_sH_tN_uO_v \cdot aH_2O + bO_2 \longrightarrow C_wH_xN_yO_z \cdot cH_2O$$
$$+ dH_2O(气) + eH_2O(液) + fCO_2 + gNH_3 + 能量 \tag{8-1}$$

通常情况，堆肥产品 $C_wH_xN_yO_z \cdot cH_2O$ 与堆肥原料 $C_sH_tN_uO_v \cdot aH_2O$ 之比为 0.3～0.5。即

$$\frac{C_wH_xN_yO_z \cdot cH_2O}{C_sH_tN_uO_v \cdot aH_2O} = 0.3 \sim 0.5 \tag{8-2}$$

这是氧化分解后减量化的结果。一般情况，w、x、y、z 可取值范围为：$w=5\sim10$，$x=7\sim17$，$y=1$，$z=2\sim8$。

8.2.1.2　堆肥化过程中有机物氧化和合成的方程式

（1）氧化

1）不含氮有机物（$C_xH_yO_z$）的氧化：

$$C_xH_yO_z + (x + \tfrac{1}{2}y - \tfrac{1}{2}z)O_2 \longrightarrow xCO_2 + \tfrac{1}{2}yH_2O + Q \tag{8-3}$$

2）含氮有机物（$C_sH_tN_uO_v aH_2O$）的氧化：

与式（8-1）相同。

（2）细胞物质的合成

$$nC_xH_yO_z + NH_3 + (nx + \tfrac{ny}{4} - \tfrac{nz}{2} - 5)O_2 \longrightarrow$$
$$C_5H_7NO_2(细胞) + (nx-5)CO_2 + \tfrac{1}{2}(ny-4)H_2O + Q \tag{8-4}$$

（3）细胞物质的氧化

$$C_5H_7NO_2 + 5O_2 \longrightarrow 5CO_2 + 2H_2O + NH_3 + Q \tag{8-5}$$

以纤维素为例，好氧堆肥中纤维素的分解反应为：

$$(C_6H_{12}O_6)_n \xrightarrow{\text{纤维素酶}} nC_6H_{12}O_6(\text{葡萄糖}) \tag{8-6}$$

$$nC_6H_{12}O_6 + 6nO_2 \xrightarrow{\text{微生物}} 6nCO_2 + 6nH_2O + Q \tag{8-7}$$

8.2.1.3　好氧堆肥化过程的三个阶段

如图 8-2 所示，好氧堆肥化过程的三个阶段如下所述。

（1）升温阶段（15~45℃，1~3 d）

升温阶段，亦称中温阶段、产热阶段、起始阶段等。它是堆肥化过程的初期阶段，在此阶段，堆层基本呈 15~45℃ 的中温，微生物以中温、需氧型为主，嗜温性微生物（嗜温菌）较为活跃，其中最主要是细菌、真菌和放线菌。细菌特别适应水溶性单糖类，放线菌和真菌则对分解纤维素和半纤维素物质具有特殊功能。这些微生物分解利用堆肥中可溶性易降解有机物（如葡萄糖、脂肪、碳水化合物）进行旺盛的繁殖。它们在转换和利用化学能的过程中，有一部分变成热能，由于堆料有良好的保温作用，温度不断上升。该阶段大约需时 1~3 d。

（2）高温阶段（45~65℃，3~8 d）

当堆肥温度升到 45℃ 以上时，即进入高温堆肥化阶段。在该阶段，嗜温性微生物受到抑制甚至死亡，取而代之的是嗜热性微生物（嗜热菌）。堆肥中残留的和新形成的可溶性有机物质继续被分解转化，复杂的有机化合物如半纤维素、纤维素和蛋白质开始被强烈分解。通常，在 50℃ 左右进行活动的主要是嗜热真菌和放线菌；当温度上升到 60℃ 时，真菌几乎完全停止活动，仅有嗜热性放线菌与细菌在活动；温度升到 70℃ 以上时，对大多数嗜热菌已不适宜，微生物大量死亡或进入休眠状态。高温阶段的适宜温度通常为 45~65℃，最佳温度为 55℃，需时约 3~8 d。

与细菌的生长繁殖规律一样，可将微生物在高温阶段生长过程分为三个时期，即对数生长期、减速生长期和内源呼吸期。在高温阶段微生物经历三个时期变化后，堆层内开始发生与有机物分解相对应的另一过程，即腐殖质的形成，此时堆肥化过程逐步进入稳定化状态。

（3）降温阶段或腐熟阶段（<50℃，20~30 d）

在内源呼吸后期，只剩下部分较难分解的有机物和新形成的腐殖质，此时微生物的活性下降，发热量减少，温度下降。在此阶段嗜温性微生物又占优势，对残余的较难分解的有机物作进一步分解，腐殖质不断增多且稳定化，此时堆肥化过程进入腐熟阶段，需氧量大大减少，含水率也降低，堆肥物孔隙增大，氧扩散能力增强，只需自然通风。该阶段温度通常在 50℃ 以下，需时约 20~30 d。

因此，堆肥温度的变化可用来作为堆肥过程（阶段）的评价指标。

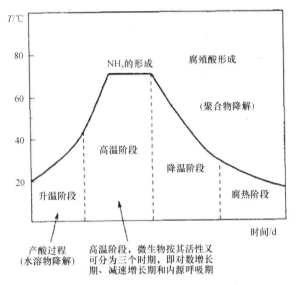

图 8-2　好氧堆肥化过程的三个阶段

8.2.2　厌氧堆肥化过程的原理

8.2.2.1　堆肥化过程中厌氧发酵的两个阶段

厌氧堆肥化是在无氧条件下，借厌氧微生物的作用来进行的。下面用图 8-3 来说明有机物的厌氧发酵分解过程。

图 8-3　厌氧发酵的两个阶段

8.2.2.2　堆肥化的厌氧分解反应式（纤维素为例）

$$(C_6H_{12}O_6)_n \xrightarrow{\text{微生物}} nC_6H_{12}O_6(\text{葡萄糖}) \tag{8-8}$$

$$(C_6H_{12}O_6)_n \xrightarrow{\text{微生物}} 3n\,CO_2 + 3n\,CH_4 + Q \tag{8-9}$$

$$n\,C_6H_{12}O_6 \xrightarrow{\text{微生物}} 2n\,C_2H_5OH + 2n\,CO_2 + Q \tag{8-10}$$

$$2n\,C_2H_5OH + n\,CO_2 \xrightarrow{\text{微生物}} 2n\,CH_3COOH + n\,CH_4 \tag{8-11}$$

$$2n\,CH_3COOH \xrightarrow{\text{微生物}} 2n\,CH_4 + 2n\,CO_2 \tag{8-12}$$

8.2.3　堆肥过程的动力学原理

8.2.3.1　酶促（催化）反应动力学

作为生化转化过程的堆肥化技术，酶在其中起着十分重要的作用。因此，有机废物的堆肥化过程可近似地看作是酶催化反应过程。

酶与底物的反应机理可表示为

$$S + E \underset{k_{-1}}{\overset{k_{+1}}{\longleftrightarrow}} [ES] \xrightarrow{k_{+2}} P + E \tag{8-13}$$

式中，S 为底物；E 为游离酶；[ES]为中间产物（复合物）；P 为产物。

（1）平衡态法

该法认为，S 与 E 生成中间复合物。一步为可逆反应，可很快达到平衡；生成产物一步的速度较慢，是速率控制步骤。据此假设，有

$$r_P = \frac{dc_P}{dt} = -\frac{dc_S}{dt} = k_{+2}c_{[ES]} \tag{8-14}$$

因为

$$k_{+1}c_S c_E = k_{-1}c_{[ES]} \tag{8-15}$$

所以

$$\frac{k_{-1}}{k_{+1}} = \frac{c_S c_E}{c_{[ES]}} = K_S \tag{8-16}$$

式中，c_E 为游离酶的浓度，$mol \cdot L^{-1}$；c_S 为底物的浓度，$mol \cdot L^{-1}$；K_S 为离解常数，$mol \cdot L^{-1}$。又因酶的总浓度为

$$c_{E_0} = c_E + c_{[ES]} \tag{8-17}$$

$$c_{E_0} = K_S \frac{c_{[ES]}}{c_S} + c_{[ES]} = c_{[ES]}(1 + \frac{K_S}{c_S}) \tag{8-18}$$

所以

$$c_{[ES]} = \frac{c_{E_0} c_S}{(K_S + c_S)} \tag{8-19}$$

式（8-19）代入式（8-14），得

$$r_P = \frac{k_{+2}c_{E_0}c_S}{K_S + c_S} = \frac{r_{P,\max}c_S}{K_S + c_S} \tag{8-20}$$

式中，$r_{P,\max}$ 为产物 P 的最大生成速率，$\mathrm{mol \cdot L^{-1} \cdot s^{-1}}$；$c_{E_0}$ 为酶的总浓度或酶的初始浓度，$\mathrm{mol \cdot L^{-1}}$。

（2）拟稳态法

该法认为，底物浓度 c_S 比酶的 c_{E_0} 高得多，复合物[ES]分解时所得到的酶又立即与底物相结合，即 $c_{[ES]}$ 基本维持不变。即

$$\frac{dc_{[ES]}}{dt} = 0 \tag{8-21}$$

据此假设，有

$$\frac{dc_P}{dt} = k_{+2}c_{[ES]} \tag{8-22}$$

底物的消耗速率：

$$-\frac{dc_S}{dt} = k_{+1}c_E c_S - k_{-1}c_{[ES]} \tag{8-23}$$

中间复合物的生成速率：

$$\frac{dc_{[ES]}}{dt} = k_{+1}c_E c_S - k_{-1}\,c_{[ES]} - k_{+2}c_{[ES]} = 0 \tag{8-24}$$

式（8-24）与式（8-23）比较，可得

$$\frac{dc_P}{dt} = -\frac{dc_S}{dt} = k_{+2}c_{[ES]} \tag{8-25}$$

又因为酶的总浓度

$$c_{E_0} = c_E + c_{[ES]} \tag{8-26}$$

将 c_E 代入式（8-24），整理，得

$$c_{[ES]} = \frac{k_{+1}c_{E_0}c_S}{k_{-1} + k_{+2} + k_{+1}c_S} = \frac{c_{E_0}c_S}{\dfrac{k_{-1} + k_{+2}}{k_{+1}} + c_S} \tag{8-27}$$

故

$$r_P = \frac{k_{+2}c_{E_0}c_S}{\dfrac{k_{-1} + k_{+2}}{k_{+1}} + c_S} = \frac{r_{P,m}c_S}{K_m + c_S} \tag{8-28}$$

式中，K_m 为米氏常数，$\mathrm{mol \cdot L^{-1}}$。式（8-28）即为著名的米氏方程。

K_m 与 K_S 的关系：

$$K_m = K_S + \frac{k_{+2}}{k_{+1}} \tag{8-29}$$

从式（8-28）可知：

1）当底物浓度很大时，即 $c_S \gg K_m$ 时，$r_P = r_{P,max} = k_{+2} c_{E_0}$，即 r_P 与酶的初始浓度 c_{E_0} 成正比，而与 c_S 无关，故此时为零级反应。这种情况，只有增大 c_E 才可使 r_P 升高。

2）当 $c_S \ll K_m$ 时，则 $r_P = r_{P,max} c_S / K_m$，即基质降解为一级反应，增大 c_S 可提高 r_P。

3）当 $K_m = c_S$ 时，则 $r_P = r_{P,max}/2$，它表示酶被底物饱和、达到最大反应速率一半时，所需的底物浓度。

在堆肥化过程中，可以利用 $r_{P,max}$ 或 K_m 度量有机废物在不同工艺条件下的发酵速率，从而可借以比较和优化工艺条件。这几种情况可用图 8-4 表示如下。

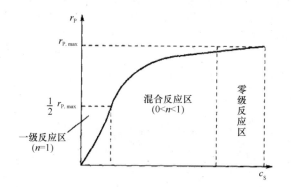

图 8-4　有机物在不同工艺条件下的发酵速度

$r_{P,max}$ 和 K_m 的求法：

利用 Lineweaver-Burk 的双倒数作图法，先将米氏方程变为

$$\frac{1}{r_P} = \frac{K_m}{r_{P,max}} \cdot \frac{1}{c_S} + \frac{1}{r_{P,max}} \tag{8-30}$$

由此可见，$1/r_P$ 与 $1/c_S$ 呈线性关系。因此，实验时，测定不同 c_S 下的 r_P，以 $1/r_P$ 对 $1/c_S$ 作图，得到直线，见图 8-5。

由图 8-5 则可求出 $r_{P,max}$ 和 K_m。在堆肥中，$r_{P,max}$ 的求法如下：

在堆肥化实验中，采用微分法求出 r_P，即在不同时间内分析样品中的含 C 量，再根据 $c_C \sim t$ 的变化曲线，求曲线上任一点切线的斜率，即为该浓度时的 $r_P = dc_C/dt$，以 $1/r_P$ 对 $1/c_C$ 作图，求得 K_m 和 $r_{P,max}$。

要找出堆肥化过程的最佳条件，则必须从动力学方面去分析，使堆肥工艺过程真正纳入科学化的轨道，逐步由定性向定量方向发展。

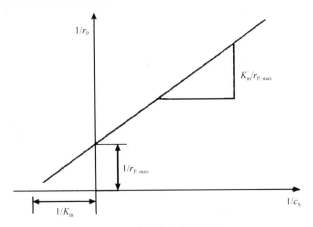

图 8-5 动力学参数的求法

8.2.3.2 微生物反应动力学

（1）细胞生长动力学

1）对数生长期

$$\frac{dc_X}{dt} = \mu c_X \tag{8-31}$$

对数生长期阶段，细胞生长不受基质浓度限制，即

$$\mu = \mu_{max} \tag{8-32}$$

所以

$$\frac{dc_X}{dt} = \mu_{max} c_X \tag{8-33}$$

积分得

$$c_X = c_{X_0} e^{\mu_{max} t} \tag{8-34}$$

2）减速期

$$\frac{dc_X}{dt} = \mu c_X \tag{8-35}$$

式中，μ 为比生长速率，受基质浓度限制。

3）静止期

$$\frac{dc_X}{dt} = (\mu - k_d) c_X = 0 \tag{8-36}$$

式中，k_d 为细胞死亡速率常数。

最大细胞浓度：

$$c_{X,max} = c_{X_0} \exp(\mu t) \tag{8-37}$$

4）衰亡期

细胞死亡速率：

$$\frac{\mathrm{d}c_{\mathrm{X}}}{\mathrm{d}t} = -k_{\mathrm{d}}c_{\mathrm{X}} \qquad (8\text{-}38)$$

$$c_{\mathrm{X}} = c_{\mathrm{X,max}}\exp(-k_{\mathrm{d}}t) \qquad (8\text{-}39)$$

式中，c_{X} 为细胞浓度。

Monod 方程（该方程由 Monod 于 1942 年提出，他被誉为现代细胞生长动力学的奠基人）：

$$\mu = \mu_{\mathrm{max}}\frac{c_{\mathrm{S}}}{K_{\mathrm{S}} + c_{\mathrm{S}}} \qquad (8\text{-}40)$$

与米氏方程形式一致。但米氏方程自反应机理推导而来，而 Monod 方程自经验得出，称为唯象方程或形式动力学。

（2）底物（基质）消耗动力学

$$q_{\mathrm{S}} = \frac{1}{c_{\mathrm{X}}}\frac{\mathrm{d}c_{\mathrm{S}}}{\mathrm{d}t} = q_{\mathrm{S,max}}\frac{c_{\mathrm{S}}}{K_{\mathrm{S}} + c_{\mathrm{S}}} \qquad (8\text{-}41)$$

比速率

$$q_{\mathrm{S,max}} = q_{\mathrm{S,S}\to0} = \frac{\mu_{\mathrm{max}}}{Y_{\mathrm{X/S}}} \qquad (8\text{-}42)$$

式（8-42）称为最大比基质消耗速率。式中，

$$Y_{\mathrm{X/S}} = \frac{\text{生成细胞的质量}}{\text{消耗基质的质量}}$$

称为细胞得率。

$$q_{\mathrm{P}} = \frac{1}{c_{\mathrm{X}}}\frac{\mathrm{d}c_{\mathrm{P}}}{\mathrm{d}t} \qquad (8\text{-}43)$$

（3）代谢产物生成动力学

代谢产物生成速率分两种情况：

1）胞内代谢产物生成速率

$$r_{\mathrm{P}} = \frac{\mathrm{d}\gamma_{\mathrm{P}}}{\mathrm{d}t}c_{\mathrm{X}} + \gamma_{\mathrm{P}}r_{\mathrm{X}} \qquad (8\text{-}44)$$

式中，r_{P} 为细胞内代谢产物的含量。

比生成速率：

$$q_{\mathrm{P}} = \frac{\mathrm{d}\gamma_{\mathrm{P}}}{\mathrm{d}t} + \gamma_{\mathrm{P}}\mu \qquad (8\text{-}45)$$

2）胞外代谢产物生成速率

$$q_P = a\mu^2 + b\mu + c \tag{8-46}$$

式中，a、b、c 均为常数。

【例 8-1】葡萄糖在葡萄糖异构酶存在时转化为果糖的反应机理式为

$$S + E \underset{k_{-1}}{\overset{k_{+1}}{\rightleftharpoons}} [ES] \underset{k_{-2}}{\overset{k_{+2}}{\rightleftharpoons}} E + P$$

试分别采用：（1）平衡态法；（2）拟稳态法，求其速率方程式。

解：（1）平衡态法

$$r_P = \frac{dc_P}{dt} = k_{+2}c_{[ES]} - k_{-2}c_E c_P \tag{1}$$

因为

$$c_E = c_{E_0} - c_{[ES]} \tag{2}$$

所以

$$r_P = k_{+2}c_{[ES]} - k_{-2}c_P(c_{E_0} - c_{[ES]}) \tag{3}$$

又据平衡假设有

$$K_S = \frac{k_{-1}}{k_{+1}} = \frac{c_S c_E}{c_{[ES]}} \tag{4}$$

因此

$$c_{[ES]} = \frac{k_{+1}}{k_{-1}}c_E c_S = \frac{k_{+1}}{k_{-1}}c_S(c_{E_0} - c_{[ES]}) \tag{5}$$

即

$$c_{[ES]}\left(1 + \frac{k_{+1}}{k_{-1}}c_S\right) = \frac{k_{+1}}{k_{-1}}c_S c_{E_0} \tag{6}$$

故

$$c_{[ES]} = \frac{\dfrac{k_{+1}}{k_{-1}}c_S c_{E_0}}{1 + \dfrac{k_{+1}}{k_{-1}}c_S} = \frac{c_S c_{E_0}}{\dfrac{k_{-1}}{k_{+1}} + c_S} \tag{7}$$

式（7）代入式（3），得

$$r_P = k_{+2}\frac{c_S c_{E_0}}{\dfrac{k_{-1}}{k_{+1}} + c_S} - k_{-2}c_P\left(c_{E_0} - \frac{c_S c_{E_0}}{\dfrac{k_{-1}}{k_{+1}} + c_S}\right) = \frac{k_{+2}c_S c_{E_0} - k_{-2}c_P c_{E_0}\left(\dfrac{k_{-1}}{k_{+1}} + c_S - c_S\right)}{\dfrac{k_{-1}}{k_{+1}} + c_S}$$

$$= \frac{k_{+2}c_{E_0}\left(c_S - \dfrac{k_{-1}k_{-2}}{k_{+1}k_{+2}}c_P\right)}{\dfrac{k_{-1}}{k_{+1}} + c_S} \tag{8}$$

（2）拟稳态法

$$r_P = k_{+2}c_{[ES]} - k_{-2}c_E c_P \tag{9}$$

$$\frac{dc_{[ES]}}{dt} = k_{+1}c_S c_E - k_{-1}c_{[ES]} - k_{+2}c_{[ES]} + k_{-2}c_E c_P \tag{10}$$

又

$$c_E = c_{E_0} - c_{[ES]}$$

$$(k_{+1}c_S + k_{-2}c_P)(c_{E_0} - c_{[ES]}) - (k_{-1} + k_{+2})c_{[ES]} = 0 \tag{11}$$

$$c_{[ES]}[(k_{-1} + k_{+2}) + (k_{+1}c_S + k_{-2}c_P)] = (k_{+1}c_S + k_{-2}c_P)c_{E_0}$$

所以

$$c_{[ES]} = \frac{(k_{+1}c_S + k_{-2}c_P)c_{E_0}}{(k_{-1} + k_{+2}) + k_{+1}c_S + k_{-2}c_P} \tag{12}$$

将式（11）、式（12）代入式（9），得

$$r_P = \frac{k_{+2}c_{E_0}(k_{+1}c_S + k_{-2}c_P)}{(k_{-1} + k_{+2}) + k_{+1}c_S + k_{-2}c_P} - k_{-2}c_P c_{E_0} + \frac{k_{-2}c_P c_{E_0}(k_{+1}c_S + k_{-2}c_P)}{(k_{-1} + k_{+2}) + k_{+1}c_S + k_{-2}c_P}$$

$$= \frac{k_{+2}c_{E_0}(k_{+1}c_S + k_{-2}c_P) - k_{-2}c_P c_{E_0}(k_{-1} + k_{+2} + k_{+1}c_S + k_{-2}c_P) + k_{-2}c_P c_{E_0}(k_{+1}c_S + k_{-2}c_P)}{(k_{-1} + k_{+2}) + k_{+1}c_S + k_{-2}c_P}$$

$$= \frac{k_{+2}c_{E_0}\left(k_{+1}c_S + k_{-2}c_P - \dfrac{k_{-1}k_{-2}c_P}{k_{+2}} - k_{-2}c_P\right)}{(k_{-1} + k_{+2}) + k_{+1}c_S + k_{-2}c_P}$$

$$= k_{+2}c_{E_0}\left(c_S - \frac{k_{-1}k_{-2}}{k_{+1}k_{+2}}c_P\right) \bigg/ \left(\frac{k_{-1} + k_{+2}}{k_{+1}} + c_S + \frac{k_{-2}}{k_{+1}}c_P\right)$$

因为 $k_{+1}, k_{-1} \gg k_{+2}, k_{-2}$，所以 $\dfrac{k_{-1} + k_{+2}}{k_{+1}} = \dfrac{k_{-1}}{k_{+1}}$，$\dfrac{k_{-2}}{k_{+1}} \approx 0$

故

$$r_{P拟稳} = r_{P平衡}$$

8.3 好氧堆肥化的基本工艺过程

现代化的堆肥过程，通常由前处理、主发酵（一次发酵）、后发酵（二次发酵）、后处理、脱臭、贮存等工序组成。

8.3.1 前处理

前处理就是通过破碎、分选等预处理方法，除去粗大垃圾，降低不可堆肥化

物质的含量，使堆肥物料的粒度、含水率达到一定程度的均匀化。

1）颗粒变小，物料比表面积增大，便于微生物繁殖，促进发酵速率。

2）但颗粒也不能太小，因为要均匀充分地通风供氧，必须保持一定程度的孔（空）隙率与透气性。合适的粒度范围是 12～60 mm。

3）以含水率较高的固体废物（如污水污泥、人畜粪便等）为主要原料时，前处理的主要任务是调整水分和 C/N，有时需要添加菌种和酶制剂，以使发酵过程正常进行。

8.3.2　主发酵

（1）发热（升温）阶段

发酵堆肥初期，由中温好氧的细菌和真菌，将易分解的可溶性物质（淀粉、糖类）分解，产生 CO_2 和 H_2O，同时产生热量使温度上升（30～40℃），此阶段一般需花时间 1～3 d。

（2）高温阶段

>50℃就可称为高温阶段。随着堆温的升高，最适宜温度 45～65℃的嗜热菌取代了嗜温菌，可将堆肥中残留的或新形成的可溶性有机物继续被分解转化，一些复杂的有机物也开始被强烈地分解。需时约 3～8 d。

此后，将进入堆肥化的降温阶段。通常将温度高到开始降低为止的阶段，称为主发酵。城市垃圾好氧堆肥的主发酵期约为 4～12 d。

8.3.3　后发酵

后发酵也称二次发酵或降温阶段，约需 20～30 d。后发酵也可设在专设仓内进行。

经高温阶段的主发酵过程，大部分易于分解和较易分解的有机物（如纤维素等）已得到分解，剩下的是木质素等较难分解的有机物及形成的腐殖质。

这时，微生物活动减弱，产热量减少，温度逐渐下降，嗜温或中温性微生物成为优势菌种，残余物进一步分解，腐殖质继续积累，堆肥进入腐熟阶段。需时约 20～30 d。

8.3.4　后处理

后处理主要去除在前处理工序中还未完全去掉的塑料、玻璃、陶瓷、金属、小石块等杂物。去除设备主要为回转式振动筛、磁选机、风选机等。

8.3.5　脱臭

堆肥过程的每道工序均有臭气产生，主要有 NH_3、H_2S、甲基硫醇、胺类等。方法主要有：化学除臭剂除臭；水、酸、碱溶液吸收法；臭氧氧化法；活性炭、沸石、熟堆肥吸附法等。

8.3.6　贮存

要求贮存于通风、干燥的地方，密闭或受潮会影响制品质量，通常在堆肥厂要求至少容纳 6 个月产量的贮藏设备。

8.4　堆肥化处理过程的几种组合形式

根据城市生活垃圾堆肥化系统有无预系统及其组合形式，堆肥化处理过程可分为以下几种形式，见图 8-6。

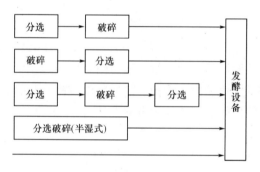

图 8-6　堆肥化系统常见的组合形式

各种组合形式均根据垃圾的成分、尺寸大小、资源化要求等，采用不同的发酵设备。例如，无锡机械化堆肥化处理技术采用第三种形式；天津大港机械化堆肥化处理技术采用第二种形式；而武汉、上海则采用第五种形式。

8.5　影响固体废物堆肥化的主要因素

影响堆肥化的主要因素有：通风供氧（需氧量），堆料的含水率，温度（最主要的发酵条件）、有机物含量、颗粒度、C/N、C/P、pH 等。

8.5.1　通风的作用及其控制

通风供氧是好氧堆肥化的基本条件之一,通风量的多少与微生物的活动程度、有机物的分解速率、物料的含水率以及物料颗粒的大小密切相关。一个良好的堆肥化系统，首先得具备提供足够供氧的能力；其次还要求能使氧气均匀地分布于物料各处来满足微生物氧化分解的需要；另外，还需要考虑通风与干化之间的关系。通风供氧的作用主要有以下几个方面。

8.5.1.1　氧化分解作用（理论需氧量或理论空气量）

理论需氧量或理论空气量即微生物氧化分解有机物需要的氧气（空气）量。需氧量主要取决于：堆肥原料中的有机物含量、挥发分含量（%）、可降解系数（分解效率，%）等。下面根据有机物氧化分解的关系式，推算理论需氧量和供料的可降解度。

$$C_aH_bN_cO_d+\frac{1}{2}(nz+2s+r-d)O_2 \longrightarrow nC_wH_xN_yO_z+sSO_2+rH_2O+(c-ny)NH_3 \quad (8\text{-}47)$$

式中，$C_aH_bN_cO_d$ 为堆肥原料成分；$C_wH_xN_yO_z$ 为堆肥产物成分；$r=1/2$ $[b-nx-3(c-ny)]$；$s=a-nw$；n 为降解效率（摩尔转化率）。下面用一例题说明理论空气量的求法。

【例 8-2】用一种成分为 $C_{31}H_{50}NO_{26}$ 的堆肥物料进行实验室规模的好氧堆肥化试验。试验结果：每 1000 kg 堆料在完成堆肥化后仅剩下 200 kg，测定的产品成分为 $C_{11}H_{14}NO_4$，试求 1000 kg 堆肥物料的化学计算理论需氧量。

解：（1）计算堆肥物料的摩尔质量：

$$M_{C_{31}H_{50}NO_{26}}=852 \text{ kg}\cdot\text{kmol}^{-1}$$

则其摩尔数为

$$n_0=\frac{1000}{852}=1.173(\text{kmol})$$

（2）堆肥产品的摩尔质量：

$$M_{C_{11}H_{14}NO_4}=224 \text{ kg}\cdot\text{kmol}^{-1}$$

据此，可求出每摩尔堆肥物料转化为堆肥产品的摩尔数为

$$n=\frac{200}{1.173\times224}=0.761$$

（3）由题可知：$a=31$，$b=50$，$c=1$，$d=26$，$w=11$，$x=14$，$y=1$，$z=4$，则

$$r=\frac{1}{2}\left[b-nx-3(c-ny)\right]$$
$$=0.5\left[50-0.761\times14-3(1-0.761\times1)\right]$$
$$=19.32$$
$$s=a-nw=31-0.761\times11=22.64$$

（4）求需氧量

$$W_{O_2} = \frac{1}{2}(0.761 \times 4 + 22.64 \times 2 + 19.32 - 26) \times 1.173 \times 32 = 781.6\,(\text{kg})$$

实际堆肥系统，通常提供超出计算需氧量 2 倍以上的过量空气，以保证充分的好氧条件。

一般，主发酵强制通风的经验数据为：静态堆肥取 $0.05 \sim 0.2\ \text{m}^3 \cdot \text{min}^{-1} \cdot \text{m}^{-3}$ 堆料；动态堆肥依试验确定。

8.5.1.2　通风的干化作用

所谓干化就是空气受到堆肥化物料的加热，不饱和热空气可以带走水蒸气而干化物料的过程。例如，在高温堆肥化后期，主发酵排出的废气温度较高，会带走堆肥中的水分而使物料干化。因此干化是氧化作用的一部分，干化与氧化（通风供氧）紧密相关，但完成两种过程所需的空气量不同。有时可同时满足两者的要求，有时则干化可能需要更多的空气量。如以含水率较高的物料进行堆肥时，则干化所需的空气量将大大增加。

8.5.1.3　调节堆肥化温度

通风可以使堆肥发酵系统向外散热，这对调节堆温，尤其是降温阶段的温度的控制十分重要。

8.5.1.4　通风方法与控制

堆肥化常用的通风方式有：①自然通风供氧；②向堆肥内插入通风管（用在人工土法堆肥工艺）；③利用斗式装载机及各种专用翻推机横翻通风；④风机强制通风供氧。

控制通风方式：因为通风量（需氧量）与堆料的水分、温度紧密相关，因此通常根据堆肥化过程中堆层温度的变化，用仪表反馈来控制通风量。

实践当中，可通过测定排气中氧的浓度来确定发酵仓内氧的浓度及氧的吸收率，排气中氧的适宜体积浓度应为 14%～17%，可以此指标来控制通风供氧量。

8.5.2　含水率

吸收水分是微生物赖以生存、维持其代谢生长的基础，水分是否适宜将直接影响堆肥化的发酵速率和腐熟程度，因此固体废物的含水率也是好氧堆肥化的关键因素之一。

固体废物的含水率主要取决于其物理组成。一般规律是：①有机物百分含量<50%时，最适宜含水率为 45%～50%；②有机物百分含量达到 60%时，最适宜含水率为 60%；③当无机物灰分多，物料含水率<30%时，微生物繁殖慢，分解过程迟缓，当

含水率<12%时，微生物繁殖会停止。

8.5.2.1　最大含水量

在堆肥化过程中，从透气性角度出发，当固体粒子内部细孔被水填满时的水分含量称为堆肥操作中最大含水量，也称极限水分。

如：禾秆的最大含水量为 75%~85%；锯末的最大含水量为 75%~90%；城市垃圾的最大含水量为 65%。垃圾不同组分的极限含水率用表 8-1 示出。

表8-1　垃圾各成分的极限含水率

种类	煤渣	菜皮	厚纸皮	报纸	破布	碎砖瓦	玻璃	塑料	金属
极限含水率/%	45.1	92.0	65.5	74.4	74.3	15.9	1.1	5.7	1.1

由表 8-1 数据可得到混合垃圾极限含水率计算表（见表 8-2）。

表8-2　垃圾极限含水率计算表

种类	植物	动物	纸类	布类	煤灰	砖瓦	塑料	金属	玻璃	合计
成分变化/%	7~20	0.3~0.7	0.5~1.5	0.1~0.5	70~85	3~4	0.2~0.3	0.3~1.2	0.2~0.4	
成分典型值/%	15	0.4	1	0.3	80	2.25	0.25	0.5	0.3	100
极限含水率/%	13.8	0.3	0.7	0.2	36.1	0.4	0.01	0.006	0.003	51.5

8.5.2.2　临界水分

临界水分是既考虑了微生物的活性需要，又考虑到保持孔隙率与透气性需要的综合指标。

因为，当含水率>65%时，水就会充满物料颗粒间的空隙，使空气含量下降，堆肥将由好氧向厌氧转化，温度也急剧下降，最终形成发臭的中间产物（如 H_2S、硫醇、NH_3 等）。因此，综合堆肥化各种因素可得到适宜的水分范围为 45%~60%，以 55%最佳。

8.5.2.3　堆肥物料含水率的调节与控制

1）当堆肥原料以城市垃圾为主时，若含水率偏低，则可配以粪水或污泥来调节水分含量。

2）含水率偏低时，还可以用一定量的回流堆肥来调节水分含量。

（1）回流法控制水分

图 8-7 中，X_c 为城市垃圾原料的湿重；X_p 为堆肥产物的湿重；X_r 为回流堆肥产物的湿重；X_m 为进入发酵混合物物料的总湿重；S_c 为原料中的固体含量（质量

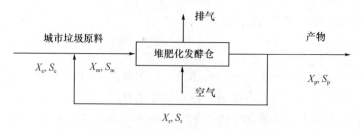

图 8-7　回流法控制水分物料流

分数），%；$S_p=S_r$ 为堆肥产物和回流堆肥的固体含量（质量分数），%；S_m 为进入发酵仓混合物的固体含量，%。

根据物料平衡，有

1）湿物料平衡式

$$X_c + X_r = X_m \qquad (8\text{-}48)$$

2）干物料平衡式

$$S_c X_c + S_r X_r = S_m X_m \qquad (8\text{-}49)$$

将式（8-48）代入式（8-49），得

$$S_c X_c + S_r X_r = S_m (X_c + X_r) \qquad (8\text{-}50)$$

$$X_r (S_r - S_m) = X_c (S_m - S_c) \qquad (8\text{-}51)$$

$$\frac{X_r}{X_c} = \frac{S_m - S_c}{S_r - S_m} \qquad (8\text{-}52)$$

令 $R_w =$ 回流产物湿重/垃圾原料湿重，称为回流比，即

$$R_w = \frac{X_r}{X_c} \qquad (8\text{-}53)$$

$$R_w = \frac{X_r}{X_c} = \frac{S_m - S_c}{S_r - S_m} = \frac{1 - S_c / S_m}{S_r / S_m - 1} \qquad (8\text{-}54)$$

令 $R_d =$ 回流产物干重/垃圾原料干重，即

$$R_d = \frac{S_r X_r}{S_c X_c} \qquad (8\text{-}55)$$

方程（8-50）两边同除以 $S_c X_c$，得

$$1 + R_d = \frac{S_m X_c}{S_c X_c} + \frac{S_m X_r}{S_c X_c} \cdot \frac{S_r}{S_r} = \frac{S_m}{S_c} + \frac{S_m}{S_r} R_d \qquad (8\text{-}56)$$

$$R_d \left(1 - \frac{S_m}{S_r}\right) = \frac{S_m}{S_c} - 1 \qquad (8\text{-}57)$$

$$R_d = \frac{(S_m/S_c - 1)}{(1 - S_m/S_r)} \qquad (8-58)$$

用式（8-54）和式（8-58）可分别计算以湿重和干重为条件的回流比。

（2）添加调理剂控制水分

若用调理剂控制堆肥混合物的水分，则只需将物料平衡及计算关系式中的 X_r 和 S_r 替换为 X_a 和 S_a 即可求解。其中，X_a 为有机调理剂的总湿重；S_a 为调理剂的固体含量（质量分数）。

【例 8-3】设污泥中加入回流堆肥和调理剂以控制湿度。选用的有机调理剂为锯末，其固体含量 $S_a=70\%$，脱水泥饼和回流堆肥中分别含 25% 和 60% 的固体。污泥饼、堆肥和调理剂比例按 1∶0.5∶0.5 湿重混合。试求：（1）混合物的固体含量（质量分数）；（2）若不用回流堆肥，要得到相同的混合物固体含量，所需调理剂的量为多少。

解：（1）求混合物的固体含量 S_m：

根据题意：$X_a=X_r$，$X_c=2X_r=2X_a$

而　　　　　$X_m=X_c+X_a+X_r$

故混合物的固体含量

$$S_m = \frac{S_a X_a + S_c X_c + S_r X_r}{X_m} = \frac{S_a X_r + S_c \cdot 2X_r + S_r X_r}{4X_r}$$

$$= \frac{S_a + 2S_c + S_r}{4} = \frac{0.7 + 2 \times 0.25 + 0.6}{4}$$

$$= 0.45$$

（2）若不用回流堆肥，要得到相同的混合物固体含量所需的调理剂的量可由

$R_w = \dfrac{X_r}{X_c} = \dfrac{S_m - S_c}{S_r - S_m}$ 计算。

因为没有使用回流堆肥物，可用 S_a 取代 S_r 为

$$R_w = \frac{X_a}{X_c} = \frac{S_m - S_c}{S_a - S_m}$$

$$= \frac{0.45 - 0.25}{0.70 - 0.45} = 0.80$$

故污泥和调理剂将按湿重 1∶0.80 的比例混合。因此，此时要得到同样的混合物固体量，则调理剂用量比有回流时的量大很多。

8.5.3　堆肥过程的温度及其控制

8.5.3.1　温度

对堆肥化过程来说，温度是影响堆肥化微生物活动和堆肥工艺过程的又一重

要因素。堆肥过程温度上升的热源，来自堆肥中微生物分解有机物进行分解代谢释放出的热量。

堆肥化过程温度的变化速率与氧气的供应状况、发酵装置及保温条件等有关。堆肥温度与微生物生长的关系如表 8-3 所示。

表 8-3　堆肥温度与微生物生长关系

温度/℃	温度对微生物生长的影响	
	嗜温菌	嗜热菌
常温~38	激发态	不适用
38~45	抑制状态	可开始生长
45~55	毁灭期	激发态
55~60	不适用（菌群萎退）	抑制状态（轻微）
60~70		抑制状态（明显）
>70		毁灭期

由表 8-3 可以看出：

1）堆肥温度既不能太低，也不能太高。低了反应速率慢，也不能达到热灭活、无害化要求。高温除反应速率快外，又可将虫卵、病原菌、寄生虫等杀灭，达到无害化要求。所以一般采用高温堆肥。

2）温度过高，当>70℃时，放线菌等有益菌将被杀死，不利于堆肥过程进行。因此，最适宜温度为 55～60℃。

8.5.3.2　温度与通风量的关系

发酵温度与通风量的关系见表 8-4，由表可以看出以下几点。

表 8-4　不同通风条件下发酵温度的变化（℃）

通风量	不同温度＼天数		1	2	3	4	5	6	7	8	9	10
0.02 $m^3 \cdot min^{-1} \cdot m^{-3}$	池内温度	上	11	12	38	49	49	41	33	39	41	42
		中	19	19	25	50	65	61	55	54	55	57
		下	13	32	39	56	56	66	61	60	61	55
0.2 $m^3 \cdot min^{-1} \cdot m^{-3}$	池内温度	上	60	70	72	78	76	64	62	62	58	40
		中	36	70	76	75	79	77	73	73	69	71
		下	40	65	71	73	71	75	73	73	70	71
0.48 $m^3 \cdot min^{-1} \cdot m^{-3}$	池内温度	上		48	60	61	62		59	51	55	
		中		58	66	72	74	77	72	72	74	
		下		26	34	42	50	76	71	50	50	

1）通风量为 0.02 $m^3 \cdot min^{-1} \cdot m^{-3}$ 时，堆层升温缓慢而且均匀，上层达不到无害化要求。

2）通风量为 0.2 m³·min⁻¹·m⁻³ 时，升温迅速，而且均匀，虽然由于热惯性，温度上限（70℃）被突破，但通过改善池底通风性、中间补加水等措施，温度可得到改善。

3）通风量为 0.48 m³·min⁻¹·m⁻³ 时，因为风量过大，大量热通过水分蒸发而散失，使堆温不适当地降低，不利于反应进行。另外，通风量大使能耗增加，从而增加处理成本。

因此，一次发酵平均通风量选为 0.2 m³·min⁻¹·m⁻³ 比较合适，且与前述静态堆肥所取的通风经验数据 0.05～0.2 m³·min⁻¹·m⁻³ 相符合。

8.5.3.3　堆肥过程中温度的控制

实际过程中，温度的控制是通过温度–通风反馈系统来完成温度的自动控制。

实际上，堆肥温度除与堆肥物料的成分、含水率、微生物活性、通风量等因素相关外，还与发酵装置的结构类型以及操作方式有关。例如，气固接触方式不同，发酵过程中的温度也不同，如图 8-8 所示。

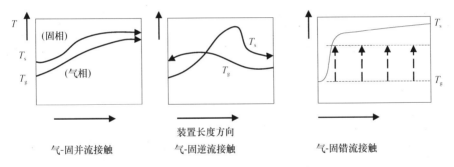

图 8-8　堆肥过程的气固接触方式

T_s 为固相温度；T_g 为气相温度

讨论：

1）若为并流操作，气固相温差小，出口温度高，此类型装置对水分蒸发有利，有较广的温度范围，装置内适宜温度不易控制。

2）若为气–固逆流接触，装置进口处反应速度快，固体物料温度升高，热效率好，但出口的气/固相温度皆低，带有水分少。此装置内温度也不易控制。

3）错流接触时，装置内各部分的通气量可通过阀门适当调整，易于控制适宜温度及热效率，也可带走水分，是实现适宜温度的最有利的装置形式。

8.5.4　有机质含量

研究表明，高温好氧堆肥化过程中，最适宜的有机物变化含量范围为

20%~80%，太小太大都不合适。

1）当<20%时，不能产生足够的热量来维持堆肥化过程所需要的温度，影响无害化；同时，还限制堆肥微生物的生长繁殖，最终导致堆肥工艺失败。

2）当>80%时，因为此时对通风量要求很高，往往达不到完全好氧而产生恶臭，也不能使好氧堆肥工艺顺利进行。

3）实践证明，在堆肥过程中适量的无机物（煤灰等）对增大堆肥的孔（空）隙率，提高通风供氧的效率很有好处。

8.5.5　颗粒度

堆肥化所需的氧气是通过堆肥原料颗粒的空隙提供的，而空隙的大小则取决于颗粒的大小。

物料颗粒的平均适宜粒度为 12~60 mm，当然最佳粒径随垃圾的物理特性而变化：

1）纸张、纸板的平均尺寸要求在 38~50 mm 之间；

2）材质较硬的废物粒度要求小些，在 5~10 mm 之间；

3）以厨房食品的垃圾为主的废物，其尺寸要大一些，以免破碎成浆状物料，妨碍好氧发酵；

4）从经济方面考虑，破碎得越小，动力消耗越大，增加处理费用。

8.5.6　碳氮比（C/N）

微生物生长不仅需要一定量的碳、氮元素（碳是生化反应的能量来源，是生物发酵过程的动力和热源；氮是好氧微生物的营养来源，用于合成微生物体，也是控制反应速率的主要因素），而且要求碳、氮之间有合适的比例，这一比例直接影响微生物分解有机物的速率。C/N 过高或过低都可能导致微生物活性不高，甚至无法存活，最终使堆肥化过程无法进行。研究表明，城市垃圾作为堆肥原料时，最佳的 C/N 为（26~35）：1。当堆肥化原料 C/N 不在此范围内时，需添加其他物料进行调节。表 8-5 列出了常见堆肥原料的 C/N。

表 8-5　各堆肥原料的 C/N

堆肥原料	锯木屑	秸秆	垃圾	人粪	牛粪	猪粪	鸡粪	下水污泥	活性污泥
C/N	300~1000	70~100	50~80	6~10	8~26	7~15	5~10	5~15	5~8

由此可见，当用秸秆、垃圾堆肥时，需添加 C/N 低的废物或氮肥，以使 C/N 调到较低水平。

1）C/N 太低（<20：1）时，可供消耗的碳素少，氮素养料相对过剩，则氮将变成铵态氮而挥发，导致氮元素大量损失而降低肥效。

2）C/N 太高（>40∶1）时，可供消耗的碳元素多，氮素养料相对缺乏，细菌和其他微生物的发展受到限制，有机物的分解速度就慢，发酵过程加长。

3）若 C/N 更高，则导致堆肥产品的 C/N 也高，施入土壤后，将夺取土壤中的氮素，影响作物生长。表 8-6 为不同 C/N 的堆肥化情况。

表 8-6　不同 C/N 的堆肥化情况

C/N	20∶1	30~50∶1	78∶1	80
所需时间/d	9~12	10~19	21	堆肥化难以进行

8.5.7　碳磷比（C/P）

除了 C、N 之外，P 也是微生物必需的营养之一。如垃圾堆肥时添加污泥就使污泥含有丰富的磷。堆肥化适宜的 C/P 为 75～150。

8.5.8　pH

pH 是微生物生长的一个重要的环境条件。适宜的 pH 可使微生物有效地发挥作用，使堆肥化得以顺利进行。通常 pH 在 7.5～8.5 时，可获得最大的堆肥化速率。同样当堆料的 pH 不在此范围时，可添加其他物料予以调节，如当 pH<7.5 时，可添加石灰。pH 在堆肥化过程中随着时间和温度的变化而变化。

8.6　堆肥化设备及工艺系统

随着堆肥技术在污泥、城市固体废物、庭院废弃物和食品废弃物等处理中的广泛应用，与之相关的堆肥设备得到了极大的发展。例如，采用强制通风静态垛系统，处理规模为 10 400 t 干污泥·a^{-1} 的堆肥工厂，总投资为 6 388 600 美元，其中设备费用为 4 380 200 美元；采用反应器堆肥系统（ASH Tunnel Reactor），处理规模为 18 t 干污泥·d^{-1} 的堆肥工厂，总投资为 114 700 000 美元，其中设备费用为 87 800 000 美元。堆肥设备包括物料处理、翻堆、反应器和除臭设备。

8.6.1　物料处理设备

物料处理设备包括粉碎、混合、输送和分离设备。

8.6.1.1　粉碎设备

该类设备主要有冲击磨、破碎机、槽式粉碎机、水平旋转磨和切割机，主要用来处理城市固体废弃物、废纸、波纹薄纸板、灌木和庭院废弃物等。可根据处理性能、维护要求、投资及运行费用选择这些设备。粉碎设备运行时最需要注意的是安全问题。

8.6.1.2　混合设备

该类设备主要有斗式装载机、肥料撒播机、搅拌机、转鼓混合机和间歇混合机。混合设备直接影响物料的结构，这关系到堆肥过程能否顺利进行。因此，混合设备是物料处理设备中最重要的一部分。

可从工程和经济两方面评价混合设备，工程评价内容主要是不同配比的物料混合物容重、孔隙率和空气阻力；经济评价包括设备投资和运行费用。经济评价表明：混合设备运行费用的大小依次为搅拌机>斗式装载机>移动式混合设备。

8.6.1.3　输送设备

该类设备的设计要考虑物料特性（质量、体积、密度和含水率）、输送路线及距离、输送机功能及参数、输送机投资及运行费用。它包括带式输送机、刮板输送机、活动底斗式输送机、螺旋输送机、平板输送机和气动输送系统。反应器堆肥系统宜采用螺旋输送机，不宜采用履带输送机。输送设备运行时遇到的主要问题是物料压实或堵塞、溢漏和设备磨损。

8.6.1.4　分离设备

分离设备有三个作用：回收物品、减少惰性废物和化学废物。污泥堆肥系统中的分离设备主要是筛分设备，常用的有滚筒筛、振荡筛、跳筛、可伸缩带筛、圆盘筛、螺旋槽筛和旋转筛。可根据处理性能、是否易堵塞、投资及运行费用选择筛分设备，分离效率是选择筛分设备的重要依据（分离效率须大于70%）。堵塞是筛分设备运行过程中遇到的最大问题，滚筒筛和跳筛较好地解决了这个问题。因成分复杂，城市固体废物堆肥系统需采用多种分离技术（表8-7）。

表 8-7　用于城市固体废弃物堆肥系统的分离技术

技术	分离物料
筛分	大：塑料膜、大纸张、硬纸板、其他杂物 中：可回收物品、大部分有机废物、其他杂物 小：有机废物、金属碎片、其他杂物
人工分拣	可回收物品、惰性废物和化学废物
磁分选	铁
涡流分选	有色金属
风选	轻物料、纸、塑料 重物：金属、玻璃、有机废物
湿选	漂浮物：有机废物、其他杂物 沉淀物：金属、玻璃、砂石、其他杂物
冲击分选	轻物料：塑料、未分解的纸张 中等重量物料：堆肥 重物料：金属、玻璃、砂石、其他杂物

8.6.2　翻堆设备

条垛堆肥系统的翻堆设备分为三类：斗式装载机或推土机、垮式翻堆机、侧式翻堆机。翻堆设备可由拖拉机等牵引或自行推进。中、小规模的条垛宜采用斗式装载机或推土机；大规模的条垛宜采用垮式翻堆机或侧式翻堆机。垮式翻堆机不需要牵引机械，侧式翻堆机需要拖拉机牵引。美国常用的是垮式翻堆机，而侧式翻堆机在欧洲比较普遍。这三类翻堆设备的优缺点见表 8-8。

表 8-8　不同翻堆设备的优缺点

	斗式装载机或推土机	垮式翻堆机	侧式翻堆机
优点	便宜，操作简单	条垛间距小，堆肥占地面积小	翻堆彻底，堆料混合均匀；条垛大小不受限制
缺点	堆料易压实；堆料混合不均匀；条垛间距应≥10 m，可利用的堆肥场地小	条垛大小受到严重限制，处理的物料少	易损坏，翻堆能力小

8.6.3　反应器堆肥化系统

根据反应器类型、固体流向、反应器的床层和空气供给方式进行分类：反应器堆肥系统可分为垂直固体流和水平及倾斜固体流两类。同条垛和强制通风静态垛堆肥系统相比，反应器堆肥系统具有堆肥产品质量高、操作人员少、有效的堆肥过程控制和臭味控制、空间限制少、环境影响小等优点。可根据处理性能、是否有大规模运行的经历、系统可靠性和灵活性、停机维修时间、投资和运行费用、生产厂家的售后服务选择反应器堆肥系统。反应器堆肥化系统不同，它们的通风方式及通风设备的参数也不同（表 8-9 和表 8-10）。

表 8-9　不同反应器堆肥化系统的通风参数

系统	风机类型	风机功率/(kW·m^{-3}堆料)	全压/Pa	空气必须通过堆体的直线距离/m	通风量/(m³空气·min^{-1}·m^{-3}堆料)
A	涡轮或容积式压缩机	0.052 68~0.210 72	6 895~20 685	平推流：6.3~7.5	0.025~0.10
B	轴流式风机	0.15 804	设计：1 723.75 操作：965.3~1 241.1	全混流：2.4~3.3	0.24~0.40
C	容积式压缩机	0.079 02	6 895~27 580	平推流：7.8	0.09
D	低压压缩机	0.105 36~0.210 72	2 964.85~4 481.75	全混流：1.8~3.3	0.24~0.40
E	低压压缩机	0.184 38	2 964.85	平推流：0.45~2.1	0.085~0.12
F	容积式压缩机	0.052 68~0.210 72	17 237.5	平推流：0.45~8.0	0.037~0.11

美国目前常用的反应器堆肥系统是：搅拌床反应器、水平推流反应器和垂直推流反应器；而间歇隧道堆肥系统在欧洲的应用却越来越多，它在城市固体废物、污泥等处理中得到了广泛的应用。一个典型的间歇隧道堆肥系统包括一个水泥箱

表 8-10　不同反应器堆肥系统的通风参数

系统	空气扩散方式	空气收集和洗涤	空气流向
A	PVC 管道上铺卵石,通风面积为 1/4(圆柱形反应器系统)或按要求而定	在圆柱形反应系统顶部通过负压收集,通过废水洗涤或按需而定的洗涤器	上流式
B	空孔镀锌金属板上铺卵石;在温度控制方式下通风面积最大(通风区为长方形)	在反应器内部不定期地洗涤;逆流洗涤	上流式或下流式
C	PVC 管道上铺卵石;每段 2 个通风区(有数段,通风区为长方形)	堆体顶部上铺设负压集气管,空气/废气(1/1)进入收集系统;按需洗涤	上流式或下流式
D	PVC 管道或不锈钢管上铺卵石;通风区为同心圆	正压或负压收集;按需洗涤	上流式
E	穿孔管上铺设穿孔不锈钢板;正压通风	穿孔管上铺设穿孔不锈钢管;负压收集;按需洗涤	空气流向在正压鼓风和负压抽风间容期、自动地改变;通风量满足生物降解的需求
F	穿孔混凝土板上铺设十字形扩散器	穿孔混凝土板上铺设十字形扩散器;负压收集;按需洗涤	在不同的 7 个通风处连续地鼓风和抽风

或钢箱(长 30~40m,宽 2~5m,高 3~5m);隧道的墙壁、顶部、门都是绝缘隔热的,底板采用穿孔水泥板或穿孔钢板,底板下面是风室或与孔相连的穿孔管;堆料停留 1~4 周,通常为 2 周;采用计算机控制通风系统。因此,堆体前后两端和上下层的温差分别为 2~3℃和 3~5℃。较高的投资和运行费用影响了它的广泛应用。

8.6.4　除臭设备

臭味问题关系到一个堆肥工厂能否正常运行,有效的臭味控制是衡量堆肥工厂成功运转的一个重要标志。控制臭味至少必须采取 5 种措施:①堆肥过程控制;②调查可能的臭味来源;③臭味收集系统;④臭味处理系统;⑤残留臭味的有效扩散。堆肥过程控制是减少臭味产生的关键因素,但不能完全有效地控制臭味。根据臭味来源的调查结果,建立适当的臭味收集和处理系统。臭味处理系统包括化学除臭器、生物过滤器等。化学除臭器包括:①去除氨气的硫酸部分;②去除氧化有机硫化物和其他臭味物质的次氯酸钠或氢氧化钠部分。实践中,常采用生物过滤器处理臭味。它的组成材料为熟化的堆肥、树皮、木片和粒状泥炭等,负荷为 80~120 $m^3 \cdot m^{-3} \cdot h^{-1}$,出气温度维持在 20~40℃,保持生物过滤器中过滤床一定的含水率(40%~60%,质量百分数),这是实现其最佳操作的关键。控制臭味的最常用综合措施是封闭堆肥设备、采用生物过滤器和进行过程控制。

8.6.5　堆肥设备发展趋势

8.6.5.1　家庭堆肥器

西雅图固体废物公用事业局于 1986 年在美国第一次实施家庭堆肥计划,标志着家庭堆肥的开始,该计划主要是采用堆肥技术处理庭院废弃物和食品废物。1995年,41%西雅图居民家庭实行了家庭堆肥,分流了约 8300 t 庭院废弃物,其中的82%堆肥用于庭院绿化。有研究表明,在 Ontario 的 Mississauga 地区,路边收集、集中堆肥和家庭堆肥的处理费用分别为 140 美元·t^{-1}、190 美元·t^{-1} 和 50 美元·t^{-1}。而且家庭堆肥可以减少试验区居民垃圾量的 3%~5%。同集中、大规模的堆肥系统相比,家庭堆肥具有显著的优点:费用低和固体废物源头减量化。在西雅图,用于食品废物的家庭堆肥器有两种:蚯蚓箱和锥形桶。过去常用的是蚯蚓箱,现在流行的是锥形桶,锥形桶高约 0.9 m,内有一个高度为 0.46 m 的篮子,它能容纳一个三口之家在 6~9 个月之内产生的食品废物。用于庭院废弃物的家庭堆肥器的大小有两种:0.34 m^3 和 0.59 m^3。制造家庭堆肥器的材料为木材、再生聚乙烯和不锈钢。

堆肥马桶适于无水或少水的地方,如大型堆肥马桶适于公园、高速公路、车站等,小型堆肥马桶适于轮船等。市售堆肥马桶分为自含式和集中式,这两类均可采用间歇或连续方式运行,材质为玻璃丝和聚乙烯。自含式堆肥器设置在马桶旁边,而集中式设置在地下室或建筑物的旁边。间歇运行的堆肥马桶含有 1个以上的室,当一个室盛满以后,便转到另一个室。它的好处是腐熟堆肥不会被新鲜的粪便污染;连续运行的堆肥马桶只有一个室,新鲜粪便和腐熟堆肥混在一起。

8.6.5.2　适于现场操作的小容量反应器

堆肥系统由于经济、臭味控制和场地的原因,大型反应器、强制通风静态垛和条垛堆肥系统受到了极大的限制,因此,适于现场操作的可移动、小容量反应器堆肥系统便应运而生。例如,英国 County Mulch Co.建造了两套可移动堆肥系统(容积为 30.584~38.23 m^3),形状类似滚式集装箱,进料采用斗式装载机,出料时吊车把集装箱吊起,物料从集装箱的后门倒出来。采用计算机控制温度和氧含量。虽然该类系统只出现了几年,但它在小型污水处理厂、食品行业、餐饮业、社区、学校、医院、研究所和商业团体等中得到越来越广泛的注意和应用。目前它主要用于食品废物处理。市售小容量反应器堆肥系统有箱式系统、搅拌仓和旋转消化器等。但目前最常用的是箱式堆肥系统,该系统可间歇或连续操作,具有良好的过程控制、投资和运行费用低、设备简单、易于操作和组装等优点,但它最大的优点是为那些没有足够场地的团体或单位提供了一种处理有机废物的技术。目前,美国和加拿大分别有 50 个和 25 个箱式堆肥系统运行。一个典型的箱式堆肥系统处理规模为 1~40 $t·d^{-1}$,由若干个箱子组成,其中 2 个箱子用作生物过滤器。为便于现场操作,混合设备和反应器与拖车连接。

总之，固体废弃物的源头越来越分散，产生的量也越来越多，那么堆肥设备应用的范围将逐步扩大。对于不同的固体废弃物，需采用和开发不同的堆肥设备。随着固体废弃物堆肥处理的发展，家庭堆肥器和小容量反应器堆肥系统应运而生。一方面，家庭堆肥器从源头减少了固体废弃物的处理量；另一方面，小容量反应器堆肥系统为那些没有足够场地和固体废弃物产生量少的团体提供了一种处理有机废物的技术。总之，堆肥设备的发展趋势是小型化、移动化和专用化。

8.7　堆肥腐熟度的评价指标

已经知道，固体废物的堆肥化是使废物中能分解的有机物借微生物分解、经腐殖化，最后达到稳定化的过程。

堆肥化过程进行到什么程度则可被认为已稳定化、腐熟化呢？腐熟度即是衡量堆肥进行程度的指标。腐熟度是指堆肥中的有机质经过矿化、腐殖化过程最后达到稳定的程度。

堆肥腐熟的基本含义为：①通过微生物的作用，堆肥的产品要达到稳定化、无害化，即对环境不产生不良影响；②堆肥产品的使用不影响作物的生长和土壤的耕作能力。

直观的判定标准：不再进行激烈的分解。如成品的温度较低（感），呈茶褐色或黑色（视），不产生恶臭（嗅），手感松软而碎。为制订堆肥质量及评价装置的性能，必须有科学定量的判定标准。

8.7.1　物理参数评价指标

1）堆肥后期温度自然降低；

2）不在吸引蚊蝇；

3）不在有令人讨厌的臭味；

4）出现白色或灰白色菌丝（由于真菌生长）；

5）堆肥产品呈现疏松的团粒结构；

6）高品质堆肥应是深褐色，均匀，并发出令人愉快的泥浆气味。

物理方法只能做出初步判断，难以进行定量分析。

8.7.2　化学参数作判定标准

作为腐熟度的判定标准的化学参数主要有：pH、COD、V_s、C/N 等。

1）pH：pH 随堆肥化的进行而变化，可作为评价腐熟程度的一个指标。发酵初期：pH：6.5～7.5；腐熟的堆肥：pH：8～9。

2）挥发性固体（有机质或全碳）含量（V_s）：随堆肥化过程进行，挥发性固体含量下降。一般，堆肥产品的 V_s 应小于 65%。

3）化学需氧量（COD）：腐熟后 COD 降低 85%，可信度良好。

4）C/N：未腐熟（35～50）∶1，腐熟后（10～20）∶1。

8.7.3　用工艺参数作为堆肥腐熟度判定标准

（1）温度

在堆肥化过程中，堆料的温度会经历升温、高温到降温的三个阶段，温度升高是因有机物分解释放能量所致。故可通过检测堆肥工艺过程的温度变化，来判断有机物降解及稳定化（或腐熟）情况。

（2）耗氧速率

堆肥化过程中，好氧微生物分解有机物时消耗氧并产生 CO_2，O_2 的消耗或 CO_2 的产生速率反映了有机物的分解程度和堆肥化的进行程度。因此，用好氧速率或 CO_2 的生成速率可判断堆肥的腐熟程度。

8.7.4　生物法评价指标

经验证明，仅用物理方法和化学分析方法评价腐熟度是不够的，必须结合生物分析的方法才可靠。该方法主要有以下两种。

（1）植物毒性法

用生物法测定堆肥的毒性，是检验堆肥化过程中有机质腐熟度最精确和最有效的方法。用草种 Gress 检验植物毒性，不仅可以检测堆肥样品中的残留植物毒性，而且能预计毒性的发展。植物毒性用发芽指数（GI）来评价。

$$GI(\%) = \frac{堆肥处理的种子发芽率 \times 种子根长}{对照的种子发芽率 \times 种子根长} \times 100\%$$

实际过程中，当 GI>50% 时，就可认为堆肥已腐熟，并达到无毒性要求。

（2）微生物评价法

堆肥化过程中存在着各种各样的微生物群落，这些微生物群落在堆肥化的不同阶段，其结构也随之相应变化。如在堆肥化初期（升温阶段），嗜温菌较活跃并大量繁殖，主要是蛋白质分解细菌和产氨细菌数量迅速增加，在 15 d 内达到最多，然后突然下降，在 30 d 内完成其代谢活动，在 60 d 时降到检测限以下；当堆肥化达到高温阶段时，嗜温菌受到抑制甚至死亡，嗜热菌则大量繁殖，期间堆肥中的寄生虫、病原菌被杀死，腐殖质开始形成，堆肥达到初步腐熟；在堆肥的降温阶段（腐熟期），则主要以放线菌为主。由此可见，在整个堆肥化过程中，微生物群落的演替能很好地指示堆肥的腐熟程度。

表 8-11 为较常用到的腐熟度判定指标及其数值。

表 8-11　堆肥腐熟度判定指标

试验项目	未腐熟原料	堆肥	
1. pH	6.5～7.5	8～9	原 pH 高者不适用
2. COD	COD 降低 85%		可信度良好
3. C/N	(35～50)：1	(10～20)：1	分析复杂
4. 总有机物	降低 38%	<65%	需样品量较多
5. 耗氧速率	降低 25%		可信度尚可
6. 外观	棕色、多纤维	黑色而脆	物理性质改变
7. 臭味	腐臭、恶臭	泥土味	

8.8　好氧堆肥化的未来展望

实践证明，成熟的堆肥是土壤的良好改良调节剂，同时提供有机质。Veerapan Chanyasak 等用紫外吸收（280 nm）和凝胶过滤等方法研究了垃圾堆肥的水提取物的成分，报道了其中含有氨基酸、低级脂肪酸、缩氨酸、多聚糖等成分。V. Miikki 等研究发现，污水污泥及生物类废物在堆肥后腐殖酸和富里酸的含量有所增加。

研究还发现多数堆肥中 N、P 元素的含量大大高于土壤，但其可利用率较低；K 的可利用性虽高于许多钾化肥，但其含量却低于大多数土壤；Xin-Tan He 等报道了城市固体废弃物堆肥中，绝大多数微量金属（除铅外）的含量低于 USEPA 规定的允许值，但高于大多数农业土壤。堆肥质量的某些不足正是堆肥销路不畅的原因之一。

因此，提高堆肥质量，进一步开发利用堆肥产品成了未来堆肥得以进一步发展的重要途径。首先，堆肥不仅作为土壤的调节剂，而且是一种新型的缓释肥源。成熟的堆肥中含有数量可观的腐殖质，是复杂的可降解的高分子有机胶体物质，除其中的胡敏素等对植物生长直接起促进作用外，施用于土壤后能提高土壤的交换容量和保湿性，有效地吸附植物生长所必需 N、P、K 及微量元素，保持土壤的持久肥力。其次，将堆肥工艺与其他方法紧密结合，进行堆肥产品的综合利用。如将蚯蚓养殖与堆肥相结合，进行所谓的蠕虫堆肥法，生产蚯蚓复合饲料，利用堆肥进行无公害蔬菜栽培等。

此外，形成包括堆肥、填埋、焚烧等工艺在内的固体废物处置的一体化系统，也是近年来初露端倪的新方向。堆肥的速度是关系到能否提高堆肥效益的重要因素，能否从微生物细胞入手，选择、培育能提高堆肥速度的菌种也是值得人们关注的新动向。

Giovanni Vallini 等最近甚至用淀粉填充的聚乙烯膜在控制条件下进行静态条形堆肥试验，发现在淀粉消耗的同时伴随着物料平均相对分子质量的减小和聚合物机械强度的降低，从中可以看到难分解塑料进行生物降解的希望。

理论研究和实际应用表明，堆肥技术定会成为城乡固体有机废物无害化和资源化的有效办法。

在国外，堆肥技术正在向着机械化、自动化的方向发展，而为了防止对环境的二次污染，堆肥也趋向于采用密闭的发酵仓方式。但在中国，囿于当前的经济现状，高度机械化、自动化的堆肥设备成本太高，不符合中国的国情。所以要在中国发展堆肥产业和堆肥技术，就必须去寻找一个成本较低、操作方便、维护性较好、真正适合中国国情的堆肥工艺和技术。

8.9　术　　语

（1）堆肥化（composting）

利用好氧微生物对有机废弃物进行高温发酵的生物氧化过程。

（2）堆肥（compost）

利用好氧微生物对有机废弃物进行高温发酵的无害化处理，并经腐熟而成的兼具有机肥效应和土壤改良剂的产物。

（3）无害化指标（harmless index）

生产的堆肥中限制病原微生物数量和重金属含量的卫生和环保要求。

（4）腐熟度（putrescibility）

反映堆肥的稳定化程度，可以用有机物降解程度和对植物产生的毒性程度表征。

（5）杂物（sundries）

堆肥中残留的未机械分选出的杂质，包括人造物质玻璃、硬塑料、金属、橡胶等杂物和小石块、小泥块等杂物。

思　考　题

1. 试述固体废物堆肥化的意义和作用？
2. 堆肥化原料的评价指标有哪些？范围是多少？
3. 简述堆肥产品的质量指标有哪些，以干基计量其数值各为多少？
4. 好氧堆肥化过程分为几个阶段，各阶段的温度范围和所需的时间各为多少？

5. 厌氧堆肥化过程分为几个阶段，各阶段的主要成分是什么？pH 如何变化？

6. 影响固体废物堆肥化的主要因素有哪些？

7. 好氧堆肥化过程的通风方式有哪几种？

8. 堆肥化过程最适宜水分范围是多少？

9. 为什么堆肥化过程最适宜温度确定为 55~60℃？

10. 简述三种气固接触方式各自的特点？

11. 堆肥化过程有机物最适宜含量范围为多少？

12. 简述堆肥腐熟度的化学参数判断指标有哪些？常用哪些工艺参数来判断堆肥腐熟度？

计　算　题

1. 有一酶催化反应，$K_m = 2 \times 10^{-3}$ mol·L^{-1}，当底物的初始浓度为 1.0×10^{-5} mol·L^{-1} 时，若反应进行 1 min，则有 2% 的底物转化为产物。试求：（1）当反应进行 3 min，底物转化为产物的转化率是多少？此时底物和产物的浓度分别是多少？ （2）当 $c_{S_0} = 1 \times 10^{-6}$ mol·L^{-1} 时，也反应了 3 min，$c_S = ?$ $c_P = ?$ （3）最大反应速率值为多少？

2. 拟采用堆肥化方法处理脱水污泥滤饼，其固体含量 S_c 为 30%，每天处理量为 10 t（以干物料基计算），采用回流堆肥（其 $S_r = 70\%$）起干化物料作用，要求混合物 S_m 为 40%。试用两种基准计算回流比率，并求出每天需要处理的物料总量为多少吨？

3. 使用一台封闭式发酵仓设备，以固体含量为 50% 的垃圾生产堆肥，待干至含 90% 固体后用调节剂，环境空气温度为 20℃，饱和湿度（水/干空气）为 0.015 g/g，相对湿度为 75%。试估算使用环境空气进行干化时的空气需要量。如将空气预热到 60℃（饱和湿度为 0.152 g/g）又会如何？

第4部分　处　　置

固体废物处置方法分为陆地处置（或地质处置）和海洋处置两大类。海洋处置分为深海投弃和海上焚烧，目前海洋处置已被国际公约所禁止；陆地处置分为土地耕作、永久贮存、土地填埋、深井灌注和深地层处置。目前固体废物处置主要以土地填埋为主，本书也将以该法为主进行介绍。本部分是重点掌握内容之一。通过学习，了解土地填埋场的基本构造和类型、填埋场中的化学反应特性和生物降解行为、气液污染物的迁移转化规律等；熟悉填埋气、渗滤液的产生机制和一般控制方法；了解填埋场垃圾的矿化过程特性以及开采、利用价值。初步掌握垃圾土地填埋场选址、设计、运行遵循的一般原则。

第9章　固体废物的土地填埋处置技术

9.1　概　　述

9.1.1　固体废物处置的基本原理和处置原则

9.1.1.1　处置过程中污染物的释放、迁移与转化

我们知道，固体废物中的污染物具有迟滞性，但在长期的地质处置过程中，因一系列相互关联的物理、化学和生物的作用，导致污染物不断释放出来进入环境。

（1）废物在处置过程中的反应

1）生物反应

a. 好氧：处置场中发生的生物降解过程，首先进行的是好氧生物反应，降解有机物产生 CO_2，此后进入厌氧消化降解过程。

b. 厌氧：填埋场的好氧过程只维持很短时间，废物中的氧一经耗尽，就开始进入厌氧降解过程，通过厌氧发酵将有机物转化为 CO_2、CH_4 和少量的 NH_3、H_2S 等。

2）化学反应

处置场的主要化学反应包括：

a. 溶解/沉淀：废物中原有的或经生物转化产生的可溶性物质，因雨水等进入处置场的废物层而溶解，产生高浓度有机物和高盐分浓度的渗滤液。而渗滤液中的某些盐类，因 pH 变化等原因又会产生沉淀反应。

b. 吸附/解吸：处置场产生的某些挥发性和半挥发性有机化合物，以及渗滤液中的有机和无机污染物，会被处置的固体废物和土壤吸附，而在某些条件下，也会发生解吸作用，使污染物进入气体或液体。

c. 脱卤/降解：有机化合物的脱卤、水解、化学降解。

d. 氧化还原：金属和金属盐的氧化还原作用。

3）物理反应

a. 蒸发/气化：废物中的水分、挥发性和半挥发性有机化合物通过蒸发、气化转入处置过程中所产生的气体。

　　b. 沉降/悬浮：渗滤液中的胶体物质，因重力的作用沉降或悬浮。

　　c. 扩散/迁移：如气体在处置场中的横向扩散和向周围环境的释放；渗滤液的迁移或渗入覆土的下层。

　　（2）污染物释放、迁移途径

　　废物处置场实际可看成一个生化或物化反应器（图 9-1）。

图 9-1　处置场污染物的迁移过程

　　当降雨和地表水通过渗透进入处置区时，一方面污染物溶解产生渗滤液；另一方面废物在达到稳定化之前，含污染物的气体会不断释放到环境中。处置场释放到环境中的渗滤液和气体污染物经迁移、转化造成水体污染、空气污染和土壤污染。

9.1.1.2　固体废物的处置原则

　　固体废物的最终安全处置原则有以下几个方面。

　　（1）区别对待、分类处置、严格管理的原则

　　根据固体废物对环境的危害程度和危害时间长短可分为以下六类。

　　a. 对环境无有害影响的惰性固体废物：如建筑垃圾；

　　b. 对环境有轻微、暂时影响的固体废物：如矿业渣、电厂粉煤灰、钢渣；

　　c. 在一定的时间内对环境有较大影响的固体废物：如城市生活垃圾；

　　d. 在较长时间内对环境有较大影响的固体废物：大部分工业固体废物；

　　e. 在很长时间内对环境有严重影响的固体废物：如危险废物、含有特殊化学物质的固体废物；

　　f. 在很长时间内对环境和人体健康有严重影响的废物：易溶难分解、易爆、放射性废物。

　　应根据废物的危害程度与特性，区别对待，分类管理。如此，既可有效控制主要污染危害，又能降低处置费用。

　　（2）将危险废物与生物圈相隔离的原则

　　固体废物，特别是危险废物和放射性废物，最终处置的基本原则是合理地、最大限度地使其与自然和人类环境隔离，减少有毒有害物质释放进入环境的速率和总量，将其对环境的影响降到最低程度。

（3）集中处置原则

固体废物实行集中处置，既可节省人力、物力、财力，利于管理，也是有效控制乃至消除危险废物污染危害的重要技术手段。

那么如何才能使所处置的废物及产生的污染物与环境相隔离呢？实际上，要完全做到废物与环境相隔离，阻断废物与环境相联系的通道，绝对不让环境中水分等物质进入处置场，而产生渗滤液和废气；然后再完全阻止产生的渗滤液和气体释放到环境中，这是非常困难的，几乎是不可能的。我们所能做的工作只能是：采用各种天然的或工程的措施尽量减少避免之。

9.1.1.3　多重屏障原理

为使将处置场污染物释放速率减至最小，必须：

1）将联系固体废物与环境的通道数量减至最少，也就是将环境中渗入处置场内的水分减至合适的限度；

2）尽可能将处置场内污染物与环境相联系的通道降到最少，使污染物释放的速度减至最小。

为此，必须通过各种天然或工程措施达到以上目的。利用天然环境地质条件而采取的措施，称为天然防护屏障；而采取的工程措施称为工程防护屏障。下面介绍三道防护屏障系统（图 9-2）。

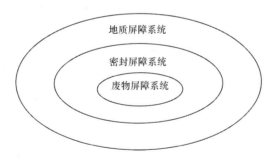

图 9-2　防护屏障示意图

（1）废物屏障系统

根据废物的性质进行预处理，包括固化或惰性化处理，以减轻废物的毒性或减少渗滤液中有害物质的浓度。

（2）密封屏障系统

利用人为的工程措施将废物封闭，使废物的渗滤液尽量少地突破密封屏障，而向外溢出。

（3）地质屏障系统

地质屏障系统包括场地的地质基础、外围和区域综合地质技术条件。良好的地质屏障系统应达到以下要求：

1）土壤和岩层较厚、密度高、均质性好、渗透性低，含有对污染物吸附能力强的矿物成分；

2）与地表水和地下水的动力联系较少，可减少地下水的入浸量和渗滤液进入地下水的渗流量；

3）从长远上讲，能避免或降低污染物的释出速率。

"地质屏障系统"决定"废物屏障系统"和"密封屏障系统"的基本结构。如果"地质屏障系统"优良，对废物有足够强的防护能力，则可简化"废物屏障系统"和"密封屏障系统"的技术措施。

9.1.2　地质屏障的防护性能

若要对地质屏障的防护能力做出评价，首先要了解处置场释放出的污染物在地质介质中的迁移速度和去除机制。

9.1.2.1　介质的渗透性及水的运移速度

（1）土壤的渗透性及水通量

土壤的渗透性是指空气或水通过土壤的难易程度。渗透性通常用水通量 q 来表示，水通量指单位时间流过的距离，即水通过地质介质的流动通量：

$$q = K \cdot i \tag{9-1}$$

式（9-1）称为达西公式。其中，q 为达西通量或水通量，$cm \cdot s^{-1}$；i 为水力坡度，$cm \cdot cm^{-1}$；K 为渗透系数或渗透率，$cm \cdot s^{-1}$。地质介质的渗透系数 K 是决定地下水运移速度和污染物迁移速度的重要参数。土壤结构越紧密，K 越小。

表 9-1 为不同渗透系数的渗透性能。表 9-2 为不同地质介质的渗透系数取值范围。

表 9-1　渗透性分级

渗透系数/（cm·s^{-1}）	分级	渗透系数/（cm·s^{-1}）	分级
>7×10^{-3}	非常快	1.4×10^{-4}～6×10^{-4}	稍慢
3.5×10^{-3}～7×10^{-3}	快	3.5×10^{-5}～14×10^{-5}	慢
1.7×10^{-3}～3.5×10^{-3}	稍快	<3.5×10^{-5}～10^{-5}	非常慢
0.6×10^{-3}～1.7×10^{-3}	中速		

（2）水的运移速度

土壤孔隙中水的运移速度 v 与孔隙的大小及数量有关，即

表 9-2　地质介质的典型渗透系数值

介质	渗透系数/（cm·s^{-1}）	介质	渗透系数/（cm·s^{-1}）
砾石	$10^{-3} \sim 10^{0}$	未风化的黏土	$10^{-12} \sim 10^{-6}$
砂	$10^{-5} \sim 10^{-2}$	碳酸岩	$10^{-9} \sim 10^{-2}$
淤泥状砂	$10^{-7} \sim 10^{-3}$	砂岩	$10^{-10} \sim 10^{-6}$
亚黏土	$10^{-9} \sim 10^{-6}$	黏土岩	$10^{-12} \sim 10^{-6}$

$$v = \frac{q}{\varepsilon_e} \qquad (9\text{-}2)$$

式中，ε_e 为土壤的有效孔隙率，cm^3·cm^{-3}。

9.1.2.2　污染物的迁移及吸附滞留

（1）污染物的迁移速度

污染物迁移与地下水的运移速度有关，且其迁移路线与地下水的运移路线基本相同。则污染物的迁移速率 v' 与 v 的关系为

$$v' = \frac{v}{R_d} \qquad (9\text{-}3)$$

式中，R_d 为污染物在地质介质中的滞留因子，无量纲。

$$R_d = 1 + \frac{\rho_b}{\varepsilon_e} k_d \qquad (9\text{-}4)$$

式中，ρ_b 为土壤的堆积容重（干），g·cm^{-3}；k_d 为污染物在土壤/水中的吸附平衡分配系数，mL·g^{-1}。

（2）地质介质对污染物的吸附阻滞作用

土壤中的有机质（腐殖质）和黏土颗粒带负电荷，因而，荷正电离子（阳离子），如铵、铅、钙、锌、铜、汞、铬（III）、镁、钾等可被土壤中的腐殖质或黏土吸附滞留；而荷负电的离子（NO_3^-、Cl^- 等）则不能被土壤所滞留，即负离子随土壤中的水一起迁移。

各种污染物被土壤吸附而阻滞的能力，可用土壤的阳离子交换容量（CEC）表示，CEC 越大，腐殖质和黏土含量越高，则滞留荷电组分的能力越强。

土壤的 CEC 可用每 100 g 土壤的毫克当量数表示，即 Meq·100 g^{-1} 土壤。如纯腐殖质的 CEC 为 200 Meq·100 g^{-1}。

由以上讨论可知，影响废物组分在土壤中迁移的主要因素有：①土壤的种类或结构；②土壤的渗透性；③土壤的阳离子交换容量（CEC）。这三者的关系可用图 9-3 表示。

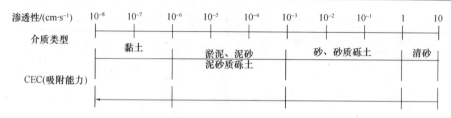

图 9-3　介质层渗透性与吸附能力的关系

黏结性岩石（黏土、亚黏土），其透渗性极小，表面带有很多的负电荷，能吸附大量的有害物质，对有害物质的滞留能力最强。

9.1.2.3　污染物在土壤中的降解

（1）生物降解作用

土壤中的有机污染物可被微生物分解而转化。有机污染物被生物降解后，浓度衰减的表达式为

$$c(t) = c_0 \exp(-kt) \tag{9-5}$$

式中，k 为反应速率常数，s^{-1}；c_0 为初始浓度；$c(t)$ 为 t 时刻的浓度。

（2）地质介质的屏障作用

地质介质的阻滞能力，包括污染物在地质介质中的物理衰变、化学反应和生物降解作用。

设地质介质的厚度为 L（m），则污染物通过所需的时间（迁移时间）为

$$t^* = \frac{L}{v'} = \frac{L}{v/R_d} \tag{9-6}$$

式中，v' 为污染物的迁移速率；v 为水的运移速度；R_d 为污染物在地质介质中的滞留因子。

污染物通过某些地质介质层后，其浓度衰减可表示为

$$c = c_0 \exp(-k't^*) \tag{9-7}$$

式中，c_0 为污染物进入地质介质前的浓度；c 为污染物穿透地质介质后的浓度（穿透后地下水的浓度）；k' 为污染物降解或衰变速率常数。

因此，对于在地质介质中既被吸附，又会发生衰变或降解的污染物，只要污染物在此地质层内有足够的停留时间，就可使污染物浓度降到所要求的浓度。

9.1.3　固体废物陆地处置的基本方法

陆地处置可分为土地耕作、永久贮存和土地填埋三大类。应用最多的是土地填埋处置技术。

9.1.3.1　土地填埋处置的特点

1）土地填埋处置是一种按照工程理论和土工标准，对固体废物进行有控管理的综合性的科学工程技术，而不是传统意义上的堆放、填埋。

2）处置方式上，已从堆、填、覆盖向包容、屏蔽隔离的工程贮存方向发展。

3）填埋处置工艺简单，成本较低，适于处置多种类型的固体废物。

9.1.3.2　分类

按填埋场地形特征分为：①山间填埋；②峡谷填埋；③平地填埋；④废矿坑填埋。

按填埋场地水文气象条件分为：①干式填埋；②湿式填埋；③干、湿式混合填埋。

按性质或状态分为：①厌氧性填埋；②好氧性填埋；③准好氧性填埋；④保管性填埋。

按固体废物污染防治法规分为：①一般性固体废物填埋；②工业固体废物填埋。

比较科学的方法是根据废物的种类，以及有害物释放所需控制水平进行分类：

1）一级填埋场：主要填埋惰性废物，如建筑垃圾，是最简单的一种方法。

2）二级填埋场：主要填埋矿业废物，如粉煤灰等。

3）三级填埋场：主要填埋在一段时间对公众健康造成危害的固体废物。主要处置城市垃圾，称为城市垃圾卫生填埋场。

4）四级填埋场：主要填埋工业有害废物（工业废物处置场），场地下部土壤要求渗透率 $K < 10^{-6}\,\mathrm{cm \cdot s^{-1}}$。

5）五级填埋场：也称危险废物土地安全填埋场，处置危险废物。对选址、工程设计、建筑施工、营运管理和封场后管理都有特殊的严格要求，$K < 10^{-8}\,\mathrm{cm \cdot s^{-1}}$。

6）六级填埋场：也称为特殊废物深地质处置库，或深井灌注。处置时，必须封闭处理液体、易燃废气、易爆废物、中高水平的放射性废物。

9.1.3.3　选址

选址必须以场地详细调查、工程设计和费用研究、环境影响评价为基础。总原则是：以合理的技术、经济的方案，尽量少的投资，达到最理想的经济效益，实现保护环境的目的。

考虑的因素：

1）运输距离：越短越好，但要综合考虑其他各个因素。目前长距离运输越来越多。

2）场址限制条件：场址位于居民区 1 km 以上（德国标准）。

3）可用土地面积：一个场地至少要运行 5 年。时间越短单位废物处置费用就越高。

4）出入场地道路：要方便、顺畅，具有在各种气候条件运输的全天候道路。

5）地形、地貌及土壤条件：原则上地形的自然坡度不应大于 5%，尽量利用现有自然地形空间，将场地施工土方减至最少。

6）气候条件：风的强度和风向等，要求位于下风向。

7）地表水文：所选场地须位于百年一遇洪水区之外。

8）地质条件：场地应选在渗透性弱的地区，K 值最好达到 $10^{-8} \mathrm{m \cdot s^{-1}}$ 以下，并有一定厚度。

9）当地环境条件：①应位于城市工农业发展规划区、风景规划区、自然保护区以外；②应位于供水水源保护区和供水远景区以外；③应备具较有利的交通条件。

10）地方公众：减少对公众的影响。

9.1.3.4 填埋场设计运行的环境法规要求

在我国建设部 1991 年颁布的《城市生活垃圾卫生填埋技术标准》中，对城市垃圾卫生填埋场场址限制、运行、设计、地下监测及保护、封场保护、封场及封场后的管理等，均确定了最小标准。

例如，要求填埋底部黏土衬层的厚度须＞1 m，且其渗透系数必须＜$10^{-7} \mathrm{cm \cdot s^{-1}}$，对封场后的填埋场必须细心照管 30 年。

9.1.3.5 场地的设计

选址后，就可按法规和标准进行设计。设计的内容一般包括场地面积和场地容积大小的确定；防渗措施，地下水保护以及逸出气体的控制等。

（1）场地面积和容积的确定

填埋场面积和容积的大小，与城市的人口数量、垃圾的产率、固体废物填埋的高度、废物与覆盖材料的比值以及填埋后的压实密度有关。

常用的设计参数为：① 覆土与填埋垃圾之比为 1：4 或 1：3；② 固体废物的压实密度为 50～700 $\mathrm{kg \cdot m^{-3}}$；③ 场地的容积至少可使用 20 年。

一年中需要填埋的固体废物的体积按式（9-8）计算：

$$V = 365 \times \frac{WP}{D} + C \qquad (9\text{-}8)$$

式中，W 为城市垃圾和无害废物的产率，$\mathrm{kg \cdot d^{-1} \cdot 人^{-1}}$；$P$ 为服务区内的人口总数，人；D 为填埋后垃圾的压实密度，$kg·m^{-3}$；C 为覆土体积，m^3；

若填埋高度为 H，则每年所需的场地面积为

$$A = V/H \ (m^2) \tag{9-9}$$

【例 9-1】一个 5 万人口的城市，平均每人每天产生垃圾 2.0 kg，若用填埋法处置，覆土与垃圾之比为 1∶4，填埋后废物的压实密度为 600 kg·m^{-3}，试求一年填埋废物多少立方米？占地面积为多少？（填埋高度为 7.5 m）

解：（1）确定填埋容积：

$$V = \frac{365 \times 2.0 \times 50\,000}{600} + \frac{365 \times 2.0 \times 50\,000}{600 \times 4} = 60\,833 + 15\,208 = 76\,401 \ (m^3)$$

（2）每年占地面积：

$$A = \frac{V}{H} = \frac{76\,041}{7.5} = 10\,138.8 \ (m^2)$$

如果运营 20 年，则填埋面积为

$$A_{20} = 10\,138.8 \times 20 = 202\,776 \ (m^3)$$

运营 20 年的总体积为

$$V_{20} = 76\,041 \times 20 = 1.5 \times 10^6 \ (m^2)$$

9.2　填埋场的基本构造和类型

按填埋废物的类别和填埋场污染防治原理，填埋场的构造分为衰减型填埋场和封闭型填埋场。城市垃圾的卫生埋场属衰减型，而处置危险废物的安全填埋场属封闭型。

9.2.1　自然衰减型填埋场

9.2.1.1　构造

一个理想的自然衰减型填埋场的基本结构（剖面）如图 9-4 所示。即其构造由填埋底部为黏土层、黏土层之下为含砂水层、含砂水层下为基岩所组成。

9.2.1.2　渗滤液的衰减过程

渗滤液的衰减过程可分为黏土层中的衰减和含水层中的衰减两阶段。

（1）黏土层中的衰减

渗滤液在此层内发生的降解作用有：①吸附/解吸；②离子交换；③沉淀/溶解；④过滤；⑤生物降解。发生以上这些作用（渗滤液与黏土层），渗滤液中有些污染物浓度降低，有些也可能升高。

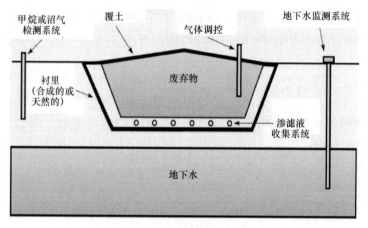

图 9-4　自然衰减型填埋剖面

1) 使渗滤液降低的因素主要有：①吸附；②离子交换；③沉淀；④过滤。它们使污染物迁移速度变慢，使浓度降低。

2) 使污染物浓度升高的因素有：①解吸；②离子交换；③溶解。它们使污染物的迁移速度加快。

3) 生物降解、化学降解和物理衰变，会使地下水中的污染物消失，当然也存在产生新物质的问题。

（2）含水层中的衰减

穿过黏土层进入含水层的渗滤液发生以下过程：

1) 首先发生混合、扩散（弥散）作用被地下水稀释；

2) 随地下水迁移过程中，与水层介质发生吸附、离子交换、过滤、沉淀等反应而衰减。

9.2.1.3　影响污染物自然衰减的因素

（1）介质层类型、厚度及水运移参数

1) 填埋场场地土壤类型（如砂土、黏土等）厚度及其成层排列对渗滤液的自然衰减有重要影响；

2) 渗滤液进入地下水的流速、含水层中的厚度以及地下水本身的流速，都会影响渗滤液组分在含水层中的稀释。

最适合于自然衰减的土壤地质层介质的离子交换容量为 30~40 Meq·100 g^{-1}，渗透率 K 为 $1 \times 10^{-4} \sim 1 \times 10^{-5}$ cm·s^{-1}。几种常见介质的离子交换容量见表 9-3。

表 9-3　几种介质的离子交换容量

介质类型	纯腐殖质	蒙脱土	高岭土	多数土壤
CEC /（Meq·100 g^{-1}）	200	90	80	10～30

（2）渗滤液流速

虽然渗滤液衰减反应动力学通过吸附、生物降解、离子交换和沉淀等作用支配着其衰减机理，但无论何种衰减机理均与渗滤液流速有关。

（3）渗滤液中的污染物

渗滤液中的污染物在土层中浓度降低的趋向是：①大多数金属能被黏土等矿物质吸附，吸附能力越强，污染物的迁移速度就越慢；②微量非金属物质只能部分被土壤吸附，迁移速度较快；③硝酸盐、硫酸盐和氯化物等常量物质，很少被土壤吸附，易穿透土层直接进入地下含水层；④BOD、COD 及挥发性有机物（VOC）在土壤中有一定吸附和生物降解；⑤土壤对微量浓度的放射性核素吸附能力较强，迁移速度较慢。

在包气带土层中发生的这些反应，使渗滤液–土壤系统的 pH 逐渐趋近于中性，铜、铅、锌、铁（部分）、铵、镁、钾、钠等因吸附或离子交换而浓度降低，但是，铵、镁、钾将置换出钙，从而增加渗滤液的总硬度，最终会显著增加填埋场附近地下水中硬度。同时，对于不发生生物降解、化学降解或物理衰变的污染物，其自土层的流出浓度随时间将会逐渐升高，最终会与渗滤液中浓度相同。只有会发生生物降解、化学降解或物理衰变的污染物，虽然其自土层的流出浓度随时间也会逐渐升高，但最终仍小于渗滤液中的浓度。

（4）含水层的渗透性及厚度

对渗滤液中不能被土壤吸附降解的污染物，含水层的渗透性要小，较合适的渗透率为：<1×10^{-3} cm·s^{-1}，厚度应尽可能小（如砂质含水层）。

若含水层中的渗透性大，则在同一水力梯度下，地下水的流速就快，有害物质在含水层中的传播速度也快，使有害物质的传播由静水时扩散，转变为流动状态的渗透弥散迁移，即大大加强了有害物质的传播速度和距离。对含水层厚度而言，若含水层很薄，则在地下水同一流速下，流经地下水的径流量就小，有害物质扩散效果就差；即使是渗透性很大的含水层，若其厚度很小，采取人工治理也很容易。

9.2.2　全封闭型填埋场

全封闭型填埋场的设计概念，是将废物和渗滤液与环境隔绝开，将废物安全保存相当一段时间（数十甚至上百年）。这类填埋场通常利用地层结构的低渗透性或工程密封系统，来减少渗滤液产生量和通过底部的渗透泄露渗入蓄水层的渗滤液量，将使地下水的污染减少到最低限度，并对所收集的渗滤液进行妥善处理处置，认真执行封场及善后管理，从而达到使处置的废物与环境隔绝的目的。

全封闭填埋场的基础、边坡和顶部均需设置由黏土或合成膜衬层，或两者兼备的密封系统，且底部密封一段为双衬层密封系统，并在顶部安装入渗水收排系统（SLCR），底部安装渗滤液收集主系统（LCRS）和渗漏渗滤液检测收排系统（LDCR）。在这类填埋场内，整个衰减过程是在废物中进行的，这些过程通常能减少渗滤液的有机负荷。在某些情况下，特别是含有难降解废物时，渗滤液的负荷也可以有所降低。

9.2.3　半封闭型填埋场

这种类型填埋场的设计概念实际上介于自然衰减型填埋场和全封闭型填埋场之间。半封闭型填埋场的顶部密封系统一般要求不高，而底部一般设置单密封系统和在密封衬层上设置渗滤液收排系统。大气降水仍会部分进入填埋场，而渗滤液也可能会部分泄露进入土层和地下含水层，特别是只采用黏土衬层时，更是如此。但是，由于大部分渗滤液可被收集排出，通过填埋场底部渗入下黏土层和地下含水层的渗滤液量显著减少，下黏土层的屏障作用可使污染物的衰减作用更为有效。

9.3　填埋场中的生物降解行为

9.3.1　填埋场垃圾的降解过程

垃圾的降解实质上是一个由多种细菌参与的多阶段复杂的生物化学过程，主要可分为以下 5 个阶段。

9.3.1.1　初始调整阶段

垃圾一旦被填入填埋场中就进入初始调整阶段。此阶段内垃圾中易降解组分迅速与填埋垃圾所夹带的氧气发生好氧生物降解反应，生成 CO_2 和 H_2O，同时释放一定的热量，垃圾温度明显升高。本阶段的主要化学反应如下：

碳水化合物：$C_xH_yO_z+(x+\frac{1}{4}y-\frac{1}{2}z)O_2 \longrightarrow xCO_2+\frac{1}{2}yH_2O+$ 热量

含氮有机物：$C_xH_yO_zN_v \cdot aH_2O+bO_2 \longrightarrow C_sH_tO_u+eNH_3+dH_2O+fCO_2+$ 热量

在此阶段的初期，除了微生物生化反应外，还包括许多昆虫和无脊椎动物（螨、倍足纲节肢动物、等足类动物、线虫）对易降解组分的分解作用。

9.3.1.2　过渡阶段

在此阶段，填埋场内氧气被耗尽，开始形成厌氧条件，垃圾降解由好氧降解过渡到兼性厌氧降解，此时起主要作用的微生物是兼性厌氧菌和真菌。

此阶段垃圾中的硝酸盐和硫酸盐分别被还原为 N_2 和 H_2S，填埋场内氧化还原电位逐渐降低，渗滤液 pH 开始下降。

9.3.1.3　酸化阶段

填埋场填埋气中 H_2 含量达到最大值，意味着填埋场稳定化已进入酸化阶段。在此阶段，对垃圾降解起主要作用的微生物是兼性和专性厌氧菌，填埋气的主要成分是 CO_2，渗滤液 COD、挥发性脂肪酸（VFA）和金属离子浓度继续上升至中期达到最大值，此后逐渐下降，同时 pH 继续下降至中期达到最低值（5.0 甚至更低），此后又慢慢上升。

此阶段可分为以下 6 个步骤进行：①将有机单体转化为氢、重碳酸盐以及乙酸、丙酸、丁酸等小分子酸类；②专性产氢产乙酸菌将还原的有机产物氧化成氢、重碳酸盐和乙酸；③同源产乙酸菌将重碳酸盐还原成乙酸；④硝酸盐还原菌和硫酸盐还原菌将还原的有机产物氧化成重碳酸盐和乙酸盐；⑤硝酸盐还原菌和硫酸盐还原菌将乙酸氧化成重碳酸盐；⑥硝酸盐还原菌和硫酸盐还原菌氧化氢原子。

9.3.1.4　甲烷发酵阶段

当填埋气中 H_2 含量下降至很低时，填埋场稳定化即进入甲烷发酵阶段，此时产甲烷菌将乙酸和其他有机酸以及 H_2 转化为 CH_4。

此阶段专性厌氧细菌缓慢却有效地分解所有可降解垃圾至稳定的矿化物或简单的无机物。这一过程的主要生化反应如下：

$$5n\,CH_3COOH \longrightarrow 2(CH_2O)_n + 4n\,CH_4 + 4n\,CO_2 + 热量$$

在此阶段前期，填埋气 CH_4 含量上升至 50%左右，渗滤液 COD 浓度、BOD_5 浓度、金属离子浓度和电导率迅速下降，渗滤液 pH 上升至 6.8～8.0；此后，填埋气 COD 浓度、BOD_5 浓度、金属离子浓度和电导率缓慢下降。

9.3.1.5　成熟阶段

当垃圾中生物易降解组分基本被分解完时，填埋场稳定化就进入了成熟阶段。此阶段，由于大量的营养物质已随渗滤液排出或生物降解，只有少量的微生物分解垃圾中的难生物降解物质，填埋气的主要组分依然是 CO_2 和 CH_4，但其产率显著降低，渗滤液常常含有一定量的难以降解的腐殖酸和富里酸。

9.3.2　填埋场固液相、液气相反应的特点

9.3.2.1　固液相反应的特点

垃圾降解，实际上就是各种微生物作用下的复杂有机物的生物分解。微生物的营养和代谢只有在酶的参与下才能正常进行。酶是在微生物体内合成，催化生物化学反应并传递电子、原子或化学基团的生物催化剂。微生物的种类繁多，其酶的种类也很丰富。

固体垃圾中生物可降解大分子有机化合物（纤维素、半纤维素、蛋白质），在微生物的作用下，水解成相对分子质量较小的有机化合物（多肽、多聚糖）；然后，此类相对分子质量较小的有机化合物，在其他微生物的作用下，进一步分解成相对分子质量更小的有机化合物（葡萄糖、氨基酸、长链有机酸）和少量 CO_2；最后，在各种产甲烷菌的控制作用下，乙酸、氢和部分二氧化碳转化为甲烷。

垃圾中可溶性有机化合物溶解于水，是以扩散为控制步骤的过程。固体分子溶进水中是很快的，但已溶分子离开固液界面，扩散到整个水中的速度比较慢。固体分子的扩散速度可用 Fick 扩散第一定律表示：

$$\frac{\mathrm{d}n}{\mathrm{d}t} = -DA \times \frac{\mathrm{d}c}{\mathrm{d}z}$$

$$\frac{\mathrm{d}c}{\mathrm{d}z} = \frac{(c - c_i)}{\delta}$$

式中，$\mathrm{d}n/\mathrm{d}t$ 为扩散速度，即单位时间内以垂直方向扩散通过固液界面积 A 的物质量；$\mathrm{d}c/\mathrm{d}z$ 为沿扩散方向的浓度梯度；A 为固液界面积；D 为扩散系数；c 为溶液体相浓度；c_i 为固液界面处溶液浓度；δ 为扩散层厚度。

由此可见，如将垃圾在填埋前进行破碎，则可增大固液相接触面积（即式中的固液界面积 A）使可溶性有机化合物更快地溶解于水，加快固体垃圾中生物可降解大分子有机化合物水解速度和垃圾渗滤液的产生，从而有利于垃圾的降解。同时，若填埋场内通过覆盖层渗透到垃圾层的雨水流动畅通，则可以通过增大溶液内部与固液界面处有机物的浓度差 $(c - c_i)$ 来提高扩散速率，有利于有机化合物扩散到水中，从而有利于固体垃圾中生物可降解物的分解。

9.3.2.2　液气相反应的特点

从可溶性有机化合物溶解于水后进行水解，到最后乙酸、氢和部分二氧化碳在各种产甲烷菌作用下转化为甲烷，此期间在垃圾渗滤液中所进行的各种分解反

应都是酶催化反应。此类酶催化反应明显的特点是：

1）催化活性好，催化剂效率高，催化效率比一般催化剂高 $10^6 \sim 10^{10}$ 倍；

2）酶催化反应的选择性非常高（即专一性），一种酶往往只对某一特定反应起作用；

3）酶促反应一般在常温下就能进行，其反应速度对温度和酸度等的变化很敏感，在温度稍高时，酶的失活作用增强，酶反应总速度下降，当温度达到 $50 \sim 60 ℃$ 时，大多数酶几乎完全失去活性，催化反应速度接近于零；

4）酶反应与酸度的关系也很大，每个酶反应都有一最适宜的 pH，pH 的升高或降低都将削弱催化活性。

上述的部分相对分子质量较小的有机化合物（多肽、多聚糖）分解成相对分子质量更小的有机化合物（葡萄糖、氨基酸、长链有机酸）和 CO_2，部分相对分子质量更小的有机物分解为乙酸和 CO_2 以及乙酸、H_2 和部分 CO_2 在各种产甲烷菌作用下转化为甲烷等反应又为气液反应，反应所产生的气体（CH_4 和 CO_2）分压的大小直接影响到反应物（多肽、多聚糖、葡萄糖、氨基酸、长链有机酸、乙酸）分解的速度。填埋场导气系统导气性能好，垃圾降解产生的 CO_2 和 CH_4 容易被导出，CH_4 和 CO_2 的气体分压易变小，从而有利于垃圾的降解。

9.3.2.3　垃圾成分的变化

垃圾填埋后，垃圾成分将随填埋年限的变化呈现出有规律的变化，纤维素、半纤维素含量不断下降，木质素转化为腐殖酸的过程十分缓慢，故其含量变化很小。粗蛋白质含量（总凯氏氮含量乘以 6.25）变化不大。研究表明，填埋 5 年以后粗蛋白含量为 3.52%，填埋 18 年以后粗蛋白含量仅下降为 2.33%。

9.3.3　卫生填埋场内的微生物种类

卫生填埋场内微生物主要分为三大类：第一类是水解细菌。Hungate 分离出了以下几种水解菌：①产琥珀酸拟杆菌属；②湖生（*lochheadii*）芽孢梭菌属；③柱孢梭菌属；④生黄瘤胃球菌；⑤白色瘤胃球菌落；⑥溶纤维丁酸弧菌。同时还分离出纤维素 β-1,4-葡聚糖酶，外 β-1,4-葡聚糖酶和纤维素二糖酶；并指出纤维素水解慢的原因主要与纤维素结构以及纤维素和木质素含量有关。

第二类为产氢产乙酸菌群。在卫生填埋场中，分离出产氢产乙酸菌的有布氏甲烷杆菌属和 G 株布氏属甲烷杆菌属等；产氢产乙酸菌群是将第一阶段发酵产物如丙酸等三碳以上的有机酸、长链脂肪酸和醇类等氧化分解成乙酸和分子氢。

第三类为产甲烷菌群。在卫生填埋场中，产甲烷菌群可分为杆状菌、球状菌和八叠球菌三类。杆状产甲烷菌通常呈弯曲、链状或丝状，此类细菌有史密斯甲烷短杆菌属、甲酸甲烷杆菌属、巴氏甲烷杆菌属、反刍甲烷短杆菌属、史密斯甲烷杆菌属及嗜热自养甲烷杆菌属等。球状产甲烷细菌直径为 $0.3\sim0.5~\mu m$，球形细胞呈正圆形或椭圆形，成对排列成链状。此类细菌有巴氏甲烷八叠球菌、以范尼氏甲烷球菌、沃氏甲烷球菌、马氏产甲烷球菌及嗜热无机营养甲烷球菌等。八叠球状产甲烷球菌，其细胞繁殖成规则、大小一致的类似砂粒的堆积物，有 227 巴氏甲烷球菌、巴氏甲烷八叠球菌、嗜热甲烷八叠球菌。

9.3.3.1 优势菌种

当反刍产甲烷短杆菌和甲烷八叠球菌共存时，优质菌种为甲烷八叠球菌，因为反刍产甲烷短杆菌对分子氢的亲和能力较低。当脱硫弧菌与甲烷细菌共存时，硫酸盐还原细菌利用游离氢还原硫酸盐成硫化氢比产甲烷细菌利用游离氢还原二氧化碳成甲烷的反应较容易。也就是说，脱硫弧菌和产甲烷菌之间既存在着能量协同联合作用，又存在竞争，当硫酸盐含量高时，产甲烷菌由于缺少可利用的分子氢而不能生存，脱硫弧菌为优势菌种。

9.3.3.2 不产甲烷菌和产甲烷菌

在卫生填埋场内，不产甲烷菌和产甲烷菌相互依赖，但又相互制约。不产甲烷菌通过其生命活动为产甲烷菌提供了合成细胞物质和产甲烷菌所需要的碳前体和电子供体、氢供体和氮源，而产甲烷菌充当厌氧环境中有机物分解中微生物食物链的最后一个生物体。

9.3.3.3 产甲烷菌数量与活性指标

对垃圾填埋场中的产甲烷菌的数量进行了测定，结果为每克垃圾产甲烷菌的数量在 $10^5\sim10^6$ 个之间，每克垃圾产氢产乙酸菌在 $10^7\sim10^8$ 个之间。辅酶 F_{420} 以一种低电位电子载体的形式存在，它的化学名称为 7, 8-二脱甲基-8-羟基-5-脱氮核黄素，其含量可以用分光光度计或荧光光度计测定。各种产甲烷菌中均含有辅酶 F_{420}，它的测定快速方便，相对代表了产甲烷菌的活性。

9.3.4 影响固体废物降解的因素

影响垃圾降解的因素分为两大类：一类是环境因素，包括温度、pH、湿度和氧化还原电势等；另一类是基本因素，包括微生物量、有机物组成、营养比等。

9.3.4.1 温度

微生物生长的温度范围很广，约为 $-5\sim85\text{℃}$。根据不同微生物生长温度，可将其分为低温型、中温型和高温型。垃圾的降解主要发生在中温和高温段。中温型最适为 18~35℃，最高为 40~45℃；高温型最适 50~60℃，最高 70~85℃。Robert K. Hanz 等研究了温度对填埋场垃圾试样产气的影响，结果表明，41℃是垃圾产气的最佳温度，而在 48~55℃之间，垃圾基本上不产气。

9.3.4.2　湿度

水作为营养物质、酶、胞外酶和气体的溶剂，以及在不同转化（水解过程）时作为化学有效物质，水的存在是微生物活动和厌氧降解成功的基本条件。垃圾卫生填埋过程中能承受的含水率范围较宽，为 25%~70%。含水量较高时，卫生填埋过程中容易形成恶臭，导致空气污染。卫生填埋场的恶臭问题也是公众关注的焦点问题。通常填埋场的渗滤液回灌能加速填埋场的稳定，这是 Federeck G. Poland，F. G. Poland 和 James O. Leckie 等通过大量实验得出的结论。George Tvhobanoglous 等认为垃圾降解的最佳含水率为 50%~60%，并给出了有充足水分和水分不充足条件下垃圾产气的比较，结果表明，垃圾含水率较高，产气量也较高。

9.3.4.3　pH

在卫生填埋过程中，垃圾中的有机物被微生物所降解，而产甲烷菌最适宜 pH 为 6.8~7.5，低于 6.8 或高于 7.5，产甲烷菌的活性均降低，且要求绝对厌氧。因为 pH 变化可以影响不产甲烷菌的活动，从而间接影响产甲烷菌。pH 高时会使 CO_2 浓度下降，而 pH 低时又会抑制细菌的活动。

9.3.4.4　垃圾中有机物组成

在垃圾厌氧降解中，为满足微生物生长的需要，垃圾中要有足够的碳、氮、磷存在，一般 C/N 宜在（10~20）∶1 之间，有机物去除量最大。若 C/N 值太高，则细菌生长所需的氮量不足，容易造成有机酸的积累，从而抑制产甲烷菌的生长。如 C/N 值太低，盐大量积累，pH 上升到 8 以上，也会抑制产甲烷菌的生长。另外，Morton A. Barlaz 等的垃圾质量平衡研究表明，垃圾中的糖分在厌氧条件下产生羧酸而引起 pH 下降，抑制垃圾的降解。因此，通过堆肥预先去除部分含糖量高的厨余垃圾将有助于填埋场内垃圾的降解。

9.4　渗滤液的产生及控制

渗滤液的污染控制是填埋场设计、运行和封场的关键性问题。

9.4.1　渗滤液的组成及特征

9.4.1.1　填埋场渗滤液的主要成分

主要成分有四类：①常见元素和离子，如 Cd、Mg、Fe、Na、NH_3、CO_3^{2-}、

SO_4^{2-}、Cl^- 等；②微量金属，如 Mn、Cr、Ni、Pb 等；③有机物，常以 COD、总有机碳（TOC）来计量；④微生物。

9.4.1.2　性质

1）色、嗅：呈淡茶色或暗褐色，色度在 2000～4000 之间。有较浓的腐化臭味。

2）pH：填埋初期 pH 为 6～7，呈弱酸性，随时间推移，pH 为 7～8，呈弱碱性。

3）BOD_5：随时间和微生物活动的增加，渗滤液中 BOD_5 也逐渐增加。一般填埋 6 个月～2.5 年，达到最高峰值，此后 BOD_5 开始下降，6～15 年稳定。

4）COD：填埋初期，COD 略低于 BOD_5，随时间推移，BOD_5 快速下降，而 COD 下降缓慢，使 COD 略高于 BOD_5。

渗滤液的生物可降解性用 BOD/COD 表示。当 BOD/COD≥0.5 时，渗滤液易生物降解；当 BOD/COD<0.1 时，难于降解。

5）TOC：其值一般为 265～280 $mg·L^{-1}$。BOD_5/TOC 可反映渗滤液中有机碳的氧化状态。初期：BOD_5/TOC 较高，随时间推移，渗滤液中的有机碳呈氧化态，BOD_5/TOC 降低。

6）总溶解固体：填埋初期，溶解性盐浓度可达 10 000 $mg·L^{-1}$，同时具有相当高的 Na^+、Ca^{2+}、Cl^-、SO_4^{2-}、Fe^{3+} 等，6～24 个月达高峰值，此后随时间增加，无机物浓度降低。

7）总悬浮固体（SS）：一般多在 300 $mg·L^{-1}$ 以下。

8）氮化物：氨氮浓度较高，以氨态氮为主，一般在 0.4 $mg·L^{-1}$ 左右，有时高达 1 $mg·L^{-1}$，有机氮占总氮的 10%。

9）重金属：生活垃圾单独填埋时，重金属含量较低。不会超过环保标准，但与工业废物或污泥混埋时，重金属含量增加，可能超标。

其实，渗滤液的化学组成是随时间变化的。有两层含义：①随填埋场使用年限的增加，渗滤液中各成分的浓度会发生较大的变化；②即使是新建的填埋场，在不同的时间段，渗滤液的成分也是变化的。

通常，当填埋场处于初期阶段时，渗滤液的 pH 较低，而 COD、BOD_5、TOC、SS、硬度、挥发性脂肪酸和金属的含量较高；当填埋场处于后期时，渗滤液的 pH 升高（6.5~7.5），而 COD、BOD_5、硬度、挥发性脂肪酸和金属的含量则明显下降。

9.4.2　来源

填埋场渗滤液的来源如下所述。

（1）直接降水

降水包括降雨和降雪，它是渗滤液产生的主要来源。影响渗滤液产生数量的降雨特性有降雨量、降雨强度、降雨频率、降雨持续时间等。降雪和渗滤液生成量的关系受降雪量、升华量、融雪量等影响。在积雪地带，还受融雪时期或融雪速度的影响。一般而言，降雪量的十分之一相当于等量的降雨量，其确切数字可根据当地的气象资料确定。

（2）地表径流

地表径流是指来自场地表面上坡方向的径流水，对渗滤液的产生量也有较大的影响。具体数字取决于填埋场地周围的地势、覆土材料的种类及渗透性能、场地的植被情况及排水设施的完善程度。

（3）地表灌溉

与地面的种植情况和土壤类型有关。

（4）地下水

如果填埋场地的底部在地下水位以下，地下水就可渗入填埋场内，渗滤液的数量和性质取决于地下水与垃圾的接触情况、接触时间及流动方向。如果在设计施工中采取防渗措施，可以避免或减少地下水的渗入量。

（5）废物中的水分

指随固体废物进入填埋场中的水分。包括固体废物本身携带的水分以及从大气和雨水中的吸附水量。入场废物携带的水分有时是渗滤液的主要来源之一。填埋污泥时，不管污泥的种类及保水能力如何，即使通过一定程度的压实，污泥中总有相当部分的水分变成渗滤液自填埋场流出。

（6）覆盖材料中的水分

随覆盖层材料进入填埋场中的水量与覆盖层物质的类型、来源以及季节有关。覆盖层物质的最大含水量可以用田间持水量（FC）来定义，即克服重力作用之后能在介质孔隙中保持的水量。典型的田间持水量，对于砂而言是 6%~12%，对于黏土质的土壤为 23%~31%。

（7）有机物分解生成水

垃圾中的有机组分在填埋场内经厌氧分解会产生水分，其产生量与垃圾的组成、pH、温度和菌种等因素有关。

渗滤液的来源及影响因素如图 9-5 所示。

9.4.3　控制渗滤液产生量的工程措施

9.4.3.1　入场废物含水率的控制

城市垃圾卫生填埋场一般要求入场填埋的垃圾含水率＜30%（质量百分数）。

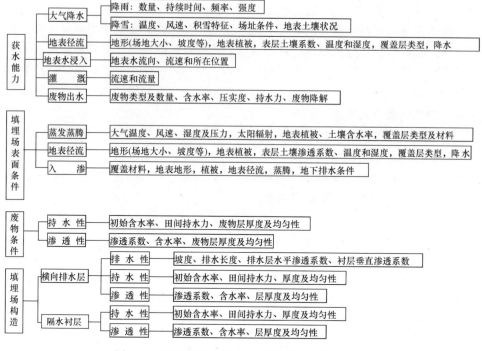

图 9-5　影响固体废物填埋场渗滤液产生量的因素

9.4.3.2　控制地表水的入渗量

地表水渗入是渗滤液的主要来源。因此对包括降雨、地表径流、间歇河和上升泉等的所有地表水进行有效控制，可减少填埋场渗滤液的产生量。

9.4.3.3　控制地下水的入渗量

有关法规规定，填埋场底部距地下水最高水位应＞1 m。具体有以下控制措施：①设置隔离层法；②设置地下水排水管法。

9.4.4　渗滤液产生量计算

9.4.4.1　水平衡计算法

（1）简单水量衡算法

对于运行中的填埋场，渗滤液年产量的计算式：

$$L_0 = T - E - \alpha W \tag{9-10}$$

式中，L_0 为填埋场渗滤液年产量，$m^3 \cdot a^{-1}$；T 为进入场内的总水量（降雨量+地表水流入量+地下水流入量），$m^3 \cdot a^{-1}$；E 为腾发损失总量（地表水的蒸发量+植物蒸腾量），$m^3 \cdot a^{-1}$；α 为单位质量废物压实后产生的沥滤水量，$m^3 \cdot t^{-1}$；W 为固体废物量，$t \cdot a^{-1}$。

（2）含水率逐层月变化法

$$Q = 0.0001 A_a \cdot PER_R + W_{GR} \qquad (9\text{-}11)$$

式中，Q 为整个填埋场渗滤液月产生量，$m^3 \cdot$ 月$^{-1}$；A_a 为填埋场的面积，m^2；PER_R 为通过固体废物层的水渗透率，$mm \cdot$ 月$^{-1}$；W_{GR} 为地下水的月入浸量，$m^3 \cdot$ 月$^{-1}$。

9.4.4.2　经验公式法

（1）年平均日降水量法

$$Q = 1000^{-1} CIA \qquad (9\text{-}12)$$

式中，Q 为渗滤液平均日产生量，$m^3 \cdot d^{-1}$；I 为年平均日降雨量，$mm \cdot d^{-1}$；A 为填埋场面积，m^2；C 为渗出系数，表示埋填场内降雨量中成为渗滤液的分数，其值随填埋场覆盖土性质、坡度而变化，一般，其值为 0.2～0.8，封顶的填埋场则以 0.3～0.4 居多。

Ehrig 对德国 15 个填埋场的观察结果表明，高压实填埋场（压实密度 $\geqslant 0.8\ t \cdot m^{-3}$）的渗出系数为 0.25～0.4；低压实填埋场（压实密度 $\leqslant 0.8\ t \cdot m^{-3}$）的渗出系数为 0.15～0.25。

（2）n 年概率降水量法

$$Q = 10 I_n [(W_{sr} \lambda A_s + A_a) K_r (1-\lambda) A_s / D] / N \qquad (9\text{-}13)$$

式中，I_n 为 n 年概率的年日平均降水量，$mm \cdot d^{-1}$；W_{sr} 为流入填埋场场地的地表径流流入率；λ 为由填埋场流入的地表径流流出率，0.2～0.8；A_s 为场地周围汇水面积，$10^4\ m^2$；A_a 为填埋场场地面积，$10^4\ m^2$；$1/N$ 为降水概率；D 为水从积水区中心到集水管的平均运移时间，d；K_r 为流出系数，$K_r = 0.01\ (0.002 I_n^2 + 0.16 I_n + 21)$。

9.4.5　渗滤液的处理方法

城市垃圾填埋渗滤液处理的基本方法有：①渗滤液再循环；②渗滤液蒸发；③处理后处置；④排往城市废水处理系统。

9.4.5.1　渗滤液再循环处理

该法是将渗滤液收集后再回灌到填埋场。作用过程：

1）将填埋场初期阶段渗滤液中存在的总溶解固体（TDS）、BOD、COD、氮和金属，通过填埋场内的生物作用和其他物理化学反应被稀释。

2）渗滤液中的简单有机酸将转换为二氧化碳和 CH_4，CH_4 的产生，使渗滤液的 pH 上升，金属将发生沉淀被保留在填埋场。

3）渗滤液循环有利于含 CH_4 的填埋场气体的恢复利用。

9.4.5.2　渗滤液的蒸发处理

是将渗滤液直接浇洒到地面而蒸发。英国采用比法较多。意大利则不采用此法，怕浇洒到地面的污水会导致地下水污染，蔬菜中毒。

9.4.5.3　排往城市污水处理厂处理

须注意在排往收集系统前，须进行预处理。否则渗滤液量太多，使城市污水厂出现污泥膨胀、铁沉淀等一系列问题。

9.4.5.4　渗滤液现场处理

处理填埋场渗滤液的方法与废水（污水）的处理方法相同，有：生物法、化学法、物理法和物理化学法。

（1）生物法

根据微生物的呼吸特性，生物处理可分为好氧处理和厌氧处理两大类。根据微生物的生长状态，废水生物处理可分为悬浮生长法（活性污泥法）和附着生长法（生物膜法）。

1）好氧生物处理。

a. 悬浮生长型（主要为活性污泥法）。主要有普通活性污泥法、完全混合式表面曝气法、吸附再生法等。

b. 生物膜法（附着系统）。主要有生物滤池、生物转盘、生物接触氧化法（在曝气池中放置填料作为载体），如生物流化床等。

2）厌氧生物处理。

a. 厌氧悬浮生长系统处理技术。主要有厌氧活性污泥法（消化池，搅拌悬浮）、升流式厌氧污泥床（UASB）等。

b. 厌氧附着生长系统处理技术。厌氧生物滤池、厌氧膨胀床（膨胀率10%~20%）、厌氧流化床（$\geqslant u_{mf}$）、厌氧生物转盘（转盘完全淹没水中）等。

3）自然生物处理法（利用天然的藻类共生系统净化水体）。包括好氧氧化塘（悬浮生长型）、厌氧塘（悬浮）、兼性塘、曝气塘。

（2）化学法

包括化学沉淀法，混凝法，中和法，氧化还原法等。

（3）物理法

包括格栅、筛网法，重力分离法（沉淀法），浮选（气浮法），离心分离法，砂滤池法等。

（4）物理化学法

包括萃取法（液-液），吸附法，离子交换法，电渗析法（在外加电场作用下，利用阴阳离子交换膜来对水中的离子选择性地透过，以达到分离净化的目的，如海水淡化），反渗透法，超滤法等。

按胶体科学的观点，各种废水，不管其来源、组成如何，以粒子尺度划分都可视为以水为分散介质的分散体系，因此，依分散相粒度的不同，可将废水分为：

1）粗悬浮颗粒体系：$d_S > 100\ \mu m$ 的粗大颗粒废水体系；

2）悬浮液体系：$100\ nm < d_S < 100\ \mu m$ 的悬浮液废水体系；

3）胶体溶液体系：$1\ nm < d_S < 100\ nm$ 的胶体废水体系；

4）真溶液体系：$d_S < 1\ nm$ 的真溶液废水体系。

因此，①对粒大颗粒体系，可通常筛滤、沉淀等除去挟带在水中的污染物；②对悬浮液体系，可通过重力沉降、离心沉降、过滤等方法除去；③对胶体体系，可采用混凝、超滤、纳滤等方法去除；④对溶解性污染物，可用反渗透、电渗析、反应分离等方法去除。

9.4.6　渗滤液处理方法的选择

渗滤液处理方法的选择，取决于渗滤液的特性和填埋场当地的地理和自然条件。

9.4.6.1　渗滤液特性

主要考虑的因素有：COD、TDS、SO_4^{2-}、重金属和非特殊有毒组分。例如：

1）若渗滤液的 TDS$> 500\ 000\ mg \cdot L^{-1}$，就不能用生物法处理。

2）若 COD 很高，不利好氧处理，则应选择厌氧处理。

3）若渗滤液中硫的浓度很高，会限制厌氧处理过程，因为生物降解含硫渗滤液会产生恶臭气体。

4）重金属的毒理性质也是生物处理过程要考虑的问题。

9.4.6.2　处理设施的大小

取决于填埋场的大小和填埋场的使用年限。如：对老式填埋场而言，需要考虑特殊有毒组分的存在。

9.5　填埋场气体的产生与控制

9.5.1　填埋场气体组成特征

填埋场气体（LFG）包括主要气体和微量气体。

9.5.1.1　主要气体组成

主要有：NH_3、CO_2、CO、H_2、H_2S、CH_4、N_2、O_2 等。表 9-4 为城市垃圾填埋场气体的典型组成。由表可知，CH_4 和 CO_2 是填埋场气体中的主要气体。

表 9-4　城市垃圾填埋场气体的典型组成

组分	NH_3	CH_4	CO_2	N_2	O_2	H_2S	H_2	CO	微量组分
体积百分数 /%	0.1~1.0	45~50	40~60	2~5	0.1~1.0	0~1.0	0~0.2	0~0.2	0.01~0.60

注：甲烷爆炸的浓度范围为 5%～15%

9.5.1.2　微量气体组成

主要为挥发性有机化合物（VOCs）。

9.5.2　填埋场气体的产生方式

9.5.2.1　主要气体的产生方式

填埋场主要气体的产生方式分 5 个阶段：

1）第一阶段：初始调整阶段。主要是废物中可降解有机物组分，在被放置到填埋场后，很快被生物分解而产生。

2）第二阶段：过程转移阶段（好氧向厌氧阶段转化）。此阶段的特点是氧气逐渐被消耗，厌氧条件开始形成并发展。

3）第三阶段：酸性阶段（产酸阶段），pH≤5。

4）第四阶段：产甲烷阶段（产甲烷菌），pH≈6.8～8。

5）第五阶段：稳定化阶段（成熟阶段）。

9.5.2.2　主要气体产生量的估算

（1）经验估算

典型的垃圾填埋场，每年的气体产生量约为 $0.06~\text{m}^3\cdot\text{kg}^{-1}$。若比较干旱，则产气量可降到 $0.03\sim0.045~\text{m}^3\cdot\text{kg}^{-1}$；若比较湿，产气量可上升到 $0.15~\text{m}^3\cdot\text{kg}^{-1}$。

（2）化学计量法

若用 $C_aH_bO_cN_d$ 表示除塑料以外的所有有机组分，则可采用下式来计算气体产生量

$$C_aH_bO_cN_d + \left(\frac{4a-b-2c+3d}{4}\right)H_2O \longrightarrow$$

$$\left(\frac{4a+b-2c-3d}{8}\right)CH_4 + \left(\frac{4a-b+2c+3d}{8}\right)CO_2 + dNH_3 \qquad (9\text{-}14)$$

9.5.2.3　化学需氧量法

$$L_O = W(1-\omega)\eta C_{COD}V_{COD} \qquad (9\text{-}15)$$

式中，L_O 为产气量，m^3；W 为废物质量，kg；η 为垃圾中的有机物含量（质量百分数），%（干基）；ω 为垃圾的含水率（质量分数），%；C_{COD} 为单位质量废物的 COD，$kg\cdot kg^{-1}$；我国垃圾的 $C_{COD}=1.2\ kg\cdot kg^{-1}$；$V_{COD}$ 为与单位 COD 相当的填埋场产气量，$m^3\cdot kg^{-1}$。

9.5.3　填埋场气体的运动

9.5.3.1　主要气体的运动

填埋场主要气体的运动与填埋场的构造及环境地质条件有关，其运动方式可分为：①向上迁移扩散；②向下迁移运动；③地下横向迁移运动。

（1）埋场气体的向上迁移

例如：填埋场中的 CO_2 和 CH_4 可通过对流和扩散释放到大气中。

气体通过覆盖层的扩散，可用 Fick 定律描述：

$$N_A = -D_z\frac{dc_A}{dz} \qquad (9\text{-}16)$$

式中，N_A 为气体 A 的通量，$g\cdot m^{-2}\cdot s^{-1}$；$D_z$ 为 z 方向的有效扩散系数，$cm^2\cdot s^{-1}$；c_A 为组分 A 的浓度，$g\cdot cm^{-3}$；z 为垂直方向的距离，cm。

假设浓度梯度是线性的，总孔隙度为 ε_t，覆盖层厚度为 L，则填埋场主要气体向上迁移的气体通量为

$$N_A = -\frac{D_z\varepsilon_t^{4/3}(c_{A_2}-c_{A_1})}{L} \qquad (9\text{-}17)$$

式中，ε_t 为总孔隙率，$cm^3\cdot cm^{-3}$；c_{A_1} 为覆盖层底面气体 A 的浓度，$g\cdot cm^{-3}$；c_{A_2} 为覆盖层表面气体 A 的浓度，$g\cdot cm^{-3}$。

（2）气体的向下迁移

CO_2 的密度是空气的 1.5 倍，是 CH_4 的 2.8 倍，有向填埋场底部运动的趋势，最终在填埋场的底部聚集。

CO_2 可通过扩散作用经衬里（层）向下运动，最后扩散进入并溶于地下水，与水反应生成碳酸，使地下水的 pH 下降，进而增加地下水的硬度和矿化度。

（3）气体的地下迁移

主要指横向迁移，主要气体的横向迁移会在离填埋场较远的地方释出气体，或通过树根造成的裂痕、人造或风化造成的洞穴、疏松层、人工线路造成的人工管道、地下公共管道造成的地表裂缝等途径释出，也有可能进入建筑物。例如：在未封衬的填埋场以外 400 m 处，仍发现甲烷和二氧化碳浓度高达 40%。

9.5.3.2　微量气体的运动

同样可根据 Fick 定律得到

$$N_i = -\frac{D\varepsilon_t^{4/3}(c_{iatm} - c_{is}\omega_i)}{L} \tag{9-18}$$

式中，N_i 为组分 i 的蒸气通量，$g \cdot cm^{-2} \cdot s^{-1}$；$D$ 为气体的弥散系数，$cm^2 \cdot s^{-1}$；ε_t 为土壤的总孔隙度，$cm^3 \cdot cm^{-3}$；c_{iatm} 为组分 i 在填埋场覆盖层顶的浓度，$g \cdot cm^{-3}$；c_{is} 为组分的饱和蒸汽浓度，$g \cdot cm^{-3}$；ω_i 为废物中微量组分 i 的实际比例因子；$c_{is}\omega_i$ 为组分 i 在填埋场覆盖层底的浓度，$g \cdot cm^{-3}$；L 为填埋场覆盖层的厚度，cm。

微量组分到达地面后，因为风吹和向空气中扩散，其浓度很低，所以 $c_{iatm} \approx 0$。则

$$N_i = \frac{D\varepsilon_t^{4/3}(c_{is} \times \omega_i)}{L} \tag{9-19}$$

实际野外测量时，将气体探针从填埋场顶部插入，探头正好到达覆盖层底部，得到 $c_{is}\omega_i$。进而计算得到气体的平均释放率。

9.5.4　填埋场气体处理系统

填埋场气体处理采用燃烧系统燃烧，即使有填埋气能源利用系统，亦要设置燃烧系统，以防止产能系统停运或出现故障时，能继续燃烧气体，控制其迁移。燃烧炉主要有两种形式：①蜡炬式燃烧器；②封闭式地面燃烧器。

9.5.5　填埋场气体利用技术

9.5.5.1　填埋场气体的能源回收系统

将填埋场气体转换成能源：①对于小装机容量，一般使用内燃发电机或汽轮机；②对于大装机容量，常使用蒸汽涡轮机。

需要注意，使用内燃发电机时，必须控制焚烧温度，防止 H_2S 产生腐蚀，或先除去 H_2S 再燃烧。

9.5.5.2　气体净化和回收

CO_2、CH_4 可以通过物理、化学吸附和膜分离法予以分离。

9.5.5.3　就地使用

采用管道回收填埋废气,从采集点输送到邻近的使用地。

注意在输送前必须进行干燥或过滤,去除冷凝液和粉尘,得到浓度约35%~50%的洁净甲烷气体。

9.5.5.4　管道注气

若无临近的使用者就采用管道输送。

填埋场气体利用技术将在资源化部分作详细介绍。

9.6　矿化垃圾的开采与利用

简单来讲,矿化垃圾是指填埋场埋入或堆放多年(大致南方地区在8~10年以上,北方地区至少10年以上)的城市生活垃圾(原生垃圾中不含或含量小于10%粉煤灰)。

我国现有几十座卫生和准卫生城市生活垃圾填埋场和一般堆场,已填入或堆放垃圾几千万吨。其中的一些垃圾经8~10年的降解后,基本上达到了稳定化状态,因而被称为矿化垃圾。我国一些大城市,如北京、上海、天津、广州等城市所堆存的矿化垃圾估计有几千万吨。在美国、日本、印度、印尼、马来西亚、中东等国家和地区,堆存的矿化垃圾数量也是十分庞大的。因此这些矿化垃圾的资源非常充足,可以认为是可循环的。同时矿化垃圾还含有大量的具有很强生存和降解能力的微生物。在填埋场中,这些微生物可降解诸如纤维素、半纤维素、多糖和木质素等难降解有机物,因此是一种性能非常优越的生物介质,只要条件合适,完全可用来降解废水中的有机物。

随着城市的发展,几乎每个城市的垃圾产生量都在增加,所需的填埋场面积越来越大。但对于寸土寸金的城市,要不断地提供新的填埋场以满足需要谈何容易。对此难题的一个解决办法就是把矿化垃圾从填埋场挖出,腾出的空间重新填入新垃圾。为此需要解决矿化垃圾的出路问题。目前其主要途径是作为肥料用于花草培植,还未见其他实际应用报道。

建设一座填埋场所需投资一般在4000万元以上,使用年限仅为10~15年。我国有些填埋场已使用多年,当中的一部分垃圾已成为矿化垃圾,完全可以开采利用,即把填埋场作为垃圾的中转处理场所,而不是最终的归宿。据研究报道,矿化垃圾开采、筛分后,一般有80%左右的垃圾可被利用,腾出的空间可再填埋新鲜垃圾;矿化垃圾除了作为优越的生物介质用于处理有机废水外,还是一种肥料,可用于种植草皮和树木。

随着我国经济、社会的高速发展和城市化的不断加快,"垃圾围城"的现象日益突出,全国所有城市均存在数量不同的垃圾堆场。随着城市规模的扩大,原来是垃圾堆场的地方,如今却要成为建设用地。解决这些堆存了上百万吨的垃圾出路,是堆场土地利用的前提(另外还有环境修复)。办法之一是把垃圾搬迁至现有填埋场,如上海市新龙华地铁站旁边的堆场,有关单位为了利用这个堆场的土地,花费巨额资金把一百万吨的矿化垃圾(该堆场已经封场多年)运至老港填埋场。虽然这个办法不是上策,但由于数量庞大的矿化垃圾还找不到出路,目前看来也只能这么做。因此,有关矿化垃圾的开采与利用研究,是很有意义的。

9.7　术　　语

(1) 卫生填埋 (sanitary landfill)

填埋场采取防渗、雨污分流、压实、覆盖等工程措施,并对渗沥液、填埋气体及臭味等进行控制的生活垃圾处理方法。

(2) 填埋库区 (compartment)

填埋场中用于填埋生活垃圾的区域。

(3) 填埋库容 (landfill capacity)

填埋库区填入的生活垃圾和功能性辅助材料所占用的体积,即封场堆体表层曲面与平整场底层曲面之间的体积。

(4) 有效库容 (effective capacity)

填埋库区填入的生活垃圾所占用的体积。

(5) 垃圾坝 (retaining dam)

建在填埋库区汇水上下游或周边或库区内,由土石等建筑材料筑成的堤坝。不同位置的垃圾坝有不同的作用(上游的坝截留洪水,下游的坝阻挡垃圾形成初始库容,库区内的坝用于分区等)。

(6) 防渗系统 (lining system)

在填埋库区和调节池底部及四周边坡上为构筑渗沥液防渗屏障所选用的各种材料组成的体系。

(7) 防渗结构 (liner structure)

防渗系统各种材料组成的空间层次。

(8) 人工合成衬里 (artificial liners)

利用人工合成材料铺设的防渗层衬里,目前使用的人工合成衬里为高密度聚乙烯(HDPE)土工膜。采用一层人工合成衬里铺设的防渗系统为单层衬里,采用两层人工合成衬里铺设的防渗系统为双层衬里。

（9）复合衬里（composite liners）

采用两种或两种以上防渗材料复合铺设的防渗系统（HDPE 土工膜+黏土复合衬里或 HDBE 土工膜+ GCL 钠基膨润土垫复合衬里）。

（10）土工复合排水网（geofiltration compound drainage net）

由立体结构的塑料网双面黏接渗水土工布组成的排水网，可替代传统的砂石层。

（11）土工滤网（geofiltration fabric）

又称有纺土工布，由单一聚合物制成的，或聚合物材料通过机械固结、化学和其他黏合方法复合制成的可渗透的土工合成材料。

（12）非织造土工布（无纺土工布）（nonwoven geotextile）

由定向的或随机取向的纤维通过摩擦和（或）抱合和（或）黏合形成的薄片状、纤网状或絮垫状土工合成材料。

（13）垂直防渗帷幕（vertical barriers）

利用防渗材料在填埋库区或调节池周边设置的竖向阻挡地下水或渗沥液的防渗结构。

（14）雨污分流系统（rainwater and sewage shunting system）

根据填埋场地形特点，采用不同的工程措施对填埋场雨水和渗沥液进行有效收集与分离的体系。

（15）地下水收集导排系统（groundwater collection and removal system）

在填埋库区和调节池防渗系统基础层下部，用于将地下水汇集和导出的设施体系。

（16）渗沥液收集导排系统（leachate collection and removal system）

在填埋库区防渗系统上部，用于将渗沥液汇集和导出的设施体系。

（17）盲沟（leachate trench）

位于填埋库区防渗系统上部或填埋体中，采用高过滤性能材料导排渗沥液的暗渠（管）。

（18）集液井（池）[leachate collection well（pond）]

在填埋场修筑的用于汇集渗沥液，并可自流或用提升泵将渗沥液排出的构筑物。

（19）调节池（equalization basin）

在渗沥液处理系统前设置的具有均化、调蓄功能或兼有渗沥液预处理功能的构筑物。

（20）填埋气体（landfill gas）

填埋体中有机垃圾分解产生的气体，主要成分为甲烷和二氧化碳。

（21）产气量（gas generation volume）

填埋库区中一定体积的垃圾在一定时间中厌氧状态下产生的气体体积。

（22）产气速率（gas generation rate）

填埋库区中一定体积的垃圾在单位时间内的产气量。

（23）被动导排（passive ventilation）

利用填埋气体自身压力导排气体的方式。

（24）主动导排（initiative guide and extraction）

采用抽气设备对填埋气体进行导排的方式。

（25）气体收集率（ratio of landfill gas collection）

填埋气体抽气流量与填埋气体估算产生速率之比。

（26）导气井（extraction well）

周围用过滤材料构筑，中间为多孔管的竖向导气设施。

（27）导气盲沟（extraction trench）

周围用过滤材料构筑，中间为多孔管的水平导气设施。

（28）填埋单元（landfill cell）

按单位时间或单位作业区域划分的由生活垃圾和覆盖材料组成的填埋堆体。

（29）覆盖（cover）

采用不同的材料铺设于垃圾层上的实施过程，根据覆盖要求和作用的不同可分为日覆盖、中间覆盖和最终覆盖。

（30）填埋场封场（closure of landfill）

填埋作业至设计终场标高或填埋场停止使用后，堆体整形、不同功能材料覆盖及生态恢复的过程。

思 考 题

1．简述固体废物的处置原则？

2．多重防护屏障包括哪些屏障系统，各起什么作用？

3．表示土壤渗透性的指标是什么，并说明与污染物迁移速度的关系？

4．影响污染物在土壤中迁移的主要因素有哪些？渗透性与吸附阻滞能力的关系？

5．固体废物陆地处置方式有哪些？

6．土地填埋处理处置的特点？

7．土地填埋按填埋场地形特征分为哪几种？

8．填埋场选址总的原则是什么？选址时主要考虑哪些因素？

9. 通常要求填埋场底部黏土的厚度为多少？对其渗透性的要求如何？

10. 填埋场大小的确定需要考虑什么因素？

11. 自然衰减型填埋场中渗滤液的衰减过程分几个阶段，各阶段发生哪些作用，其特点如何？影响自然衰减的因素是什么？

12. 渗滤液主要是由哪些因素造成的？

13. 控制渗滤液产生的工程措施有哪些？其作用如何？

14. 处理渗滤液的基本方法有哪些？各自的特点？

15. 渗滤液处理方法的选择主要考虑哪些因素？

16. 填埋场主要气体的产生分几个阶段？各是什么？

17. 填埋场主要气体的运动方式？

18. 微量气体运动哪些因素有关？

计　算　题

1. 一填埋场中污染物的 COD 为 10 000 mg·L^{-1}，该污染物的迁移速度为 3×10^{-2} cm·s^{-1}，降解速度常数为 6.4×10^{-4} s^{-1}。试求当污染物的浓度降到 1000 mg·L^{-1} 时，地质层介质的厚度应为多少？污染物通过该介质层所需的时间为多少？

2. 对人口为 5 万人的某服务区的垃圾进行可燃垃圾和不可燃垃圾分类收集，可燃垃圾用 60 t·d^{-1} 的焚烧设施焚烧，不可燃垃圾用 20 t·d^{-1} 的破碎设施处理；焚烧残渣（可燃垃圾的 10%）和破碎不可燃垃圾（不可燃垃圾的 40%）填埋；用破碎分选分选出 30% 的可燃垃圾和 30% 的资源垃圾。

已知每人每天的平均排出量为 800 g·人$^{-1}$·d^{-1}，其中可燃垃圾为 600 g·人$^{-1}$·d^{-1}，不可燃垃圾 200 g·人$^{-1}$·d^{-1}；直接运入垃圾量为 4 t·d^{-1}，其中的可燃垃圾为 3 t·d^{-1}，不可燃垃圾为 1 t·d^{-1}。求使用 15 年的垃圾填埋场的容量。（覆土量与填埋垃圾量之比为 1∶3，填埋压实密度为 1 t·m^{-3}）

第5部分 资 源 化

本部分在讨论固体废物的一般资源化技术（第10章）原理、资源化途径、资源化系统特性的基础上，重点介绍了典型固体废物（废弃塑料、橡胶、电池等）（第11章）、废弃电器电子产品（第12章）、生物质（第13章）等的处理和资源化。通过学习，了解和掌握一般资源化的过程特点和技术原理、资源化系统的技术框架和组成结构，为开发典型固体废物（如废弃电器电子产品、生物质等）的处理利用和资源化方法提供理论依据和技术指引。

第10章 固体废物的资源化

10.1 概　　述

10.1.1 固体废物的资源化

固体废物的处理处置技术，自20世纪80年代以来已有很大发展，处理处置的固体废物的量也在不断增加。但是，由于固体废物排放量的急剧增长，人们虽已投入了巨大的人力、物力和财力，但仍没有从根本上解决问题。实际上，我们所说的"废物"中含有许多可利用的资源，如能将它们分离出来并加以充分利用，实现固体废物的资源化，才是解决固体废物污染环境的根本途径。

固体废物的资源化是指对固体废物进行综合利用，使之成为可利用的二次资源。不少国家都通过经济杠杆和行政强制性政策来鼓励和支持固体废物资源化技术的开发和应用，从消极的污染治理转为回收利用，向废物索取资源，使之成为固体废物处理的替代技术措施。例如美国已建立了废物交换中心，服务于5000多个企业，使固体废物的综合利用率得到提高。许多国家的固体废物管理法规中也都强调了废物中有用资源和能源的回收利用，并且作为保护环境、保护自然资源的重要技术手段和政策。

亦应注意到，废弃物资源化的实现，是必须附加一定条件的。某种废弃物实现资源化的全成本如果高于资源化后产品的价值，就是垃圾；反之，如果低于全成本，则可能是资源。从热力学知，"熵"是物质世界无序性的量度。废弃物处于混乱状态，也就是无序程度高的状态，要将废弃物作为资源利用，必须使之向有规则排列的状态即有序状态转化——由"高熵"向"低熵"转化。自然界的一个基本定律：热力学第二定律告诉我们，物质世界的状态总是自发地由有序转变成无序，从"低熵"变到"高熵"，而不可能自发地从"高熵"向"低熵"状态转化。

比如废玻璃的再利用，首先要消耗社会劳动，将其分拣，集中到一个地方，同时要加入其他资源，如电、煤（"低熵状态"的物质）等；而伴随着废玻璃的再生利用，又会产生一定数量的其他废弃物（又是"高熵状态"的物质）。简单地说"垃圾是放错地方的资源"，实在太过于诗情画意了！在市场经济条件下，某种废弃物实现资源化的全成本如果高于资源化后产品的价值，就是垃圾；反之，如果低于全成本，则还有可能是资源。废品回收人员今天收与不收的界线，大体就是垃圾与资源的分界线。当然这种分界线随着废品市场的需求和价格波动在动态变化中。

10.1.2　资源化系统

固体废物的资源化和其他的生产过程相似，也是由一些基本过程所组成，我们把由这些基本过程所组成的总体系统称为固体废物的资源化系统。

资源化系统的构成如图 10-1 所示，根据循环经济的思想，整个系统可以分为两大类。第一类为前端系统，被应用于该系统内的有关技术，如分选、破碎等物理方法称为前端技术或前处理技术；第二类为后端系统，被应用于该系统的有关技术，如燃烧、热解、堆肥等化学和生物方法称为后端技术或后端处理技术。

10.1.2.1　前端系统

在资源化处理过程中，物质的性质不发生改变，是利用物理的方法，对废物中的有用物质进行分离提取型的回收。这一系统又可分两类，一类是保持废物的原形和成分不变的回收利用。例如，对空瓶、空罐、设备的零部件等只需经分选、清洗及简单的修补即可直接再利用。另一类是破坏废物，从中提取有用成分加以利用。例如从固体废物中回收金属、玻璃、废纸、塑料等基本原材料。

10.1.2.2　后端系统

它是把前端系统回收后的残余物质用化学的或生物学的方法，使废物的物性发生改变而加以回收利用。这一系统显然比前端系统复杂，实现资源化较为困难，成本也比较高。其中的生物学方法使废物原材料化、产品化而再生利用；另一类是以回收能源为目的，包括制得燃料气、油、微粒状燃料、发电等可贮存或迁移型的能源回收和燃烧、发电、水蒸气、热水等不能贮存或随即使用型的能源回收。对于物质回收和能源回收，有时不能截然区分，应用某一技术处理废物时，有时既能回收物质，又可回收能源，应视其主要作用而分类。

综上所述，资源化综合系统是由若干个分系统所组成，但它决不意味着是几个分系统的简单加合，还要考虑各分系统之间的相互作用，相互影响，从整体循环利用加以考虑。

另外有些固体废物如城市垃圾的处理，属于社会公益事业，除了从技术、经济等因素考虑之外，还要考虑到环境卫生、政治、人民生活等社会因素。所以在设计一个资源化综合处理系统时，要综合各方面的因素全面考虑，使固体废物的资源化和回收利用收到最佳效果。

在固体废物的资源化过程中，可处理和利用的固体废物的种类很多。本章将

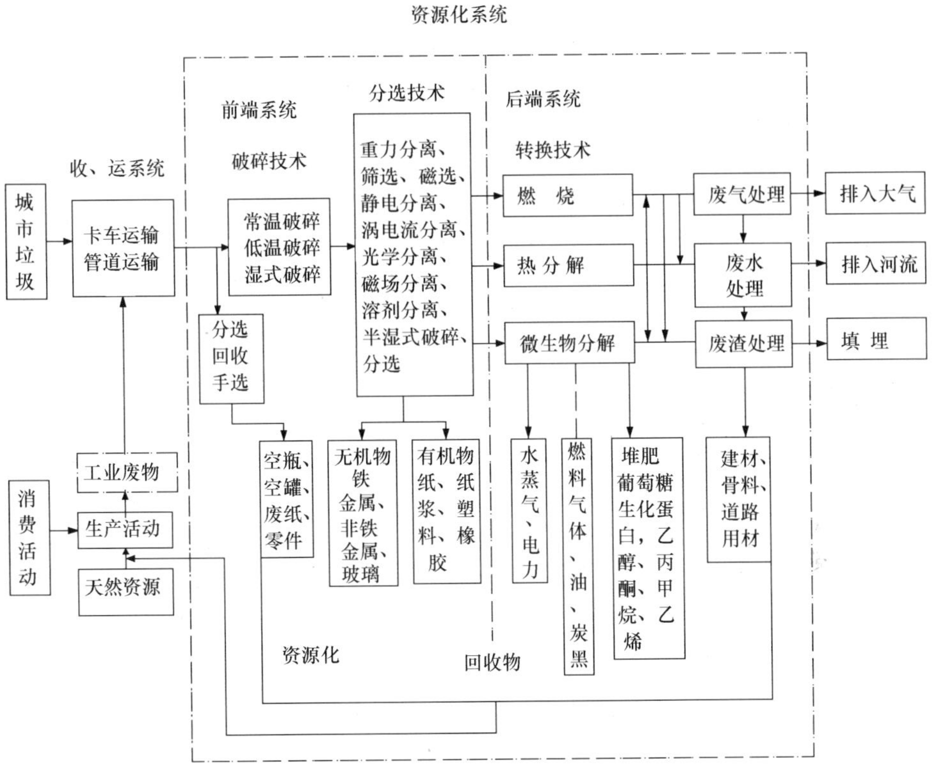

资源化系统

图 10-1　资源化系统图

根据我国的实际情况，将排放量较大、综合利用程度较高、技术上较为成熟的几类固体废物的综合处理利用的情况作一介绍。

10.2　城市固体废物的资源化

10.2.1　城市固体废物资源化途径

10.2.1.1　资源化途径概述

城市固体废物通过其所具有的可溶性、挥发性、迁移性进入环境，它们侵占土地，污染大气、水体和土壤，传播疾病，影响环境卫生。

我国的垃圾治理政策是：减量化、无害化和资源化。《城市生活垃圾处理及污染防治技术政策》中明确指出"应按照减量化、资源化、无害化的原则，加强对垃圾产生的全过程管理，从源头减少垃圾的产生量；对已经产生的垃圾，要积极进行无害化处理和回收利用，防止污染环境"。这充分体现了循环经济的理念。对已经产生的垃圾，则"无害化"是垃圾处理的基础，在实现"无害化"的同时，实现垃圾的"减量化"和"资源化"是我们追求的目标。

垃圾资源化方法有许多，从利用方式可分为两类，即循环再利用和通过工程手段回收利用，而通过工程手段回收利用又可分为加工再利用和转换再利用，图10-2列出了一些常用的资源化方法。

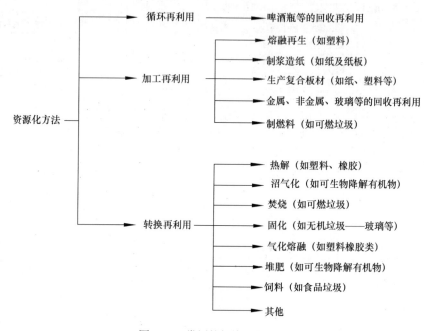

图 10-2　常用垃圾资源化方法

1）循环再利用：是指对垃圾中的有用物质的利用，如啤酒瓶的回收再利用；

2）加工再利用：是指对垃圾中的某些物质经过加压、加温等物理方法处理，其化学性质未发生改变的利用，如废塑料的熔融再生，用废塑料、废纸生产复合板材等；

3）转换再利用：是指利用垃圾中某些物质的化学和生物性质，经过一系列的化学或生物反应，其物理、化学和生物性质发生了改变的利用，如垃圾的焚烧、堆肥等。

显然，在上述垃圾资源化方式中以"循环再利用"最为简便易行，只需增加很少的设备和人力，但其对再利用物的单一性有要求，一般只能通过多源头回收获得；"加工再利用"次之，它需要增加一定的设备，加工再利用物可以是一种物质也可以是几种物质的混合物，可以通过源头回收获得，也可以通过一些分选设备获得；"转换利用"要经过化学或生物反应，其工艺过程较难控制，设备较为复杂，二次污染控制措施较难实现，但由于垃圾的特殊性决定了垃圾完全的分类是不可能的，最终仍会有大量的混合垃圾，而"转换再利用"中的大部分技术可适用于混合垃圾，因而被广泛采用。

从垃圾产生的源头最大限度地分类回收垃圾是垃圾资源化最有效的方法，也是其他资源化方法能够顺利实施的基础。在垃圾产生的源头通过分类回收，将可直接回收利用的物质通过一定的回收渠道回收，作为再生产原料而不进入垃圾，如丢弃的大量塑料可以再生利用，废旧报纸、废弃办公用纸可送往造纸厂直接制浆造纸，这样既减少了垃圾处理总量，又由于没有进入垃圾，污染小、再利用成本低。在选择资源化的方法时，通过源头分类回收实现垃圾的"循环再利用"是最经济、污染最小、最简便的方法，是首选方案。

通过一系列的工艺技术、工程手段，在实现了垃圾无害化的前提下，实现垃圾的资源再循环，也是有效的垃圾资源化方法。如利用垃圾具有一定的热值这一物性条件，将垃圾焚烧，在高温燃烧下，垃圾中有毒有害的病源微生物等被彻底杀灭，有机物变成稳定的无机物，同时体积、质量大大减小，实现了垃圾的无害化、减量化；燃烧反应产生的热能经回收加以利用，又实现了垃圾的资源化。在这类资源化方法中，"加工再利用"由于设备简单，再利用成本较低、污染较小，也是应大力提倡和优先考虑的；而"转换再利用"由于可供选择的方法较多、适应性较广，但也要在充分考虑垃圾的物性，特别是各种资源化方法对垃圾物性的要求后作出合理选取。表 10-1 列出了几种典型垃圾资源化方法对垃圾的物性要求。

表 10-1　垃圾资源化处理技术对垃圾的物性条件要求

项目	垃圾物性条件	相应政策和标准
垃圾堆肥	垃圾堆肥适用于可生物降解的有机物含量需大于 40%	城市生活垃圾处理及污染防治技术政策
	堆肥原料符合：含水率 40%~60%；有机物含量 20%~60%；碳氮比（20∶1）~（30∶1）；重金属含量符合 GB 8172—87	CJJ/T 52—1993
	适宜堆肥原料特性：密度一般为 350~650 kg/m³；组成成分（湿重）中有机物含量不少于 20%；含水率 40%~60%；碳氮比（20∶1）~（30∶1）	CJ/T 3059—1996
垃圾焚烧	适用于进炉垃圾平均低位热值高于 5000 kJ/kg	城市生活垃圾处理及污染防治技术政策
	危险废物不得进入生活垃圾焚烧厂处理	GWKB 3—2000
垃圾填埋	对填埋物要求：含水量、有机成分、外形尺寸应符合当地具体填埋工艺要求	CJJ 17—2001
	进入生活垃圾填埋场的填埋物应是生活垃圾	GB 16889—1997，CJJ 17—2001

当然，也必须看到除在垃圾产生的源头回收利用物质外，垃圾是多种物质的

混合物，因而会造成诸如塑料、纸张等上沾满油、灰土等污染现象，而"循环再利用"、"加工再利用"和"转换再利用"中的部分技术对废物的清洁程度要求较高，废物的清洁程度直接影响到资源化产品质量，进而影响其经济性，制约了这些资源化方法的利用。

10.2.1.2　城市固体废物资源化途径

从上面分析可见，实现城市固体废物资源化途径主要有 3 大类：以废物回收利用为代表的物理法和以废物转换利用为代表的化学、生物法。

（1）废物回收利用

回收垃圾中废品的方法包括：垃圾分类收集和废品回收以及混合垃圾分选回收。

1）垃圾分类收集和废品回收

a. 垃圾分类收集。垃圾分类收集是在垃圾产生源头按不同组分分类的一种收集方式。随着经济的发展，我国垃圾组分及其含量在不断地发生变化，表 10-2 为中国城市 1985～2000 年生活垃圾的成分统计结果。由表 10-2 可看出，中国城市生活垃圾的成分具有如下特点：①垃圾中的有机物（主要包括厨余物、纸类、塑胶、织物、竹木等）所占比例由 1985~1990 年的 27.54%上升到 1996 年的最大值（57.15%），但近些年上升的势头减缓，约占 50%左右；②垃圾中无机物（灰、土、砖、瓦、石块等）所占比例与有机物相反，基本呈下降趋势；③垃圾中可回收物（纸、塑胶、织物、竹木、金属、玻璃等）所占比例有大幅增长，其平均值由 1991 年的 11.70 %上升到 2000 年的 26.62%，增长了 1 倍以上；④垃圾中可燃物成分增加，热值有所提高。其中，塑胶类增长最快，其平均值由 1991 年的 2.77%增长到 2000 年的 11.49% ，增长了 3 倍以上；其次为纸类，其平均值由 2.85%增长到 6.64% ，增长了 1 倍以上。这些结果充分表明垃圾分类收集的必要性。实践证明，垃圾分类收集不仅能降低垃圾中废品的回收成本，提高废品回收率和回收废品质量，促进资源化，也有利于垃圾处理。

表 10-2　城市生活垃圾组成成分

城市数量/座	年份	湿基成分/%									水分/%
		厨余物	纸类	塑料橡胶	织物	木竹	金属	玻璃	砖瓦陶瓷	其他	
57	1985~1990	27.54	2.02	0.68	0.70		0.54	0.78	67.76		
68	1991	59.86	2.85	2.77	1.43	2.10	0.95	1.60	25.03	3.41	41.06
72	1992	57.94	3.04	3.30	1.71	1.90	1.13	1.79	25.90	3.28	40.68
67	1993	54.25	3.58	3.78	1.71	1.83	1.08	1.69	27.76	4.32	41.61
75	1994	55.39	3.75	4.16	1.90	2.05	1.16	1.89	25.69	4.00	40.71

续表

城市数量 /座	年份	湿基成分/%									水分/%
		厨余物	纸类	塑料橡胶	织物	木竹	金属	玻璃	砖瓦陶瓷	其他	
69	1995	55.78	3.56	4.62	1.98	2.58	1.22	1.91	23.71	4.64	39.05
82	1996	57.15	3.71	5.06	1.89	2.24	1.28	2.07	22.31	4.27	40.75
67	1999	49.17	6.72	10.73	2.10	2.84	1.03	3.00	21.58	3.26	48.15
73	2000	43.60	6.64	11.49	2.22	2.87	1.07	2.33	23.14	6.42	47.77

建设部已选择北京、上海、广州等 8 个垃圾分类收集起步较早，有一定基础和良好社会支持环境的城市作为试点，首先开展生活垃圾的分类收集。尽管我国的垃圾分类收集工作还处于试点阶段，但人们已经认识到垃圾分类收集的必要性和重要性，并认真总结试点经验，为全面实现垃圾分类打下良好的基础。

b. 废品回收。我国传统的做法是城市居民通常将生活中产生的有价值的废物挑选出来出售，而将其余废物扔到垃圾桶中，采用混合收集方式收运垃圾。这种直接回收废品方式，对从源头减少垃圾收运、处理量起到了不可低估的作用，仅北京市 2000 年直接回收废物旧物品就有 110×10^4 t 左右。但由于这种废品回收只从经济目标出发，没有从减少垃圾量，保护资源、保护环境出发，回收还没有作为一种义务而是作为一种赚钱的手段，回收对象多集中为废旧报纸、废旧书刊、废旧金属、废旧电器等利润高的物质，而对废旧塑料、玻璃制品、废电池等的回收不重视，使得废品回收的种类少，回收率比较低。此外，由于强制和义务回收制度还未建立，国营回收点不断减少，废品收购价格越来越低，加上生活水平的提高，越来越多的居民对卖废品物不再热心，而将其投入垃圾中。为此政府有关部门已经着手调整废品收购工作，在加强、改革国有回收公司的同时，加强对个体回收商贩的管理，促进废品的回收利用，减少进入垃圾中的废品量。

2）混合垃圾分选回收

混合垃圾回收利用时，分选是重要的操作工序，分选效率成为决定回收物质价值和市场销路的重要因素。例如，废塑料是各种塑料的混合物，往往还夹杂各种杂质，所以，再生利用前必须加以分选；垃圾在堆肥前必须经过分选以去除非堆肥化物质。

以往，广泛采用的城市垃圾分选方法是从传送带上进行手选，然而，这种方法效率低，不能适应大规模的垃圾资源化再生利用。所以，近些年国内外研究和开发了各种先进的分选技术设备，以适应大规模的城市生活垃圾的处理。

大体来说，适用于城市生活垃圾的分选技术是以粒度、密度差等颗粒物理性质差异为基础的分选方法为主，如通过筛网来分离物料的筛分技术；通过调节气流大小达到分离目的风力分选技术；通过使轻固体上浮、重固体沉降从而进行分选的浮选法等。以磁性、电性等性质差别为基础的分选方法，如利用磁选分离铁系金属的磁选技术；利用各种物质的电导率、热电效应及带电作用不同而分离被分选物料的电分离技术等。

（2）废物转换利用

1）废物转化资源

废物转换资源就是通过一定技术，利用垃圾中的某些组分制取新形态的物质。如利用微生物分解垃圾中可堆腐有机物生产堆肥；用废塑料裂解生产汽油和柴油；用灰土和灰渣制砖、陶粒等建筑材料；用木竹等纤维制刨花板和纤维板等。但在推广应用过程中却存在如何保证原料供给，提高原料质量和降低原料回收价格等问题。这些问题主要是由于垃圾混合收集引起的，混合收集的垃圾杂质含量高，为保证产品质量采用复杂的分离过程将导致产品成本过高，没有政府补贴，是很难正常运行下去的；混合垃圾中碎玻璃，碎石块很难分离出来，直接影响了堆肥的质量。

2）废物转化能源

能源转换就是通过化学或生物转换，释放垃圾中蕴藏的能量，并加以回收利用。在垃圾填埋或焚烧处理过程中，回收填埋气体或焚烧产生热量而加以利用，是实现垃圾资源化的一条重要途径，二者在我国均处于起步阶段，但有着广阔的发展前景。

垃圾焚烧发电已成为国外发达国家处理城市垃圾，回收资源的一种方式。我国垃圾焚烧供热、发电始于深圳市政环卫综合处理厂 1988 年的建成投产，一期工程为 $2 \times 150 \ t \cdot d^{-1}$ 的焚烧炉，90 年代后扩容至 $450 \ t \cdot d^{-1}$，最大发电能力为 4000 kW，1998 年全年发电量为 $1420 \times 10^4 \ kW \cdot h$。根据国外经验，至少单炉处理垃圾量在 $150 \ t \cdot d^{-1}$ 以上，利用焚烧的生成热量发电才有较好的规模经济效益。

对垃圾卫生填埋场产生的气体作为能源回收，进行发电或区域集中供暖，也在世界各国取得了广泛应用。目前和今后相当长的一段时期，卫生填埋仍将是我国处理城市生活垃圾的主要技术，许多大中城市新建的垃圾填埋场，其日处理能力都大于上千吨。总填埋库容达数千万立方米。回收垃圾填埋产生的填埋气体，用于发电或直接作为能源，是实现我国城市固体废物资源化的一个重要途径，并可有效减少填埋场释放气体对环境所造成的不利影响和危害。杭州天子岭垃圾填埋场和广州大田山垃圾填埋场的垃圾沼气发电项目已分别于 1998 年和 1999 年投产，其中杭州天子岭垃圾填埋场气体发电厂一期工程投资 350 万美元，安装 2 台燃气发电机组，每台装机容量 970 kW，年发电约为 15295 MW，产生了较好的经济和环境效益。填埋气体回收率的大小在很大程度上取决于填埋场底部、边坡防渗措施；填埋过程中有没有实行分区填埋、分区封顶；垃圾有没有很好压实和进行覆盖等。

10.2.2　城市固体废物资源化技术框架

如 10.2.1 节所述，城市生活垃圾资源化是涉及收集、破碎、分选、转换等的一个技术系统，在这个系统里需要采用不同技术，经过多道工序，才能实现垃圾资源化。技术的选择、工序的排列，必须根据城市生活垃圾数量、组成成分和物化特性，正确地进行选择。

如前所述，资源化系统技术可分为前期系统技术和后期系统技术（表 10-3）。

表 10-3　资源回收系统

资源化系统技术	前期系统技术（分选提取型回收，用物理和机械的方法）	保持废物原形的回收：重复利用（分选、修补、清洁洗涤）
		破坏废物原形回收材料：靠物理作用使废物原料化、再生利用（破碎、物理或机械的分离精制）
	后期系统技术（转化回收，用化学的、生物的方法）	回收物质：用化学和生物的方法使废物原料化、产品化而再生利用（转化+分离精制、热分解、催化分解、熔融、烧结、堆肥发酵等）
		回收能源：可贮存迁移型能源回收［热解、发酵、破碎，可得燃料气体、炭黑、粒状燃料（如 RDF）、发电等］。非贮存、即时使用型能源回收（燃烧、发电、水蒸气、热水等）

前期系统技术是通过分类收集、分选、破碎等物理和机械作业，回收原形废物直接利用或破坏废物原形从中分选出有用的物质。前者如回收空瓶、空罐、家用电器中有用零件，通常采用手选，清洗并对回收废物料进行简易修补或净化操作后再利用；后者如回收的金属、玻璃、纸张、塑料等，多采用破碎、分选等技术处理，当作再生资源简单再循环利用。这一过程处理成本较低，但所用物料再循环利用时性能下降、品质变差，如废塑料简单再生造粒后的制品质量不如全新制品。

后期系统技术是通过化学的、生物的或生物化学的方法回收物质和能量。在很多情况下，回收物质和能量是不能严格区分的，如废塑料热分解产物中，有的已用作化工原料，有的则作为燃油使用。

后期系统技术要比前期系统技术复杂，技术含量高、工艺相对复杂，因而成本较高。根据资源化系统的全过程，可以构成如图 10-3 所示的城市生活垃圾资源化技术框图。

从图中可以看出，不同的收集方式，在实现垃圾资源化过程中，运行路线不同，难易程度也不一样。分类收集：①是在垃圾产生源将垃圾中的可回收物质分类出来直接回收，其他废弃物通过转换技术处理；②是在垃圾产生源将垃圾中的厨余物分类出来，直接送入小区内厨余垃圾处理场制肥，其他废弃物送往处理厂，

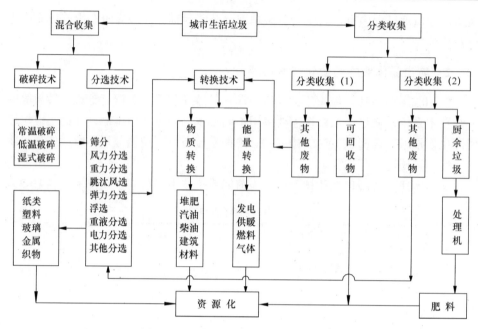

图 10-3　城市生活垃圾资源化技术框图

通过分选技术实现废品回收。混合收集的垃圾如果没有大件物体，可直接进入分选系统。

在实际中，可根据收集方式，按照框图中所列技术，选择对应的一种或多种方法，组成资源化技术系统。

10.2.3　城市固体废物资源化技术系统

城市固体废物资源化技术系统是一个包括各个子系统的组合系统，根据要处理垃圾的特性和资源化最终要达到的目的，组合系统可大可小，可以是两个子系统组合，也可以是多个子系统组合，组合系统着眼于整体效果。

资源化系统技术可以分为前期系统技术和后期系统技术。如果前期处理技术和后期处理技术组合为系统，则这个系统必然有许多单元操作，形成复杂的工艺过程并需使用各种设备。目前世界先进国家，除了用破碎、分选方法可以取得纯度较高的物质为原料进行资源利用外，对于分选困难、难以取得高纯度的物质，多用燃烧、热分解、生化分解方法回收能源。着眼点除了经济效益外，更着重于环境效益和社会效益。

以下按物流的顺序，介绍主要资源化系统技术。

10.2.3.1　前期资源化技术系统

（1）分类收集系统

我国《固体废物污染环境防治法》中指出：城市生活垃圾应逐步做到分类收集、储存、运输和处置。近年来许多城市开展了垃圾分类收集的工作，垃圾类别的划分方法也引起了关注。科学分类对深入研究和推进垃圾分类收集、处理和资源利用具有重要意义。

目前我国城市固体废物主要有规划和收集服务的两种分类方式。在规划管理上垃圾是按产生源分类的，有居民垃圾、清扫垃圾、商业垃圾、单位（非生产性）垃圾、医疗垃圾和建筑垃圾等，这些类别经常作为垃圾概念的外延被使用。在收集管理上垃圾通常是按组分特性分类，目前采用的类别有：可回收垃圾和不可回收垃圾、可燃垃圾和不可燃垃圾、可堆肥垃圾和不可堆肥垃圾、有机垃圾和无机垃圾、大件垃圾、有害垃圾等。前一种分类是按城市各功能垃圾的产生源划分，不难理解，而后一种分类则复杂得多，有必要进行分析。

从来源（也是一种产生源分类）来看，垃圾有两个源头：一是自然属性的，如落叶和灰土，这些自然垃圾比较简单；再就是商品属性的，有多么丰富的商品就会演变成多么复杂的垃圾，可以说商品是垃圾的母体。面对如此复杂的垃圾又如何进行分类呢？首先应明确分类的目的，我们知道垃圾分类的起因无论是 20世纪 50 年代的国内，还是 70 年代的发达国家，都与垃圾处理和资源利用紧密联系，因此垃圾分类是以有利于处理和资源利用为目的的。这似乎极为简单的道理往往在实际工作中被忽视，一些地方不全面考虑当地垃圾处理和资源利用的对象、技术和能力（包括管理能力），盲目进行各种类别的分类收集，结果垃圾并未得到有效的分类处理和资源利用，不仅做了许多无用功，而且还挫伤了公众的积极性。所以，强调垃圾分类的目的是十分必要的。

垃圾分类的依据是与目的相联系的，有直接联系和间接联系之分。直接联系是指按垃圾的处理和利用去向分类，如可燃垃圾和可堆肥垃圾等。间接联系是指按垃圾组分的性质分类，如纸类和厨余食品等。后者虽然未直接指出处理和利用去向（当然专业者是明确的），但对象直观、不需要概念解释即可理解，所以是最常用的分类方法。实际上直接与间接之间也是相关的，处理和利用去向正是垃圾组分性质决定的，例如，可堆肥垃圾是由于该组分具有可以发酵的生物化学性质。

（2）破碎与分选系统

城市生活垃圾组分复杂，形状大小及性质有很大差异，为了适合于某种处理和资源化形式，需要预加工。例如，当填埋作为最终处置方式时，需先将垃圾压实减容，这样就可占据较小的空间，运输费用也可减少。但当进行堆肥或焚烧时，如事先压实就会产生不利的影响，这时宜预先加以分选、破碎等操作。在进行垃圾资源化的回收能源和材料利用时，也往往需要进行分选、破碎等预处理。适当的预处理还有利于垃圾的收集和输送。因此，这一步骤是有重要意义的。

对垃圾进行破碎的目的主要是将垃圾变成适合于进一步加工或能经济地再处理的形状与大小。有时也将破碎后的垃圾直接进行填埋处置，或者像废塑料等物质那样在破碎后直接作为轻质骨料。将垃圾破碎，使其细碎化、均匀化有下述 4 个优点。①容易使组成不一的垃圾混合均匀化；有可能实现稳定燃烧，因破碎后物料表面积大，燃烧快而完全，可以提高焚烧效率。②可防止大块垃圾装料时损伤焚烧炉炉体。③可减少容积，降低运输费用。用破碎的垃圾填埋时，压实密度高而均匀，可加快实现覆土还原。④容易通过磁选等方法回收小块金属。

对垃圾进行分选的目的主要是根据垃圾的物理性质或化学性质，如颗粒大小、密度、电磁性质等方面的差异，将有用的成分分选出来加以利用或处理。

（3）材料性资源利用

城市生活垃圾经过破碎、分选等分离处理后，许多物料可以作为原材料直接利用，如无机垃圾制成建材、木质垃圾制成纤维板等。这种直接利用不但节约了资源，而且一般都有现成的技术，许多技术还有降低成本的经济效益，因此是首选的应用最广泛的资源化方式。下面简单介绍几项新开发的实用技术。

1）垃圾制烧结砖

垃圾制烧结砖是分选技术单元、破碎技术单元和制砖技术子系统的垃圾资源化复合系统。垃圾烧结砖是用垃圾代替部分黏土制的砖。具体做法是：将陈腐垃圾经过分选预处理，按一定比例与黏土混配，再掺兑适量辅料后经搅拌、挤压、切坯、烘干、焙烧等工艺制成烧结砖。它的性能与普通砖相比，强度相同，而质量约轻 10%，产品使用时与普通烧结砖完全相同，便于应用。

2）垃圾制加气砖

加气砖是由加气混凝土制取的一种轻体建筑材料，加气混凝土属于轻混凝土类（密度<1800 kg·m^{-3}）。它具有质量轻、保温、隔热、效能高，并具有一定强度，又可随意加工的特点，是节能效果比较好的建材制品。

加气砖生产的工艺原理是：将水泥及一定细度的生石灰、硅质沙和一定的铝粉，在水介质下混合均匀后置于模具中，铝粉与碱性介质反应放出氢气而使料浆体积膨胀，形成具有多孔结构的坯体，再经过一系列物理化学反应形成孔蒸压硅酸盐制品，也称为加气混凝土。

根据此原理，垃圾加气砖是用垃圾代替部分硅质沙掺兑一定量发泡剂。将水泥、生石灰在水介质下混合均匀后，置于模具中，发生化学反应形成水化硅酸钙和水化铝酸钙。其化学反应式为：

$$xH_2O+nCaO+nSiO_2 \longrightarrow nCaO \cdot SiO_2 \cdot xH_2O$$

$$mCaO+mAl_2O_3+yH_2O \longrightarrow mCaO \cdot Al_2O_3 \cdot yH_2O$$

垃圾制加气砖流程如图 10-4 所示。

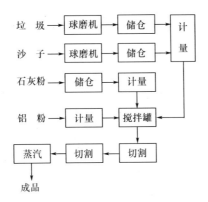

图 10-4　垃圾制加气砖工艺流程图

3）垃圾制陶粒

陶粒是构成混凝土主要成分之一的人工骨料，用以代替天然石料而开发出来的一种新型人造轻质建筑材料。陶粒作为人工骨料与水泥混合搅拌成混凝土后，被广泛应用。

垃圾制陶粒：将陈腐垃圾经过预处理，按一定比例与黏土混配，再掺兑适量的添加剂，经混合、成球、焙烧而制成。其性能与黏土陶粒相近，具有强度高、导热系数小、耐腐蚀、透气透水性好等特点。

陈腐垃圾化学成分主要是 SiO_2，与黏土化学成分相近，因此垃圾可以代替黏土作为制陶粒原料。

a. 垃圾预处理工艺。陈腐垃圾经粗筛分、破碎、细筛分预处理后，将 5 mm 以下细料储仓。

b. 垃圾制陶粒生产工艺。垃圾制陶粒生产工艺包括两部分：经过预处理的垃圾细料（5 mm 以下），通过给料机送到电脑皮带秤上，此时将 2%~4% 的黏结剂也送入皮带秤上，经过自动称量将适量的垃圾料送入混合料仓；同时另一条皮带运输机将黏土经皮带称量也送入混合料仓；混合料经破碎机破碎再经给料机送入成球机进行造粒；成型的陶粒送入烘干窑烘干，温度控制在 400~1000℃，出口温度小于 900℃；再送入焙烧窑，此时向窑内喷入煤粉 12~15 $kg \cdot min^{-1}$，控制温度在 1000~1100℃；出窑后再经筛分，分出成品陶粒和废品，成品入库，废品返回，工艺流程图如图 10-5 所示。

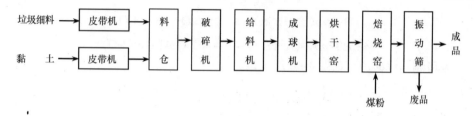

图 10-5 垃圾制陶粒生产工艺流程图

4）垃圾制纤维板和刨花板

城市生活垃圾中的木材类（树枝、竹筐、柳筐、企业废弃木材、废旧家具）的主要成分是纤维素、半纤维素、木质素和少量其他成分。这些废料与一般纤维厂所用的原料有以下几点不同：①纤维板厂所用原料大部分是新砍伐的木材，木材质量较好，而城市废弃物中木材一般都是使用一段时间后废弃的木材，木材质量较差；②纤维厂所用原料一般为单一树种，原料性质较稳定，而城市废弃物中的木材源复杂，树种繁多，原料性质相对不稳定；③纤维板厂所用原料都是有一定直径要求、粗细均匀的枝材，树皮含量较少，而城市废弃物中的树枝粗细不均，树皮含量较多，对板材的质量有一定的影响。因此，须注意以下几点。

①生产纤维板及刨花板，应注意废纸纤维的加入量不宜超过 30%，否则，会造成板材吸水率超标。

②废塑料在纤维板中添加量以不超过 10%为宜，否则将对纤维板的变形影响较大。

③以废木纤维及废纸制造刨花板，废纸加入量不宜大于 50%，废塑料不宜大于 20%，否则将对板材的吸水率及变形产生较大影响。

5）垃圾固体燃料

垃圾作为固体燃料被利用时，一般称为 RDF（refuse derived fuel）。制作系统是由破碎分选子系统和加工成形子系统组成。其制造工艺是：将垃圾进行破碎，分选出可燃物，加入添加剂干燥，压缩成形，变成高密度的圆柱形或其他形状的固体燃料（见图 10-6）。

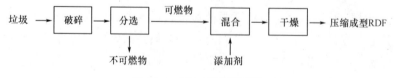

图 10-6 RDF 工艺流程图

加入添加剂的作用是使 RDF 具有防腐作用，可以长期储存而不产生臭气；燃烧时起到除酸作用，降低 HCl 和 SO_2 的产生浓度；加工时起到固化作用，不需要高压固化装置。

10.2.3.2　后期资源化系统

（1）生物转化

城市生活垃圾的生物转化是指借助于自然界中微生物的生物能，对生活垃圾进行生物处理，实现有机生活垃圾的稳定化、无害化、资源化的技术。根据处理过程中起作用的微生物对氧气要求不同，生物处理可分为好氧生物处理（堆肥化）和厌氧生物处理（沼气化）。城市生活垃圾中含有大量食品垃圾、纸制品、草木等有机物，这些有机物可以通过生物化学的方法使其转化为有用的产物，此处主要介绍城市生活垃圾的堆肥化处理技术、垃圾沼气化技术和填埋气利用技术。

1）堆肥化技术系统

利用微生物对有机垃圾进行分解腐熟而形成的产物称为堆肥。堆肥技术的目的是实现生活垃圾无害化，使城市生活垃圾中的有机物完成稳定化，使之成为可供农作物吸收利用的肥料，实现生活垃圾的资源化。

城市生活垃圾中因含有一定量有机物质，经自然界广泛分布且种类繁多的微生物作用，通过生物化学变化，将稳定的有机物转化为较稳定的腐殖质，所以堆肥化就是将有机垃圾通过人为控制来促进这一生化过程的微生物处理技术。

堆肥过程包括前期的破碎分选、发酵、后期的分选和肥料的储存等，从而组成堆肥化系统。堆肥化系统方法有很多，按堆制方式可分为间歇堆积法和连续堆积法；按原料发酵所处状态可分为静态发酵（堆肥物一旦堆积之后，不再添加新的有机废物和翻倒，让它的微生物生化反应完成后，成为腐殖土后运出）和动态发酵（采用连续进料连续出料的动态机械堆肥装置）；按微生物对氧气的需求，可分为好氧堆肥和厌氧堆肥。

好氧堆肥具有对有机物分解速度快、降解彻底、化学性质稳定、堆肥周期短的特点，一般一次发酵 4~10 d，二次发酵 10~20 d 便可完成（包括腐熟期）。好氧堆肥温度高，可以杀灭病原体、虫卵和垃圾中的植物种子，使堆肥达到无害化。此外，好氧堆肥的环境条件好，产生臭气少，而且可大规模地机械化处理，效率高。目前采用的堆肥工艺一般均为好氧堆肥。常见的发酵设备如图 10-7 所示。

2）沼气化技术系统

a. 沼气的产生过程。城市生活垃圾有机物沼气化是一种成熟的生物转化技术，是有机物在厌氧（无氧）和保持一定水分、温度、酸碱度条件下，经过微生物的发酵作用产生的以甲烷为主的气体混合物的过程。

有机物进行厌氧分解时主要经历两个阶段：第一阶段是通过厌氧性微生物菌的作用，分解为有机酸、醇、二氧化碳、氨、硫化氢等低脂肪酸；第二阶段也称

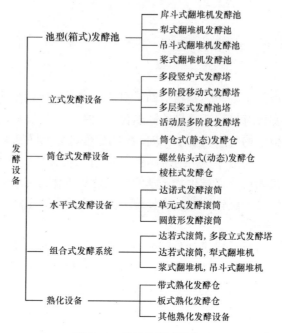

图 10-7　常见的发酵设备

为发酵反应阶段（液化反应），在反应过程中，通过厌氧性菌群的作用，将第一阶段产生的低脂肪酸等分解为甲烷气体，即沼气。故把第二阶段也称为气化反应阶段，这一阶段主要产生沼气，其分解过程图 10-8 所示。

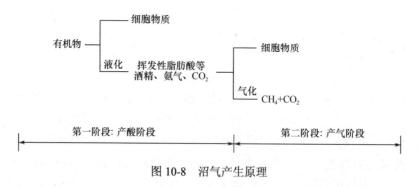

图 10-8　沼气产生原理

沼气发酵分为中温发酵（30~37℃）和高温发酵（45~55℃）。

城市生活垃圾中的易腐性有机物，例如厨余物、菜市场垃圾、粪尿处理的污泥等是很好的产沼气的原料。

沼气的主要成分是甲烷，其他伴生气体还有二氧化碳、氮气、一氧化碳、氢气、硫化氢和极少量的氧气。一般在沼气中甲烷的含量约为 50%~60%；二氧化碳在 30% 左右。

　　b. 沼气发酵工艺和装置。一般的沼气发酵过程是：在同一个发酵槽内，液化反应和气化反应的中温发酵同时进行，需要 25~40 d 才可以完成发酵过程。但当处理一些难以分解有机物（如纸等）时，也有采用分解高分子有机物的液化反应，将液化反应和气化反应分为两个槽，在高温条件下回收沼气。发酵槽内的有机废物可以分批进料，也可以连续进料。

　　厌氧发酵装置是微生物分解转化的场所，是发酵产沼工艺中的核心装置，也称为消化器，其种类如图 10-9 所示。

　　c. 厌氧产沼典型工艺。图 10-10 所示为沼气化的典型工艺，主要过程如下所示。

图 10-9　厌氧消化器种类

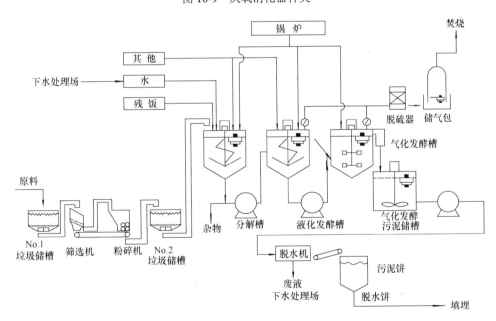

图 10-10　城市生活垃圾制沼气工艺流程图

Ⅰ. 前处理　通过分选设备去除垃圾中杂物，如金属、玻璃、瓦砾。为了使固体状态有机物容易液化，还要将有机物破碎，并调整其含水率。

Ⅱ. 分解　进入发酵罐之前，将有机物加温并保持一段时间以灭菌。灭菌后有机物进入发酵罐，在一定温度下，借厌氧微生物菌群作用，有机物分解为低脂肪酸。

Ⅲ. 发酵产沼　在发酵槽内通过中温、高温发酵完成产沼过程，沼气净化进入储气包，燃烧发电或供暖。

Ⅳ. 固液分离　发酵后进行固液分离。残渣可作为农肥或填埋，一部分液体也可以用于调节有机物含水率。

在欧洲利用垃圾产沼气的研究较多，而且得到广泛应用。目前德国已有 450 多家企业利用生活垃圾制沼气。日本在 20 世纪 80 年代作为国家的研究课题开始了利用城市生活垃圾产沼气工艺的研究，并建立了规模为 10 t/d 的试验厂，近年来，各厂家又联合引进欧洲的技术，在地方政府的支持下，开始建造工厂，进行规模生产。

3) 填埋气技术系统

a. 垃圾的分解作用和气体产生。当生活垃圾运到卫生填埋场被填埋后，垃圾中有机物的可生物降解成分开始进行细菌分解，产生大量的气体。

分解和产气过程可分为如下 4 个阶段（图 10-11）。

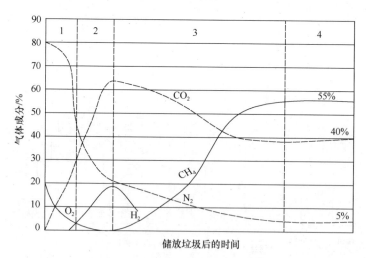

图 10-11　典型填埋气体成分的演变

1. 好氧，几天；2. 厌氧，不产甲烷，约 2 个月；3. 厌氧，产甲烷，不稳定，约 2 年；
4. 厌氧，产甲烷，稳定，大于 30 年
注：各个产气阶段时间的长短是随着填埋场内垃圾组分和填埋条件的不同差异很大

第一阶段，称为好氧阶段。这种分解在好氧情况下进行，这时填埋物中的氧气是填埋垃圾时带入的，分解时所产生的主要气体是二氧化碳（它的增长很快），氧逐渐耗尽。第二阶段，可利用的氧被耗尽之后，厌氧条件便占了上风，当厌氧分解开始时，便产生大量的二氧化碳，以及一些氢气。第三阶段，还是厌氧情况，其特征是：二氧化碳和氮的百分比大大减少，氢气被耗尽，甲烷开始出现，并迅速增加。第四阶段，仍旧是厌氧，也称为伪稳态阶段，它与第三阶段的差别在于，气体的产生和成分趋于稳定状态。

各个产气阶段时间的长短，是随着填埋场内垃圾组分和填埋条件的不同而表现出差异。一旦填埋场内开始产生甲烷，一般产气持续数年，总的时间根据各个场地的情况而定，在某些环境条件下，气体产生年份可以是几年，甚至几十年。

b. 填埋气利用。对小规模垃圾填埋场，一般是将填埋气引出直接燃烧，但随着垃圾填埋的增加，垃圾中有机物含量的增加，采用燃烧掉的办法造成了资源的浪费。于是，各国开始收集填埋气，作为燃气能源利用。利用形式有直接做燃料（但需要净化处理，提高纯度）、发电、产生蒸气供热等。

（2）热化学转化

所谓热化学转化就是通过热分解（或气化）技术，使有机物发生热化学分解，从而使有机物转化成气体、液体和炭黑的过程。

热分解技术是使用外部热源并在完全没有氧气的状态下处理垃圾。气化技术是指控制供气量在理论空气量之下的部分燃烧。

热分解和气化均用来将垃圾转换为气体、液体和固体燃料，两者不同之处在于，热分解是在无氧状态下进行吸热分解，而气化则是利用垃圾本身的热源，使用部分空气或氧气进行燃烧。

热分解法与焚烧法相比是完全不同的两个过程，焚烧是放热，热解是吸热；焚烧的产物是二氧化碳和水，而热解的产物主要是低分子化合物，气态的有氢、甲烷、一氧化碳，液态的有甲醇、丙醇、乙酸等；焚烧产生的热量可用于发电，热解产物是燃料油和燃烧气，便于储存及运输。

1）热解技术系统

a. 垃圾热解技术

垃圾热分解过程包括垃圾经过筛选、破碎之后进入热解炉，通过高温热分解，产生气体、液体和固体燃料。

筛选技术和破碎技术的各单元操作技术已在前面介绍过，热解炉技术在热解一章已有介绍，它是热分解技术的关键。热解炉技术的各单元操作技术主要有回转炉热分解技术、移动床式热分解技术、流化床热分解技术等。

b. 废塑料热解技术

废塑料热分解是在无氧或低氧条件下高温加热使其分解，它可产生各种有机气体，一般温度越高，气态的碳氢化合物比例就越高。热分解温度取决于废塑料的种类和组成及回收的目的产品。温度超过 600℃的高温热分解的主要产物是混合燃料气，如 H_2、CH_4、轻烃；温度在 400~600℃的热分解的主要产物为混合烃、石脑油、重油、煤油、混合燃料油等液态产物和蜡。

聚烯烃等热塑性塑料热裂解的主要产物是燃料气和燃料油，废 PS 塑料热解产生的主要是苯乙烯单体，而 PVC 塑料热分解产生 HCl 的酸性气体，废塑料制品中含硫较少，热分解得到的油品含硫也较低，是优质低硫燃料。

废塑料油化技术最为典型的是废聚乙烯油化技术，有热解法、催化热解法（一步法），热解-催化改质法（二步法）。

热解法所得产物组成分散，利用价值不大，热解制得的柴油含蜡量高，凝点高，制得的汽油燃点低。催化热解法（一步法）是热解与催化同时进行，优点是裂解温度低、时间短、液体回收率高、投资少，缺点是催化剂用量大，裂解产生的炭黑和杂质难以分离。热解-催化改质法（二步法）是将废塑料进行热解后的热解产物再进行催化改质，得到油品，是一种应用最多，比较有发展前景的工艺，国内外都很重视这种技术。

废塑料热分解油化技术工艺流程如下：将废塑料经初步分拣后加入反应器中，在催化剂及一定温度作用下进行裂化反应，反应后生成汽油混合物，经冷凝进入储罐分离杂质和水分，再加热进入分馏塔将两种产品分开。催化工艺分出的低碳氢化合物气体通过火炬进行最后处理，所得到的轻组分为汽油，重组分为柴油，残渣作为焦油处理，重新参加二次反应。

2）焚烧技术系统

垃圾焚烧是热化学氧化过程，垃圾在 850~1000℃的焚烧炉膛内，其可燃成分与空气中的氧气进行剧烈化学反应，放出热量。此热量可以作为热能回收利用。

垃圾焚烧系统是由储存及进料、焚烧炉、热量回收利用、废气处理、灰渣收集等技术和设备组成。在这个系统中，焚烧技术和设备影响着热量的产生；热量回收技术与设备影响着能源的利用。

城市垃圾焚烧处理工艺流程见图 10-12 所示。

城市生活垃圾焚烧过程中会产生大量热量，即焚烧余热。目前几乎所有大中型垃圾焚烧厂均设置余热回收利用系统。对垃圾焚烧余热通过能量转换等形式加以回收利用，不仅能满足焚烧厂自身设备运转的需要，降低运行成本，而且还能向外界提供热能和动力，以获得比较可观的经济效益。余热利用可以通过余热直接利用、余热发电、热电联供等途径得以实现。

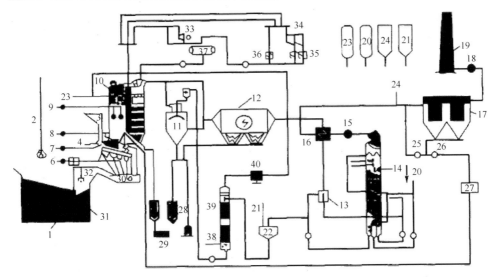

图 10-12　城市垃圾焚烧处理工艺流程图

1. 垃圾储坑；2. 抓斗；3. 进料口；4. 推杆；5. 燃烧室；6. 一次风；7. 侧面冷风；8. 二次风；9. 燃烧机；10. 燃烧炉床；11. 喷淋；12. 静电除尘；13. 废气冷却；14. 湿式净化；15. 抽风机；16. 混合器；17. 袋式过滤；18. 抽风机；19. 烟囱；20. NaOH；21. Ca(OH)$_2$；22. 中和；23. 氨水；24. 吸附剂；25. 循环；26. 剩余物排出；27. 消除二噁英；28. 废气处理残余物储坑；29. 飞灰储槽；30. 出渣；31. 炉渣储槽；32. 抓斗；33. 自用透平机；34. 热电站；35. 供热；36. 冷凝；37. 锅炉水储罐；38. 蒸汽；39. 挥发分脱出；40. 冷却

　　a. 余热直接利用。将垃圾焚烧产生的余热转换为蒸气、热水和热空气是典型的直接利用形式。可以通过布置在垃圾焚烧炉之后的余热锅炉或其他热交换器，将余热转换成一定压力和温度的热水、蒸气及一定温度的助燃空气。一方面，可利用蒸气预热助燃热空气，改善垃圾在焚烧炉中的着火条件，促进燃烧效果；另一方面，热空气带入焚烧炉内的热量还提高了垃圾焚烧炉热量的有效利用。热水和蒸气除提供焚烧厂本身生产需要外，还可以提供生活需要。

　　b. 余热发电。余热产生的蒸气驱动汽轮发电机组，将热能转换为电能，以产生电力，称为余热发电。由于增加了一套发电系统设备，使生活垃圾焚烧厂的建设投资有所增加，但产生的电力也因此使焚烧厂取得了较为明显和稳定的收益。余热发电的主要方式有以下两种。

　　Ⅰ. 纯冷凝式发电。余热锅炉送出的蒸气全部用于发电或与发电系统有关的设备。此时，汽轮机往往根据蒸气压力不同设 1~3 个定压、定量抽气口，供加热助燃空气和进行给水加热，以提高整个垃圾焚烧厂的热效率。所抽气量的大小，根据事先计算而定，并且抽气为非可调性，抽气用途仅与发电系统有关，所采用的汽轮机为纯冷凝式汽轮机。发电后由冷凝器将蒸气冷凝，再送往锅炉加热。采用这种方式，垃圾焚烧厂的补给水量最小。

Ⅱ. 背压式发电。余热锅炉产生的蒸气首先全部用于驱动汽轮机，发电后的汽轮机背压蒸气（该蒸气压力比冷凝式或抽冷式汽轮机排气参数高）在全部提供给用户使用后，全部或部分冷凝回收。

采用背压式发电，必须要有稳定的热用户，否则排气只能浪费热量，而被冷凝回收。采用背压式发电汽轮机组规划余量可以最小（仅考虑垃圾量和热值波动）。

c. 热电联供。在热能转变为电能的过程中，热能损失较大。垃圾焚烧厂热效率一般在20%以下，它取决于垃圾热值、余热锅炉和汽轮发电机组的热效率。若有条件采用热电联供，将供热和发电结合起来，则垃圾焚烧厂的热能利用率会大大提高。表10-4为国外几家垃圾焚烧厂热利用方式与热利用率的比较情况。

表10-4　垃圾焚烧厂热能利用方式与热能利用率比较

工厂规模 / (t·d⁻¹)	热利用率/%			发电设备 /MW	垃圾热值 / (kcal·kg⁻¹)	厂名
	发电热能	直接热能	合　计			
1890	20.39	—	20.39	37	2000	Essen-Kamap
1890	5.56	68.34	73.90	10	2000	Essen-Kamap
600	14.47	37.53	52.00	2×4.8	2000	札幌冈

常见的热电联供方式发电和区域性供热结合起来，发电除厂内使用，其余则售予电力公司，区域性供热一般是供应附近的工厂、宿舍、医院、公共休闲福利设施的暖气系统使用，以及热水。实现热电联供的发电和供气设备主要有以下两种。

Ⅰ. 抽气冷凝式发电。在纯冷凝式汽轮机基础上，中间抽取一部分蒸气供用户使用，所抽取的这部分蒸气是已做了一部分功之后的蒸气，蒸气温度和压力已降低到某设计点，而且所抽取的蒸气量比较大，以满足用户需要为主要目的；抽气量可调，当不需要抽气时，抽气口阀门关闭，但汽轮发电机组不会因关闭抽气阀门而增大发电量，此时则需要减少供给汽轮机的蒸气量（这就意味着减少垃圾焚烧量）。采用这种方式需要有一个相对稳定的热用户，抽气点可根据用户要求设计。

Ⅱ. 抽气背压式发电。在背压式汽轮机基础上，中间抽出一部分蒸气，供另外要求较高蒸气参数的用户使用，与抽气冷凝机一样，当不需要中间抽气时，要求对送往气冷机的蒸气量进行调整。

3）气化（熔融）技术系统

气化是指控制供应空气量小于理论空气量的部分燃烧。气化过程将碳素物部分燃烧，同时产生一氧化碳、氢气和以甲烷等数种碳水化合物为主的可燃气体。可燃气体可以供内燃机、发电机锅炉使用。

a. 气化的理论。气化过程主要发生下述 5 种反应：

$$C+O_2 \longrightarrow CO_2 \qquad\qquad 放热反应$$
$$C+H_2O \longrightarrow CO+H_2 \qquad\qquad 吸热反应$$
$$C+CO_2 \longrightarrow 2CO \qquad\qquad 吸热反应$$
$$C+2H_2 \longrightarrow CH_4 \qquad\qquad 放热反应$$
$$CO+H_2O \longrightarrow CO_2+H_2 \qquad\qquad 放热反应$$

整个过程所需热量主要从放热反应中得到，而可燃成分主要从吸热反应中得到。在 1 个标准大气压下，用空气作为氧化剂的气化装置得到的气化最终产物通常如下：

- 低热值气体，如 CO_2 10%、CO_2 20%、H_2 15%、CH_4 >50% 以及 N_2 2%；
- 由碳素和燃料中本身带来的惰性物质组成的炭；
- 与热分解相近的凝缩液体。供应的空气中氮气起到稀释作用，气化得到的低热值气体的热值约为 5500 $kJ·m^{-3}$。供应空气的气化装置运行很稳定，可得到较均匀的气体。当供应氧气而不是空气作为氧化剂时，可得到热值约达 11 000 $kJ·m^{-3}$ 的气体。

b. 气化技术。根据气化炉的形式，可将气化装置分为：固定床式（垂直、水平）、流化床式、旋转窑式和机械炉排式。

按是否进行熔融处理可分为：带熔融气化和不带熔融气化。而带熔融气化又根据气化过程和焚烧熔融过程是否分开，分为单工艺气化熔融和双工艺气化熔融两类（见图 10-13）。

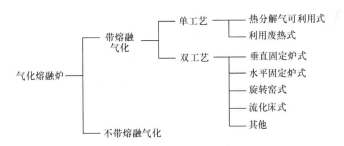

图 10-13　气化熔融技术的分类

图 10-14 为传统的焚烧+灰熔融与气化熔融的工艺流程比较。在传统的焚烧+灰熔融处理工艺中，将垃圾焚烧，灰渣冷却以后，再进行熔融。热分解气化技术却在热分解气化以后，将焚烧和熔融融为一体，这是气化熔融的最大特点之一。另外，因为气化过程的温度约为 450~600℃，所以可将垃圾中的铁、铝等金属回收利用。

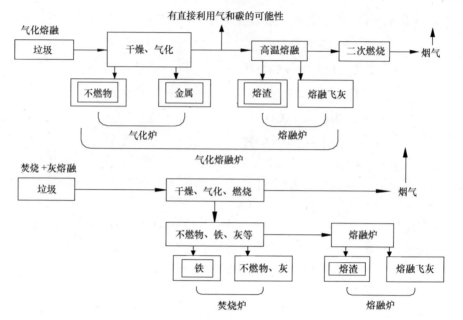

图 10-14　垃圾气化熔融与焚烧+灰熔融工艺流程
（▭为有利用可能性的物质）

c. 气化熔融技术系统实例。

Ⅰ. 旋转窑式气化熔融（双工艺）（图 10-15）。经过粉碎的垃圾被投入长形旋转窑中，在 450~600℃的缺氧还原性气氛进行气化后，将热分解气送到熔融炉内燃烧，而碳分和其他不可燃物，铁、铝等从旋转窑中排出来以后进行筛选分离，碳分再投入到焚烧熔融炉内进行焚烧熔融，熔融温度约 1300℃。

Ⅱ. 流化床式气化熔融炉（双工艺）（图 10-16）。经过粉碎的垃圾被投入流化床炉中，在 450~600℃的缺氧还原性气氛进行气化后，热分解气和碳分等一同被送到熔融炉内燃烧熔融，熔融温度约 1300℃，而其他不可燃物和铁铝等从旋转炉底排出来以后进行分离。

（3）填埋气资源化利用

填埋气体的利用与当地或周围地区对能源的需求及使用有关，目前的主要利用方式有 4 种，介绍如下。

1）用于发电

a. 燃气内燃机发电。利用填埋气体作为内燃机的燃料，带动内燃机和发电机发电。这种利用方式设备简单，投资少，不需对填埋气体做复杂的净化脱水，利用效率高，适合于发电量为 1~4 MW 的小型填埋气体利用工程。

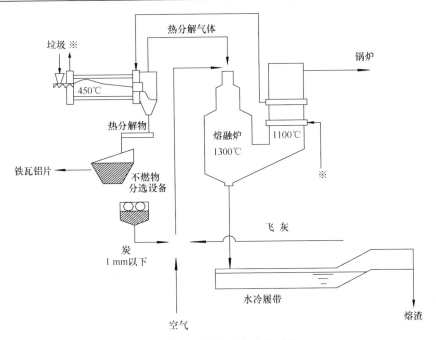

图 10-15　旋转窑式气化熔融炉

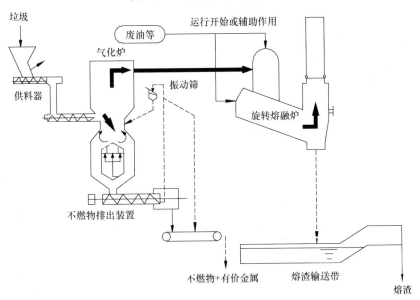

图 10-16　流化床式气化熔融炉

b. 燃气轮机发电。利用填埋气体燃烧产生的热烟气直接推动涡轮机，涡轮机带动发电机发电。这种利用方式与燃气内燃机发电方式相比，其发电效率低，投资较大，需要对填埋气体进行深度冷却脱水处理，适合发电量为 3~10 MW 的填埋气体利用工程。

c. 蒸汽轮机发电。利用填埋气体作为锅炉燃料，产生蒸汽，蒸汽再带动蒸汽轮发电。这种方式发电效率低，在规模较大、填埋气体产气量大的填埋场宜采用这种方式，一般发电量在 5 MW 以上。

2）作为锅炉燃料

作为锅炉燃料，用于采暖和热水供应。这是一种比较简单的利用方式，不需要对填埋气体进行净化处理，设备简单，投资少，利用效率高，适用于填埋场附近。

3）做民用或工业燃气

用于民用或工业燃气，将填埋气体处理后，用管道输送到用户或工厂，作为生活或生产燃料。这种方式需要对填埋气体进行比较细致的处理，包括去除 CO_2 和有害气体等。此种方式投资大，技术要求高，适合于规模大的填埋气体利用工程。

4）做汽车燃料

填埋气体净化处理做汽车燃料，其尾气排放的污染可大大减轻，具有显著环境效益；且成本不高，经济效益显著。其工艺过程是除去气体中的 CO_2、H_2S，使用的甲烷浓度由 40%~45%提高到 80%以上；然后，将净化气加压至 25 MPa，压入高压储罐做汽车加气用。

洛杉矶卫生局等筹建的由 LFG 制取汽车清洁燃料示范工程于 1993 年建成。该工程规模为 1000 $m^3 \cdot d^{-1}$，其工艺如图 10-17 所示。

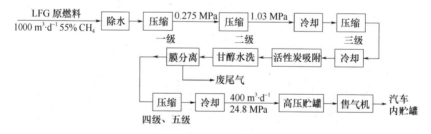

图 10-17　清洁燃料工艺流程图

几种填埋气体利用方式的比较见表 10-5 所示。

表 10-5　几种填埋气体利用方式比较

序号	利用方式	气体预处理要求	一次性投资	运行管理费用	技术要求	利用效率	系统稳定性	二次污染
1	燃气内燃机发电	脱水、去除杂质	3	2	2	3	2	1
2	燃气轮机机发电	脱水、去除杂质	4	3	3	2	4	3
3	蒸汽轮机发电	脱水	4	4	4	3	5	5

续表

序号	利用方式	气体预处理要求	一次性投资	运行管理费用	技术要求	利用效率	系统稳定性	二次污染
4	锅炉燃料	简单脱水	1	1	1	4	3	5
5	用于民用燃气	脱水、去除酸性气体和杂质	4	4	4	4	3	4
6	汽车燃料	脱水、去除CO_2、H_2S及杂质	5	5	5	5	5	1

注：表中的数字表示程度，即 1）一次性投资为 5>4>3>2>1；2）运行管理费用为 5>4>3>2>1；3）技术要求为 5 高于 4 高于 3 高于 2 高于 1；4）利用效率为 5>4>3>2>1；5）系统稳定性为 5 好于 4 好于 3 好于 2 好于 1；6）二次污染程度为 5 高于 4 高于 3 高于 2 高于 1。

对于某个特定的填埋场来说，填埋气体利用方案的选择应根据气体产量、特性、当地条件确定。一般原则是因地制宜，设备简单，最大限度的利用气体。

10.3　工业固体废物的资源化

10.3.1　工业固体废物资源化现状

表 10-6 为 1999~2014 年中国大陆工业固体废物产生量与资源化综合利用情况。

表 10-6　全国工业固体废物产生、排放和综合利用情况（1999~2014 年）*

年度	产生量/万 t	排放量/万 t	综合利用量/万 t	贮存量/万 t	处置量/万 t	综合利用率/%
1999	78441.9	3880.5	35755.9	26294.8	10764.3	51.2
2000	81607.7	3186.2	37451.2	28921.2	9151.5	51.8
2001	88746	2894	47290	30183	14491	52.1
2002	94509	2635	50061	30040	16618	52.0
2003	100428	1941	56040	27667	17751	54.8
2004	120030	1762	67796	26012	26635	55.7
2005	134449	1655	76993	27876	31259	56.1
2006	151541	1302	92601	22398	42883	59.6
2007	175632	1197	110311	24119	41350	62.1
2008	190127	782	123482	21883	48291	64.3
2009	203943	710	138186	20929	47488	67.0
2010	240944	498	161772	23918	57264	66.7
2011	322722.3	433.3	195214.6	60424.3	70465.3	59.9
2012	329044.3	144.2	202461.9	59786.3	70744.8	61.0
2013	327701.9	129.3	205916.6	42634.2	82969.5	62.2
2014	325620.0	59.4	204330.2	45033.2	80387.5	62.1

*数据来自环境保护部环境统计公报

注："综合利用量"和"处置量"指标中含有综合利用和处置往年量。工业固体废物排放量计算公式是：工业固体废物排放量＝工业固体废物产生量−贮存量−（综合利用量−综合利用往年贮存量）−（处置量−处置往年贮存量）；工业固体废物综合利用率指工业固体废物综合利用量占工业固体废物产生量的百分率。计算公式为：工业固体废物综合利用率＝工业固体废物综合利用量÷（工业固体废物产生量+综合利用往年贮存量）×100%

　　2008 年，全国工业固体废物产生量 190 127 万 t，比上年增加 8.3%；工业固体废物排放量 782 万 t，比上年减少 34.7%。全国危险废物产生量 1357 万 t，比上年增加 25.8%；危险废物排放量 718 t，比上年减少 30.0%。工业固体废物综合利用量 123482 万 t，比上年增加 11.9%；工业固体废物贮存量 21883 万 t，比上年减少 9.3%。其中危险废物贮存量 196 万 t，比上年增加 27.3%；工业固体废物处置量 48291 万 t，比上年增加 16.8%，其中危险废物处置量 389 万 t，比上年增加 12.4%。工业固体废物产生量逐年上升，但由于工业固体废物处理量（包括综合利用量、贮存量和处置量）持续增加，使工业固体废物排放量逐年下降。

　　2014 年，全国一般工业固体废物产生量为 32.6 亿 t，比 2013 年减少 0.6%，综合利用量为 20.4 亿 t，比 2013 年减少 0.8%，综合利用率为 62.1%，贮存量为 4.5 亿 t，比 2013 年增加 5.6%；处置量为 8.0 亿 t，比 2013 年减少 3.0%；倾倒丢弃量为 59.4 万 t，比 2013 年减少 54.1%。

10.3.2　矿业固体废物的综合利用

10.3.2.1　煤矿业固体废物的利用

　　中国是一个煤炭资源丰富的国家，在可燃矿产资源中，煤炭占 96%，由于这种特殊的资源条件和我国的经济发展水平，致使多年来我国的能源结构中一直以煤炭为主。目前全国一次能源消费中 76% 以上是煤炭，而且比例还在逐年增加，在煤炭开采和燃烧使用过程中，将会排出大量的煤炭系固体废物，其中主要的是煤矸石、煤渣和粉煤灰，它们的排放量约占工业固体废物排放总量的 20%~30%。因此，对于煤炭系固体废物的综合利用日益引起人们的广泛重视。

　　（1）煤矸石的综合利用

　　煤矸石是煤矿中夹在煤层间的脉石，它是含碳岩石和其他岩石混合物，在煤的开采和洗选过程中都会有相当数量的煤矸石排出。由于煤的品种和产地不同，各地煤矸石排出率亦各异，平均约为原煤产量的 20%。

　　1）煤矸石的来源及产生情况

　　煤矸石的来源及产生情况如表 10-7 所示。

表 10-7　煤矸石的来源及产生情况

煤矸石的来源及产生情况	露天开采剥离及采煤巷道，掘进排出的白矸	采煤过程中选出的普矸	选煤厂产生的选矸
所占比例/%	45	35	20

　　目前，我国煤矸石年排放量在 2×10^8 t 左右，历年来煤矸石堆存量已超过 13 亿 t，占地约 10 万亩，煤矸石中硫化物的逸出或浸出还会污染大气、土壤和水质，

特别是矸石堆放日久会引起自燃，放出大量有害气体，造成严重的环境污染。例如铜川矿区 6 个煤矿的矸石长年自燃，产生的 SO_2、NO、H_2S 等有害物质已明显威胁到该地区居民的身体健康。矸石自燃会积蓄大量热能，还易使矸石山发生崩落而造成意外事故。如美国西弗吉尼亚州的布法罗山谷，堆积的煤矸石长达几公里，并筑有 3 个矸石坝，1972 年 2 月 16 日的一场暴雨造成 17 万 m^3 矸石冲决了矸石坝奔泻而下，造成 116 人死亡，546 间房屋和 1000 辆汽车被毁，4000 人无家可归。

上述情况说明，煤矸石污染已成为煤炭工业的主要环境污染之一。大力开展煤矸石的综合利用，是充分利用煤炭及伴生矿物资源，减轻污染与保护环境的重要措施。

2）煤矸石资源化途径

我国各地煤矸石的组成和热值差别较大，应当根据煤矸石的成分、性质选择利用途径和指导生产。目前，在我国煤矸石利用量大，技术成熟的途径主要是作为建材工业的重要资源。根据其热值的不同，对煤矸石的利用途径做了如下的划分（表 10-8）。

表 10-8　煤矸石的合理利用途径

热值范围/ $(kJ\cdot kg^{-1})$	合理利用途径	说明
<2090	回填、修路、造地、制骨料	制骨料以砂岩类未燃矸石为宜
2090~4180	烧内燃砖	CaO%<5%
4180~6270	烧石灰	渣可作混合材料和骨料
6270~8360	烧混合材、制骨料、代土节煤生产水泥	可用于小型沸腾炉供热产汽
8360~10450	烧混合材、制骨料、代土节煤生产水泥	可用于大型沸腾炉供热发电

某些地区的煤矸石还可用来作生产化工产品的原料，例如含氧化铝高或含一定量钛与镓的煤矸石，可以从中提取铝、钛、镓，生产相应的化工产品。有些煤矸石粉还可用来改良土壤，作肥料和农药载体等。

3）煤矸石用作燃料

a. 回收煤炭。煤矸石含一定量的碳和其他可燃物，可借现有的选煤技术予以回收，这也是煤矸石综合利用所必需的预处理步骤。特别是在用煤矸石生产水泥、陶瓷、砖瓦等建筑材料时，必须洗除其中的煤炭，以保证建材产品质量的稳定和稳定生产操作。

回收煤炭的煤矸石含碳量应大于 20%，否则回收成本太高。英国、美国、比利时、日本、法国等工业化国家都建立了专门的煤矸石选煤厂。我国不少煤矿的选煤厂也用洗选或筛选方法从煤矸石中回收低值煤炭。

b. 用作沸腾炉燃料。充分利用低热值燃料的关键是采用合理的燃烧方式和燃烧设备。煤矸石沸腾炉是我国近 20 年发展起来的新型锅炉，由于它能强化燃料的燃烧，热效率高，一般锅炉不能燃用的煤矸石，在沸腾炉内都能有效而稳定地燃烧。

目前我国投入运行的沸腾炉超过 2000 多台，节省了大量的优质煤炭，经济效益也十分显著。例如辽宁阜新某工厂以前用 7 台普通锅炉，年耗煤 11 000 t，现改为 2 台沸腾炉，年耗洗矸 30 000 t，每年仅燃料费即可节约 3 万多元。

c. 用于制煤气。近年来，某些地区研制出了各种各样的新型煤气发生炉，用煤矸石为原料制气体燃料。例如河北邯郸市饮食行业利用矸石煤气炉生产煤气用于炊事或烧锅炉，不但使用方便，还可节约燃料费 80%。

4）煤矸石用作建筑材料

近 10 年来，我国煤矸石建筑材料发展迅速，开拓了多种利用途径，生产技术也日渐成熟和先进，煤矸石的年利用量也达 2500 万 t 以上，成为煤矸石综合利用的一条最重要途径。

a. 煤矸石制水泥。煤矸石和黏土的化学成分相近，一般含 SiO_2 40%~60%，Al_2O_3 15%~30%，还有 CaO、Fe_2O_3 等可代黏土提供硅质、铝质成分，同时还可利用煤矸石所提供的热量来代替部分燃料，因而可以作为水泥生产的原料。用煤矸石生产水泥的工艺过程与生产普通水泥基本相同。首先以煤矸石代黏土和其他原料按一定配比磨细成生料，再经高温烧制成水泥熟料，然后再加适量的石膏和其他混合材料磨成水泥。

用作水泥原材料的煤矸石，其质量一般应符合表 10-9 的要求。

表 10-9　煤矸石原料质量要求

率值或成分 品级	$n = \dfrac{SiO_2}{Al_2O_3 + Fe_2O_3}$	$P = \dfrac{Al_2O_3}{Fe_2O_3}$	MgO （%）	R_2O （%）	塑性指数
一级品	2.7~3.5	1.5~3.5	<3.0	<4.0	>12
二级品	2.0~2.7				
三级品	3.0~4.0	不限	<3.0	<4.0	>12

注：① 当 n=2.0~2.7 时，需掺加硅质校正原料，如粉砂岩；当 n=3.0~4.0 时，需掺加铝质校正原料，如高铝煤矸石。② 当塑性指数<12 时，应采用预湿后成球工艺，或其他提高生料塑性的措施。R_2O 为碱金属氧化物

自燃或煅烧后的煤矸石具有一定活性，可以作水泥的混合材料使用，掺加量的多少取决于熟料质量与水泥品种和标号。按国家规定，掺加量不超过 15%时可制得普通硅酸盐水泥，超过 20%时则为火山灰硅酸盐水泥。

以自燃矸石或煤矸石沸腾炉渣为主与适量的生石灰（15%~25%）、石膏

（8%~12%）、氯化铝渣（8%~15%）混合磨细即可制得无熟料水泥，其抗压强度可达 29.4~39.2 MPa，抗拉强度可达 2.4~4.2 MPa。

煤矸石在水泥生产上的应用是多方面的，有良好的社会和经济效益。但由于煤矸石的成分波动较大，故在生产中要采取相应的措施，保证其成分的均衡和稳定，以利于水泥生产的操作过程和水泥质量的稳定。

b. 煤矸石制烧结砖。　煤矸石烧结砖是以煤矸石为原料，替代部分或全部黏土烧制而成。用煤矸石制砖优点很多，一是原料来源丰富，二是焙烧时基本无需另加燃料，三是工艺紧凑并能常年生产。我国矸石砖生产发展相当迅速，据煤炭部统计，全国统配煤矿已建有矸石砖厂 160 余座，年产矸石砖 15 亿块。

泥质碳煤矸石质软，易粉碎，是生产煤矸石砖的理想原料。实践证明，矸石的化学组成和物理性能会影响产品的性能和焙烧工艺，一般应满足以下要求：①二氧化硅含量一般应在 50%~70%；②三氧化二铝含量一般应在 10%~30%；③三氧化铁含量一般应在 2%~8%；④氧化钙含量一般应在 2%以内；⑤氧化镁含量一般应在 3%以内；⑥三氧化硫含量一般应在 1%以内；⑦塑性指数一般应在 7~14 之间；⑧发热量要求在 2100~4200 kJ·kg^{-1} 之间。

煤矸石制砖工艺过程和黏土相似，主要包括原料破碎、混合加工成型、砖坯干燥和焙烧等工序，焙烧的最高温度一般控制在 950~1100℃之间，焙烧时间为 6~8h。

用煤矸石制砖和用黏土制砖相比，燃料消耗可减少 80%，产品成本降低 20%，并节省了大量农田，是一种很有前途的综合利用方式。

c. 煤矸石生产轻骨料。煤矸石内所含可燃物质和菱铁矿在焙烧过程中析出气体起膨胀作用，同时其中又含大量硅铝物质，因此是生产轻骨料的理想原料。

用煤矸石制轻骨料有两种方法，即成球法和非成球法。成球法是将煤矸石破碎粉磨后制成球状颗粒加入回转窑内，经预热、燃烧脱碳、膨胀烧结、冷却筛分后分级出厂。该法可生产出粒形好（圆球状）、容重小、强度大、导热系数低、耐高温、化学稳定性好的煤矸石陶粒。但是由于煤矸石中含有一定数量的碳，使料球膨胀不易控制，工艺难度较大。非成球法是把煤矸石破碎到 5~10 mm，铺设在炉箅子烧结机上进行烧结，烧结好的轻骨料经喷水冷却、破碎、筛分分级出厂。

煤矸石轻骨料的质量主要取决于煤矸石的性质和成分，炭质页岩和选煤厂排出的洗矸石都是较为理想的原料。煤矸石中含煤量对轻骨料的质量和成本有很大影响，不同的生产工艺对含碳量要求也不相同，但总的来说要求含碳量不要过大（以低于 13%为宜），否则煤矸石难以很好地膨胀。据比利时的经验，含碳量达 2%就足以使料球膨胀起来。

煤矸石轻骨料主要用于配制轻质混凝土。这种混凝土重量轻、吸水率低、强度高、保温性能好，可用于建造大跨度桥梁和高层建筑物。用它做钢筋混凝土楼板，在配筋相同的情况下，跨度可由 4 m 增至 7 m，保温和防火性能也有改善，造价可降低 10%。

d. 煤矸石生产空心砌块。煤矸石空心砌块是用人工煅烧或自燃的煤矸石，加少量石膏、石灰磨细生成胶结料，并选用适宜的生矸石做粗细骨料经振动成型、蒸汽养护而成的一种墙体材料，产品标号可达 200 号。同红砖相比，这种材料自重轻、节省原料、成本低。

e. 煤矸石作筑路和充填材料。筑路和修筑堤坝是煤矸石利用的重要途径之一。英、美、法、德和日本等国大量使用自燃后的煤矸石作公路路基和堤坝材料，具有很好的抗风雨侵蚀性能。目前，国内使用矸石做筑路材料的不多，有待进一步推广，这对改善环境、减少矸石排放占用土地、降低筑路成本有着十分重要的作用。

除了作路基材料外，英国还将煤矸石高温烧结、破碎，然后与圭亚那铝矾土制成阻滑剂，按一定比例混合作公路防滑材料。这种材料具有表面多棱角和粗糙特点，防滑性能持久。将其撒在交通繁忙的公路交叉口或用在雨雪天，可大大减少交通事故。这种材料成本也很低，不到用铝矾土材料制成防滑材料的 1/3。

煤矸石还可做煤矿陷区复地的充填材料。我国部分煤矿已开始进行这项工作，它既可使被破坏的土地得到恢复，又可减少矸石堆放占地，消除环境污染。

总之，煤矸石是发展建材工业的重要资源，建材工业利用煤矸石量大而面广，经济效益也很显著，值得进一步研究和推广。

5）煤矸石生产化工产品

a. 生产铝盐。大多数地区的煤矸石均属高岭黏土类，含 Al_2O_3 量可达 40% 左右，因此可以用它作为生产铝盐的原料。煤矸石生产铝盐的工艺流程如图 10-18 所示。

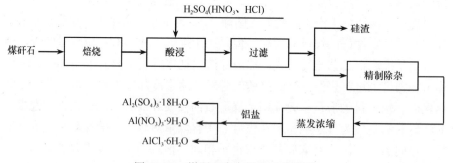

图 10-18 煤矸石生产铝盐工艺流程

以生产出的结晶氯化铝为原料，将其加热到 170℃，便会分解出氯化氢和水，

生成聚合氯化铝。聚合氯化铝是一种新型的无机高分子混凝剂，广泛应用于生活
用水和废水的净化处理中。

　　b. 生产氧化铝。以煤矸石为原料生产氧化铝的方法有石灰烧结法和酸法两
种。图 10-19 所示是酸法生产工艺流程，适于处理含高硅低铝的煤矸石，是一种
较为成功的生产方法。

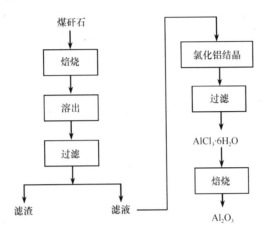

图 10-19　煤矸石酸法生产氧化铝工艺流程

　　除此之外，还可以用煤矸石为原料生产水玻璃，白炭黑，回收镓、锗等贵金属。
　　（2）粉煤灰的综合利用
　　1）粉煤灰的排放及危害
　　燃煤电厂使用煤粉为燃料，当粉煤在锅炉中燃烧时，大部分成为细灰，自烟
道中排出，经除尘设备捕集为粉煤灰。随着电力工业的发展，电厂排出的粉煤灰
与日俱增，迄今为止，我国已累计堆放粉煤灰 $6×10^8$ 多吨，占地超过 $20×10^4$ 亩。
据电力部统计，仅 1993 年一年就排放灰渣 8602 万 t，利用量仅 2993 万 t，其中绝
大部分是灰场贮存，还有约 2.1% 的灰渣排入江河。目前，仍有约 $6×10^8$ t 灰渣将
进入灰场，灰场总占地将达到 $60×10^4$ 亩（按累计设计库容计）。
　　粉煤灰的大量排放，不仅占用大量堆放场地，还要支付巨额处置费用。堆放
在地面的粉煤灰还会扬入大气，污染大气环境，影响人体健康和植物的光合作用。
粉煤灰若排放江河湖海，还会造成水体污染，严重时将会淤塞航道。因此，如何
消化利用粉煤灰资源已引起人们的普遍关注。
　　2）粉煤灰利用现状
　　我国对粉煤灰的利用始于 20 世纪 50 年代，主要用于制造建筑材料或建筑制
品。到 60~70 年代，粉煤灰的利用技术已趋于成熟，使之广泛用于建材、交通、

工业、农业、水利等领域。近年来在鼓励资源综合利用的政策的推动下，粉煤灰还相继应用于冶金、轻工、化工行业，粉煤灰利用的新产品、新技术、新工艺正不断涌现。就技术水平而言，我国粉煤灰利用水平与美国大致相当。到 1992 年年底，我国开发的灰渣利用技术达 200 项，进入工程实用阶段的也有 30~50 项之多，灰渣利用率也由 1990 年的 26.65%上升到 1993 年的 34.8%。

但是，从总体上讲，我国粉煤灰的利用尚处于初步发展阶段，还没形成稳定的市场和可靠的支柱产业。由于排放量大，粉煤灰的质量控制困难；加之产品开发投资大，销路不稳，综合利用产业与国民经济各部门间的关系尚有待完善，致使每年仍有 5000~7000 万 t 灰渣排入灰场，占用大量土地。

3）粉煤灰在建材工业中的应用

粉煤灰中含有大量的 SiO_2（40%~65%）和 Al_2O_3（15%~40%），具有一定的活性，可以作为建材工业的原料使用。

a. 生产水泥及其制品。粉煤灰中 SiO_2 和 Al_2O_3 的含量占 70%以上，可以代替黏土配制水泥生料生产水泥，同时还可利用残余炭，降低燃料消耗。

在磨制水泥时，可以加入适量的粉煤灰作混合材，生产普通硅酸盐水泥、矿渣硅酸盐水泥（掺加量≤15%）和粉煤灰硅酸盐水泥（掺加量为 20%~40%）。粉煤灰硅酸盐水泥耐硫酸盐浸蚀和水浸蚀，水化热低，适用于一般民用和工业建筑工程、大体积水工混凝土工程、地下或水下混凝土构筑等方面。

对细度大、活性高、含碳量低的高质量粉煤灰，还可取代部分水泥作混凝土掺和料，每立方米混凝土可用灰 50~100 kg，节约水泥 50~100 kg。

b. 生产烧结砖和蒸养砖。粉煤灰烧结砖是以粉煤灰、黏土为原料，经搅拌成型、干燥、焙烧而制成的砖。粉煤灰掺加量为 30%~70%，生产工艺与普通黏土砖大体相同，可用于制烧结砖的粉煤灰要求含 SO_3 量不大于 1%，含碳量 10%~20%左右。用粉煤灰生产烧结砖既消化了粉煤灰，节省了大量土地，同时还可降低燃料消耗。

粉煤灰蒸养砖是以粉煤灰为主要原料，掺入适量生石灰、石膏，经坯料制备、压制成型，常压或高压蒸汽养护而制成的砖。粉煤灰蒸养砖配比一般为：粉煤灰 88%、石灰 10%、石膏 2%、掺水量 20%~25%。

近年来，利用粉煤灰制砖法不断得到改进，砖的质量和经济效益都有明显提高。例如，最近发明的免烧免蒸粉煤灰制砖法以粉煤灰、石粉、钙渣、水泥、醇胺为原料，按一定配比混合加水搅拌，然后压制成型，出机后洒水自然保护，干燥后即为成品砖。该法节煤省电、不污染环境、成本低，且成品砖抗冻性能强。

c. 生产建筑制品。粉煤灰可用来制各种大型砌块和板材。以粉煤灰为主要原料，掺入一定量石灰、水泥，加入少量铝粉等发泡剂材料，可制出多孔轻质的加气混凝土。它容重小、保温性好，且具有可锯、可刨、可钉的优良性能，可制成砌块、屋面板、墙板、保温管等，广泛用于工业及民用建筑。

4）粉煤灰用于筑路和回填

用粉煤灰与石灰、碎石按一定比例混合搅拌可制作路面基层材料。例如，法国普遍采用以 80%的粉煤灰和 20%的石灰配制水硬性胶凝材料，并掺加碎石和砂做道路的底层和垫层。这种材料成本低、施工方便、强度也很好。

回填可大量使用粉煤灰，主要用于工程回填、围海造地、矿井回填等方面，但应注意粉煤灰对水质不造成污染。安徽淮北电厂与煤矿配合，用粉煤灰填煤矿塌陷区千余亩，复土后造地种植农作物，既解决了电厂排灰出路，又造了土地，这对我国人多地少的国情有重要的现实意义。

5）粉煤灰在农业上的利用

粉煤灰组成：其机械组成相当于砂质土，同时含有少量对农作物生长有利的元素如钾、钙、铁、磷、硼等。这些特性决定了它在农业方面应用具有很大潜力。

a. 直接施于农田。据对热电厂粉煤灰的分析，其所含营养成分如下：氮 0.0588%、磷 0.1298%、钾 0.7133%、钙 1%~8%。因此，将粉煤灰直接施于农田，可以改善黏质土壤结构，使之疏松通气，同时可供给作物所必需的部分营养元素。特别是它所含的各种微量元素和稀土元素可促进作物生长发育，增加对病虫害的抵抗力。但它也可能会改变土壤的化学平衡，影响许多营养元素的有效性，使用时应注意根据土质的不同合理施加粉煤灰。但是不管怎样，它有一定的改土、增产作用，在一定程度上可用作土壤改良剂直接施用于农田。

b. 粉煤灰肥料。粉煤灰含有丰富的微量元素，如 Cu、Zn、B、Mo、Fe、Si 等。可作一般肥料用，也可加工成高效肥料使用。粉煤灰含氧化钙 2%~5%、氧化镁 1%~2%，只要增加适量磷矿粉并利用白云石作助熔剂，即可生产钙镁磷肥。粉煤灰含氧化硅 50%~60%，但可被吸收的有效硅仅 1%~2%，在用含钙高的煤高温燃烧后，可大大提高硅的有效性。其可作为农田硅钙肥施用，对南方缺钙土壤上的水稻有增产作用。除此之外，还以粉煤灰为原料，配加一定量的苛性钾、碳酸钾或钾盐生产硅钾肥或钙钾肥。

用粉煤灰为原料生产新型化学肥料的工作近年来已取得一定的进展。如日本电力中央研究所研制成功了用粉煤灰制取一种新型钾质肥料的新技术。这种硅酸钾肥料是利用加入 K_2CO_3 后的粉煤灰配合补助剂 $Mg(OH)_2$，加上粉煤、乙醇废液，按一定比例混合、造粒、干燥、筛分后在 800~1000℃高温下煅烧而成。这种钾肥在雨水下难以溶解流失，内含的硅酸成分有利水稻生长和保持蔬菜的新鲜度，有利植物根系生长。它巧妙地利用了粉煤灰中的 SiO_2 成分，制成的硅酸钾肥具有通常钾肥所不具有的缓效性肥效的优点，每生产 1t 产品消耗 0.80 t 粉煤灰，故它问世后，很快受到各国的重视。

粉煤灰的农业利用投资小、见效快，利用得当将会产生明显的社会效益、环境效益和经济效益。

6）粉煤灰的其他应用

a. 分选空心玻璃微珠。空心玻璃微珠在粉煤灰中含量高达 50%~80%，其显著特点是轻质、高强度、耐高温、绝缘性能好，因而成为一种多功能无机材料，在建材、塑料、催化剂、电气绝缘材料、复合表面材料的生产上得到广泛应用。粉煤灰中微珠可采用漂浮法来提取。

b. 用作橡胶、塑料制品的填充剂。经过活化处理的粉煤灰代替碳酸钙作橡胶、塑料制品的填充剂可以提高制品性能、降低生产成本。

c. 提取金属。粉煤灰中铝含量高，因而用它做原料，用酸溶法制取聚合氯化铝、二氯化铝、硫酸铝等化合物。

美国、日本、加拿大等国正在开发从粉煤灰中回收稀有金属和变价金属，如铝、锗、钒的提取已实现工业化。美国田纳西州橡树岭实验室已研制成从煤灰中回收 98%的铝和 70%以上其他金属的方法。尽管从目前情况来看，这种提取铝的方法的成本要比从铝钒土中炼出铝高出 30%，但它也有可能成为一种新的"铝矿"资源。

此外，还可以利用粉煤灰生产石棉、吸附剂、分子筛、过滤介质、某些复合材料等。

10.3.2.2　冶金矿业固体废物的综合利用

冶金矿业固体废物是指金属和非金属矿石开采过程中所排出的固体废物，包括废石和尾矿。矿山生产过程中排出的固体废物的数量十分惊人。据统计，全世界每年排弃的废石和尾矿高达 300 亿 t，我国每年的排放量也在 5 亿 t 左右。这些废石和尾矿堆放在地面，占用了大量土地，废物中所含的有害组分还会对周围的环境造成污染。另外，由于废石堆、尾矿库的不稳定，还会产生滑坡、岩堆移动、泥石流等意外事故，造成巨大的生命财产损失。

冶金矿业固体废物虽然排出量很大，但由于技术和经济方面的原因，被利用的不多。近年来，随着科学技术的发展和人们环境保护意识的提高，冶金矿业固体废物的综合利用已日益被人们所重视。目前对冶金矿业固体废物的利用主要有以下几个方面。

（1）直接利用

1）用作矿井充填料

过去惯用的矿井充填料为碎矿石，为此需单独建立一套采石、破碎和运输系统，花费大量的资金和劳力。利用废石和尾矿作充填料，来源丰富并可就地取材，运输方便，大大降低了充填成本。

用废石和尾矿作充填料时，对其性能一般有如下要求：① 废石和尾矿中有用矿物含量低；② 废石和尾矿中矿物的性质稳定，不易风化或分解，不易氧化自燃，不会放出有毒有害或恶臭的气体。

2）用作建筑材料

矿业固体废物作为建筑材料用途十分广泛，例如用尾矿为主要原料制尾矿砖；以水泥、水渣、尾矿粉为原料制加气混凝土；代替碎石作路基垫层等。

安徽马鞍山钢铁公司姑山铁矿利用尾矿作混凝土集料，用于工业和民用建筑和修筑公路取得很好的效益，每年可少占地 27 亩，并可增加 150 多万元的经济收入，尾矿对周围环境的危害也大大降低。

细粒尾矿还是一种可塑性好的陶瓷原料。黄梅山铁矿在同济大学的协助下，研制成功用尾矿做原料，烧制墙面砖和地面砖，年处理尾矿 4000 t，生产 10 万 m^2 的墙面砖，经济效益十分可观。

3）生产微量元素肥料

植物生长过程中需要 B、Mn、Cu、Zn、Mo 等微量元素，施用微量元素肥料具有明显的增产效果。锰矿采选过程中所排出的废石和尾矿，除含锰外，还含有磷酐、氯离子、硫酸盐离子及氧化镁、氧化钙等，可用来生产微量元素肥料。又如某些钼矿的尾矿作微量元素肥料施用于缺钼土壤，不仅有助农业增产，而且可以降低食道癌发病率。

（2）提取有用成分

随着矿物的不断开采，矿物资源日益减少，处理原矿的品位也越来越贫，不断提高矿石的综合利用率，对矿石所含的各种有价值的成分进行综合性回收已成了当务之急。不少国家都开发了新的技术，综合利用矿产资源。

美国肯尼柯特选矿厂为了充分回收尾矿中的铜，建立了尾矿再处理厂，将尾矿磨细筛分后进行浮选，进一步回收尾矿中所含少量的铜。

我国攀枝花铁矿的矿石中除含铁以外，还含有钒、钛、镍、铬、铜、锰、钪等金属，如能加以回收，其价值将高于主要产品铁的价值。按目前的生产规模，从尾矿中每年可回收钛精矿 27.5 万 t，硫钴精矿 3 万 t，氧化钪 7.2 万 t，总价值达 2 亿元以上。

尽管从冶金矿业固体废物中提取有用金属对固体废物排放量的减少所起的作用是极其有限的，但它在矿资源的充分利用上却有着非常重要的意义，并具有十分可观的经济效益。

10.3.3　冶金工业废渣的综合利用

冶金工业废渣是指从金属冶炼到加工制造所产生的冶金渣、粉尘、污泥和废屑等统称为冶金工业废渣。其中排放量较大，而且综合利用率较高的主要是冶金渣，它包括高炉渣、钢渣、有色金属渣、铁合金属渣等，本节主要介绍冶金渣的综合利用情况。

10.3.3.1　高炉渣的综合利用

高炉渣也称矿渣，是高炉炼铁时所排出的固体废物。目前我国每炼 1 t 生铁约产生 0.6~0.7 t 高炉渣（工业发达国家为 0.27~0.28 t），全国每年排出高炉渣约 3000 万 t，其中 70%左右得到利用。根据对高炉排出熔渣处理方法的不同，可得到三种性能不同的炉渣：熔炉在大量冷却水急剧冷却作用下形成的炉渣称水淬渣；熔渣经慢冷却处理形成的类石料矿渣称重矿渣或块渣；采用适量冷却水的半急作用形成的多孔轻质矿渣称膨胀矿渣。

高炉渣的主要化学成分是 CaO、SiO_2、Al_2O_3 和 MgO，其总量占 90%以上，此外还含少量的 MnO、TiO_2、S、Na_2O 和 K_2O。我国及某些国家的高炉渣化学成分如表 10-10 所示。

表 10-10　我国及日、美、英高炉矿渣的化学成分（%）

名称	SiO_2	Al_2O_3	CaO	MgO	Fe_2O_3	FeO	S	TiO_2	V_2O_5	MnO
中国	21~45	5~21	24~25	1.1~1.2	0.6~5	—	0.2~2	0~2.6	~0.5	0.1~1.2
日本	31~37.4	12.4~19.5	36~44.3	2.3~8.8	—	~1.1	0.5~1.3	0.2~2.7	—	0.4~1.4
美国	33~42	10~16	36~45	3~12	—	0.3~2	1~3	—	—	0.2~1.5
英国	28~36	12~22	36~43	4~11	—	0.3~1.7	1~2	—	—	—

（1）水淬渣的应用

1）生产水泥。水淬渣是一种灰黄、棕色、疏松多孔、易磨的粒状炉渣，主要矿物组成是硅酸二钙（$2CaO·SiO_2$）、铝硅酸二钙（$2CaO·SiO_2·Al_2O_3$）等玻璃体。

由于在水淬过程中，矿渣来不及形成矿物而将化学能储存于形成的玻璃体内，当其磨细后，矿渣的化学能则在水泥熟料、石灰、石膏、NaOH 等激发剂的激发和水共同作用下释放，具有水硬胶凝性，故水淬渣具有很高的活性，在水泥工业中主要作混合材使用，掺加量为 20%~70%，可生产矿渣硅酸盐水泥。水淬渣作混合材生产水泥已有 40 年历史，技术成熟，效果明显，目前全国每年用作水泥混合材的水淬渣已超过 2000 万 t，利用率达 80%。

2）生产矿渣砖。将水淬渣与适量的石灰、石膏破碎后混合并压制成型，再经蒸汽养护即可制成矿渣砖。该方法技术成熟、产品质量稳定，是大批量利用水淬渣的有效途径之一。矿渣砖适用于地下和水工工程。

3）配制矿渣混凝土。将水淬渣与部分激发剂（水泥、石膏、石灰）放在轮碾机中加水碾磨制成砂浆，然后再与粗骨料拌和即可制得与普通混凝土相似的矿渣混凝土，具有良好的抗水渗透性和耐热性能。

（2）重矿渣的应用

若将熔融的高炉渣铺成厚 5~10 cm 的渣层，喷以适量水使其凝固则可形成重矿渣，重矿渣经破碎后制成碎石可以作混凝土骨料配制混凝土。这种混凝土具有和普通混凝土相当的基本力学性能，还具有良好的保温隔热和抗渗性能。

重矿渣碎石还可用作铁路、公路道渣。由于它对光线的漫射性能好，耐磨、摩擦系数大，用它铺设公路路面，既可减小路面光反射强度，又能增强防滑性能，是理想的铺路材料。

（3）膨胀矿渣的应用

膨胀矿渣主要作粗、细骨料，用于混凝土砌块和轻质混凝土中。这类混凝土具有容重小（为普通混凝土的 3/4）、保温性能好、成本低等优点，可用于制作墙板、楼板等。

10.3.3.2　钢渣的综合利用

钢渣是炼钢过程中所排出的固体废物，按冶炼方法的不同，可分为平炉钢渣、转炉钢渣和电炉钢渣。钢渣的主要成分有：CaO、SiO_2、Al_2O_3、FeO、Fe_2O_3、MgO、MnO、P_2O_5、f-CaO 等。表 10-11 给出了我国某些钢厂钢渣的化学成分。

钢渣的产生量约为钢产量的 20%左右，全世界每年排出钢渣约 1 亿~1.5 亿 t，我国每年排放量约 1000 万 t，而利用率只有 30%。钢渣主要成分为 CaO、SiO_2、Al_2O_3、FeO、Fe_2O_3、MgO 等，具有一定的胶凝性，其主要用途有以下几个方面。

（1）生产钢渣水泥

将钢渣破碎后与高炉水淬渣、少量水泥熟料、石膏一起混合磨细后即可制得钢渣水泥，这是钢渣最主要的用途。用作水泥原料的钢渣，碱度不得小于 1.8，金属含量应小于 1%，游离 CaO 量应小于 5%，并经水浸或蒸汽处理，以降低游离氧化钙的量。

钢渣水泥具有微膨胀性，因而抗渗性好。它的早期强度低，但后期强度高，耐磨性、抗冻性能好，并具有较好的抗腐蚀性。由于上述特性，钢渣水泥可用于浇灌大坝等大体积混凝土，也适于海港工程。

（2）作骨料和路材

钢渣容重大、强度高、表面粗糙、耐蚀与沥青结合牢固，因而特别适于在铁路、公路、工程回填、修筑堤坝、填海造地等方面代替天然碎石使用。但由于钢

表 10-11　我国某些钢厂钢渣的化学成分

成分/%		SiO₂	Fe₂O₃	Al₂O₃	CaO	MgO	MnO	FeO	P₂O₅	S	f-CaO	碱度
转炉钢渣	马钢	15.55	5.19	3.84	43.15	3.24	2.31	19.22	4.02	0.35	4.58	2.19
	木钢	16.36	1.49	2.56	50.44	1.22	2.06	11.50	0.56	0.34	1.57	2.98
	鞍钢	8.84	8.79	3.26	45.37	7.98	2.31	21.38	0.75	0.26	6.95	4.74
	武钢	16.24	3.18	3.37	58.22	2.28	4.48	7.90	1.17	0.35	2.18	3.34
	首钢	12.26	6.12	3.04	52.66	9.12	4.59	10.42	0.62	0.23	6024	4.08
平炉钢渣	马钢	12.10~16.30	2.7~7.24	2.7~6.83	43.97~52.74	6.93~12.43	0.62~2.51	10.19~18.53	0.33~4.67	—	0.64~4.20	1.82~3.00
	鞍钢	16.64~32.77	1.79~7.02	1.10~9.64	16.52~37.79	11.15~12.42	1.04~3.96	3.97~36.92	0.13~1.00	—	—	0.37~1.80
电炉钢渣	氧化渣	21.3	—	11.05	41.60	13.48	1.39	9.14	—	0.04	—	1.18
	还原渣	17.38	—	3.44	58.53	11.34	1.79	0.85	—	0.10	—	3.60

注：① f-CaO 为游离氧化钙；② 碱度=CaO/（SiO₂+P₂O₅）

渣内可能含有游离氧化钙，它的分解会造成钢渣碎石体积膨胀，出现碎裂、粉化，所以不能做混凝土骨料使用。用作路材时，也必须对其安全性进行检验并采取适当措施，促使游离氧化钙的完全分解。例如将钢渣堆放半年到一年，是一种降低游离氧化钙含量的简便办法。

（3）制免烧砖

以钢渣为主要原料，掺入部分高炉水淬渣和激发剂（石灰和石膏），并加水搅拌，经轮碾、压制成型，然后蒸汽养护半个月，即制成免烧砖，它与普通黏土砖一样，可广泛用于工业和民用建筑中。

钢渣免烧砖的生产工艺简单，成本低，质量可达到或超过普通黏土烧结砖的标准。例如，太原钢铁公司太钢加工厂在有关院校和科研部门协助下试制成功四种型号的免烧砖，其抗冻性、软化系数以及吸水率等技术参数都达到普通烧结砖的指标，抗压强度为 $100 \sim 260 \, kg/cm^2$，超过了普通烧结砖的指标，深受用户欢迎。

（4）用作农肥

含磷生铁炼钢时产生的钢渣含有一定量的磷及钠、镁、硅、锰等元素，可以直接加工成钢渣磷肥。例如我国马鞍山钢铁公司的钢渣含磷可达 4%~20%（以 P_2O_5 计），生产出的磷肥含 P_2O_5 量最高可达 16% 以上。钢渣磷肥特别适用于酸性土壤和缺磷的碱性土壤，具有一定的增产效果。

（5）用于钢铁生产

钢渣可用于作烧结配料，在烧结矿原料中加入钢渣，不仅利用了钢渣中残存的钢粒，氧化铁、CaO、MgO、MnO 等有用成分，而且提高了烧结矿的强度及产量。

钢渣中含有较高的 CaO，可以代替石灰作为高炉熔剂，同时钢渣中所含的锰等金属也能予以利用。根据太原钢铁公司的试验，在高炉中按每吨铁加入 86 kg 转炉钢渣，可减少石灰用量的 52.8%，白云石用量 92.4%，萤石用量的 53.7%，焦炭用量的 2%~10%，铁产量也有所增加。

转炉渣的 CaO 及 FeO 含量高，因此可以直接返回转炉炼钢，加入量为 $20 \sim 130 \, kg \cdot t^{-1}$ 钢。转炉加入转炉渣后，可使脱碳速率加快，出钢温度提高、石灰用量减少、化渣情况良好、炉衬寿命提高，但含磷量有所增加，因此必须控制钢渣加入量。

10.3.3.3　有色金属冶炼渣综合利用

有色金属冶炼渣是有色金属在冶炼过程中排出的固体废物。我国目前有色金属冶炼渣每年排放量约 $425 \times 10^4 \, t$，其中有害有色金属冶炼渣约 $110 \times 10^4 \, t$，这些废渣中含有镉、砷、铬、汞等有害成分，如不经治理就任意排放，会对环境和人畜造成危害。

目前我国对有色金属冶炼渣的利用率很低，这里只简要介绍赤泥和铜渣等的利用。铬渣的利用将在化工废渣一节讨论。

（1）赤泥的利用

赤泥是炼铝过程中生产氧化铝时形成的残渣，其成分以钙、硅、铁的氧化物为主。每生产 1 t 氧化铝约排出 1~2 t 赤泥。我国每年排放约 200×10^4 t，但由于其含水量大、碱性强，综合利用率不高。

赤泥的矿物组成主要包括硅酸二钙和硅酸三钙，在激发剂的激发下，有水硬胶凝性能。因此可以用它为原料生产水泥。赤泥在水泥工业上的应用主要有两个方面：一是代黏土烧制普通硅酸盐水泥，其生产工艺与普通硅酸盐水泥相同；二是生产赤泥硫酸盐水泥，这种水泥的生产工艺简单，只需将赤泥烘干，然后按一定配比与其他原料混合磨细即可。

赤泥中含有一定量的氧化铁（10%~45%），可将其在 700~800℃ 下还原使赤泥中的 Fe_2O_3 转变为 Fe_3O_4，然后经磁选选出铁精矿（含氧化铁 63%~81%），供炼铁使用。

赤泥还可用来制赤泥硅钙肥，作填充剂生产塑料制品，以及用作筑路材料、填充土方等。不少国家还在研究从赤泥中回收铝、钛、钒等金属以及做净水剂、气体吸收（附）剂等。

（2）炼铜渣的综合利用

炼铜渣是炼铜过程中由反射炉排出的炉渣，它的利用主要有以下几个方面。

1）生产水泥。铜渣与少量激发剂（石膏和水泥熟料）混合磨细即可制成铜渣水泥，其生产工艺简单、成本低、建厂投资少。

2）生产小型砌块。用铜渣水泥作胶凝材料，用铜渣、尾砂为骨料可生产小型砌块，产品自重轻，后期强度高，有一定推广价值。

3）生产矿渣棉。将铜渣与电厂水淬成粒状玻璃态的炉渣（即液态渣）混合配料，在池窑内熔化并经离心机微孔甩成细丝，就可制成纤维细长柔软的优质矿渣棉。

10.3.4　化工废渣的综合利用

化工废渣是化学工业及其他工业部门在生产各种化学产品时所排放出的固体或半固体形式的废物。据统计，1992 年中国各工业产部门所排出的各化工废渣 2476 万 t，其中以化学工业部门排放量最大，为 1761 万 t。不少化工废渣都含有毒有害物质，有的还是剧毒物质，如果不加处理或利用而任意排放就会对环境产生严重的污染。同时化工废渣的综合利用价值较大，如能充分利用，将具有良好的经济效益。

以下将对几种排放量较大及有毒的化工废渣综合利用情况作一介绍。

10.3.4.1　硫铁矿烧渣综合利用

硫铁矿烧渣是以硫铁矿为原料生产硫酸时所排出的废渣。每生产 1 t 硫酸约排出硫铁矿烧渣 0.7~1.0 t。全国每年约有 $600×10^4$ t 烧渣排放，占用了大量土地，污染了环境。硫铁矿渣的利用已有 100 多年历史，目前有些国家如德国，利用率几乎达 100%。我国从 20 世纪 50 年代开始综合利用烧渣，利用途径已有十多种，下面介绍几种较为成熟的利用途径。

（1）硫铁矿烧渣炼铁

硫铁矿烧渣中含铁约 30%~45%，可以作为炼铁原料使用，但由于铁的品位低，并含有硫、砷、锌等有害杂质，直接用于炼铁效果不理想，必须先进行预处理以提高含铁量及降低杂质含量。预处理过程包括选矿和造块烧结两个步骤。

选矿是利用烧渣中各矿物成分的物理性质（磁性、密度等）的不同，采用磁选或重选等方法，将烧渣中含铁矿物与脉石分离，达到提高铁的品位和去除有害杂质的目的。

造块烧结一般有两种方法，一种是将选矿后的烧渣精矿代替铁精粉配入烧结料中生产烧结矿。另一种是在烧渣中配入一定量的熔剂和黏合剂，经混料后造粒成球，再经干燥、焙烧制成炼铁球团矿即可送入高炉炼铁。

（2）回收有色金属

硫铁矿烧渣中除含有大量的氧化铁外，还含有一定数量的有色金属如 Cu、Pb、Zn、Ni、Au、Ag 等。可用氯化焙烧法将它们回收，同时也提高了烧渣含铁的品位。氯化焙烧是利用氯化剂（一般为 NaCl 或 $CaCl_2$）与烧渣在一定温度下加热焙烧，使有色金属转化为氯化物而加以回收。氯化焙烧工艺可分为中温（500~650℃）氯化焙烧和高温（1000~1200℃）氯化焙烧两种，图 10-20 所示的是应用较为普遍的中温焙烧工艺流程简图。

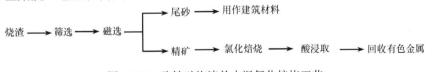

图 10-20　硫铁矿烧渣的中温氯化焙烧工艺

经筛分、磁选后的精矿与 8%~10% 的 NaCl 混合，送入 10~11 层的多膛炉中焙烧，氯化焙烧最高温度为 600~650℃，焙烧时间为 4~5h，焙烧后的烧渣用 5%~7% 的稀硫酸浸出，然后将浸出液中的有色金属和铁分别加以回收。

（3）用石灰作胶结剂制砖

硫铁矿烧结本身无胶结能力，但和石灰混合后石灰就能和烧渣中的活性氧化硅、氧化铝反应生成硬性胶凝物质，使渣砖具有一定强度。

该法的生产工艺是：将沸腾炉中排出的烧渣用水淬冷，然后堆放 10~15 天，使之粉化，再与消石灰按比例均匀混合，加水混碾使其进一步细化、均匀化、胶体化，经压砖机压制成型，自然养护 28 天，即为成品砖。石灰加入量对烧渣砖强度影响很大，加入量在 14%~18%时，砖的强度最高。

烧渣砖具有较高的抗压、抗折强度，在耐水性、耐腐蚀性和耐大气稳定性等方面都可满足一般墙体材料的要求。

（4）生产化工产品

对含铁量低的硫铁矿烧渣，可经化学处理生产化工产品。

1）生产氧化铁红、透明氧化铁。我国已研究成功由低品位（含铁 23%~31%）的硫铁矿烧渣生产氧化铁红的工艺。其过程是：将烧渣经筛分、磁选出强磁性的 Fe_3O_4，与 50%~70%的硫酸在一定温度下反应，反应后溶液内加一定晶种，然后烘干脱除结晶水，将所得物料粉碎后煅烧（300~800℃），再进一步处理即可得含 Fe_2O_3 75%以上的氧化铁红。

武汉大学研制出利用硫铁矿渣生产透明氧化铁红新工艺，用烧渣为原料加还原剂焙烧后用盐酸浸取，浸取液经空气氧化，加碱沉淀 Fe^{3+}，加入表面活性剂凝聚胶体粒子，然后用有机溶剂萃取分离杂质，最后将胶体热处理可制得透明氧化铁。该产品色彩鲜艳透明，广泛应用于涂料、油墨、塑料制品、胶片着色以及化妆品等方面。

2）制取 $FeSO_4·7H_2O$。将硫铁矿烧渣经还原处理，使 Fe^{3+} 转化为 Fe^{2+}，再用 20%~30%废硫酸浸取，浸取液过滤后结晶、干燥即可得合格产品。

3）制取水处理剂。对于含氧化铝较高（>25%）的硫铁矿烧渣，可用来制备铁铝复合无机絮凝剂。将烧渣用热盐酸浸溶，使其中的 Fe_2O_3 和 Al_2O_3 与酸作用生成相应的盐酸盐而溶解，维持一定温度和 pH 则可使其水解聚合而生成一种黄棕色半透明树脂状物质——聚合氯化铝铁（PAFC）。它是一种优良的水处理剂，具有很强的吸附能力和良好的凝聚沉淀性能。

10.3.4.2　化学石膏的综合利用

化学石膏是在生产某些化工产品时所排出的以硫酸钙为主要成分的固体废物。它包括磷石膏、氯石膏、盐石膏等。我国每年化学石膏的排放量很大，而且以惊人的速度在增加。据统计，1985 年化学石膏的排放量仅为 $120×10^4 t$，到 90 年代已达 $500×10^4 t$ 左右，2000 年已达 $1000×10^4 t$。

　　化学石膏的应用目前主要是在建材方面，下面对排放量较大的几种化学石膏综合利用情况作一简单介绍。

　　磷石膏是湿法生产磷或高效磷肥所得的副产品，其主要成分是 $CaSO_4$，通常每生产 1 t 磷酸可得 5 t 磷石膏（干）。由于它的排放量大且含有少量 P_2O_5、F、^{226}Ra 等对人体有害物质，所以它的利用处理就成为一个重要问题。目前磷石膏的利用主要有以下几个方面。

　　1）在水泥工业上的利用。主要有两个方面：①代替天然石膏作水泥缓凝剂使用，生产普通硅酸盐水泥。目前全世界每年利用磷石膏大约生产 150 万 t 水泥缓凝剂，其中日本约有 50%的磷石膏都用来作为水泥缓凝剂使用；②近年来国外利用磷石膏做原料生产硫铝酸盐水泥研究较多，我国湖北省襄樊市水泥厂利用磷石膏为原料在立窑上烧制硫酸盐水泥也获得成功。它的生产工艺简单，原料来源丰富，节能效果显著，产品性能优越，为磷石膏的综合利用开辟了一条新路。

　　2）制建筑板材。磷石膏可代替天然石膏制轻质建筑板材。由于磷石膏含有一定量的杂质，会影响到石膏的凝结时间和制品强度，其中影响最大的杂质是磷，因此，用磷石膏为原料生产建筑板材首先要去除其中水溶性磷，去除方法有两种：水洗法和石灰中和法。将去除杂质后的磷石膏加热至 120~130℃使其脱水，生成以 β 形态为主的半水石膏即可用于生产轻质建筑板材。为了提高制品的强度，还可加入超过 3%的麻筋、玻璃纤维以起增强作用。

　　3）生产硫酸和水泥。将磷石膏与碳混合加热到 900~1200℃，二者反应最终生成氧化钙、硫化钙、二氧化硫和二氧化碳，其反应式如下：

$$CaSO_4+2C \longrightarrow CaS+2CO_2$$

$$3CaSO_4+CaS \longrightarrow 4CaO+4SO_2$$

反应所得产物二氧化硫可用于制造硫酸，而氧化钙可用于生产水泥。

　　用磷石膏同时生产水泥和硫酸的工艺流程简图如图 10-21 所示。

　　以磷石膏为原料生产水泥和硫酸的技术在我国已开发成功，年产 $4×10^4$ t 硫酸和 $6×10^4$ t 水泥的装置已建成。年产 $20×10^4$ t 硫酸和 $30×10^4$ t 水泥的磷石膏利用项目也已建设。

　　4）制硫酸铵。以磷石膏制硫酸铵的生产过程主要包括以下两个步骤。

氨与二氧化碳制成碳酸铵溶液：

$$2NH_3+CO_2+H_2O \longrightarrow (NH_4)_2CO_3$$

碳酸铵与磷石膏反应制硫酸铵：

$$CaSO_4+(NH_4)_2CO_3 \longrightarrow CaCO_3+(NH_4)_2SO_4$$

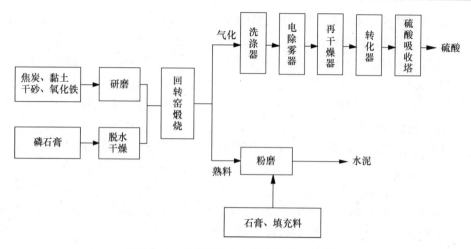

图 10-21 磷石膏生产水泥和硫酸工艺流程

如印度由于缺乏优质的天然石膏,因此大量使用磷石膏为原料来生产硫酸铵。

10.3.4.3 电石渣的综合利用

电石渣是生产乙炔、聚氯乙烯、聚乙烯醇等产品所排出的废渣,我国每年排放量在 200 万 t 左右。随着国内对电石需求量的不断增加,电石渣的排放量也将大大增加,因此,开拓对电石渣的综合利用,是改善环境、提高效益的一项重要措施。

(1)电石渣用于建材工业

1)生产水泥。电石渣的主要成分是 $Ca(OH)_2$,经烘干焙烧生成 CaO,可代替石灰石和其他原料生产水泥。我国以电石渣为原料生产水泥的方法有湿法、干法两种,其工艺过程与常规的水泥生产工艺相同。

锦西化工总厂利用生产聚氯乙烯产生的电石渣生产水泥,用掉了每年产生的 6 万多吨电石渣,减少了对环境的污染,同时生产出合格的水泥,每年仅节约排污费就达 30 多万元。

2)作无机型外墙涂料。用电石渣和水玻璃为原料生产的无机型外墙涂料,有较好的保光色泽、不剥落、不变色、经久耐用,各项性能指标均可达到或超过普通无机型外墙涂料。这是因为电石渣中所含的三氧化物(如 Al_2O_3)也可以与氧化钙作用生成铝酸三钙和铝酸四钙,它们都是外墙的优良养护素。

电石渣为原料制外墙涂料,原料易得,工艺简单,使用方便,质量也超过用水泥制的外墙涂料,值得推广。

(2)用于化工尾气处理

氯磺酸($ClSO_3H$)生产过程中会产生 SO_2、SO_3、HCl 等尾气,过去用浓硫酸酸洗和水洗两级处理，尾气中 SO_2 的浓度也只能降到 0.3%。四川化工厂将水洗改为电石渣洗，可使 SO_2 脱除率达 85%左右，使 SO_2 的排放浓度由水洗的 4290 $mg·m^{-3}$ 降到电石渣洗的 1430 $mg·m^{-3}$。

10.3.4.4　铬渣的处理与综合利用

铬渣是冶金和化工部门在生产金属铬盐时所排出的废渣，主要由 CaO、MgO、Al_2O_3、Fe_2O_3、SiO_2 及少量六价铬的化合物组成。每生产 1 t 金属铬约排出铬渣 1.5 t，每生产 1 t 重铬酸钠要排出铬渣 3 t。虽然目前我国铬渣的年排放量并不高（十几万吨），但由于铬渣中所含的六价铬毒性较大，如长期堆放不加处理就会污染水源和土壤，对人类和其他生物造成严重的损害。因此，对铬渣的处理和利用必须将毒性大的六价铬还原为毒性小的三价铬，并使其生成不溶性化合物，再在此基础上再加以综合利用。目前我国对铬渣的处理和利用主要有以下几个方面。

（1）铬渣作玻璃着色剂

在制玻璃的配料中，可用铬渣代替铬铁矿作着色剂制绿色玻璃。在玻璃窑炉高温还原气氛下，铬渣中的 Cr^{6+} 被还原成 Cr^{3+} 而进入玻璃熔融体中，急冷固化后即可制得绿色玻璃。同时铬也被封固在玻璃中，达到了除毒的目的。用铬渣代替铬铁矿作着色剂，可消除污染，而且铬渣中含有 MgO、CaO，可以代替玻璃配料中的白云石和石灰石，降低了生产成本。生产出来的玻璃色泽鲜艳，质量有所提高。用铬渣代替铬矿粉作着色剂时，适宜的加入量为 2%~6%，加入量过高，则会产生 Cr_2O_3 失透现象。

目前，天津、沈阳、青岛、北京、重庆等地玻璃厂都采用铬渣作玻璃着色剂，国内用于这方面的铬渣量已达 4 万 $t·a^{-1}$ 左右。

（2）铬渣作助熔剂制钙镁磷肥

在钙镁磷肥的生产过程中，为了降低磷矿石的熔点，需加入蛇纹石、白云石及硅石作助熔剂。铬渣与蛇纹石、白云石相比，在主要成分上十分相近，因此可以作助熔剂使用。在炉内高温状态下（800~1500℃），燃烧产生的大量 CO 和 H_2，以及存在的固定碳，可将铬渣中的六价铬还原为三价铬和金属铬，分别进入磷肥及富集在铬镍铁中。

用铬渣作助熔剂生产钙镁磷肥可使铬渣彻底解毒并资源化，每生产 1 t 钙镁磷肥可消耗铬渣 150~400 kg。对于使用钙镁磷肥对人畜和农作物是否安全问题，自 1983 年以来，国内许多铬盐厂和科研单位对其可行性进行了研究，论证了铬渣用于生产钙镁磷肥是可行的，并规定了铬渣钙镁磷肥中铬的安全控制指标，为该肥料的安全施用铺平了道路。

（3）铬渣作炼铁烧结熔剂

铬渣中含有大量的 CaO、MgO、Fe_2O_3（三者之和大于 60%），与炼铁烧结熔剂料（白云石、石灰石）成分类似，且具有自熔性和半自熔性，其物理特性（粒度、黏度）也适于作烧结矿熔剂，因此可代替石灰石等作炼铁辅料。

重庆钢铁公司和重庆东风化工厂已成功进行了铬渣作烧结熔剂的工业化试验。试验结果表明，铬渣作为烧结炼铁的熔料，在使用工艺上完全可行，且使固体燃料消耗下降，烧结矿质量上升；六价铬还原解毒彻底，烧结过程中六价铬还原率达 99.98% 以上，残留的微量六价铬还可在高炉冶炼中进一步被还原。

除上面介绍的之外，铬渣还可用于制铬渣铸石、制砖、作水泥添加剂生产水泥等。对铬渣的治理和综合利用，我国的科技工作者做了大量的研究工作，开发出 20 余种治理技术。但是，不少技术推广应用还有相当难度，并受到许多局限。因此，对铬渣的处理和利用还有待进一步的研究和实践。

思 考 题

1. 什么是固体废物的资源化系统？
2. 简述固体废物的资源化途径。
3. 从煤矸石的组成来分析它的综合利用途径。
4. 简述粉煤灰的综合利用途径。
5. 论述高炉水淬渣用于生产水泥的理论依据。
6. 从硫铁矿烧渣中可以回收哪些物质？试举例加以说明。
7. 略述磷石膏的利用途径。

第11章 几种典型固体废物的资源化

主要介绍废塑料、废橡胶、废旧电池、农业固废的处理和资源化综合利用。

11.1 废塑料的回收与利用

塑料是由石油化工衍生的原料制成，目前它的产量以体积计已超过金属材料的产量。除极少数塑料管、板材以外，90%左右的塑料制品使用寿命只有1~2年，造成了废塑料数量的急剧增加。鉴于前面所叙及的填埋、热解、焚烧等处理方法外，对废塑料的污染治理应侧重于它的回收、再生和综合利用。目前回收利用的方法主要有以下几种。

11.1.1 废塑料的再生利用

废塑料再生加工利用主要分为前处理、熔融和成型三个步骤。

（1）前处理

将回收的废塑料除去异物，并按其种类加以分选。可根据它们的外观特征，采用人工分选或采用重力分选、风力风选、静电分选等方法进行分选。分选后的废塑料要进行清洗，一般先用碱水清洗，然后再用清水冲净。洗涤后需干燥，并粉碎成小片或小块。

（2）熔融混炼

熔融混炼过程及所使用的机械和原塑料熔融混炼完全一样，即将预处理后的废塑料加入适量的改性剂在一定的温度下熔融混炼即可。

（3）成型

主要成型的方法有四种：压注成型、注射成型、延压成型和挤出成型。通过成型可以直接得到棒、板、片材或各种成型品，也可制成粒状作为生产各种类型的塑料制品的原料使用。

塑料的再生方法又可分为单纯再生和复合再生两类。前者的原料是塑料生产厂和加工厂的废料，是单一树脂，可以和树脂加工方法一样进行加工造粒再利用。

复合再生是用不同种类树脂的混合物原料来制造再生制品。

再生加工所得的塑料制品保留不少原有塑料的特性，它的优点是具有一定的耐久性、耐腐蚀生和强韧性，但膨胀系数大，负载大时可能产生弯曲。

　　废塑料的再生利用目前仍是废塑料综合利用的主要方式,并开发出许多较为成熟的技术。例如,日本塑料处理促进协会与朋东铁工所共同成功地开发了比较经济的废农用 PE 膜的干法处理技术。该工艺的基本过程为:先将废农膜碎为 50 mm 左右的碎片,然后分两次将其干燥,在干燥装置中设置磁铁以除去铁屑或铁片,并经振动筛、筛选机分离除去土砂等杂质。再将已干净的片状薄膜进一步粉碎成 8 mm 左右即可熔融造粒,然后作为原料加工成各种制品。

11.1.2　废塑料的改性利用

　　利用某些填料对废塑料进行改性以增大它的应用范围也是近年来进展较快的一项工作。目前常用的填料有两大类:无机填料和有机填料。无机填料主要有碳酸钙、滑石粉、硅灰石、赤泥、粉煤灰等。有机填料主要选择木材加工废料木粉、锯屑及农副产品稻壳、玉米秆、麦秆等。这些惰性材料均需进行表面活化处理,才能与废塑料很好地复合。改性后的填料具有良好的填充性,并可提高塑料制品的稳定性和具有一定的增强效果。

　　以木屑为填充料所制成的塑料材料也称"合成木材",这种材料密度小、强度高、耐腐蚀、耐热。其可像木材一样使用,可锯、可钉、可钻,广泛用于建筑,家具、车辆及包装等方面。我国 20 世纪 80 年代即开发出锯木屑与废塑料经高温混炼而制成的"合成木材"。

11.1.3　废塑料在其他方面利用的新进展

　　废塑料通过过滤、精选、分级、破碎、造粒、出膜等几道工序可生产农用地膜。河南周口农膜厂这一项目的研究早在 1994 年就已获得较大的进展。

　　废塑料的裂解转化近年来也取得了一定进展。美国阿莫科化学公司最近开发出一项新工艺,它的技术特点是先将收集的废塑料清洗,然后溶解于热的精炼油中进行加工。该公司已在中试装置中处理了很多不同的废塑料,使它们得到回收利用。例如 PS 裂解后得到高收率的芳烃石蜡油;PP 裂解后得到脂肪烃石蜡油;PE 则裂解成轻质石油气和石蜡油。日本的工业开发实验室和富士循环应用工业公司开发了将废塑料转化为汽油、煤油和柴油的技术。该法的工艺过程是将聚烯烃塑料(PE、PP、PS)或某些氯化塑料粉碎,通过两台反应器,在合成沸石 ZSM-5 的催化作用下进行气相催化转化,冷却后可得低沸点的油品。每千克塑料可生产 0.5 L 汽油、0.5 L 柴油和煤油。目前正在建造的实验设备每小时可处理 50 kg 塑料,生产 30 kg 汽油。

　　荷兰国家公路研究中心正在进行利用废塑料作铺路原料的研究,即将废塑料粉碎、加热、熔剂化处理后添加到沥青中去用来铺路,所铺成的道路更具有弹性,与车轮摩擦的噪声也更小。这种废塑沥青已在两段公路上试验成功。

美国得克萨斯州立大学开发的专用技术可将废塑料制成混凝土。该技术采用黄砂、石子、液态 PET 和固化剂为原料，生产混凝土。其中由废软饮料瓶（PET）加工成的液态 PET 可取代普通水泥中的水和泥浆，从而大大降低了混凝土的生产成本。

无论在国内或是国外，废塑料回收和综合利用都还处于起步阶段，但经过技术人员的努力，已取得许多可喜的成绩。目前，全世界每年废塑料的回收量约占总消耗的 7%~8%，废塑料的再生和利用将会取得更大的进展。

11.2　废橡胶的回收与利用

11.2.1　废橡胶的基本概念

废橡胶是固体废弃物的一种，其来源主要是废橡胶制品，即废的轮胎、力车胎、胶管、胶带、胶鞋、工业杂品等，另外一部分来自橡胶制品厂生产过程的边角余料和废品。当然橡胶的废与不废都是相对的，它们本身都有特定的属性和用途，都有被人类所利用以及循环利用的可能。一切所谓"废物"只不过是物质的形态性质或用途发生了变化，而它本身可以利用的属性并没有消失，只要被人们发现和利用，就能重新发挥它的作用，由"废物"变成"宝物"。而且有些东西只是在一定地点一定条件下，失去了它的使用价值成为"废物"，而在新的地点新的条件下，又可能成为有用之物。

11.2.2　废橡胶的产生量

现在全世界的生胶消耗量约 500 万 $t \cdot a^{-1}$，其中约 50%是轮胎。据统计，全世界的轮胎废弃量约 900 万 $t \cdot a^{-1}$，另外，有 700 万 $t \cdot a^{-1}$ 的轮胎橡胶在路面上磨耗掉。在美国，橡胶制品的生产量为 500 万 $t \cdot a^{-1}$，其中轮胎为 300 万 $t \cdot a^{-1}$，这些轮胎在 2~3 年内几乎全部报废，1992 年报废量为 2.5×10^8 条；另外，工厂每年约产生废橡胶（边角余料及废品）45 万 t。联邦德国 1989 年废橡胶产生量 75.8 万 t，其中废轮胎 45.5 万 t。日本的废橡胶产生量约为 140 万 $t \cdot a^{-1}$，前苏联的废轮胎年产生量约 150 万 t，加拿大 22 万 t，意大利 15 万 t，英国 40 万 t。

根据中国多年的生胶耗量、橡胶制品产量、废橡胶产生量及其回收量统计，橡胶制品产量约为生胶耗量的 2 倍，废橡胶产生量约为橡胶制品产量的 40%，废橡胶的回收量一般为废橡胶产生量的 40%。中国 1993 年生胶耗量 110 万 t，橡胶制品产量约为 220 万 t，废橡胶产生量约为 88 万 t。

11.2.3　废橡胶回收利用的意义

11.2.3.1　保护环境

废橡胶造成的环境污染是严重的。整条废轮胎堆集在一起变成了蚊虫滋生的理想场所，这些蚊虫散布脑炎、疟疾等传染病。整条轮胎不会自燃，但任何想纵火的人，只要稍微借助一下助燃剂就能引起难以扑灭的大火，可见废轮胎堆集既是危害人类健康的祸源，又是危害环境安全的定时炸弹。所以，回收利用废橡胶对于保护环境具有重要意义。

11.2.3.2　节约能源

橡胶工业的原料，很大程度上依赖于石油，特别是在天然橡胶资源少、大量使用合成橡胶以及合成纤维的国家，70%以上的原材料是以石油为基础原料制造的。在美国每生产一条乘用车轮胎要消耗 26 L（7 gal）石油，每生产 1 条载重车轮胎要消耗 106 L（28 gal）石油。另外废橡胶本身就是一种高价值的燃料，其发热量一般为 31 397 $kJ \cdot kg^{-1}$（7499 $kcal \cdot kg^{-1}$），在工业废弃物中是发热量较高的物质，与煤的发热量差不多。废轮胎的发热量更高，为 33 494 $kJ \cdot kg^{-1}$（8000 $kcal \cdot kg^{-1}$）。全世界废轮胎为 900 万 $t \cdot a^{-1}$，就等于损失理论值为 3×10^{14} kJ（7.2×10^{13} kcal）的热量。所以，不管通过什么方式利用废橡胶，其最终结果都是提高了石油的使用价值。在目前能源日趋紧张的形势下，利用废橡胶对节约能源具有重要意义。

11.2.3.3　重要的橡胶原材料

废橡胶通过粉碎和物理化学处理制得的再生橡胶和胶粉是橡胶工业的重要原材料，它可以部分或全部代替橡胶用以制造橡胶制品。20 世纪 50 年代至 60 年代再生橡胶的发展达到了鼎盛时期，例如美国，在 20 世纪 50 年代再生橡胶生产厂家达 24 家之多，最高年产量达到 371 788 t。再生橡胶消耗量占生胶耗量的 20%以上。此后，由于价格低廉的充油丁苯橡胶的发展和再生橡胶生产本身的问题，再生橡胶的产量逐渐下降，有的国家已经停产，但是，仍保持一定数量，特别是在发展中国家还有一定增加。近来，在子午线轮胎的胶料中掺用胶粉取得了良好的效果，从而刺激了胶粉的发展。

11.2.4　橡胶回收利用方法分类

根据世界上多数工业发达国家废橡胶利用的情况，将以废轮胎为主的利用分类归纳如下：

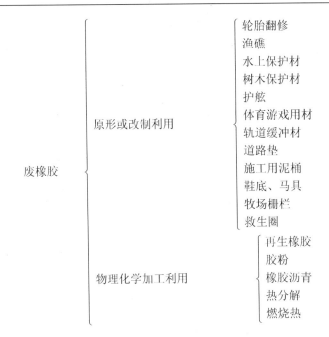

11.2.5　橡胶回收利用发展概况

19 世纪开发了硫化橡胶变为有用材料的技术。最早提出废硫化胶再生方法的是 Alexander Parkes。1846 年，他将废硫化胶放在漂白粉的溶液中煮沸，加压达到成为一体的状态，然后用碱溶液洗净而制得再生橡胶。1858 年，Parkes 发明了用蒸汽压对天然橡胶进行脱硫的橡胶再生方法。此后，各种废橡胶再生的方法相继发明，其中油法（盘法）、水油法（蒸煮法）、压出法、高压蒸汽法、动态高温蒸汽法、密炼机法等成为世界上主要的再生工业方法。废橡胶冷冻粉碎工艺的发明，促使废橡胶的粉末利用进入了一个新阶段。中国于 20 世纪 90 年代开始研制活化胶粉并应用于子午线轮胎，取得了良好的效果。废橡胶的原形及改制利用是最经济有效的方法，历来受到重视。世界上不少地方已将相当数量的废旧轮胎用于翻新、渔礁、游戏设施等。1969 年，美国矿山局研究成功了废橡胶的热分解回收油、煤气等技术。与热分解利用相比，燃烧热利用比较受欢迎。20世纪 70 年代，日本已经大量将废轮胎燃烧热作为热源应用于各个方面，例如废轮胎与煤混合生产水泥等。

废橡胶的回收利用率在近年不断提高。其中，美国提高了 9%，1992 年总计利用约 6800 万 t 废轮胎，利用率为 27%。联邦德国提高了 20%～30%，1989 年废轮胎利用量 45.5 万 t，占废橡胶产生量的 60%。日本提高了 12%，1992 年废轮胎利用率 92%（77.6 万 t）；中国的废橡胶利用率约 50%。

11.2.6　橡胶回收利用发展趋势

从再生资源和保护环境的观点出发，人们越来越重视废橡胶的综合利用。但是，随着高分子材料科学的发展，使得橡胶制品的材料构成日趋复杂。如何处理和利用这些复杂的制品将是今后人们面临的一项重大课题。根据各国国情，采用最有效最经济的利用方式，并建立全国性的废橡胶综合利用体系是今后废橡胶利用的方向。

11.2.6.1　胶粉

废橡胶冷冻粉碎工艺的开发，为废橡胶的利用开辟了广阔的前景。冷冻粉碎可以生产各种细度的粉，最细可达 300 目，它不仅可以掺入胶料代替部分生胶，而且能与沥青很好地混合，广泛用于公路建设和房屋建筑。另外，胶粉还可以用于改性塑料、改良土壤，精细胶粉还能用于涂料、油漆和黏合剂的制造。随着技术的提高和经济性的改善，废橡胶的冷冻粉碎工艺将会很快地得以推广。中国的废橡胶是有偿使用的，而且作为废橡胶冷冻粉碎工艺的制冷剂——液氯价格昂贵，所以，在中国使用液氯冷冻粉碎橡胶是困难的。据报道，中国近年来已开发成功涡轮空气制冷粉碎废橡胶新工艺，它将有力地推动中国的废橡胶回收利用。

11.2.6.2　再生橡胶

世界上工业发达国家的再生橡胶生产普遍呈下降趋势，1980 年英国全面停止了再生橡胶生产。美国 30 家再生橡胶工厂到目前只剩下 2 家。但是部分国家，再生橡胶生产仍保持一定水平，或者稳中有升，是因为在橡胶制品中掺用再生橡胶，有利于合成橡胶的加工。

随着废橡胶新的脱硫方法的开发，有可能向橡胶工业提供物美价廉的再生橡胶，这将是再生橡胶工业发展的转折点。已经开发成功的微波脱硫法就是一项突破性的再生技术，这种方法是干态脱硫，没有污染，而且质量好，对今后再生橡胶工业的发展必将产生重大的影响。

各国政府都非常重视废橡胶的回收利用，并且制定政策鼓励利用废橡胶，有的国家规定了在橡胶制品中掺用再生橡胶的比例。例如，美国能源部提出，各种橡胶中掺用再生橡胶的比例要达到 5%。中国从 20 世纪 70 年代起就规定了各种橡胶制品掺用再生橡胶的比例，这样做有利于再生橡胶生产的稳定发展。

发展中国家，特别是生产资源缺乏的国家，再生橡胶正处于稳定发展时期，它们将是今后世界上再生橡胶的生产国。1994 年中国生产再生橡胶超过 30 万 t。

11.2.6.3　热分解利用

将废橡胶热分解，可利用其煤气、油料及炭黑等。这项技术已在很多国家开发成功，但由于经济性的问题，目前尚难以形成大面积推广。热分解废轮胎，一般要经过粉碎、热分解、油回收、气体处理、二次公害的防止等工序，设备费、操作费比较高，如果废橡胶是有偿使用，即使回收的产品能卖出去，也很难赢利。另外，目前回收的炭黑质量与原炭黑不同，只能用于一般橡胶制品，如果卖不出去，将形成积压、污染，造成二次公害。今后如能提供回收炭黑的质量或扩大其用途，将有利于废橡胶热解利用的发展。

11.2.6.4　燃烧热利用

用废轮胎作燃料制造水泥是一项成功的利用方法，在日本已经广泛采用。由于这种利用方式无二次公害，不影响水泥质量，而且不需要热分解方式那样多的设备，所以可以充分利用水泥厂原来的设备。根据伦敦的一份橡胶咨询报告表明，由焚烧废轮胎获得能量是解决大量废橡胶的最有希望的方法。燃烧废轮胎获得蒸汽或电能已经在很多国家开发成功，这种利用方法能否得到广泛推广，取决于两个方面，一是燃烧装置的建设费用能否降低，二是废橡胶价格能否低于其他燃料价格。

11.2.6.5　原形及改制利用

废橡胶的原形及改制利用历来受到人们的重视，特别是轮胎翻修，公认为是最经济、最有效的利用方式。它可以节约能源，提高总的行驶里程，减少环境污染，是一项一举三得的好方式。轮胎还将更多地采用高强度合成纤维、钢丝以及子午线结构，其翻修价值将会变得更高。其他废旧橡胶制品的原形利用也有一定的价值。

11.3　废电池的回收与利用

随着科技水平的提高和经济的发展，使得日常工作和生活中人们所使用的电池数量及种类不断增加，相应的对电池的需求量也在不断增加，废旧电池污染及其处理已成为目前社会最为关注的环保焦点之一。目前，全球的电池产量每年递增近 20%。中国是世界电池生产和消费大国。据有关资料统计，1980 年中国电池生产量跃居世界第一。1998 年，电池生产量达 140 亿只；1999 年，电池生产量150 亿只，占全球电池产量的 1/3，品种有 250 个之多。目前，我国市场上每年大约销售 60 亿只电池。面对如此大量的电池生产和消费，回收处理并使之无害化、资源化、减量化的工作却远远没有跟上。由此给人们带来现实的和潜在的污染危害，既浪费了宝贵的资源又影响了经济的可持续发展。

　　我们通常所说的干电池包括锌锰干电池、碱性锌锰干电池、氧化银电池、水银电池和锂电池。上述电池中，除锂电池外，都或多或少使用汞，而取代汞又相当困难。如果回收处理工作跟不上，随便乱抛乱丢的大量废旧电池将成为现代社会尤其是都市中影响生态和环境的不可忽视的隐性污染。

11.3.1　废旧电池资源化的意义

　　废旧电池的危害特点是：生产多少，最终废弃多少；集中生产，分散污染；短时使用，长期污染。废旧电池进入环境后，电池中的有害物质缓慢地消解，进入土壤和水体，溶出的有害物质随食物链进入人体和动物体内，会给人体带来一系列的致畸、致癌、致突变，还可引发人体的其他方面的疾病；废旧电池中的重金属又是可以利用的资源，为此必须对废旧电池进行资源化和无害化处理。但是目前废旧电池的资源化和无害化处理技术及相应的管理工作没能跟上，致使废旧电池进入生活垃圾及其他不合适的处理处置，对环境构成严重污染。许多不合格产品运往国外回收处理，造成我国资源总量的流失。

　　目前，废旧电池的主要流向是进入城镇生活垃圾。生活垃圾的主要回收处理方式为填埋、焚烧、堆肥。在堆肥过程中混入废电池，由于重金属含量高，将会严重影响堆肥产品的质量；混入焚烧过程中，重金属通常挥发而在飞灰中浓集，可能污染土壤和大气环境，底灰中富集大量重金属，产生难处理的灰渣；填埋是现今生活垃圾处理最常用的方法，但就我国填埋场情况而言，水准较低，许多垃圾处于简单堆放状态，废电池中的重金属可能通过渗滤作用污染水体或土壤。由此可见，废电池随生活垃圾共同处理、处置存在着潜在的环境污染。另外，由于公众对废电池的正确合理回收处理方式缺乏了解，出现了不正确行为，增加了废电池管理的难度。因此，加强对废旧电池回收处理是我们义不容辞的责任。

11.3.2　国际上废旧电池回收处理现状

　　消费者废弃及生产企业报废的废旧电池，以汞来区分可分为：含汞与不含汞电池；以重金属区分可分为：Ni-Cd、Ni-Mn、AgO、Zn-C、Zn-Air 锂电池及锂离子电池。含汞电池经前处理后，需进行无害化和安全处置，不含汞与含重金属电池经预处理后，进行资源回收。下面就不同种类电池的处理方法作简要说明。

11.3.2.1　碱性电池、锌-碳电池、锌-空气电池

　　这组电池不包括汽车用铅酸电池或工业用钢盒铅酸电池。这种化学电池占到电池总产量的 80%，这部分电池又分成两组。

（1）不含汞电池（汞的含量<0.025%，质量百分数）

电池被破碎，并用少量的酸淋洗，以中和电池中的电解液。固体料通过干燥，得到的电池干料，其碳和铁混合比为（20~40）：1。它被挤压成料块，经高温处理，电池中金属锌转化为气态被真空袋滤室回收，收回的锌以氧化锌形式重新销售，氧化锰转化为锰铁合金，费用为每千克 1.91 美分。

（2）含汞的电池（汞的含量>0.025%，质量百分数）

回收这种电池中的汞其费用是非常昂贵的。尽管目前北美已有许多回收处理含汞电池的办法和设备，但 Battery Solutions 公司认为处理此类电池的最好方式是将这些电池进行预处理。即利用物理和化学两种反应来稳定电池中的金属，使这些金属转化为氢氧化物或碳酸盐不溶物，并使之成为物理硬块，最后进行安全填埋处置，费用为每千克 1.46 美分。

11.3.2.2　镍镉/镍氢电池

这些电池是可再充电电池，它占电池总产量的 8%，其处理方法是将电池破碎后，中和电池电解液，其中的重金属通过干法或湿法冶金技术回收。较小的干电池费用为每千克 1.91 美分。工业用的湿电池费用为每千克 2.47 美分。

11.3.2.3　铅酸电池

这种电池比通常的干电池要小，可以充电。其占到电池产量的 7%，被锤式破碎机打碎，电解液被中和，电池中的铅通过控温工艺进行回收，铅被提纯后重新销售，费用为每千克 0.772 美分。

11.3.2.4　氧化汞、氧化银和纽扣电池

这部分电池占到电池产量的 4%。该组电池中氧化银电池占到 1%并且氧化银的含量为 50%，氧化银电池含有汞被划分到含汞电池类别中。值得注意的是，许多国家正在通过立法来禁止销售氧化汞电池，氧化汞电池正在减少。这部分电池被破碎，电解液被中和且重金属通过控制温度加以回收，剩下无害的电池废料进行安全填埋，费用为每千克 10.11 美元。

11.3.2.5　锂电池及锂离子电池

这部分电池占电池总产量的 1%。当前可行的处理工艺：通过盐溶液使电池放电并使电池转为无害，再进行双衬垫安全填埋，费用为每千克 1.46~12.7 美元。

11.3.3　我国废旧电池回收处理方法

废旧电池的回收处理方法主要有湿法和干法两种冶金处理法。湿法回收是基

于锌、二氧化锰与酸作用进入溶液，溶液经净化后电解产生金属锌、二氧化锰或产生化工产品及化肥等。湿法回收流程冗长，回收后的电解液含有汞、镉、锌等重金属，污染严重，能量消耗也较高。干法回收处理废旧电池是在高温下使废旧电池中的金属及其化合物氧化还原分解挥发和冷凝。与湿法相比，干法可回收汞、镍、锌等更多的重金属。但由于处理废旧电池的常压冶金法在大气中进行，空气参与了作业，造成二次污染，且能量消耗高，因此，在工业应用中与湿法一样存在许多问题和困难。

11.3.3.1　锰废旧电池的回收处理

目前市场上大量销售锌锰干电池。由于锌锰干电池的大量废弃，电池中的一些成分如锰的氧化物、汞及氯化汞等的流失，对环境造成严重污染，给人类带来极大的危害。因此，研究锌锰废旧电池回收处理，具有重大意义。

基于对各种方法的分析，结合实际情况采用机械（粉碎机）将电池分解；加水高速搅拌使碳包呈浆状，用筛网过滤得到浆状物和残渣；将浆状物加水淘洗，然后抽滤得到滤液和固体成分；对残渣用重力分选法选出锌皮、铜帽、碳棒、铁皮、塑料等，然后进行分类回收；将滤液净化后蒸发得到 MnO_2 和淀粉的混合物，固体部分则是锰的氧化物和碳粉的混合物 A。

对混合物 A，根据其组成和市场需求，可以采用以下处理方法。

1)在高温（1000℃）和隔绝空气的情况下，使其中的炭黑将 Mn（Ⅳ）还原成 Mn（Ⅱ），在用硫酸溶解后，电解回收二氧化锰。

2)在中温（300～500℃）时，在空气气氛中灼烧，此时炭黑被燃烧除去，得到平均氧化数为 26~30 的氧化锰。用硫酸浸取低价态的锰，所得溶液用电解法回收。滤得的残渣干燥后成为活化的二氧化锰。

3)不经灼烧直接酸浸，所得的溶液用电解法回收，二氧化锰与炭黑留在滤渣中，调整组成后作为干电池阴极粉使用。

11.3.3.2　锌锰废旧电池的初步回收

将废旧电池按照上述方法进行分解、处理、分类回收得到 Zn、$ZnCl_2$ 和 NH_4Cl 的混合物，MnO_2 和碳粉的混合物 A 等。对混合物 A，在实验中采用的是上述方法中的 2）方法。表 11-1 为各品牌废旧电池的初步回收结果。

表 11-1　各品牌废旧电池的初步回收结果

牌号	数量/节	总质量/g	回收率/%	回收 $ZnCl_2$+NH_4Cl/g	回收 MnO_2+C/g	灼烧回收 MnO_2/g	回收量占总量/%
长命 5#	5	78.0	15.2	3.2	29.0	23.2	53.3
西湖 1#	3	239.2	15.0	16.6	107.5	90.6	51.1
杭州甲	1	752.0	59.2	59.3	362.0	261.5	46.0

11.3.3.3　扣式废旧电池的回收处理

在中国，扣式电池的回收处理与锌锰电池相比还处于起步阶段。随着电子产品在工业、农业、人们日常生活等各个领域的大量使用，扣式电池的用量在逐年增加。在欧洲、瑞士、丹麦和法国收集扣式电池，从水银电池、氧化银电池、镉-镍电池里回收汞、银、镉、镍早已开始。

总之，随着电池工业的发展，废旧电池的回收处理，无论从资源循环利用，还是从保护环境及人类健康方面来说都有重要意义。废旧电池的回收处理已经是一个迫在眉睫的问题，开发废旧电池的回收处理技术刻不容缓，加大对其的研究，加深对其的了解，从而使废旧电池的回收处理系统化、规范化、科学化，从根本上解决废旧电池的污染环境的问题。

11.4　农业固体废物的处理利用

农业固体废物是在农业生产过程中所产生的固体废物，它的种类繁多，如秸秆、树皮、树枝、稻壳、农畜家禽粪便等。我国是一个农业大国，每年所排放的固体废物数量巨大，如能加以综合利用，变废为宝，将具有十分重要的意义。

11.4.1　农作物秸秆的利用

（1）制氨化饲料

以前农作物秸秆的利用主要用于厌氧发酵法制取沼气。但是这种方法所能消纳秸秆的数量有限，绝大多数作物秸秆仍得不到合理利用，只能作为燃料烧掉。近几年来，有关人员研究开发出利用作物秸秆制作氨化饲料，作为养牛饲料，给秸秆的合理利用开辟了一条新途径。

氨化饲料的制作简单易行，技术上也较为成熟可靠。把秸秆切成 2~3 cm，每氨化 100 kg 秸秆加 3 kg 尿素，60~80 kg 水，拌匀、压实，用塑料布密封数日即可。经氨化处理后的秸秆粗蛋白含量提高 1~2 倍，据分析测算，每公斤氨化饲料相当于 0.4~0.5 个燕麦饲料的营养价值，4 kg 氨化饲料就可节省 1 kg 精料。由于氨化饲料营养价值高，易于消化、采食量大，使牛的日增重量要比用普通饲料喂养高出 30%以上，喂养周期也大大缩短。

（2）加工压块燃料

秸秆主要是由纤维素、半纤维素和木质素组成，在适当的温度（200~300℃）下会软化，此时施加一定压力就可以使其紧密黏接，冷却固体成型后即可得到具有一定机械强度的棒状或颗粒状新型燃料。

秸秆压块燃料的热值为 1.4×10^4~1.8×10^4 kJ·kg^{-1}，其燃烧性能与中质烟煤相近，

燃烧时没有有害气体产生，生产工艺简单，使用方便。

秸秆压块燃料可直接民用和用作锅炉燃料，也可用于热解生产煤气。

11.4.2　稻壳的综合利用

稻壳是数量最大、最难利用的农业固体废物，这约占水稻质量的20%左右。我国是稻谷生产大国、产量居世界第一，所产生的稻壳数量十分可观，但它既是火灾隐患，又是环境污染源。因此，如何有效地处理和利用稻壳，也是当前令人关注的课题。

（1）稻壳成型

稻壳成型是在一定温度和压力下，在专用设备中将稻壳压实而制成密实的稻壳块的过程。成型过程中，也可加入适宜的黏结剂和添加剂以降低成型温度和压力。

稻壳成型的工艺过程为：稻壳→筛选→晒干→混合→成型→冷却→破碎→包装。成型后的稻壳密度大，发热量大，单位体积的热密度与中等质量的煤炭相近，可以代替煤炭用作工业和生活燃料。由于稻壳中硫和重金属含量极小，因此也不会对大气产生污染。

成型之后的稻壳块内部仍有很多孔隙，因而导热系数小，可以做保温材料使用。鞍钢利用稻壳块进行了铁水保温试验，结果表明，稻壳块的保温效果要高于生蛭石粉，仅此一项，每年即可创经济效益超过1000万元。

（2）稻壳热解

稻壳热解可以获得燃烧值为 5880~6720 kJ·kg^{-1} 的可燃气体，从焦油馏分中还可分离出乙酸、丙酮及其他类似木柴的热解产物。热解残留物（黑灰或生物炭）还具有极优良的吸附性，可代替活性炭作吸附剂使用，还可用作土壤改良剂。目前，对稻壳热解的研究已取得了一定成果，甚至已经工程化，它被认为可能是最有前途的利用方式。

思　考　题

1. 提供一套生活垃圾中废塑料或废橡胶料的回收利用方案。
2. 试设计生活垃圾中废塑料或废橡胶料资源化的工艺流程。

第12章 废弃电器电子产品处理与资源化

随全球经济和技术的不断发展，电子信息技术创新与电子产品市场需求迅猛发展和扩大，加速了电子产品的更新换代，产生了大量的电子废弃物。联合国环境规划署 2015 年 8 月底发布的一份报告显示，全世界每小时就有 4000 吨电子垃圾产生，并以每年 3%~8% 的速度增长。目前全球每年产生约 4100 万吨的电子废弃物，预测 2017 年将达到 5000 万吨。2007~2013 年，我国电子废弃物产量由 234 万吨上升至 320 万吨，增长了 36.7%，增长速度远远超过世界平均水平。有专家预测，仅广东省 2017 年废弃电冰箱将达约 2088.5 万台、废弃电视机达约 3508.6 万台、废弃空调达约 3908.0 万台、废弃洗衣机达约 2103.8 万台、废弃电脑达约 2776.3 万台、废弃手机达约 8164.7 万部。根据四机一脑和手机的平均重量及线路板在其中所占比例，广东省 2017 年仅废弃电路板的量就将达 25.93 万吨。增长快速和数量如此庞大的电子废弃物，含有大量有毒有害物质，给全球的生态环境造成了巨大的威胁，成为困扰全球可持续发展的新的环境问题；另一方面，电子废弃物中又含有大量有价值的资源，若不妥善处理，势必造成资源巨大浪费和对环境的破坏，因此，电子废弃物的资源化和有效处理有重要意义。

12.1 电子废弃物及其生态环境问题

12.1.1 电子废弃物概述

废弃电器电子产品（waste electrical and electronic equipment，WEEE），即电子废弃物，俗称"电子垃圾"。是指废弃的电器电子产品、电子电气设备及其废弃零部件、元器件，属于资源类废物。包括工业生产活动中产生的报废产品或者设备、报废的半成品和下脚料，产品或者设备维修、翻新、再制造过程产生的报废品，日常生活或者为日常生活提供服务的活动中废弃的产品或者设备，以及法律法规禁止生产或者进口的产品或者设备。电子废弃物的主要来源为：家庭产生的废弃电子电器产品；政府、企事业单位产生的废弃电子电器产品；生产制造商（包括进口商、销售商）产生的电子电器残次品；进口电子废弃物等。随着电子技术的发展和广泛应用，电子产品的范围还在不断延伸，因此目前很难对电子废弃物具体内容给出准确的界定。世界各国在研究和制定本国电子废弃物问题解决方案时，通常根据自身实际情况，选择代表性的电子产品分析。

欧盟《废弃电子电器设备指令》（简称 WEEE 指令）中将电子电器产品定义为依靠电流或电磁场才能够正常工作的产品，其使用的交流或直流电压分别不超过 1000 V 或 1500 V，并包括所有的附件、零部件和消耗品。该法令将电子废弃物分为 10 大类，具体类别如下：①大型家用电器；②小型家用电器；③信息技术与通信设备；④家庭娱乐设备；⑤照明设备；⑥电动工具；⑦电动玩具；⑧除植入型和感染型产品之外的医疗设备；⑨监视与控制仪器；⑩自动售货机。

我国《废弃电器电子产品处理污染控制技术规范》（HJ 527—2010）中指出，所谓废弃电器电子产品，即产品的拥有者不再使用且已经丢弃或放弃的电器电子产品（包括构成其产品的所有零（部）件、元（器）件和材料等），以及在生产、运输、销售过程中产生的不合格产品、报废产品和过期产品。废弃电器电子产品包括计算机产品、通信设备、视听产品及广播电视设备、家用及类似用途电器产品、仪器仪表及测量监控产品、电动工具和电线电缆共七类，并包括构成其产品的所有零（部）件、元（器）件和材料。表 12-1 为 2014 年版废弃电器电子产品处理目录。

表 12-1　废弃电器电子产品处理目录（2014 年）

序号	产品名称	产品范围及定义
1	电冰箱	冷藏冷冻箱（柜）、冷冻箱（柜）、冷冻箱（柜）及其他具有制冷系统，消耗能量以获取冷量的隔热箱体（容积＜800L）
2	空气调节器	整体式空调器（窗式、穿墙式等）、分体式空调器（挂壁式、落地式等），一拖多空调器等制冷量在 14000W 及以下（一拖多空调时，按室外机制冷量计算）的房间空气调节器具
3	吸油烟机	深型吸排油烟机、欧式塔型吸排油烟机、侧吸式吸排油烟机和其他安装在炉灶上部，用于收集、处理被污染空气的电动器具
4	洗衣机	波轮式洗衣机、滚筒式洗衣机、搅拌式洗衣机、脱水机及其他依靠机械作用洗涤衣物（含兼有干衣功能）的器具（干衣量＜10kg）
5	电热水器	储水式电热水器、快热式电热水器和其他将电能转换为热能，并将热能传递给水，使水产生一定温度的器具（容积＜500L）
6	燃气热水器	以燃气作为燃料，通过燃烧加热方式将热量传递到流经热交换器的冷水中以达到制备热水目的的一种燃气用具（热负荷＜70kW）
7	打印机	激光打印机、喷墨复印机、针式打印机、热敏打印机和其他与计算机联机工作或利用云打印平台，将数字信息转换成文字和图像并以硬拷贝形式输出的设备，包括以打印功能为主，兼有其他功能设备（印刷幅面＜A2，印刷速度≤80 张·min⁻¹）
8	复印机	静电复印机、喷墨复印机和其他用各种不同成像过程产生原稿复印品的设备，包括以复印功能为主，兼有其他功能的设备（印刷幅面＜A2，印刷速度≤80 张·min⁻¹）
9	传真机	利用扫描和光电变换技术，把文字、图表、相片等静止图像变换成电信号发送出去，接收时以记录形式获取复制稿的通信终端设备，包括以传真功能为主，兼有其他功能的设备
10	电视机	阴极射线管（黑白、彩色）电视机、等离子电视机、液晶电视机、OLED 电视机、背投电视机、移动电视接收终端及其他含有电视调谐器（高频头）的用于接收信号并还原出图像及伴音的终端设备

续表

序号	产品名称	产品范围及定义
11	监视器	阴极射线管（黑白、彩色）监视器、液晶监视器等由显示器件为核心组成的图像输出设备（不含高频头）
12	微型计算机	台式微型计算机（含一体机）和便携式微型计算机（含平板电脑、掌上电脑）等信息事务处理实体
13	移动通信手持机	GSM 手持机、CDMA 手持机、SCDMA 手持机、3G 手持机、4G 手持机、小灵通等手持式的，通过蜂窝网络的电磁波发送或接收两地讲话或其他声音、图像、数据的设备
14	电话单机	PSTN 普通电话机、网络电话机（IP 电话机）、特种电话机和其他通信中实现声能与电能相互转换的用户设备

　　废弃电器电子产品作为固体废弃物的一种，对人体健康及生活环境可能构成的危害常常被忽略。事实上，部分家用电器含有重金属、卤族化学物质等有毒有害物质。比如，电冰箱的制冷剂和发泡剂以及空调器的制冷剂，都是破坏臭氧层的物质。电视机的显像管属于具有爆炸性的废物，荧光屏、日光灯以及水银高速继电器都是含汞的废物；废润滑油则是会污染环境的物质；废旧线路板里的重金属会对水质和土壤造成严重危害；电视机和电脑显示器的外壳及涂料对人体的影响同样很大。这些废弃家电不经处理直接进入环境，其中的有毒有害物质将可能污染土壤、地下水等或者通过植物、动物进入人们的生活。此外，如果对这些废弃家电只进行简单处理，那么处理不当也会造成对大气和水体等的二次污染。

12.1.2　电子废弃物的产生

　　电子废弃物一般来源于电子产品的生产企业、维修服务企业和消费者。我国电子废物的来源还包括国外进口。根据电子电器产品的使用目的，可将中国电子废弃物的主要产生源分为社会源和工业源。以家庭为单位的消费者、个体消费者、大量使用电子电器设备的企业或行政事业单位、个体电子电器设备维修点属于社会源，电子电器设备制造企业和大型电子电器设备维修服务企业属于工业源（见表 12-2）。

表 12-2　电子废物的主要产生源

类别	主要产生源	废电视机	废洗衣机	废电冰箱	废空调机	废计算机	废手机
社会源	以家庭为单位的消费者	*			*	*	
	个体消费者					*	*
	大量使用电子电器设备的企业	*	*	*	*	*	
	大量使用电子电器设备的行政事业单位				*	*	
工业源	电子电器设备制造企业				*	*	
	电子电器设备维修服务企业	*	*	*	*	*	*
	国外的电子废物进口	*	*	*	*	*	*

12.1.3　电子废弃物的材料组成

与普通的生活垃圾不同，电子废弃物是由金属和非金属材料通过物理或化学方式构成的混合物。虽然各种材料在不同的电子产品中的比例会有较大差异，但就整体而言，金属和塑料所占比例最高。

因电子废弃物中材料的多样性和复杂性，很难给出其通用的物质组成。大量研究分析表明，电子废弃物主要包含五种类别的物质：黑色金属、有色金属、玻璃、塑料及其他。欧洲资源和废物管理中心的研究结果显示，电子废弃物中最常见的物质是钢铁，占全部重量的一半左右；塑料是第二大组分，约占总重量的 21%；其余金属约占全部重量的 13%，其中铜占 7%。

12.1.4　电子废弃物的特点

（1）数量庞大

当今世界正面临着前所未有的电子废弃物浪潮，进入 20 世纪 80 年代，受电子产品高度普及、产品更新速度加快等因素的影响，家庭逐渐成为电子废弃物的主要来源，电子废弃物数量快速增加。据统计，美国每年产生 600 万吨电子废弃物，其中废弃手机数量约为 1.3×10^8 部·a^{-1}，废弃电脑数量约为 4000×10^4 台·a^{-1}。1998 年，欧盟地区产生的电子废弃物为 600 万吨，2010 年预计将会达到 1200 万吨。在中国，估算结果显示 2003 年电脑年废弃量达 447×10^4 台，电视机、冰箱的废弃量分别为 4229×10^4 台和 976×10^4 台，2005 年的洗衣机废弃量约为 1521×10^4 台。表 12-3 是根据 1989~2003 年家用电器和计算机的生产量及消费量，利用 Gompertz 模型估算我国 2009～2014 年家用电器（彩色电视机、家用电冰箱、洗衣机、空调）和计算机的年废弃量。从表中看出，家用电器和计算机的年废弃量有所波动，但整体呈现上升趋势。报废的电子电器产品种类繁多，几乎涉及生产和生活的各个方面。而每一类又包含许多种产品，即是同一产品，不同型号、厂家和不同年代生产的产品在外形、体积、结构、采用的元件和原材料亦有很大的差别，电子电器产品的多样性和复杂性，给电子废弃物的回收、运输、分类、拆解以及处理带来很大的困难。

表 12-3　我国家用电器和计算机年度废弃量预测值

种类	2009 年废弃量/万台	2010 年废弃量/万台	2011 年废弃量/万台	2012 年废弃量/万台	2013 年废弃量/万台	2014 年废弃量/万台
彩色电视机	3718.5	5833.94	3251.85	3917.88	4041.73	4251.48
家用冰箱	924.22	966.81	973.45	1086.99	2094.18	1242.00
家用洗衣机	1187.42	1158.85	1280.54	2530.44	1374.37	1673.12
室内空调	1089.14	1235.02	3668.45	2524.40	3875.04	2992.61
个人计算机	4782.64	7190.08	10796.10	16190.75	24251.37	90491.88

（2）资源性

国外有关研究表明，1 t 电子板卡中，可以分离出 286 磅铜、1 磅黄金、44 磅锡，而仅 1 磅黄金的价值就是 6000 美元。日本横滨金属公司对报废手机成分进行分析，发现平均每 100 克手机机身中含有 14 g 铜、0.19 g 银、0.03 g 金和 0.01 g 钯，另外从手机锂电池中还能回收金属锂。该公司通过从报废手机中回收多种贵重金属，获得了相当可观的经济效益。除了金属回收外，电脑和手机外壳等废旧塑料也可以通过特殊工艺制成工业塑料，国际市场上每吨售价高达 6 万~7 万元。表 12-4 列出常见的四种家用电器（电视机、冰箱、空调和洗衣机）中所含的主要组分。表 12-4 结果表明，不同电子产品，其对应组分的比例会有很大差异，但整体而言，金属和塑料占电子废弃物总重的比例高，可回收利用的潜在价值大，视为一座待开采的"矿山"。与传统的矿山相比，电子废弃物品位高，可以省去勘探、开采费用，加工成本低。

表 12-4　四种家用电器所含的主要组分及质量比

名称比例	电视机	冰箱	空调	洗衣机
铝	2	3	7	3
铜	3	4	17	4
铁	10	50	55	53
塑料	23	40	11	36
玻璃	57	—	—	—
其他	5	3	10	4
合计	100	100	100	100

（3）危害性

虽然电子电器废物从整体而言可以粗略地分为金属、塑料、玻璃、陶瓷等几大类，但事实上废弃电子电器产品中含有 1000 多种物质，其中很多是有毒物质，含有对人、动植物和环境等产生危害的物质或元素，包括铅（Pb）、汞（Hg）、镉（Cd）、六价铬（Cr^{6+}）、多溴联苯（PBB）、多溴联苯醚（PBDE）、多氯联苯（PCBs）、消耗臭氧层的物质以及国家规定的危险废物。表 12-5 给出了废弃电子电器中所包含的主要危险组分。以印制电路板为例，其除了含有价值不菲的贵金属和稀有金属外，也有一些容易对环境造成危害的重金属，如铅、镉、汞等及含卤素元素的阻燃剂等有害物质。这意味着废弃电路板如果随意堆放或填埋，其所含的重金属可能会渗入地下水，造成潜在的危害；如果燃烧，电路板上含有卤族元素的阻燃剂会产生致癌物质，对人类的健康和周围的环境造成威胁。

电子产品废弃后，电子废弃物必须采取安全合理的方式进行处理，如果处理不当，不但不能实现所含成分的有效回收，反而会造成更严重的二次污染。以废弃电路板资源化为例，采用简单酸溶或用焚烧的方法提取金属，溶解产生的废酸或印制电路板中的溴化阻燃剂在燃烧时释放出来的二噁英类和呋喃类物质对环境造成的危害与得到的经济效益相比是得不偿失的。

表 12-5　电子废弃物中包含的主要危险组分

物质组分	描述
电池	电池中所含的重金属比如铅、汞和镉
阴极射线管	锥玻璃中的铅和面板玻璃内部的荧光粉
含汞组分，比如含汞开关	传感器、继电器、开关中的汞（比如在印制电路板中和在测量装置和放电管中），同样也存在于医疗设备，数据传输，电话和手机中
废石棉	废石棉必须进行单独处理
调色墨盒，液态和浆状的彩色粉	色粉和调色墨盒必须从电子废弃物中取出进行单独处理
印制电路板	面积大于 10 cm^2 的印制电路板必须单独拆除。在印制电路板中，镉通常含在 SMD 芯片电阻器、红外检测器和半导体中
电容器中的多氯联苯	含多氯联苯的电容器必须除去进行安全处置
液晶显示器	表面积大于 100 cm^2 液晶玻璃必须单独从电子废弃物中除去
含有卤化阻燃剂的塑料	含卤化阻燃剂的塑料在焚烧/燃烧过程中，会产生有害组分
含有 CFC、HCFC 或 HFCs 的设备	存在于泡沫和冷冻回路中的 CFC、HCFC、HFCs 必须进行合理地提取和分解处理或者循环使用
气体放电管	所含的汞必须预先除去

12.1.5　电子废弃物的生态环境风险

高科技带来的电子产品极大地丰富了人们的物质文化生活，然而数量急剧增长的电子废弃物造成的资源浪费、环境污染和安全隐患等问题也日益突出。我国人口众多，资源相对贫乏，近年来伴随工业化的进程，国民经济快速发展对资源和能源的需求大幅度增长。然而我国资源利用率普遍较低，再生资源利用率仅为世界先进水平的 30%，环境污染和资源不足的矛盾越来越突出。我国每年都须进口大量的铜、铝等有色金属来缓解国内紧张的供求关系，而成鲜明对比的是，废弃电子电器中储藏着的大量有色金属等资源却未得到有效的利用和开发，造成极大的资源浪费。

将未经妥善处理的电子废弃物混于一般生活垃圾进行填埋或直接暴露于环境中，其中的有毒、有害物质将渗入并长期滞留于环境中，且随时可能通过某些途径进入人体，给人们的健康带来极大的威胁。研究表明，废电器拆解后的残余固体废物是一个重要的 Cu、Zn、Pb、Ni 等重金属的污染源，2~3 年雨量范围内的模拟酸雨淋出液中的 Cu 和 Zn 的含量超过一级排放标准。而未经检测、维修等保障措施重新流入市场的拼装电子产品，也会给消费者带来极大的安全隐患。据报道，继续使用超过设计寿命期的废旧家电，可能会造成电力浪费、噪声干扰和环境污染，容易引发直接危害人身安全的触电、火灾等事故。例如废旧电冰箱使用条件恶劣，管道腐蚀严重，电气绝缘强度降低，很容易出现常态击穿导致电冰箱中的制冷剂和发泡剂泄露，造成环境污染，破坏大气臭氧层。而废旧电视机的显像管老化极易引起爆炸，对人身安全将构成直接威胁。

电子废弃物采取不当的回收处理方法会造成严重的二次污染，对作业人员的健康产生极大危害。我国电子废弃物处理较为集中的某些地区，由于为手工作坊，回收处理手段极为原始，产生的废液、废渣、废气直接排入周围环境，造成了难以逆转的生态灾难。据绿色和平组织报道，当地的土壤已经呈现强酸性。某地河岸沉积物的抽样化验显示，对生物体有严重危害的重金属铅的浓度是美国环保署认定土壤污染危险临界值的 212 倍，钡为 10 倍，铬为 1338 倍，锡为 152 倍，而水中的污染物超过饮用水标准达数千倍。医学调研发现，落后的电子垃圾拆解方式使这些地区大多数儿童处于高铅负荷状态，7 岁以下儿童铅中毒率高达 81.8%，铅污染对当地儿童的健康构成严重威胁，而长期从事电子废弃物拆解业的工人患神经系统、消化系统、呼吸系统以及癌症的发病率较高。

12.2　电子废弃物环境管理与处理现状

12.2.1　国外情况

欧盟正式颁布了《废弃电子电器设备指令》（简称 WEEE 指令）和《关于在电子电器设备中禁止使用某些有害物质指令》（简称 RoHS 指令），两个指令都要求制造商对电子、电器污染问题承担责任，并规定进入欧盟市场的产品必须达到指令要求，已经进入欧盟市场的企业必须履行回收责任并支付相关的处理费用，比如彩电或冰箱，每台将被加收 2%~3%左右的废弃物回收费；另外，WEEE 指令还要求生产商（包括其进口商和经销商）在 2005 年 8 月 13 日以后，负责回收、处理进入欧盟市场的废弃电子电器产品，并在投放市场的电子电器产品上加贴回收标志；RoHS 指令还要求 2006 年 7 月 1 日以后投放欧盟市场的电子电器产品不得含有铅、汞、镉、六价铬、多氯联苯和多溴二苯醚等 6 种有毒有害物质。正是这样一系列法规指令的陆续颁布，使得世界上多数国家都开始着手研究探讨废弃电子电器产品的处理处置问题。

从 20 世纪 80 年代初开始，德国、瑞典、瑞士等国就展开对电子废弃物的综合回收利用，特别是在电子废弃物的拆卸、回收工艺和方法等方面进行了深入研究,并且利用这些先进技术实现了规模化生产和市场化运作。欧盟各国的电子废弃物资源化产业比较发达,建立了很多处理与回收企业。德国 90 年代先后出台了《循环经济与废弃物管理法》以及《信息产业废旧设备处理办法》,对废旧家电进行积极回收利用。2005 年 3 月 24 日德国在欧盟成员国中第一个正式颁布了关于电子废弃物循环利用的《电器电子产品条例》。明确提出电器电子产品的生产制造商和进口经销商应对其产品回收处理循环利用负责的原则,同时要求 2006 年 7 月 1 日以后在流通领域,新的电器电子产品中铅、汞、六价铬、多溴联苯和多溴联苯醚有害物质的含量不得大于产品总重量的 0.1%,镉的含量不能大于总重量 0.01%。德国的电子废弃物回收处理体系主要是建立在市政系统或制造商联盟基础上,通过成立市政系统专业回收处理公司、制造商专业回收处理公司、社会专业回收处理公司、专业危险废物回收处理公司等来回收处理废弃电子产品。2001 年 2 月,世界首家专门处理电子垃圾的现代化工厂——生态电子公司在芬兰北部的电子城奥鲁(Oulu)正式建成投产,每年处理电子垃圾 1500~2000 t,由于建有良好的环保处理系统,工厂不会造成地下水源和空气的污染。预计到 2010 年,芬兰电子垃圾的回收利用率有望达到近 100%。

美国是世界上最大的电子产品生产国和电子废弃物的制造国,每年产生的电子废弃物高达 700 万~800 万 t,占全美垃圾量的 2%~5%,而且逐年增长。据文献报道,电子废弃物资源化产业在美国已经形成,有该类企业 400 多家,从业人员 7000 多人,2002 年实现利润 7×10^8 美元,收集与处理的电子废弃物总量达到 68 万 t,从中回收各种物质 41 万 t。美国国际电子废弃物回收商协会预测,到 2010 年,产业规模将达到现有规模的 4~5 倍。由此可见,美国电子废弃物资源化产业开始进入快速发展时期,数据表明,美国电子垃圾的回收再利用率可达到 97%以上。日本也是世界上电子技术最为先进、电子电气产品应用范围最广的国家之一。日本每年要废弃 1800 万台电视、冰箱、空调和洗衣机。为了解决资源再利用和减少环境污染问题,日本制定了《家用电器回收法》,并已经从 2001 年 4 月 1 日开始实施。根据这项法律,家电生产企业必须承担回收和利用废弃家电的义务,家电销售商有回收废弃家电并将其送交生产企业再利用的义务,消费者也有承担家电处理、再利用的部分义务。自从《家用电器回收法》颁布以来,实施效果非常明显,日本的废旧电器回收处理量和回收处理率连年不断增加。2004 年,日本全国回收处理的四大类废旧家电超过 1100 万台,重量约为 42.9 万 t,其中空调和电视机的再循环利用率超过 80%,电冰箱和洗衣机的再循环利用率为 65%。

12.2.2　国内情况

我国已经成为家用电器生产和消费大国,据国家统计局调查资料显示,目前我国电视机社会保有量约为 3.5×10^8 台,洗衣机约为 1.7×10^8 台,电冰箱约为 1.3×10^8

台，电脑 1600×10^4 台，复印机 246×10^4 台，打印机 1600×10^4 台。这些电器大多是在 20 世纪 80 年代中后期进入家庭的，预计今后几年我国将迎来一个家电更新换代的高峰。由于我国尚未建立规范的废弃家用电器回收利用体系，大量家用电器超期服役和废弃家用电器任意处置的现象较为普遍，由此产生的安全隐患、能源浪费和环境污染问题越来越严重，已引起全社会的普遍关注。近几年电子通信器材如电脑、手机、VCD、DVD、唱片、光盘等更新换代速度加快，每年报废数量急剧上升，带来严重的环境问题。

我国目前废弃电子电器处理处置形式有三种：①家庭作坊式处理方式。采用手工或者依靠最简单的工具改锥、钳子等进行电子电器的拆解，人工将有价成分分类回收或者采用简单酸溶或露天焚烧等落后方式回收高附加值组分，难以回收利用的剩余组分就随意堆放或抛弃。在过去相当长的一段时间，这种处理方式在沿海地区广泛流行。②中等规模处理方式。有一些中等规模的企业，购买和安装了废弃电子电器处置的主要设备设施，但是为节省资金，必要的污染防护措施不配套，在连续生产过程中也易造成二次污染。③环保型处理方式。严格按照环保要求，采用先进工艺，进行废弃电子电器的资源化处理，加工处理过程中产生的废水、废气、废渣都能得以合理处置。

近年来，我国在电子废弃物处理方面亦取得不小成就，如截至 2014 年年底，全国共有 29 个省（区、市）的 106 家废弃电器电子产品拆解处理企业（以下简称"处理企业"）纳入废弃电器电子产品处理基金补贴企业名单，与各地 2015 年规划处理企业的数量目标相比，完成率达到 86.9%；废弃电器电子产品年处理总能力为 13 350.7 万台，比 2013 年增长 19.3%，与各地 2015 年规划总能力目标相比，完成率达到 119%。各类废弃电器电子产品中，电视机占比 81.8%，同比下降 11%；电冰箱占比 2.2%，同比增长 54.5%；洗衣机占比 4.7%，同比增长 17.9%；房间空调器占比 0.2%，同比增长 1500%；微型计算机占比 11.1%，同比增长 326.9%。

但总体而言，我国废弃电器电子产品处理处置，与发达国家相比，无论是法律法规还是收集方式，以及废弃电子电器处理处置方面还存在很多不足之处。主要表现在：①电子电器废物回收体系落后，回收再利用率低。未从法律上明确产品制造商、进口商和消费者对于废弃产品回收的责任，没有形成社会化的回收体系和渠道，废弃产品回收者仅限于一些小商贩，回收数量小。目前废弃电子产品回收利用厂规模小，多为一些乡镇企业和家庭小作坊，仅回收废弃电子产品中利用价值高的金属，如金、银、锗、钯、铜等以及部分塑料，总的回收率不超过废弃物总量的 30%。②废弃电子电器产品再生利用处置水平低，工艺落后，污染严重。对于大多数的旧家电，直接或者在经过简单的维修之后进入二手市场。对于无法进入二手市场的废家电，主要通过手工拆解来回收原材料。对于那些不能直接通过手工拆解的部分，例如电路板，多采用酸溶、焚烧等方式，提取废弃电子产品中的金、银等贵金属，而将含铅、锡、汞、铬等有毒重金属的废液排入周围的水体和土壤中，造成严重的环境污染。与欧美及日本等发达国家废弃电子电器处置技术设施相比，还有很大差距。

12.3　电子废弃物的资源化回收方法

电子废弃物的资源化过程通常分为三步：①对修理或升级后的整机或附属设备重新利用，可以最大限度地利用废弃电子设备；②对可拆解的元器件回收再利用，可以最大限度地利用废弃电子器件；③对不可再利用的有价物质，实现电子废物料的回收利用，可以充分回收其中的有价物质，实现电子废弃物资源化的目的。具体流程如图 12-1 所示。电子废弃物种类繁多，成分复杂，其处理涉及环境学、化学、矿物加工学、冶金、电子电力、机械等多学科领域，处理过程复杂、难度较大。目前对电子废弃物的回收方法主要有火法回收、湿法回收、机械处理、电化学及生物回收等方法。回收技术的基本发展方向是实现包括铁磁体、有色金属、贵金属和有机物质的全部材料再利用。

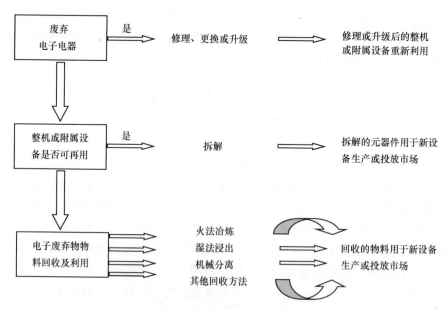

图 12-1　电子废弃物回收利用流程图

12.3.1　电子废弃物的火法资源化回收处理

废弃电子设备的火法处理是指通过焚烧、等离子电弧炉或高炉熔炼、烧结或熔融等火法处理的手段去除电子废弃物中塑料及其他有机成分，使金属得到富集并回收利用的方法。这一方法的优点是它可以处理所有形式的电子废弃物，对废弃物的物理成分要求不像化学处理那么严格，主要金属铜及金、银、钯等贵金属具有非常高的回收效率。图 12-2 所示为一种常用的火法冶金工艺原理和流程。

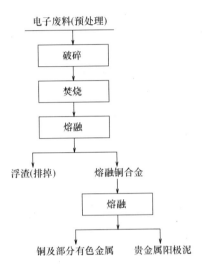

图 12-2　火法冶金提取金属的工艺流程

将电子废料经预处理工序除掉硅片、极管、电阻等元器件，然后破碎，放入焚烧炉，通入空气或氧气焚烧，以除去有机物。焚烧后转到铜熔炼炉中与粗铜熔料一起熔融使贵金属熔于其中，作为电子主板材料的陶瓷材料或玻璃纤维呈熔融浮渣排出，绝大部分贵金属及其他有色金属与铜形成熔炼合金，再经电解处理，部分有色金属、大部分贵金属从阳极泥中回收。该法贵金属回收率高达 90% 以上。但火法处理存在以下问题：①易造成有毒气体逸出。电子废弃物中的塑料及其他有毒物质是主要的空气污染源，特别是卤素阻燃剂在焚烧过程中易产生有毒气体二噁英及呋喃，造成严重的环境污染，电子废弃物中的贵金属也易以氯化物的形式挥发。②电子废弃物中的陶瓷及玻璃成分使熔炼炉的炉渣量增加，易造成金属的损失。③废弃物中高含量的铜增加了熔炼炉中固体粒子的析出量，减少了金属的直接回收。④部分金属的回收率较低，如锡、铅等；或在目前的技术经济条件下还无法回收，如铝、锌等，大量非金属成分如塑料等也在焚烧过程中损失。

12.3.2　电子废弃物的湿法资源化回收处理

通过湿法浸出回收电子废弃物中的贵金属是电子废弃物回收利用研究中应用最早的方法，始于 20 世纪 60 年代末期。废弃电子设备的湿法处理包括破碎后的电子废弃物颗粒在酸性或碱性条件下的浸出，浸出液的溶剂通过萃取、沉淀、置换、离子交换、过滤及蒸馏等一系列的处理过程可获得高品位及高回收率的金、银等贵金属及铜、锌等有色金属，其中金的浸出率可高达 99%。也有研究利用湿法浸出方式回收电子废弃物中的钯、钌等成分。与其他方法相比，湿法处理还具有费用低的优点。80 年代后，许多科研工作者开始从事这方面的研究，并取得技术上的突破与进步，使湿法冶金提取贵金属技术日趋完善。联邦德国中央固体物理与材料研究所的 K. Gloe 等，于 90 年代初研究推出的硝酸-盐酸、氯气联合浸取工艺，不断完善并应用于实际生产中。图 12-3 所示的是一种应用较广的从废弃电子电器中湿法冶金提取贵金属技术。将电子废料在高温 400℃预热可使有机物分解除去，再用硝酸溶解 Ag、Al_2O_3、CuO、ZnO、TiO_2 等氧化物，过滤，可得含银及其他有色金属的硝酸盐溶液，电解回收银。金、钯、铂则不溶于硝酸，仍在电路板上，可用王水溶解，过滤，滤液蒸发，再水稀释，然后用亚硫酸钠还原沉淀金，溶液中的钯、铂则用萃取剂萃取回收。尽管湿法冶金提取贵金属技术比火法冶金提取贵金属工艺技术要优越，但它也存在着一定的缺点。湿法处理的主要缺点是：①不能直接处理复杂的电子废弃物；②部分浸出药剂效率低，作用有限，贵金属的浸出剂只能作用于暴露的金属表面，当金属被覆盖或敷有焊锡时回收较低，包裹在陶瓷中的贵金属更是无法通过湿法回收；③浸出液及残渣具有腐蚀性及毒性，若处理不当，易引起更为严重的二次污染；④该方法只能回收电子废弃物中的贵金属及铜等金属，不能回收电子废弃物中的其他金属及非金属成分。而电子工业的发展趋势是电子产品中的贵金属逐渐被贱金属取代，因而这一方法很难达到电子废弃物资源化利用的目的。

12.3.3　电子废弃物机械/物理资源化回收处理

机械处理方法是根据材料间物理特性的差异，包括密度、导电性、磁性、表面特性等进行分选的手段，这种机械处理方法广泛地应用于原料加工行业，技术发展较成熟。机械处理方法可以使电子废弃物中的有价物质充分地富集，减少了后续处理的难度，与其他方法相比，其主要优点在于污染小、成本低且可对电子废弃物中的金属和非金属等各种成分综合回收利用。电子废弃物的机械处理主要包括拆解、破碎（粉碎）、分选 3 个阶段。

（1）拆解

拆解的目的通常有四点：①拆除电子废弃物中含有有害物质的元器件或附属设备，如含铅电池、电容器等；②拆除电子废弃物中具有一定价值且仍可继续使用的元器件或附属设备，用于旧设备的修理、新设备的生产等，如计算机内存条、集成块可用于某些玩具的生产；③拆除需采用特殊方法单独处理的设备或元器件，如显像管、线路板等；④通过拆解回收部分高纯度的材料再利用，如计算机机箱、显示器外壳及玻璃等。传统的拆解操作一般由手工完成，在可能的情况下使用机械设备辅助，这种方式昂贵且费时。近年来，电子废弃设备的机械及自动拆解技术是拆解研究发展的热点。

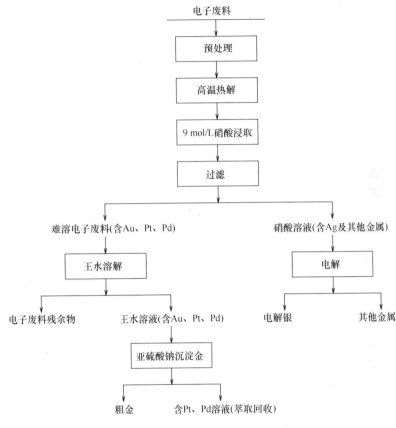

图 12-3　湿法冶金提取金属的工艺流程

（2）破碎

单体充分解离是实现高效机械分选的前提，破碎是实现单体解离的有效方法，因此，根据物料的物理特性选择有效的破碎设备，并根据所采用的分选方法选择物料的破碎程度，不仅可以提高破碎效率，减少能源消耗，而且还能为不同物料的有效分选提供前提和保证。在选择破碎设备时，应充分考虑材料的物理特性。例如，对于拆除元器件后的废电路板，主要由玻璃纤维强化树脂覆铜板组成，存在硬度较高、韧性较强、具有良好的抗弯性等特点，因此采用剪切或冲击作用的破碎设备比较合适。

（3）分选

电子废弃物破碎产品的分选是按废弃电子设备不同成分的物理或物理化学性质的差异将物料分离的过程，通常分为干法分选及湿法分选两种。干法分选包括干式筛分、气力摇床或气力涡流分离、磁选、静电分选及涡电流分选等；湿法分选则主要包括水力旋流分级、浮选、水力摇床等。

磁选是利用各种物质的磁性差异在不均匀磁场中进行分选。废弃电子电器粉碎颗粒包含铁磁体和有色金属或合金，利用低强度的磁选机能够将铁磁体与有色金属和其他非磁性物质分离开来。有文献报道，强磁选、高梯度磁选可用于弱磁性物料的分选，分离亚微米尺度的有色金属和贵金属，其发展潜力很大。实际工业应用上，磁选常常和电选结合对某种特定的物料进行分选，如印制电路板，其经过粗碎和细碎后，金属与非金属基本解离。金属是以铜为主的富集体，可以通过磁选先分离出含铁磁性物料，非金属主要是玻璃纤维和树脂、热固性塑料，此时，铜、非金属两类物质的导电性差别显著，十分适合电选。

电选可分为静电分选和涡流分选。静电分选是让不同性质的物料通过高压电场中的电晕电极带电，当所有颗粒与接地圆筒接触后，导体物料所带的电荷很快就消失，而非导体物料则能长时间地保留所带电荷。静电分选机也是常用的分离非铁金属和塑料的方法，进料颗粒均匀时分选效果较好。涡流分选是利用涡流和磁场相互作用产生的电磁力来实现物料分选的一种方法。涡流分选机是利用涡电流力分离金属和非金属的方法，现已被广泛地应用于从废弃电子电器中回收非铁金属。研究表明，通过电选机各参数的优化，可获得铜品位高达 93%~99% 的金属富集体，回收率也可达 95%~99%。利用一种新开发的涡流分选机从电脑及线路板废弃物中回收金属铝，可获得品位高达 85% 金属铝富集体，回收率也可达到目的 90% 以上。

气力摇床是电子废弃物干法分选的常用设备。早在 1942 年，气力摇床就用于农业选种以及光缆或电线的回收过程中，近年来已广泛用于电子废弃物的分选过程中。气力摇床是根据颗粒密度的不同实现分选的，它实际上是流化床、摇床及气力分级设备的混合体。物料给入到床面一端，与通过床面孔隙吹入的空气混合，流化并分导，重颗粒落向床面并在床面振荡的推动作用下向床面的上端运动，轻颗粒浮在上部并向床面另一端运动，由此实现不同相对密度颗粒的分离。利用气力摇床从电子废弃物中分选金属，目的金属铜、金、银的回收率分别为 76%、83% 及 91%。

12.3.4　其他回收方法

电化学处理过程大都在电解液中进行，电解提取又称电解沉积，是向金属盐的水溶液或悬浮液中通直流电，使其中的某些金属沉积在阴极过程。与其他方法相比，电化学处理操作简单，且能回收 95%~97%的贵重金属，适用于所有贱金属基质上的贵重金属的回收，因此，电化学处理一般都用于回收金属的精炼阶段。而且电解提取不需大量试剂，对环境污染小。但这种方法需消耗大量电能，而且须严格控制氯化物、氟化物气体的排放。另外还有微波处理技术、生物浸出技术也可以用于电子废弃物的回收处理。生物浸出技术比较简单，其原理就是利用细菌浸取电子废弃物碎料中的金属，从 20 世纪 80 年代开始就有科研工作者研究此技术，但目前还未应用到实际生产中。生物技术提取金属或者贵金属具有工艺简单、成本费用低、操作简单方便等优点，但此技术显著的缺陷是浸出时间长而且须暴露目的金属。微波处理技术也可用来回收电子废弃物中的金属，但这种方法工艺较复杂，目前还处于研究阶段。

12.4　废弃印制电路板资源化

印制电路板（PCB）是电子工业的基础，是各类电子产品中不可缺少的重要部件。从计算机、电视机到电子玩具等，几乎所有的电子产品中都有印制电路板存在。随着信息产业的高速发展，电子电器设备的更新换代速度不断提高，印制电路板生产也呈急剧增长之势。世界印制电路板工业的平均年增长率为 8.7%，其中韩国、东南亚的一些国家和中国的台湾地区增长率高达 20%~30%，中国的增长率为 14.4%。2006 年，我国印制电路板的总产量为 $12\,964\times10^4\,\mathrm{m^2}$，年产值 128×10^8 美元，已经成为 PCB 第一大生产国。目前，全球约 40%的 PCB 都在中国生产。这些印制电路板含有一定量的铅、汞、六价铬、聚溴二苯醚和聚溴联苯等有毒的"三致"（致癌、致畸、致突变）物质，如处理不当，会对环境与生态造成极大危害。同时废弃印制电路板中含有大量的金属组分，如铜、铝、铁、镍、铅、锡、锌等以及金、银、钯、铑等贵金属，具有很高的回收价值。研究表明 1 t 随意收集的废弃印制电路板中大约含有 272 kg 树脂塑料，130 kg 铜，铁、锡、锑等金属含量各约数 10 kg，金、钯的含量大约在 0.5 kg 左右。废弃印制线路板中的金属、贵金属、树脂、玻璃纤维等都是可利用的资源，尤其是铜、金等金属的品位相当于普通矿物中金属品位的几十倍至上百倍。将金属和贵金属富集回收利用可以减缓矿产资源耗竭趋势，其中的树脂和纤维材料等非金属材料的品质都达到电子级，材料性能好，因此废弃线路板是急待开发的二次资源，具有很高的回收利用价值。因此，进行废弃印制电路板的资源化回收处理，从资源和环境的角度看都具有十分重要的意义。

12.4.1　废弃印制电路板的基本特性

12.4.1.1　废弃印制电路板的来源与分类

（1）来源

废弃印制电路板的来源主要有两个：一是废弃的电子电器产品中所含有的印制电路板；二是印制电路板在生产过程中形成的边角料和报废品。从计算机、电视机到电子玩具等，几乎所有的电子产品中都含有印制电路板。因此，电器电子产品一旦被废弃，会产生大量的废弃印制电路板。随着科技日新月异的发展，电视机、冰箱、洗衣机等家用电器以及电脑、手机等电子产品更新换代的周期在不断缩短，电器电子产品被淘汰的速度也越来越快。人们在日常生活中淘汰或报废的主要有电视机、电冰箱、洗衣机、空调、个人电脑、手机、游戏机、收音机、录音机等，从而导致大量的废弃印制电路板形成。除此之外，印制电路板生产工业自身会产生大量的边角料、废料需要处理。据有关资料显示，印制电路板在生产过程中由于裁剪工艺产生的边角料就高达 24%。

（2）分类

印制电路板的种类很多。按形状可分为硬质印制电路板和柔性印刷电路板。按结构有单面印制板、双面印制板和多层印制板，其中民用的大多为单面印制板，工业用的大多为双面印制板。从基材的材质来分，硬质印制电路板又可分为环氧树脂和玻璃布纸、酚醛树脂和纸、不饱和聚酯树脂与玻璃纤维、环氧树脂和合成纤维布、环氧树脂与玻璃纤维和纸、聚亚胺树脂与玻璃布等复合材料，柔性印制电路板用的薄膜基材大多为聚酯树脂和聚亚胺树脂，也有用环氧树脂与玻璃纤维复合或氟树脂等。按用途分，有通用型和特殊型。

12.4.1.2　废弃印制电路板的组成

废弃印制电路板的回收处理与资源化依赖于对其材料组成与结构的认识。因此，从定性和定量的角度确定废弃电路板上各种物质的组成和含量非常必要。印制电路板的基板材料通常为玻璃纤维强化酚醛树脂或环氧树脂，其上焊接有各种构件，成分非常复杂，其中含有多种金属，具有很高的资源回收价值。对废弃电路板的组成和结构特点进行研究表明，不同的电子产品对应的电路板中元素组成和含量各不相同。例如，有研究表明电视机中印制电路板上贵金属的含量比计算机少，铁、铅和镍的含量多，但所含元素的种类基本相同。表 12-6 为一般废弃印制电路板中的物质与元素组成。

由此可见，印制电路板中通常含有 30%的塑料、30%的难熔氧化物以及大于 40%的金属。废弃印制电路板中的金属、贵金属、树脂、玻璃纤维等材料都是可

表 12-6　废弃印制电路板中物质、元素组成

组成	含量/%	组成		含量/%
铜	20	难熔氧化物及其他物质	硅	15
铁	8		氯化铝	6
锡	4		碱土金属氧化物	6
铅	2		其他	3
镍	2		氧化物合计	30
铝	8	塑料	C—H—O 聚合物	25
锌	1		卤素聚合物	4
其他金属	1		含氮聚合物	1
金属合计	40		塑料合计	30

利用的资源，尤其是其中金属的品位相当于普通矿物中金属品位的几十倍甚至上百倍。将金属和贵金属富集回收利用可以减缓矿产资源耗竭趋势。回收价值相对较低的玻璃纤维增强树脂和环氧树脂等可以通过回收处理作为燃料和化工原料，或用于涂料、建筑材料等。瑞典 Ronnskar 冶炼厂对个人计算机中的印制电路板的组分进行了分析，结果如表 12-7 所示。表 12-8 为华南理工大学废弃物资源回收利用研究室对废弃手机电路板中典型金属元素的分析结果。

表 12-7　计算机中的印制电路板的典型组分及含量

物质名称	塑料	铜	铁	溴化物	铅	锡	镍	锑	锌	金、银
比例/%	49.779	23.728	7.467	4.646	4.480	3.650	3.319	1.825	0.747	0.166

物质名称	镉	钽	钯	钼	铍	钴	铈	铂	镧	汞
比例/%	0.066	0.032	0.021	0.026	0.015	0.014	0.008	0.006	0.005	0.002

表 12-8　废弃手机电路板中的典型金属元素含量

元素名称	金	银	钯	锡	镍
含量/%（质量百分数）	0.58	0.82	0.05	2.1	2.8

　　从材料组成来看，废弃印制电路板中含有大量可回收的金属以及塑料等非金属物质，具有很高的回收利用价值。废弃印制电路板含有的金属分为两大类：①基本金属如铝、铜、铁、镍、铅、锡等；②贵金属和稀有金属如金、银、铂、钯等。一般而言，废弃印制电路板中基本金属含量高，贵金属和稀有金属含量低。然而废弃印制电路板还含有铅、汞、镉等重金属和溴化阻燃剂等有毒有害物质，如果处理不当会对大气、土壤和地下水造成严重污染进而对人

类健康造成危害。

12.4.1.3　废弃印制电路板的结构

印制电路板是以绝缘材料辅以导体配线所形成的结构性元件。在制成最终产品时，其上会安装集成电路、电晶体、二极管、被动元件如电阻、电容、连接器等及其他各种各样的电子元件。图 12-4 是典型的印制电路板的结构图，主要由基板、电子元件和焊锡三部分组成。

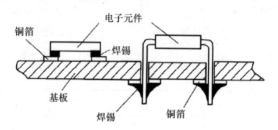

图 12-4　典型印制电路板结构示意图

基板由高分子聚合物树脂、玻璃纤维或牛皮纸及高纯度铜箔黏结而成。基板仅是电子元件的载体，用来支撑各种电子元件的连接；而电子元件才是实现电器、电子各项功能的主体。对电脑主板分析发现，电子元件、基板和焊锡三者所占比重分别约为 58%、37% 和 5%。

12.4.2　废弃印制电路板处理

12.4.2.1　废弃印制电路板的一般处理与资源化方法

如前所述，印制电路板主要由基板、电子元件和焊锡三部分组成。首先，通过拆解、分离将废弃印制电路板中的基板、电子元器件和焊锡分离。特别指出的是，电子元件和焊锡的分离回收对废弃电路板的回收是非常有利的，主要体现在两个方面：一是焊锡的提前分离消除了废弃电路板其他金属尤其是贵金属回收带来的不便；二是电子元件分离后，基板和电子元件可分别处理，从而简化了后续回收工艺、降低了处理成本，使回收效率大大提高。其次，分别对电路板基板和元器件进行破碎、分选，得到二者金属和非金属的混合物。然后，对金属混合物和非金属混合物进行进一步分离和处理。最后，采用以下介绍的湿法、火法等技术对金属进行回收利用；对非金属进行资源化或采用化学或生物法生产化工产品等。一般废弃印制电路板处理利用流程如图 12-5 所示。

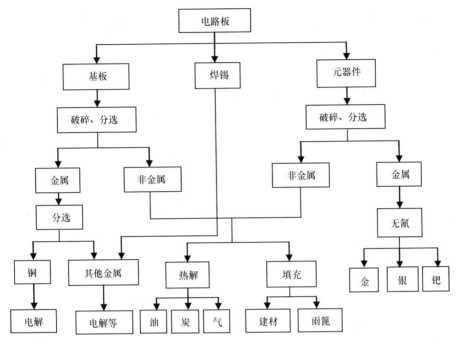

图 12-5 一般废弃印制电路板处理利用流程

12.4.2.2 酸洗法

酸洗法是用强氧化性的酸（主要是王水）处理废弃印制电路板，将其中所含的金属氧化为离子进入到溶液中，然后从溶液中利用各种金属离子还原性的差异，采用置换或电解处理工艺回收金属。使用王水是由于印制电路板中的贵金属的化学性质比较稳定，不能完全溶于硫酸、盐酸和硝酸等常见酸中。王水的溶解作用是由于硝酸将盐酸氧化并产生游离氯，游离氯具有强的氧化性，可与贵金属作用生成金属氯化物，如与金反应生成可溶的氯金酸（$HAuCl_4$）。

$$HNO_3+3HCl =\!\!= 2H_2O+Cl_2+NOCl$$

$$Au+Cl_2+NOCl =\!\!= AuCl_3+NO\uparrow$$

$$HCl+AuCl_3 =\!\!= HAuCl_4$$

总反应的化学方程式可表示为

$$Au+HNO_3+4HCl =\!\!= HAuCl_4+NO\uparrow+2H_2O$$

该种处理方法用酸作氧化剂，在处理过程中 N 由高价态还原为低价态，而不可避免地会产生大量 NO 气体，污染环境；废弃印制电路板中普通金属会随贵金属一起进入到溶液中，加大了后续分离工作的难度。贵金属回收后，溶液中含有大量金属离子，后期治理投资较大，若处理不当，易造成二次污染；贵金属回收率受贵金属赋存状态的影响，表层贵金属回收率高；王水具有强氧化性，需采用耐腐蚀容器，操作过程危险较大，须注意安全防护。

12.4.2.3　选择性浸出法

选择性浸出法主要是利用金和银等贵金属与一些配合剂反应，生成水溶性的金属络离子，实现贵金属与普通金属的分离。目前主要利用氰化物等浸出剂进行金和银等贵金属的选择性浸出，然后用铁和锌等普通金属或其他还原溶液中的贵金属离子。但因氰化物的毒性及其对环境和人类的影响正被公众密切关注，有许多国家和地区已立法规定严禁使用氰化物作金生产过程中的浸出剂。与氰化法相比，采用硫脲等浸出剂具有选择性高、毒性小的特点，但处理成本较高；且选择性浸出法只能回收贵金属，无法回收大量的普通金属；贵金属回收率同样受到贵金属赋存状态的影响，回收率不能得到保证。

12.4.2.4　热解法

热解法是一种适于回收塑料的技术，同样也适用于热固性复合材料的回收。在热解法处理废弃印制电路板时，其中的高分子有机聚合物热分解成油状和气态的烃类化合物，可用作燃料或化工原料，而金属、无机组分（如玻璃纤维）和其他固体产物可回收用于复合材料的再生产。目前，热解法常应用在机械破碎金属、非金属组分分离后非金属组分的处理，即通过热解将剩余残渣中的塑料部分转化为气体或液体燃料。研究表明，废弃印制电路板试样热解后得到的气体产物主要由 CO_2、CO、N_2、溴苯及一些低级烃类（$C_1 \sim C_2$）组成，C—Br 键也会断裂，释放出 HBr 及溴代烷烃、溴代芳烃等；液体产物经常压蒸馏后，分别得到轻石脑油、重石脑油和沥青等馏分；固体产物燃烧后可得到高纯度的玻璃纤维和 $CaCO_3$，粉碎加工后可作为替代物填充热固性树脂。热解法用于处理废弃印制电路板具有很大的优势：热解所需的设备相对较简单；热解过程中释放的有毒气体收集后可集中处理；处理效率高；可避免二次污染。

12.4.2.5　焚烧法

焚烧法是将废弃印制电路板焚烧减量、灰渣再精炼回收金属的方法。利用焚烧法可将废弃印制电路板中的树脂等组分有效除去，固体减量效率高；灰渣回收一般采用基于火法精炼铜和电解法精炼铜的处理过程回收贵金属。利用该种处理方法处理废弃印制电路板时，组分中主要的金属铜及贵金属金、银、钯等具有较高的回收率。焚烧法处理过程存在的主要问题是由于废印制电路板中含有溴、苯、铅和汞等有毒物质，燃烧产生的有毒烟气含有二噁英、呋喃和多氯联苯类物质，如焚烧后尾气处理不当会对生态环境造成不可恢复的破坏。回收铜和贵金属的过程中，其他金属大部分被氧化到烟尘或渣中，造成资源浪费，如锡和铅的回收率低，铝和锌几乎无回收经济价值。因此，该法不适用于大规模的废弃印制电路板的处理。

12.4.2.6　生物法

利用微生物浸取金等贵金属是从 20 世纪 80 年代开始研究的提取低含量物料中贵金属的新技术。利用微生物活动使金等贵金属合金中的其他非贵金属氧化成可溶物而进入溶液，使贵金属裸露出来以便于回收。生物处理技术具有工艺简单、费用低、操作简便等特点，但很难找到特定的微生物实现废弃印制电路板中各组分金属的分离。目前，该技术并不成熟，处理过程浸取时间较长，对操作条件要求较严格。

12.4.2.7　超临界流体法

超临界水氧化法是利用超临界状态下水与氧或空气能完全融合在一起的特点，使废弃印制电路板中难处理的物质与水中的氧反应生成 CO_2、N_2、H_2O。超临界 CO_2 能溶解阻燃剂四溴双酚 A 和六溴环十二烷。文献报道，在 50 MPa、100℃条件下，使用 CO_2 可完全分离塑料中的四溴双酚 A。超临界流体法处理废弃印制电路板不需消耗大量的化学药剂，各组分回收率较高，且处理过程不向环境释放有毒物质，具有很高的环境效益。但该法需要特定的回收设备，需要耐受一定的高压，投资较大，而且设备处理能力较小，目前尚不能大规模应用于废弃印制电路板或其他电子产品的回收处理。

12.4.2.8　机械法

机械物理法与化学方法、生物方法相比，具有成本低、投资少和环境污染小等优点，有较强的适应性。机械处理技术是根据物质的物理特性，包括密度、导电性、磁性和韧性等存在的差异来回收废弃印制电路板，包括拆卸、破碎、分选等方法。因为不需考虑产品干燥和污泥处置等问题，符合当前的市场要求，因此在我国得到快速发展，在实践中应用的也较多。下面介绍近年来我国发展起来的机械物理法处理废弃线路板的典型工艺。

（1）"湿法破碎+水力摇床分选"工艺流程

图 12-6 为"湿法破碎+水力摇床分选"工艺流程图。废弃线路板及加工废料通过两级（或多级）湿法破碎，实现线路板中金属与非金属的解离；采用水力摇床进行分选，得到金属富集体和非金属两产品，或者金属富集体、中间产品和非

金属三（多）产品，其中的中间产品可以返回水力摇床进行再次分选，或返回细碎机再次粉碎。金属富集体和非金属经过过滤后，金属富集体送往冶炼厂，非金属（玻璃纤维和环氧树脂等）作为填充材料或者经深加工作为其他产品的原料；过滤水经处理后回用。该工艺的特点是投资少、运行成本低、简单实用。采用湿法破碎，避免破碎过程中刺激性气体和粉尘的产生，可以连续生产。普通水力摇床适合的入料粒度在 0.074~2 mm 之间，有效分选下限可以达到 0.037 mm。对于线路板而言，最佳的解离粒度在 0.5 mm 左右，因此采用普通摇床可以实现破碎解离后线路板中金属富集体的回收。摇床单位面积处理量低、回收精度不高、微细粒级金属容易损失到尾矿中，但却非常适合中小规模废弃线路板处理企业。

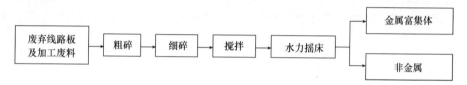

图 12-6 "湿法破碎＋水力摇床分选"工艺处理废弃线路板

（2）"干法破碎+气流分选/气力摇床"工艺流程

图 12-7 为"干法破碎+气流分选"工艺流程，废印制电路板经过干法粗碎和细碎，然后分级，采用空气分离器实现金属与非金属的分离。"干法破碎+气力摇床"的工艺流程与图 12-6 相似，将气流分选换为气力摇床，分选物料的级别根据具体情况做相应变化。"干法破碎+气流分选/气力摇床"工艺特点具有投资小、运行成本低等特点，其中"干法破碎+气流分选"工艺适合于废弃线路板及边角料的

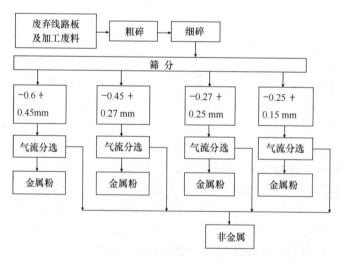

图 12-7 "干法破碎＋气流分选"工艺处理废弃线路板

分选，回收金属的品位和回收率达到 95%。为了改善传统气流分选分级较多以及进一步提高分选效率，有研究人员采用脉动气流分选技术进行废弃线路板的资源化研究。对于"干法破碎+气力摇床"工艺。研究结果表明：对于 1.2~1.6 mm 级电路板（来自计算机的主板），气力摇床分选结果得到金属富集体的品位为 56.35%，回收率为 91.57%；对于 0.5~1.2 mm 级废旧线路板为主的混合物料，相应的金属富集体的品位为 84.87%，回收率为 94.64%。整体而言，气流分选适合废弃线路板的分选。

（3）"干法破碎+静电分选"工艺流程

图 12-8 为"干法破碎+静电分选"工艺流程，废弃线路板及加工废料经过多级干法破碎，实现金属与非金属的解离，然后采用超微分级，分离出一部分微细物料作为非金属，剩余适合静电分选入料范围的物料进入滚筒静电分选机分选，得到金属富集体和非金属。该工艺的特点是采用滚筒静电分选机进行分选，具有运转平稳、能耗低、使用可靠性好、易损件寿命长和检修方便等特点，生产过程中无二次污染。对于传统的静电分选，入料范围通常在 0.074~2 mm，因此处理废弃线路板是十分适合的。静电分选的试验研究结果表明：对于 0.45~0.9 mm 电路板物料，可以得到铜品位为 77.14%，回收率为 76.66%；对于 0.075~0.45 mm 电路板物料，铜的品位为 75.15%，回收率为 84.05%。该工艺的缺点是随着粒度的逐渐降低，颗粒之间的作用力增强，在电场中分选时将会发生排斥、吸引、团聚等现象。由于团聚现象，实现细粒级物料的单层入料变得困难，再加上分选过程出现的吸引、排斥、电极风及颗粒向电极运动等现象使得分选过程更为复杂，因此不能实现微细级（<0.074 mm）线路板的有效分选。

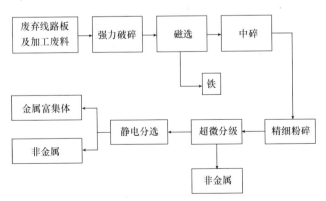

图 12-8　"干法破碎+静电分选"工艺处理废弃线路板

12.5　废弃电器电子产品处理、利用的相关术语

（1）收集（collection）

废弃电器电子产品聚集、分类和整理活动。

（2）贮存（storage）

为收集、运输、拆解、再生利用和处置之目的，在符合要求的特定场所暂时性存放废弃电器电子产品的活动。

（3）预先取出（advanced fetch）

废弃电器电子产品拆解过程中，应首先将特定的含有毒、有害物的零部件、元（器）件及材料进行拆卸、分离的活动。废电器电子产品预先取出的零（部）件、元（器）件及材料中含有害物质种类及说明见表 12-9。

表 12-9　预先取出的零（部）件、元（器）件及材料

序号	零部件、元（器）件及材料	有毒有害物质	说明
1	含多氯联苯（PCBs）系列的电容器	PCBs、PCT	多氯二联苯（PCBs）和多氯三联苯（PCT）常作电容器绝缘散热介质。大的电容器用于功率因素校正和类似的功能的电器上，小的电容器用在荧光和其他放电照明器以及用于家用电器上的分马力电机。大型家用电器用电容器的较多
2	电池	Hg，Pb，Cd 及易燃物	含有重金属，如铅、汞和镉等的电池、氧化汞电池、镍镉电池以及锂电池等
3	含镉的继电器、传感器、开关等电接触件	Cd	触点材料为银氧化镉（AgCdO）的电器等电接触件
4	含汞的开关	Hg	利用汞（水银）位置变化，使电器倾倒时起断电保护的开关、电接触器、温度计、自动调温装置、位置传感器和继电器
5	印制电路板	Pb，Cr^{6+}，Cd，Br，Cl	印刷电路板上含有各种元器件，其中 SMD 芯片电阻器、红外监测器和半导体中含有镉；封装电子组件用锡铅焊中含有铅；印刷电路板上含有溴化阻燃剂
6	阴极射线管（CRT）	Pb	阴极射线管上含铅的玻璃
7	气体放电灯等背投光源	背投光源里的 Hg	液晶显示器的背投光源及投影系统的高压汞灯
8	含有卤化阻燃剂的塑料	Br，Pb，Cd	既含有作阻燃剂的多溴联苯或多溴二苯醚，又有作稳定剂、脱模剂、颜料的铅与镉
9	氯氟烃（CFCs），氢氯氟烃（HCFCs）等或含有碳氢化合物（HCs）的制冷剂	CFCs，HCFCs，HFCs，HC	制冷机、冰箱等的制冷回路中含有消耗臭氧层或温室效应潜能（GWP）大于 15 的制冷剂，如氯氟烃（CFCs）、氢氯氟烃（HCFCs）、氢氟烃（HFCs）或碳氢化合物（HCs）
10	石棉废物及含有石棉废物的元件	粉尘	电器电子中用作保温、绝缘的石棉布、石棉绳、软板等石棉系列
11	调色墨盒、液体、膏体和彩色墨粉	Pb、Cd、特殊碳粉	在打印机、复印机和传真机中使用的调色墨盒、液体和膏体和彩色墨粉，含有铅、镉，以及特殊碳粉

续表

序号	零部件、元（器）件及材料	有毒有害物质	说明
12	耐火陶瓷纤维（RCFs）的元件	玻璃状的硅酸盐纤维	用于家用电器中的加热器和干燥炉的内层。它们含有随意方向的碱性氧化物($Na_2O+K_2O+CaO+MgO+BaO$)，其含量小于或等于 18%（质量百分数）与石棉有相同的性质
13	含有放射性物质的部件	离子化辐射	一些类型的烟尘探测器含有放射性元素
14	硒鼓	Cd，Se	涂覆了砷化硒或硫化镉涂层的复印机硒鼓

注：随着科学技术的进步，电器电子产品的绿色设计、处理工艺和方法的改进，表中所列零（部）件、元（器）件及材料，应进行修订

（4）拆解（disassembly）

通过人工或机械的方式将废弃电器电子产品进行拆卸、解体，以便于再生利用和处置的活动。

（5）再使用（reuse）

废弃电器电子产品或其中的零（部）件、元（器）件继续使用或经清理、维修后并符合相关标准继续用于原来用途的行为。

（6）再生利用（recycling）

对废弃电器电子产品进行处理，使之能够作为原材料重新利用的过程，但不包括能量的回收和利用。

（7）回收利用（recovery）

对废弃电器电子产品进行处理，使之能够满足其原来的使用要求或用于其他用途的过程，包括对能量的回收和利用。

（8）处理（treatment）

对废弃电器电子产品进行除污、拆解及再生利用的活动。

（9）处置（disposal）

采用焚烧、填埋或其他改变固体废物的物理、化学、生物特性的方法，达到减量化或者消除其危害性的活动，或者将固体废物最终置于符合环境保护标准规定的场所或者设施的活动。

思 考 题

1. 何谓电子废弃物，有什么特点，它们会造成哪些环境影响？
2. 简述电子废弃物的资源化回收方法。
3. 废弃电路板的回收处理方法主要有哪些？
4. 列举你所接触到的废旧电子电器产品，你知道它们是如何处理的。
5. 根据废弃电路板（包括元器件）的组成特点，设计获得其中主要金属和非金属的处理工艺流程。

第13章 生物质处理利用与资源化

13.1 概　　况

人口激增、环境污染、能源短缺是当前人类面临的三大问题，即人口、资源、环境三大问题。且这三者紧密联系、互相交错和影响着。来自联合国数据显示，2013年世界人口72亿，预计2025年和2050年将分别达到82亿和96亿。随人口增长，世界的能源需求也持续上升，如当前世界能源总消耗约 524 EJ·a^{-1}（1 EJ=10^{18} J），2020年和2040年将再分别增加约27%和65%，这也使碳排放不断增加，环境持续恶化。

能源主要来自于埋于地底的有限的化石燃料，不能满足世界能源长时间持续剧增的需求，因此，寻找、开发替代能源成当务之急。生物质被认为是一种替代化石燃料的资源，它是具有清洁、绿色、环境友好和可持续性的再生能源。生物质转化为能源主要通过两种方法实现：一种是热化学转化，包括热解、汽化、燃烧、焙烧、水热碳化等，其产品主要有生物炭、生物油和生物气（合成气）；另一种是生物化学转化，主要产品为甲醇、乙醇等。图13-1为生物质生成过程中碳循环、光合作用以及生物质利用过程（热化学和生物化学转化）示意图。

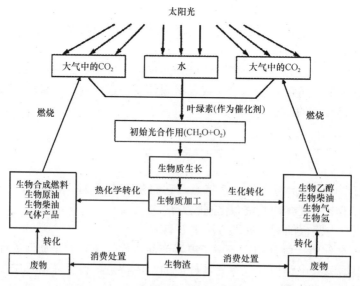

图 13-1　生物质生成过程中碳循环、光合作用以及生物质利用过程

生物质是指利用大气、水、土地等通过光合作用而产生的各种有机体，即一切有生命的可以生长的有机物质通称为生物质。它包括植物、动物和微生物。广义概念的生物质包括所有的植物、微生物以及以植物、微生物为食物的动物及其产生的废弃物。有代表性的生物质如农作物、农作物废弃物、木材、木材废弃物和动物粪便。狭义概念的生物质主要是指农、林业生产过程中除粮食、果实以外的秸秆，树木等木质纤维素，农产品加工业下脚料，农林废弃物及畜牧业生产过程中的禽畜粪便和废弃物等物质。生物质具有资源丰富、碳中性、可再生性、低污染性、广泛分布性等特点。

生物质资源包括木材和木材废料、农作物及其废弃的副产品、市政固体废物、动物粪便、食品加工废弃物、水生植物和藻类等。生物质已被公认是一种代替化石燃料资源下降的可再生潜在资源，是可再生能源的重要组成部分。全世界每年产生的生物质约 1460 亿 t（主要来自野生植物生长），生物质能占世界总能源的14%（排第 4 位），在世界可再生能源中，生物质能占 46%，水力发电占 45%，地热能占 6%，风能占 2%，太阳能占 1%，而在生物质能中，木材和木材废料占 64%，城市固体垃圾占 24%、农业废弃物占 5%，以及垃圾填埋气占 5%。表 13-1 是主要可再生能源及其用途。

表 13-1　主要可再生能源及其用途

能源类别	能源转换和用途
水力发电	发电
生物质能	产热、发电、热解、气化、消化等
地热能	市政供热、发电、干热岩
太阳能	家用太阳能系统、太阳能干化系统、太阳能灶
直接太阳能	太阳能光伏、热力发电、热水器
风能	发电、风力发电机、风车等
潮汐能	潮堰、潮汐流

生物质能的高效开发利用，将对解决能源、生态环境问题起到十分积极的作用。20 世纪 70 年代以来，世界各国尤其是经济发达国家对此高度重视，积极开展生物质能应用技术的研究，取得许多研究成果并实现工业化应用。世界可再生能源从 2006 年的 18% 增加到 2013 年的 21%，预计 2018 年达到 29%。

中国对生物质能的利用极为重视，已连续在国家的四个五年计划中将生物质能利用技术的研究与应用列为重点科技攻关项目，开展了生物质能利用技术的研究与开发，如户用沼气池、节柴炕灶、薪炭林、大中型沼气工程、生物质压块成型、气化与气化发电、生物质液体燃料等，取得了多项成果。政策方面，2005 年

2 月 28 日，第十届全国人大常委会第十四次会议通过了《可再生能源法》，2006年 1 月 1 日起已经正式实施，并于 2006 年陆续出台了相应的配套措施。这表明中国政府已在法律上明确了可再生能源包括生物质能在现代能源中的地位，并在政策上给予了巨大优惠支持。2007 年，国家发展与改革委员会制订的《中国应对气候变化国家方案》确认，2010 年后每年将通过发展生物质能源减少温室气体排放0.3 亿吨 CO_2 当量。因此，中国生物质能的发展具有极为广阔的前景。

　　中国已经开发出多种固态填充床和流化床气化炉，以秸秆、木屑、稻壳、树枝为原料生产燃气。近年来，中国生物油技术的开发取得较大进展。2013 年 4 月24 日，中国成功地进行了首次 1 号生物航空煤油飞机试飞。这使中国成为继美国、法国和芬兰之后，第 4 个拥有这项技术的国家。该技术以生物质或废弃食用油为原料，通过转化和提纯制造航空煤油等高附加值产品。它不仅在技术上可行，也为解决所谓"地沟油"回流餐桌的问题提供了新的技术途径。目前面临的成本问题有望在大规模量产后逐步解决。

　　总体而言，中国生物质能源技术的发展和市场发育还不够完善，生物质能利用技术的整体技术水平与发达国家还有差距，市场亟须规范。但随着环保立法的加强和技术进步，生物质能行业将会得到快速发展。

13.2　生物质的来源、分类、组成和性质

13.2.1　来源和分类

（1）来源

　　主要来自林业、农业、水生、人和动物以及工业 5 类。占绝大多数的木质生物质主要来自林区，如松树、云杉、红杉、橡树、枫树、落叶松等的杆、支、叶、皮等；来自农作物的农业生物质主要有秸秆、稻草、农作物壳，此外也包括各种植物、花、草等，农业生物质和木本生物质是能源生产的主要来源；水生生物质包括各种微藻、水生植物、微生物等，如蓝藻、绿藻、霉菌和不同种类的水草等；人和动物废弃生物质，煮熟或未煮过的食物、水果、纸张、塑料、纸浆等以及不同动物的粪便都归入这一类；工业生物质主要来自造纸工业污泥、糖厂甘蔗渣、食品加工厂废弃物等。

（2）分类

　　生物质有不同的分类方式。根据性质可分为有机的和无机的；根据年代分为一代、二代和三代；根据天然生物质是否经加工而来分为天然的和人工的；根据来源可分为农、林、水、生物和工业 5 类；还可基于所含纤维素和木质素的量进

行分类；也可分为陆生（农、林业生物质）、水生（各种藻类等）和其他（城市生活垃圾等）废弃生物质；基于合理地选择预处理方法，可将生物质分为干和湿两类，含水率大于 30%为湿生物质，小于 30%则称为干生物质。基于来源的分类方法可估计存在于生物质中的某些元素及其含量。例如工业和动物废弃生物质预期比林、农生物质含更多的硫；预测生物质中的元素能帮助比较其中的含能量，其对热解过程生物质的选择极其重要。基于纤维素和木质素的分类有助于改变产品分布。

13.2.2 组成、结构和性质

（1）组成

生物质是一种复杂的含有机物质、较少无机物以及包含各种固体和液体相的不均匀混合物。表 13-2 为生物质的相组成、相态和主要成分。生物质中的主要结构性有机组成为纤维素、半纤维素和木质素，生物质中有机成分约 54%~99%（干基），平均 93%；无机物约 0.1%~46%（干基），平均 7%；流体物质约 3%~63%，平均 14%，它是与有机、无机物相关的矿化水溶液。例如，软木（针叶树）的典型组成为纤维素 42%、半纤维素 27%、木质素 28%和有机提取物 3%；硬木（阔叶树）纤维素 45%、半纤维素 30%、木质素 20%和有机提取物 5%；木头中的无机物及矿物质通常小于 1%。生物质中除了主要化学元素 C、O、H，还有少量其他因素如碱金属、碱土金属以及重金属等。因生物质来源和类型不同，亦可能含有 Mg、Cl、K 等。这些元素的含量因生物质的种类、生长条件、地理位置不同而变化。农林生物质的碳、氧含量较高，适于生物炭生产；水生生物质氢含量较高则适于燃料生产，如用于产氢；人畜和工业废弃生物质含氧量低，而氢含量则与其他类型生物质相当。表 13-3 为不同类别生物质的碳、氧、氢、氮、硫含量。

表 13-2　生物质的相组成、相态和主要成分

物质	成分的状态和类型	相和成分
有机物	固态、非晶质体	结构成分（纤维素、半纤维素、木质素）、抽提物等
	固态、晶体状或晶状体	有机矿物质如 Ca、Mg、K、Na 的草酸盐等
无机物	固态、晶体状或晶状体	矿物类（硅酸盐、氢氧化物、硫酸盐、磷酸盐、碳酸盐、氯化物、硝酸盐等）
	固态、半晶状体	结晶作用弱的类矿物如硅酸盐、磷酸盐、氢氧化物、氯化物等
	固态、无定形的	非晶相或非晶质如各种玻璃、硅酸盐等
流体物质	液态、气体	与有机和无机物相关的水分、气体和气液包裹体

（2）结构和性质

生物质主要由 3 个主要成分即纤维素、半纤维素和木质素构成，这些组分通过非共价键力强烈地相互交错啮合、交联在一起，为植物提供一定结构和刚性。

表 13-3 不同类别生物质的碳、氧、氢、氮、硫组成

类别	名称	干湿基	C	O	H	N	S
木质生物质	橄榄树木	干	48.2	44.2	5.3	0.7	0.03
	柑橘树木	干	47.0	43.2	6.0	1.0	0.08
	白桦树木	—	57.0	33.8	6.7	0.3	0.0
	榆树皮	—	46.9	39.1	5.3	0.6	0.0
	橡木	干	59.5	41.3	5.7	0.2	—
	云杉木	干	51.9	40.9	6.1	0.3	—
	木片或木屑	干	48.1	45.7	5.9	0.08	—
	峡谷槲树	干	47.8	45.7	5.8	0.07	0.01
	松木片	湿	47.0	45.7	6.5	0.5	0.22
	锯末	—	32.1	28.2	3.9	0.3	0.01
农业生物质	柳枝稷	—	39.7	31.2	5.0	0.7	0.16
	芦竹草	—	45.7	42.6	6.1	—	0.27
	红色金丝雀草	—	44.9	39.6	5.7	—	0.2
	紫苜蓿	—	46.7	35.6	5.9	—	0.25
	玉米芯	干	49.0	44.5	5.4	0.5	0.20
	稻草	干	49.4	42.1	6.9	1.4	0.26
	麦秆或麦秸	干	47.0	41.4	10.8	0.6	0.24
	椰子壳	干	51.2	43.1	5.6	—	0.10
	核桃壳	干	53.6	35.5	6.6	1.5	—
	棉籽壳	干	44.6	39.4	5.5	0.2	0.14
	葵花籽壳	干	52.9	35.9	6.6	1.4	0.15
	芥末皮	干	46.1	44.7	9.2	0.4	0.20
	果渣	干	48.8	36.3	7.3	—	0.68
	蜀黍或高粱	—	34.0	60.2	4.5	0.8	0.02
	蔗渣	干	48.7	44.1	6.7	0.5	0.08
人、畜废弃生物质	茶渣	干	48.0	44.0	5.5	0.5	0.06
	肉骨粉	—	57.3	20.8	8.0	12.2	1.69
	鸡粪	—	60.5	25.3	6.8	6.2	1.20
	家禽粪便和羽毛	—	38.7	31.0	5.7	9.6	0.70
	餐厨垃圾	—	56.7	23.6	8.8	4.0	0.19
工业废弃生物质	市政固体废物	—	36.4	10.1	5.0	1.4	0.83
	污水污泥	干	52.0	32.1	6.3	6.3	3.10
	家禽污泥	—	48.2	27.0	7.6	8.0	0.40
	废纸	—	31.0	34.0	4.7	0.4	0.03

续表

类别	名称	干湿基	C	O	H	N	S
水生生物质	蓝藻	—	42.9	39.2	8.5	8.9	0.49
	微拟球藻	—	50.0	34.5	7.5	7.5	0.47
	螺旋藻	—	45.1	36.4	7.1	10.6	0.74
	小球藻	—	52.6	32.2	7.1	8.2	0.50

　　生物质木质纤维素的结构和物理、化学性质总结于表 13-4 中。基于三种组成的化学式，纤维素、半纤维素和木质素 O/C 分别为 0.83、0.80 和 0.47~0.36，它们的 H/C 分别为 1.67、1.60 和 1.19~1.53。通常，半纤维素的热分解温度（TDT）为 220~315℃，是三者中最低的；纤维素的 TDT 为 315~400℃，而木质素是逐渐分解的，其 TDT 范围是 160~900℃。图 13-2 是纤维素、半纤维素和木质素标准样品的热重（TGA）和差热（DTG）分析曲线。

表 13-4　生物质木质纤维素的物理、化学性质

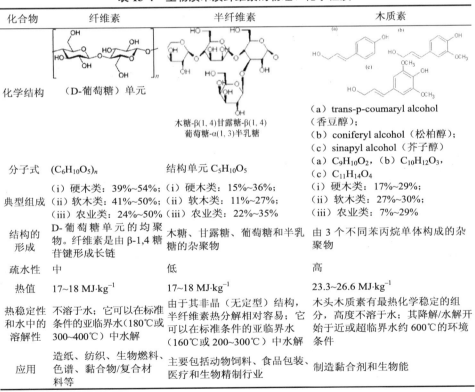

化合物	纤维素	半纤维素	木质素
化学结构	（D-葡萄糖）单元	木糖-β(1,4)甘露糖-β(1,4)葡萄糖-α(1,3)半乳糖	（a）trans-p-coumaryl alcohol（香豆醇）；（b）coniferyl alcohol（松柏醇）；（c）sinapyl alcohol（芥子醇）
分子式	$(C_6H_{10}O_5)_n$	结构单元 $C_5H_{10}O_5$	（a）$C_9H_{10}O_2$，（b）$C_{10}H_{12}O_3$，（c）$C_{11}H_{14}O_4$
典型组成	（i）硬木类：39%~54%；（ii）软木类：41%~50%；（iii）农业类：24%~50%	（i）硬木类：15%~36%；（ii）软木类：11%~27%；（iii）农业类：22%~35%	（i）硬木类：17%~29%；（ii）软木类：27%~30%；（iii）农业类：7%~29%
结构的形成	D-葡萄糖单元的均聚物。纤维素是由 β-1,4 糖苷键形成长链	木糖、甘露糖、葡萄糖和半乳糖的杂聚物	由 3 个不同苯丙烷单体构成的杂聚物
疏水性	中	低	高
热值	17~18 MJ·kg^{-1}	17~18 MJ·kg^{-1}	23.3~26.6 MJ·kg^{-1}
热稳定性和水中的溶解性	不溶于水；它可以在标准条件的亚临界水（180℃或 300~400℃）中水解	由于其非晶（无定型）结构，半纤维素热分解相对容易；它可以在标准条件的亚临界水（160℃或 200~300℃）中水解	木头木质素有最热化学稳定的组分，高度不溶于水；其降解/水解开始于近或超临界水约 600℃的环境条件
应用	造纸、纺织、生物燃料、色谱、黏合物/复合材料等	主要包括动物饲料、食品包装、医疗和生物精制行业	制造黏合剂和生物能

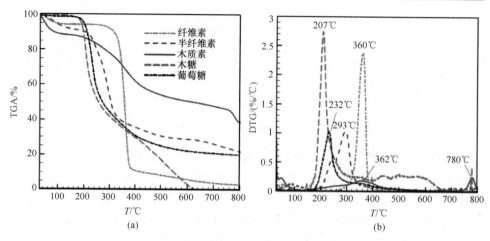

图 13-2　纤维素、半纤维素和木质素标准样品的 TGA（a）和 DTG（b）分析曲线

13.3　生物质的资源化

13.3.1　生物质的转化

生物质由于其含水率高、热值低、吸水性高、体密度低等（表 13-5），使其难于进行收集、碾磨、贮存、运输，作为燃料亦影响其转化效率。通过各种化学、生物的转化过程，如气化、热解、厌氧消化、发酵等，可将生物质转换为气体、液体和固体燃料或化学制品，亦可将生物质直接燃烧产热或发电。图 13-3 为生物质主要转化方式及其产品。生物质转化如前所述分为热化学转化和生物化学转化两类，生物转化主要生产甲醇、乙醇、生物柴油等，而热化学转化主要生产生物炭、生物油和合成气。

表 13-5　生物质作为燃料的缺点

生物质特征	含水率高	体密度和能量密度低	易磨性差	吸水性高	氧含量高	碱金属含量高	异质性高
主要缺点	降低热值；需要干化，增强能量；降低转化效率；增加贮存和运输成本；因水在烟气中凝结，增加腐蚀性	增加贮存和运输成本；要求高的进料能力	增加研磨或贮存过程中碾磨所需能量；更粗糙的颗粒	易吸水；增加生物降解的风险	减少了高能 C—H 键的数目；降低了热值和能量密度；降低了热稳定性	使有关产灰问题更严重	性质发生较大变化

以下简要介绍更为普遍采用的生物质热化学转化过程——焙烧、热解、气化。

（1）生物质预处理——焙烧

亦称为轻度或温和热解，是生物质于惰性或还原气氛中（通常实验室中以 N₂

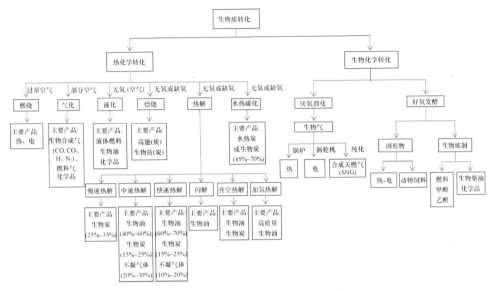

图 13-3　生物质主要转化方式及其产品

作为载气提供非氧化气氛）在温度 200~300℃、停留时间 30 分钟至几小时的热解
过程，其目的是要提高生物质作为燃料的性能。焙烧过程涉及纤维素、半纤维素、
木质素的去挥发分、解聚、碳化等作用。其产品为棕到黑的均匀固体、可凝结气
体（水、有机物、脂类物质）和不可凝结气体（CO_2、CO、CH_4 等）产品。焙烧
过程中生物质质量的 70%作为固体产品，保留原含能量的 90%，30%的质量损失
转换为凝结和不凝结产品。通过焙烧，系统的能效大为提高，物理性质如碾磨性，
颗粒形状、尺寸和分布，成粒性，化学组成如水分、碳、氢含量，热值等得以改
善。与生物质原料相比，焙烧后的生物质碳含量、热值提高 15%~25%，水分降到
3%左右。焙烧使研磨能降低约 70%，焙烧、研磨的生物质其球形度、颗粒表面积、
颗粒尺寸分布大为提高。焙烧过程由于—OH 官能团的失去还使生物质由亲水性
变为疏水性，使其具有抗化学氧化和微生物降解性。这些性质的改变均有助于作
为直接燃料或作为热解、气化的升级原料。

　　最近的研究亦表明，经焙烧后生物质的特性大大改善：①更高的热值和能量
密度；②更低的含水量以及更低的 O/C 和 H/C 原子比值；③更高的疏水性或抗水
性；④增强了碾磨性和反应性；⑤提高了生物质的均匀性。见图 13-4。

　　根据温度的不同，焙烧可分为轻度、中度和剧烈（或重度）焙烧过程，对应
温度分别为 200~235℃、235~275℃和 275~300℃。进行轻度焙烧过程时，生物质
中水分和低分子量挥发分释放，半纤维素是最活泼的组分，轻度焙烧中在一定程
度上也使其部分降解，而纤维素和木质素几乎不受影响，因此生物质的质量损失

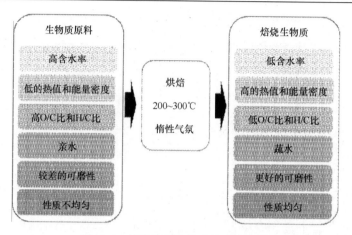

图 13-4　焙烧前后生物质性质的变化

很小，其能量密度或热值也增加很少。当生物质进行中度焙烧时，半纤维素分解和挥发分释放得以强化，半纤维素完全消耗掉，纤维素也开始有一定程度的消耗。对于重度焙烧，半纤维素分解殆尽，纤维素在很大程度上被氧化，但木质素难以进行热降解，在整个焙烧温度范围其消耗都非常低。

虽然焙烧过程气体和液体产品产生，但焙烧的主要产品为固体燃料。非凝结气体主要为 CO、CO_2、H_2 或少量的 CH_4，也检测到苯、甲苯和低分子量的碳氢化合物，气体产品通常含能 10%，但由于它的低热值使其应用受到限制；液体产品主要有水、乙醇、乙酸、乙醛和酮等；固体产品主要为炭和灰分。

（2）生物质的热解

热解是生物质在无氧或限氧、高温下的热化学分解过程，热解已发展为生物质转化为能源的最有前景的方法。生物质热解生成的 3 种主要产品：富碳固体产品——生物炭、可凝结成液相的挥发性物质——生物油以及不能凝结的气体产品——生物气或合成气。生物炭是热稳定且含其他有机物的固体富碳产品；生物油是发电的优异原料，某种程度（如精炼后）可与化石燃料媲美。热解产生的生物炭同样富含高能量，作为燃料与工业燃煤相当。生物炭在很大程度上保留了原来的多孔结构，其高表面积可固定营养物质、腔体保留水分或形成微生物生长之所在，生物炭的微孔结构和高碳含率使其具有广泛的用途。如在农业方面，用于提升土壤的质量，生物质加入土壤增加碳的赋存速率、降低土壤中营养物质的分解速率；在环境领域，可脱除重金属如 Cr、Cd、Ni、Hg、Pb 等，可低成本地去除有机化学物质如四环素、苯酚等，此外纺织印染行业排放的各种染料、颜料等可经济有效的去除；电力行业中，因其高含碳量，可用作燃料。

热解过程一般由两个阶段组成：初次热解和二次热解。初次热解过程中，生物质开始裂解并脱挥发分，脱挥发分涉及生物质的脱水、脱羧、脱氢等，且开始形成不同的羧基、羰基、羟基等；初次热解完成后，二次热解开始，即主要的热解过程，重组分发生裂化将生物质转换为炭或气体产品 CO、CH_4、CO_2 等，某些挥发性生物质分子可凝结成液相称为生物油。裂解依据裂解条件可能是热裂解抑或是催化裂解。该裂解过程可表示为：

$$\left(C_6H_6O_6\right)_n \longrightarrow \left(H_2 + CO + CH_4 + \cdots + C_5H_{12}\right)$$
$$+ \left(H_2O + CH_3OH + CH_3COOH + \cdots\right) + C$$

产品中第 1 部分代表不同气体的产率；第 2 部分表示各种液体产品的混合物；最后一项则是固体产率。

依据反应时间、温度、加热速率的不同，热解过程可又分为焙烧、慢速热解、快速热解、闪解、中级热解和真空热解等（表 13-6）。慢速热解因其具有更高的固体产率（25%~35%）成为生产生物炭的主要方法，慢热解有较宽的温度范围（300~650℃）、较长的停留时间（几分钟到几小时）和较低的加热速率（10~30℃·min^{-1}）。热解过程的反应时间、温度、压力、加热速率、原料的含水率等是影响生物炭产率和物化性质的关键因素。低的操作温度、慢的加热速率有益于固体产品产出，而高操作温度、高加热速率对生物炭的碳含量、热值、BET-表面积等有重要影响。虽然慢速热解的目标产物是生物炭，但液体产品的回收、气体产品的循环可促进慢热解的效能。表 13-7 为不同热解过程的操作条件和产品分布。

表 13-6　热解分类及操作条件

	慢解	快解	闪解	中解	真空热解	加氢热解
温度/℃	550~950	850~1250	900~1200	500~650	300~600	350~600
加热速率/（℃·s^{-1}）	0.1~1.0	10~200	>1000	1.0~10	0.1~1.0	10~300
停留时间/s	300~550	0.5~10	<1	0.5~20	0.001~1.0	4~15
压力/MPa	0.1	0.1	0.1	0.1	0.01~0.02	5~20
颗粒尺寸/mm	5~50	<1	<0.5	1~5	无数据	无数据

表 13-7　热解及其产品分布

过程	温度/℃	停留时间	产品/%		
			液体（生物油）	固体（生物炭）	气体（合成气）
快解	300~1000	短（<2 s）	75	12	13
中解	~500	中（10~20 s）	50	25	25
慢解	100~1000	长（5~30 min）	30	35	35
气化	>800	中（10~20 s）	5	10	85

（3）生物质的气化

生物质气化是在高温（600~1200℃，通常 800℃以上）、短停留时间（10~20s）下的部分氧化（燃烧）过程。气化的初级产品为气体混合物，也称为合成气，本身可作为燃料。在理想气化器中，因绝大多数有机物转化为气体和灰分，技术上应无生物炭，而实际上仍有少量生物炭得率（<10%）（表 13-7）。由气化生产的生物炭含有大量碱金属和碱土金属（Ca、K、Si、Mg 等）和高毒性多环芳烃（PAHs）。因此，须慎重考虑通过气化制得的生物炭。

13.3.2　影响生物质热化学转化的因素

生物质热化学转化过程不仅取决于所采用的生产技术，而且与生产过程的工艺条件密切相关。这些工艺参数主要包括：①生物质的特性（生物质来源、类型、含水率、颗粒尺寸等）；②反应条件（反应过程的温度、压力、停留时间或反应时间、加热速率等）；③环境因素（载气类型、载气流速等）；④其他因素如催化剂、反应器结构类型等。其中温度、停留时间、加热速率、颗粒大小等工艺参数的变化对生物质的产率、性质有重要影响。因此，对各种工艺参数（生物质化学组成、颗粒大小、停留时间、加热速率、温度、含水率、反应器床高、反应器压力、载气流速、催化剂等）如何影响生物质热转化过程进行系统研究以及对各工艺参数进行优化具有重要意义。

生物质转化过程的第一步是合理地选择生物质，生物质的含水率、纤维素和木质素的含量、颗粒尺寸等对生物炭的生产过程有重要影响。低含水量有利于生物炭生产，高含水率会形成更多的焦油使生物炭产率降低，含水率高于 30%（湿生物质）不适合进行热解；纤维素和木质素的含量是选择生物质原料另一重要因素，纤维素有利于生成焦油，木质素更适合炭的生产。相对低的温度、长的停留时间、低的加热速率对固体产物有利，反之则利于生成气体和液体产品。增加反应器中的压力有利于炭的生产。载气带走初期热解形成的蒸汽，即降低蒸汽的停留时间，使炭的得率下降，应选择合适的载气流速。增加反应器床高会减少生物炭的得率。

总之，温度、停留时间、生物质的组成是影响生物质转化及产品得率的主要因素。具有低加热速率、低载气流速、较高压力的慢速热解过程适合于生物炭的生产；生物质相对大的颗粒（mm 范围）、低含水量、高木质素含率增加炭的得率。以下就目前广泛关注的环境功能材料——生物炭的来源、生产制备过程、结构和性能特点以及吸着行为等作一介绍。

13.4 生 物 炭

13.4.1 生物炭的来源和定义

生物炭与亚马孙（Amazon）地区的土壤有关，这种土壤常常被称为"黑土地"或"普雷塔"（Terra-Preta）土壤，其引起全球关注是因为与周围贫瘠的热带土壤相比，该土壤大大提高了作物的生长率。研究表明，普雷塔土壤的独特性能来自于其中存在一关键组分——生物炭。

生物炭有相互关联的许多定义，主要依据其生产过程和应用。国际生物黑炭协会（International Biochar Initiative，IBI）指南中对生物炭的定义：生物炭是生物质在限氧环境下经热化学转化而来的一种固体材料。区分生物炭（biochar）、木炭（charcoal）和水热炭（hydrochar）极其重要，其差别在于其归趋。木炭是一种生物质经碳化的富碳固体产品，用作生产能量的燃料；生物炭是木炭用于特殊目的（如土壤修复、碳捕集和赋存）时的替代术语；水热炭与生物炭相比，有完全不同的预处理过程和工艺条件，水热炭是经水热碳化（hydrothermal carbonization，HTC）而来的。表 13-8 比较了几种炭质材料的概念和内涵。

表 13-8 常见炭质材料分类及概念

类别	概念
生物炭（biochar）	强调生物质原料来源以及其在农业科学、环境科学中的应用。主要用于土壤肥力改良、大气碳库增汇减排及受污染环境修复
炭（char）	泛指炭材料，尤其强调在自然状态下天然火烧制形成
木炭/炭黑（charcoal）	制作过程和性质特点与生物炭相似，多使用木头、煤炭作为原料。强调应用于燃料、工业热炼、除臭脱色的生物质热解残渣，具有高热值和高内表面积
农业炭（agrichar）	强调用于农业土壤改良、作物增产的炭质材料，可认为是生物炭在农业科学的特定称谓
活性炭（activated carbon）	强调制作过程中为增强表面特性的应用而人为采用极高温（通常>700 ℃）、物理化学手段（如高温气体或化学药剂）活化的、高比表面积、高吸附特性的疏松多孔性物质，常用于受污染环境的修复、环境工程处理等方面
黑炭（black carbon / black char）	泛指各类有机质不完全碳化生成的残渣，包括炭黑、生物炭、活性炭、焦炭等各种炭质材料

生物炭既可作为高品质能源、土壤改良剂，也可作为还原剂、肥料缓释载体及二氧化碳封存剂等。生物炭能在环境中保留 90~1600 年不等，并有保持土壤水分、调节土壤 pH、提高农作物产量等作用，已广泛应用于固碳减排、水源净化、重金属吸附和土壤改良等。另一方面，生物炭具备发达的孔隙结构、丰富的表面官能团和表面电荷等理化性质，能高效吸附多环芳烃、有机农药等多种有机污染物，被认为是一种新型的环境功能吸附剂。因此，生物炭可在一定程度上为气候

变化、环境污染和土壤功能退化等全球关切的热点问题提供解决方案。

13.4.2　生物炭的生产技术

选择合适的生物质转化为能量和各种增值产品的方法，以便以最小的代价获得最大能量或储能产品十分重要。如前所述，生物能转换技术分为两类：生化转化和热化学转化。生化转化其产品主要为乙醇、生物柴油等；热化学转化又分为焙烧、热解、气化、燃烧等。生物转化与热化学转化相比，虽更便宜和环境友好，但因其反应速率、产品产率低的限制，热化学转化成为当前生物质处理利用的普遍方法。

根据定义，在各种热转化作用下，生物炭是在无氧或限氧条件由生物质高温热解而来。严格来说，焙烧、气化所得固体产品不能看作理想的生物炭。表 13-9 显示了几种常用的热处理方法及其产品得率；图 13-5 为几种热化学转化过程及所得主要产品及其产率和性质。

表 13-9　几种常用的热处理方法及其产品得率

热处理方法	操作温度/℃	停留时间	加热速率	典型产品得率/%		
				固体	液体	气体
慢速热解	300~650	5 min~12 h	10~30℃·min^{-1}	25~35	20~30	25~35
气化	600~900	10~20 s	50~100℃·s^{-1}	<10	<5	>85
焙烧	200~300	30 min~4 h	10~15℃·min^{-1}	60~80	—	20~40
水热碳化（HTC）	180~260	5 min~12 h	5~10℃·min^{-1}	45~70	5~25	2~5

目前，制备生物炭的主要方法有水热裂解（碳化）法和热裂解法。水热裂解法是将生物质在湿热环境中进行高温裂解，裂解温度一般 150~350℃，制备原料无须干燥。相对于水热裂解法，热裂解法可制备 100~900℃的生物炭，要求生物质在裂解前需进行干燥处理。常见的热裂解法有限氧升温碳化法和无氧升温炭化法，限氧升温碳化法是将干燥的生物炭碾磨过筛后按照一定升温程序于马弗炉进行炭化；无氧升温炭化法是将碾磨处理后的干燥生物炭在 N$_2$ 或 CO$_2$ 保护下的管式炉中进行裂解。相比于限氧升温碳化法，无氧升温碳化法具有产量高、灰分少等优点。表 13-10 为热解和水热碳化（HTC）法生产生物炭物化性质的影响因素。

13.4.3　生物炭的结构和性质

生物炭结构、性质与生物质原料的结构性质密切相关，生物质表面粗糙、内部具有细胞壁毛细管结构，孔隙率高，表面积大，这些结构有利于对污染物的物理吸附；其次，生物质本体一般由 C、H、O、N、S 等构成的纤维素、半纤维素、木质素、蛋白质等大分子组成，这些大分子含有羟基、羧基、氨基等官能团，这

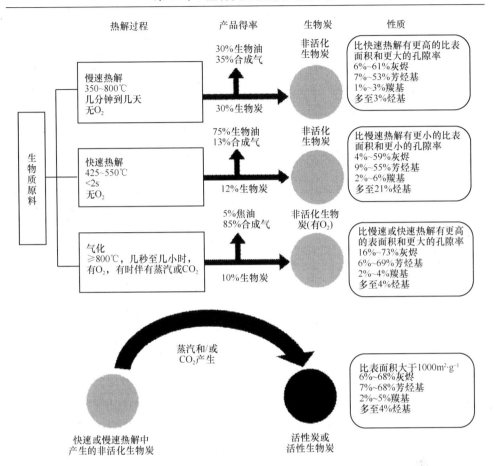

图 13-5 几种热化学转化过程所得主要产品、产率和性质

表 13-10 热解和水热碳化（HTC）过程生产的生物炭物化性质的影响因素

参数	BET 表面积和孔隙率		固体产品得率/%		脱水和脱羧程度或$^c/_H$和$^c/_O$ 比	
	热解	HTC	热解	HTC	热解	HTC
最高反应温度（HRT）	500℃,进一步增温对生物炭造成不利影响	230℃,进一步增温显现负效应	减少	减少	增加	增加
加热速率	5~100 ℃·min^{-1},进一步增加会破坏孔隙结构	—	减少	—	增加	—
停留时间	增加	增加	减少	减少	增加	增加（反应机理极复杂）
压力	减小	减小（通常不能控制）	增加	增加	—	—
催化剂（亚临界或超临界 H$_2$O、CO$_2$、N$_2$、空气、盐、酸等）	增加	增加	减少	减少	增加	增加

参数	BET 表面积和孔隙率		固体产品得率/%		脱水和脱羧程度或$^C/_H$和$^C/_O$比	
	热解	HTC	热解	HTC	热解	HTC
反应器（形状、取向、搅拌）	—	—	—	—	使反应均质化	使反应均质化
原料含水率	需额外能量进行干化，使生物质产生负效应	无影响（最适合湿生物质）	减少	无影响（过程本身需要水）	—	过程需要水，因此其始于水解反应
预处理（颗粒尺寸）	随尺寸减小而增加	影响比热解小很多	随尺寸减小而降低	减小（但影响不大）	增加	—
固相含量（反应介质与原料之比）	—	减小	—	减小（高比率>10∶1，是典型的用于生物油的生产）	—	减小
后处理（粉磨，物理、化学活化）	在 400℃以上热解不需要	水热炭有很差的表面积，因此需要	活化引起材料挥发，因而降低其得率	活化使物质挥发，因而得率降低	活性生物炭有高的C 含量	活性生物炭有高的含 C 量

些官能团具有较强的配位能力。因此，由生物质热化学法制备的生物炭亦应具有较强的化学吸附能力，尤其吸附一些具有能形成配位键电子结构的物质。

生物质经热化学转化过程生产的生物炭是一种由 C，H，O，N，P，Ca，Mg，S 等元素组成的黑色细颗粒物质。其含有丰富的无机矿物组分（灰分）和有机碳组分。灰分是生物炭在有氧条件下高温产生的浅红色或白色物质。但生物炭的吸附性能并非源于无机矿物组分，而主要是裂解过程中有机碳组分的变化。

生物炭的有机碳组分包括碳（炭）化（炭黑）和非碳（炭）化（天然有机质）组分，有机碳组分在裂解过程中随着温度的升高，含碳量增加，芳香性增强，最终形成致密的碳结构，且含氧官能团大量消失，亲水性和极性减弱。因此，高温裂解的生物炭具有强大的芳香结构、丰富的官能团和巨大的比表面积，对有机污染物有较强的吸附能力，这使其成为优质的吸附材料。

从微观结构上看，生物炭多由紧密堆积、高度扭曲的芳香环片层组成，X 射线表明其具有乱层结构（turbostratic structure）。生物炭表面多孔性特征显著，因此具有较大的比表面积和较高的表面能。表面极性官能团包括羧基、酚羟基、羰基、内酯、吡喃酮、酸酐等，构成了生物炭良好的吸附特性。研究发现，生物炭具有大量的表面负电荷以及高电荷密度的特性。

生物炭具有高度的芳香化结构，这种结构特点决定了它比其他来源的母体碳具有更高的化学和生物学稳定性，具有更强的抵抗微生物分解的能力，可长期保存于环境和古沉积物中而不易被矿化，因此被认为是稳定的 CO_2 储库。研究表明，生物炭在自然条件下的平均滞留时间大约 2000 年，半衰期约 1400 年，这样的稳定性使其可以长期存在于环境中。

生物炭存在着两种性质的有机质：一部分是无定形橡胶态有机质（AOM），即所谓"软碳"，主要源自低温热解所得，其具有松散的非刚性橡胶质结构，对有机污染物吸附机理常以线性分配为主；另一部分是玻璃态的含碳质的吸附剂（CG），即通常认为的"硬碳"，在较高温度下得到，其具有致密的刚性玻璃质结构，对有机污染物吸附机理常以非线性表面吸附为主。而有机污染物被吸附的具体机理则由两种碳的比重决定。

13.4.4　生物炭的吸附机理

碳质材料长期以来被用作吸附剂以脱除水和土壤中的有机和无机污染物，目前活性炭是最常用的碳质吸附剂。生物炭与活性炭十分相似，均由热解而来，不同之处在于生物炭通常未经活化处理。但生物炭中含有未碳化部分，其可与水、土壤中的污染物作用，尤其是生物炭中的含氧官能团（—OH、—COOH 等）与水和土壤中的污染物结合，生物炭的多功能特性使其作为高效环境修复材料脱除水和土壤中的有机无机污染物具有良好的前景。

13.4.4.1　生物炭对有机污染物的吸附行为

生物炭对有机污染物的吸附机制具体包含多种物理、化学作用。物理吸附作用主要是利用生物炭和有机污染物间的静电作用力和分子间引力（范德华力）发生作用。化学吸附作用主要是通过两者之间生成的氢键、π 键、配位键等发生化学作用。具体何种作用为主要机制，取决于有机污染物与生物炭的极性、芳香性或特殊官能团的匹配性和有效性。生物炭表面含有丰富的含氧官能团，能与极性有机污染物表面的官能团通过静电引力或氢键结合；另一方面，生物炭具有高度的芳香性，可与有机污染物 π 电子形成较强的 π-π 共轭。生物炭对有机污染物的吸附机理与有机污染物在土壤和沉积物的吸附作用有很多相似之处，主要包括分配作用和表面吸附作用。

（1）分配作用机理

生物炭与有机污染物之间的分配作用类似于生物炭对有机物的固相溶解作用，主要表现为等温吸附曲线呈线性，弱的溶质吸收和非竞争吸附，只与有机化合物的溶解度相关，与生物炭的比表面积无关。生物炭的分配作用（K_{OM}）与其极性指数呈规律性变化，这取决于生物炭的分配介质与有机污染物的"匹配性"和"有效性"。根据"相似相容"原理和分配作用机制可发现，当炭化温度≤300℃时，随温度升高，生物炭的非极性增强，使非极性有机物（如 4-硝基甲苯）与生物炭的极性更为匹配，引起分配作用增大；然而，当炭化温度≥400℃时，虽然生物炭的极性进一步降低，但此时"软炭"进一步转化为"硬炭"，引起生物炭中产生分配作用的"有效性"降低，造成 300℃之后 K_{OM} 急剧下降。研究表明，有机污染物与生物炭极性匹配性和有效性越高，生物炭吸附的分配作用也就越大。

（2）表面吸附作用机理

表面吸附过程是利用分子和原子间微弱的物理吸附作用或是化学吸附作用，将某些分子吸着在吸附剂表面的一个过程。如果吸附剂与被吸附物质之间是通过分子间引力（即范德华力）而产生吸附，通常称之为物理吸附。如果吸附剂与被吸附物质之间产生化学作用，生成化学键（如氢键、离子偶极键、配位键及 π 键作用）引起吸附，称为化学吸附。在生物炭的表面吸附过程中，由于炭表面含有不同的官能团，有机物或离子与这些官能团之间可能形成稳定的化学键，从而导致不可逆吸附。如 π 键作用是典型的化学吸附，生物炭的基本特征是具有高度芳香性，富含 π 电子，可作为电子供体与其他接触的电子受体物质发生 π-π 电子作用。当有机污染物含有芳香 π 电子时即能与高度芳香化的生物炭形成 π-π 键，通过 π-π 电子授-受体特殊作用吸附于生物炭上。具体而言，π-π 电子授-受体（予-取体）作用是一种特殊的、非共价的吸引力存在于电子供体物质和电子受体物质之间。π-π 电子供体-受体作用发生时，电子由供体物质能量最高的分子轨道即最高占有轨道（HOMO）转移到受体物质能量最低的分子轨道即最低未占轨道（LUMO），并由未成对电子形成较弱的共价键。电子受体物质接受电子的能力则与取代基吸电子能力相关，随着吸电子取代基数量的增加而增强，电子供体物质提供电子的能力随着 π 体系的可极化度以及取代基电子供体能力的增加而增加。综上所述，表面吸附机制在生物炭非线性吸附过程中发挥着重要的作用，在一定程度上弥补了分配理论在解释一些实验现象时的局限性。

（3）联合作用机制

生物炭实际吸附过程中，分配作用和表面吸附作用是同时存在的。一般而言，有机物浓度低的情况下，表面吸附的贡献率要大于分配作用的贡献，而在高浓度时，则分配作用的贡献要更高一些。针对不同裂解温度的生物炭，对有机物的吸附机理可概括为以非炭化有机碳组分中的分配作用为主，过渡到以炭化组分上的表面吸附为主。具体表现为：低温裂解条件下的生物炭的吸附机理为分配作用，几乎不存在其他吸附作用，即使出现非线性吸附作用，也是在污染物浓度很低时。随着炭化温度升高，分配作用不再起主导作用，表面吸附作用的贡献率会不断增加。温度 700℃ 及以上时，表面吸附起主导作用，也可能会出现孔隙填充作用。因此，生物炭的吸附性能及其作用机制取决于炭化后本身的结构特征，随着炭化温度升高，吸附机制从分配作用→分配作用+表面吸附作用→表面吸附作用。分配作用部分与污染物本身的辛醇-水分配系数有关，而表面吸附则与污染物的疏水性及其生物炭的极性匹配有关。

（4）其他微观机制

在生物炭吸附有机污染物的过程中，除了分配和表面吸附作用外，还存在其他一些微观吸附机制会影响吸附过程，如孔隙作用。在分配作用中，吸附物质进入生物炭精细的微孔后，会被阻隔而无法自由出入，尤其是对于大分子物质。研究显示，炭类物质吸附多环芳烃或多氯联苯，除了化合物被物理诱捕进入固相基质中以及化合物本身芳环 π 电子与炭类物质局部石墨层 π 电子之间存在的 π-π 色散作用，还有孔隙填充吸附作用。

综合而言，生物炭吸附机理因其独特而复杂的理化性质往往需要分配和表面吸附作用联合驱动。有机物的分配作用发生于生物炭上的低温热解（100~300℃）时未碳化部分；表面吸附发生于高温（400~700℃）热解的碳化部分，表面吸附作用机理主要包括孔隙填充、疏水作用、静电作用、氢键作用、芳香族-π 和阳离子-π相互作用，如图 13-6 所示。

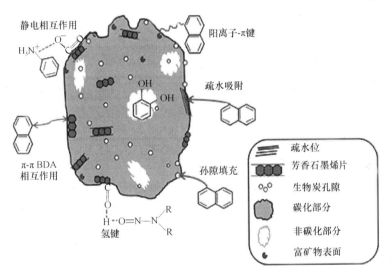

图 13-6　生物炭吸附有机物的机理

生物炭对有机污染物的吸附取决于：①吸附剂的表面积和微孔性。大于 400℃时生产的生物炭对有机污染物的吸附更有效，在于其具有高的表面积和微孔的发展。②表面极性和芳香性。它亦是生物炭的又一重要特性，通常大于 500℃时失去含氧、含氢官能团使生物炭表面极性降低、芳香性上升。③生物炭表面的电性。其通常荷负电，可促进荷正电阳离子有机污染物的静电吸引作用。④π-π 电子供体-受体相互作用。它是生物炭的又一吸附机制，主要发生于生物炭 π-富电子石墨烯表

面与 π-缺电子荷正电有机污染物之间，但荷负电阴离子有机物与生物炭间的静电
斥力也能促进氢键作用、诱导吸附。⑤溶液的 pH 和离子强度。其对有机物在生
物炭上的吸附亦有重要影响。图 13-7 为生物炭与有机污染物之间相互作用的各
种机理。分配作用、表面吸附作用和静电作用是有机污染物吸附脱除的主要作
用机制。

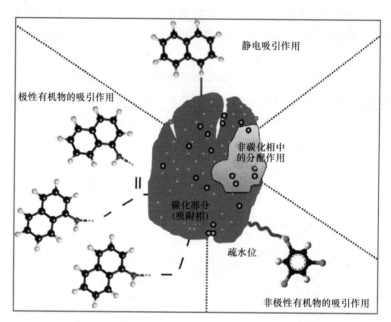

图 13-7　生物炭与有机污染物之间相互作用的各种机理

13.4.4.2　生物炭对重金属的吸附行为

　　关于生物炭对重金属吸附行为的研究，目前还比较少，对机理的阐述也存在
不同的意见。有研究认为，生物炭对重金属离子主要依靠表面吸附。生物炭具有
较大的比表面积和较高表面能，有结合重金属离子的强烈倾向，因此能够较好地
去除溶液和钝化土壤中的重金属。目前，有 4 种对重金属等无机污染物脱除的吸
附机制：①金属与生物炭中 K^+、Na^+ 交换的颗粒外的静电络合；②金属与生物炭
中有机物和无机氧化物的共沉淀和颗粒内的络合；③与生物炭中活跃的羧基、羟
基官能团的表面络合等。见图 13-8。

13.4.5　影响生物炭吸附的主要因素（以吸附脱除有机物为例）

　　影响生物炭对有机污染物的吸附因素很多，凡是影响生物炭结构、性能的因
素如生物质来源、制备工艺条件、反应器类型等均对生物炭吸附过程产生影响。

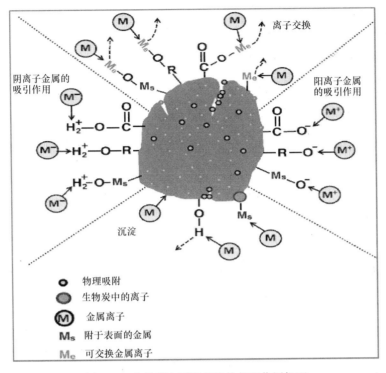

图 13-8　生物炭与无机污染物相互作用机理

其中生物炭的炭化温度和有机污染物的类型是两个最为主要的影响因素。生物炭的炭化温度决定了生物炭的性状，进而影响其吸附性能；污染物多样的类型和复杂的理化性质对生物炭的吸附作用也表现出较大差异。此外，吸附过程中的外界环境条件也会在一定程度上影响生物炭对有机污染物的吸附行为。

13.4.5.1　炭化温度的影响

不同温度下裂解得到的生物炭其自身组成与结构特征会存在很大的不同，其中影响吸附作用的极性、亲水性、芳香性、比表面积、孔隙结构等都与炭化温度密切相关。人们常用原子比 H/C、O/C 和（N+O）/C 分别代表芳香性、亲水性和极性大小，即 H/C 越小则芳香性越高、O/C 和（N+O）/C 比值越大则相应的亲水性和极性越大。随裂解温度不断升高，生物炭这 3 个值均减小，表明生物质升温裂解是一个芳香性不断增强、亲水性和极性不断减弱的过程，是生物炭由比较灵活的脂肪相向比较紧密的芳香相过渡，吸附从以线性分配为主向以非线性吸附为主转变。不仅如此，在生物炭热解过程中，其比表面积也发生急剧变化。研究表明，低温下形成的生物炭样品的比表面积很小，几乎不存在微孔结构，而高温下制备的生物炭比表面积较大，微孔孔容高，且随着裂解温度的升高持续增多。主要原因是高温下生物质中脂肪组分、纤维素或半纤维素大量分解所致。综上所述，生物炭随着裂解温度的升高，其芳香性、比表面积不断增大，亲水性、极性不断减小。因此，高温裂解下的生物炭对有机物具有更强的吸附能力。

但在实际环境应用中，为使生物炭的吸附效益最优化，不仅要考虑生物炭的吸附能力，也要关注生物炭的产率。鉴于生物炭裂解温度的不断升高会导致产率的下降，实际应用中仍应从吸附容量出发，发挥出最大的吸附效能。例如，700℃裂解的秸秆生物炭对萘、菲虽具有较强的吸附能力，但由于产率低，其吸附容量远不及300℃的秸秆生物炭。

13.4.5.2　有机污染物性质的影响

秸秆生物炭对不同有机污染物的吸附强度和解吸迟滞程度不仅取决于生物炭本身的性质，还与有机污染物的疏水性、极性、分子尺寸与结构等有关。

有机污染物的极性、芳香性、疏水性、表面官能团影响其在秸秆生物炭上的吸附能力。一般而言，芳香性高的非极性污染物更容易被裂解温度高的生物炭吸附，而高极性低芳香性的污染物与裂解温度低的生物炭之间存在更强的吸附作用。这是因为裂解温度高的生物炭有更丰富的芳香结构，这些芳香结构与有机污染物芳环中的 π 电子形成 $\pi\text{-}\pi$ 键。另一方面，极性污染物可通过氢键或静电作用与低温裂解生物炭上的含氧官能团结合。研究发现，700℃裂解的农业秸秆生物炭对莠去津的吸附能力较300℃强。同样，相比300℃，700℃裂解的大豆秸秆生物炭对三氯乙烯有更好的吸附效果。

裂解后的秸秆生物炭多呈疏松多孔形态，对疏水有机污染物（HOCs）的吸附性能与其尺寸有关，尺寸大小与空间位阻作用相关，一些大分子有机物很难进入生物炭内部空间。此外，HOCs 的空间构型也会影响到与吸附点位的接触方式，从而影响到生物炭对其吸附强度。例如，平面结构的有机物具有较大的分子表面积，较少的空间阻位，这利于生物炭与污染物之间产生更强的范德华力。因此，相较于非平面有机物，平面结构的有机物更易于吸附在生物炭上。

13.4.6　吸附热力学

13.4.6.1　吸附量与标准自由能

吸附被看作是吸附质组分在界面和体相间的选择性分配过程，是吸附质组分与固体表面上组分相互作用的结果。这些相互作用既有物理的，又有化学的，受系统中的固体吸附剂、溶质组分和溶剂性质等的影响以及各种力的控制。这些力包括静电吸引力、共价键力、氢键力以及吸附质与界面组分间的非极性相互作用、吸附组分间的侧向缔合作用、溶剂化和去溶剂化效应、表面沉积作用等（见图 13-9 和图 13-10）。任何组分在界面区的吸附都是吸附质组分与吸附剂表面组分或与其他在界面区累积的中间组分之间的物理或化学相互作用的结果。假如 ΔG^0_{bi} 为吸附质组分自体相（bulk）到界面区（interfacial）的自由能，则界面区的浓度（c_i）可表示为

$$c_i = c_b \exp\left(\frac{-\Delta G^0_{bi}}{RT}\right)$$

式中，c_b 为吸附质体相浓度，$mol \cdot L^{-1}$；R 为气体常数；T 为绝对温度。若为以 $mol \cdot m^2$ 表示吸附，将公式右部分乘以吸附层的厚度或吸附离子的有效半径 r，有

$$\Gamma_i = r c_b \exp\left(\frac{-\Delta G^0_{ads}}{RT}\right)$$

$\Delta G^0_{ads} = \Delta G^0_{bi}$，它是吸附过程的推动力，是以上提到的各种相互作用的和。即

$$\Delta G^0_{ads} = \Delta G^0_{elce} + \Delta G^0_{chem} + \Delta G^0_{c-c} + \Delta G^0_{c-s} + \Delta G^0_H + \Delta G^0_{H_2O} + \cdots$$

式中，ΔG^0_{elce} 是静电作用的标准自由能，$\Delta G^0_{elce} = zF\psi_\delta$；$\Delta G^0_{chem}$ 是因共价键引起的化学作用自由能；ΔG^0_{c-c} 为有机物链-链间的侧向相互作用自由能；ΔG^0_{c-s} 为碳氢链与固体表面疏水位间疏水相互作用；ΔG^0_H 为氢键作用的自由能；$\Delta G^0_{H_2O}$ 是因吸附质组分或其他来界面组分的水合作用而产生的溶剂化或去溶剂化的自由能。实际过程总的吸附行为因吸附质、吸附剂、溶液体系（如电解质、离子强度、pH、温度等）的不同是这些推动力部分或全部作用的综合效应。

13.4.6.2　吸附过程推动力

（1）静电作用力

吸附剂因在溶液中组分的溶解、表面组分的水解甚至吸附各种荷电离子和复合物而常常带电。因此带相反电荷的吸附质在该带电吸附剂上的吸附由静电作用控制，即

$$\Delta G^0_{elce} = zF\psi_\delta$$

式中，z 是吸附质组分的价电数；F 是 Faraday 常数；ψ_δ 是 δ 层中的电势（δ 是压缩双电层厚度）。

静电力的作用与溶液的 pH 相关，当 pH 小于吸附剂的零电荷点的 pH_{PZC} 时，吸附剂表面荷正电，荷负电的物质或阴离子易被吸附；反之，当 $pH>pH_{PZC}$ 时，表面荷负电，易吸附带正电物质或阳离子（见图 13-9 和 13-10）。

（2）化学作用

化学作用是吸附过程另一个重要推动力，与其他推动力相比，化学推动力针对吸附质与吸附剂之间形成共价键的场合。在一些情况下，吸附质在界面达到极限溶解度会发生吸附质的沉积或沉淀，引起多层吸附（见图 13-9 和图 13-10）。

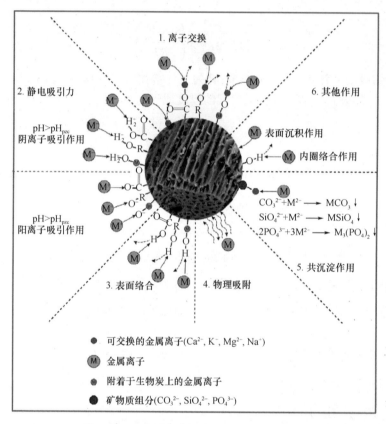

图 13-9　重金属在生物炭上吸附的相互作用

（3）链-链侧向相互作用

对于碳氢化合物，当其浓度超过某一临界值，与体相中的缔合类似，会在固液界面形成二维聚集体，导致吸附急剧增加。对于表面活性剂而言，该聚集体称为"半胶束或表面胶体"。该作用的推动力是碳氢链自水溶液传递到疏水聚集体内部的自由能 $\Delta G_{c\text{-}c}^0$。其可表示为得到每个—CH_2 基所需能量的线性函数：

$$\Delta G_{c\text{-}c}^0 = -\frac{n(CH_2)\varphi}{RT}$$

式中，$n(CH_2)$ 是碳氢链中—CH_2 基的数；φ 是传递每个—CH_2 的能量。

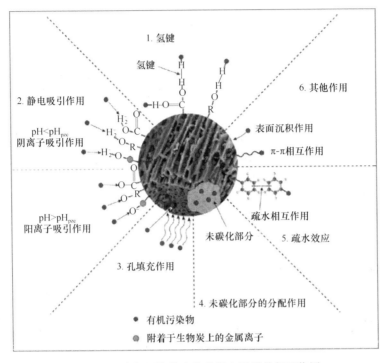

图 13-10　有机污染物在生物炭上吸附的相互作用

（4）碳氢链与疏水位间的疏水作用力

对表面活性物质在全部或部分疏水表面的吸附，烷基链与固体表面疏水位间的疏水相互作用成为主要因素。此时，表面活性剂分子的碳氢链黏附于疏水位，在低浓度时平行排列于表面，较高浓度时垂直于表面。

（5）氢键力

吸附质与固体表面间的氢键发生于含有羟基、酚羟基、羧基、胺基的体系中。吸附质官能团与固体表面间形成的氢键强于界面水分子与固体表面间形成的氢键。

思　考　题

1.　讨论优化热解过程的操作条件，获得较高得率的生物碳。

2.　分析和讨论生物炭吸附脱除有机物和金属离子的作用机制。

主要参考文献

卞有生. 2002. 生态农业中废弃物的处理与再生利用. 北京: 化学工业出版社

蔡慧华, 张小平. 2008. 清洁生产及其在印制电路板制造业中的应用. 广东化工, 35(10): 75-79

曹本善. 2002. 垃圾焚化工厂兴建与操作实务. 北京: 中国建筑工业出版社

陈宝梁, 周丹丹, 朱利中, 沈学优. 2008. 生物碳质吸附剂对水中有机污染物的吸附作用及机理. 中国科学 B 辑: 化学, 38(6): 530 - 537

陈丹, 何品晶, 邵立明, 李国建. 2001. 城市垃圾循环处理的概念与可行性研究. 环境保护, (3): 26-38

陈甘棠. 1990. 化学反应工程(第二版). 北京: 化学工业出版社

陈明义, 辛启家. 1991. 固体废弃物的法律控制. 西安: 陕西人民出版社

陈锐, 牛文元. 2003. 循环经济: 二十一世纪的理想经济模式. 中国经济信息, (18): 4-7

程时捷. 1996. 废橡胶的回收利用. 橡胶工业, 34: 307-308

邓艳文, 张小平, 杨波. 2005. 聚四氟乙烯废料的回收工艺. 塑料工业, 33(6): 64-66

丁江铃, 张小平, 朱亚茹, 等. 2016. HCl-CuCl₂-NaClO 湿法浸取手机元器件中的钯、金. 中国环境科学, 36(12): 3711-3716

董庆士, 党国锋. 2003. 固体废物资源化研究与探讨. 城市开发, (6): 25-28

国家环境保护总局污染控制司. 1999. 城市固体废物管理与处理处置技术. 北京: 中国石化出版社

何品晶, 冯肃伟, 邵立明. 2003. 城市固体废物管理. 北京: 科学出版社

何品晶, 邵立明, 李国建, 吴蔚萍. 1995. 城市污水厂污泥直接热化学液化制油过程研究. 同济大学学报, 23(4): 382-386

何品晶, 邵立明. 2000. 城市废物流自然循环消纳及实现途径探讨. 上海环境科学, 19(11): 508-510

季雪琴, 孔雪莹, 钟作浩, 吕黎. 2015. 秸秆生物炭对疏水有机污染物的吸附研究综述. 浙江农业科学, 56(9): 1477-1480, 1486

李国建. 2001. 固体废物处理与资源化工程. 北京: 高等教育出版社

李国学, 张福锁. 2000. 固体废物堆肥化与有机复合肥生产. 北京: 化学工业出版社

李力, 刘娅, 陆宇超, 梁中耀, 张鹏, 孙红文. 2011. 生物炭的环境效应及其应用的研究进展. 环境化学, 30(8): 1411-1421

李秀金. 2003. 固体废物工程. 北京: 中国环境科学出版社

梁翩翩, 张小平. 2008. 聚四氟乙烯热裂解研究. 化学工业与工程, 25(4): 314-318

梁翩翩, 张小平, 舒长河. 2009. 一款微型高速万能粉碎机粉碎废旧线路板性能分析. 矿冶, 18(1): 72-77

罗斯(Ross S A). 2001. 全球废弃物调查. 孙克诚, 钱姚南, 王毅译. 北京: 海洋出版社

芈振明, 高忠爱, 祁梦兰, 等. 1997. 固体废物的处理与处置. 北京: 高等教育出版社

聂永丰. 2000. 三废处理工程技术手册——固体废物卷. 北京: 化学工业出版社

钱易, 唐孝炎. 2000. 环境保护与可持续发展. 北京: 高等教育出版社

秦运铁, 张小平. 2007. 循环经济理念下的电子废物处置. 中国资源综合利用, 25(12): 36-37

舒长河, 张小平, 梁翾翾. 2009. 液-固流化床回收印刷线路板中金属的研究. 环境工程学报, 3(5): 902-905

王临清, 李泉鸣, 朱法华. 2015. 中国城市生活垃圾处理现状及发展建议. 环境污染与防治, 37(2): 106-109

王宁, 侯艳伟, 彭静静, 戴九兰, 蔡超. 2011. 生物炭吸附有机污染物的研究进展. 环境化学, 31(3): 287-295

温志良, 温琰茂, 吴小锋. 2000. 广州市生活垃圾的综合处理与利用探讨. 资源开发与市场, 16(2): 102-104

吴雷, 魏彤宇. 2001. 废旧电池资源化、无害化. 城市环境与城市生态, 14(5): 36-38

吴绍文, 梁富智, 王纪曾. 2003. 固体废物资源化技术与应用. 北京: 冶金工业出版社

吴文伟. 2003. 城市生活垃圾资源化. 北京: 科学出版社

夏睿全, 张小平. 2008. 聚四氟乙烯废料的热解实验. 化工进展, 27(1): 98-103

夏睿全, 张小平. 2008. 生物法去除城市污泥中重金属的分析与研究. 化学与生物工程, 25(5): 8-26

谢军安, 郭苏智, 王锡莲. 2003. 循环经济的理念与模式建构. 石家庄经济学院学报, 26(4): 494-498

杨多贵, 陈劭锋. 2003. 循环经济大趋势. 辽宁科技参考, (8): 26-29

尹军, 陈雷, 王鹤立. 2003. 城市污水的资源再生及热能回收利用. 北京: 化学工业出版社

于秀娟. 2003. 工业与生态. 北京: 化学工业出版社

张小平. 2004. 固体废物污染控制工程. 北京: 化学工业出版社

张小平. 2008. 胶体、界面与吸附教程. 华南理工大学出版社

张小平. 2010. 固体废物污染控制工程. 第二版. 北京: 化学工业出版社

张小平, 廖聪. 2009. 01. 14. 一种硅橡胶裂解渣回收利用方法: 200610035221. 8

张益, 赵由才. 2000. 生活垃圾焚烧技术. 北京: 化学工业出版社

赵庆祥. 2002. 污泥资源化技术. 北京: 化学工业出版社

赵由才. 2003. 化学工程. 北京: 化学工业出版社

朱亚茹, 张小平, 丁江铃, 等. 2017. 硫代硫酸盐法浸取废旧手机元器件中的银. 环境工程, 35(2): 111-116

朱亦仁. 1998. 环境污染治理技术. 北京: 中国环境科学出版社

庄永茂, 施惠邦. 1998. 燃烧与污染控制. 上海: 同济大学出版社

Ahmad M, Rajapaksha A U, Lim J E, et al. 2014. Biochar as a sorbent for contaminant management in soil and water: A review. Chemosphere, 99: 19-33

Bach Q V, Øyvind Skreiberg. 2016. Upgrading biomass fuels via wet torrefaction: A review and comparison with dry torrefaction. Renewable and Sustainable Energy Reviews, 54: 665-677

Chen Wei, Zhang Xiaoping, Mamadiev M, Wang Zihao. 2017. Sorption of perfluorooctane sulfonate and perfluorooctanoate on polyacrylonitrile fiber derived activated carbon fibers: In comparison with activated carbon. RSC Adv., 7: 927-938

Chen Wei Hsin, Peng Jianghong, Bi X T T. 2015. A state-of-the-art review of biomass torrefaction, densification and application. Renewable and Sustainable Energy Review, 54: 665-667

Dalos D E. 1997. Method for composting solid waste. Journal of Cleaner Production, 5(3): 230

Demirbas A. 2009. Biofuels: Securing the Planet's Future Energy Needs. London: Springer-Verlag

Demirbas A. 2009. Green Energy and Technology—Biohydrogen—For Future Engine Fuel Demands. London: Springer-Verlag

Demirbas A. 2010. Biorefineries: For Biomass Upgrading Facilities. London: Springer-Verlag

Hamer G. 2003. Solid waste treatment and disposal: Effects on public health and environmental safety. Biotechnology Advances, 22: 71-79

Inyang M, Dickenson E. 2015. The potential role of biochar in the removal of organic and microbial contaminants from potable and reuse water: A review. Chemosphere, 134: 232-240

Kambo H S, Dutta A. 2015. A comparative review of biochar and hydrochar in terms of production, physico-chemical properties and applications. Renewable and Sustainable Energy Reviews, 45: 359-378

Kayabali K. 1996. Engineering geological aspects of replacing a solid waste disposal site with a sanitary landfill. Engineering Geology Volume, 44: 203-212

Kikuchi R. 2001. Recycling of municipal solid waste for cement production: Pilot-scale test for transforming incineration ash of solid waste into cement clinker. Resources, Conservation and Recycling, 31: 137-147

Korfmacher K S. 1997. Solid waste collection systems in developing urban areas of south africa: An overview and case study. Waste Management & Research, 15: 477-494

McDougall F R. 2001. Life Cycle inventory tools: Supporting the development of sustainable solid waste management systems. Corporate Environmental Strategy, 8(2): 142-147

McKay G. 2002. Dioxin characterisation, formation and minimisation during municipal solid waste (MSW) incineration: Review. Chemical Engineering Journal , 86: 343-368

Prokop A, Bajpai R K, Zappi M E. 2015. Algal Biorefineries. Volume 2: Products and Refinery Design. Switzerland: Springer International Publishing

Rhyner C R. 1998. The effects on waste reduction and recycling rates when different components of the waste stream are counted. Resources. Conservation and Recycling, 24: 349-361

Sainz-Diaz C I, Griffiths A J. 2000. Activated carbon from solid wastes using a pilot-scale batch flaming pyrolyser. Fuel, 79: 1863-1871

Suksankraisorn K, Patumsawad S, Fungtammasan B. 2003. Combustion studies of high moisture content waste in a fluidized bed. Waste Management, 23: 433-439

Taylor R A. 1995. Method for direct gasification of solid waste materials. Journal of Cleaner Production, 3(4): 245-246

Tchobanoglons G, Theisen H, Vigil S. 2000. 固体废物的全过程管理——工程原理及管理问题. 北京: 清华大学出版社

Tripathi M, Sahu J N, Ganesan P. 2016. Effect of process parameters on production of biochar from biomass waste through pyrolysis: A review. Renewable and Sustainable Energy Reviews, 55: 467-481

Vassilev S V, Baxter D, Andersen L K, et al. 2012. An overview of the organic and inorganic phase composition of biomass. Fuel, 94: 1-33

Warith M. 2002. Bioreactor landfills: Experimental and field results. Waste Management, 22: 7-17

Zhao Chunhu, Zhang Xiaoping, Ding Jiangling, Zhu Yaru. 2017. Study on recovery of valuable metals from waste mobile phone PCB particles using liquid-solid fluidization technique. Chemical Engineering Journal, 311: 217-226

Zhao Chunhu, Zhang Xiaoping, Shi Lin, Xia Ruiquan. 2017. Catalytic pyrolysis characteristics of scrap printed circuit boards by TG-FTIR. Waste Management, 61: 354-361